Die phantastische Geschichte der Analysis

Ihre Probleme und Methoden
seit Demokrit und Archimedes.
Dazu die Grundbegriffe von heute.

von
Hans-Heinrich Körle

2., verbesserte Auflage

Oldenbourg Verlag München

Hans-Heinrich Körle absolvierte das Lehramtsstudium in Mathematik und Physik (Nebenfach Psychologie). Einer Lehrtätigkeit in den USA folgte seine Habilitation für Mathematik an der Philipps-Universität Marburg. Dort war er seit Beginn der 70er Jahre Univ.-Prof. am Fachbereich Mathematik und Informatik, mit Arbeitsgebiet in der Analysis.

Bibliografische Information der Deutschen Nationalbibliothek

Die Deutsche Nationalbibliothek verzeichnet diese Publikation in der Deutschen Nationalbibliografie; detaillierte bibliografische Daten sind im Internet über http://dnb.d-nb.de abrufbar.

© 2012 Oldenbourg Wissenschaftsverlag GmbH
Rosenheimer Straße 145, D-81671 München
Telefon: (089) 45051-0
www.oldenbourg-verlag.de

Lektorat: Kathrin Mönch, Dr. Gerhard Pappert
Herstellung: Constanze Müller
Titelbild: „Gefährliche Kurve" (Entwurf des Autors); Bearbeitung Irina Apetrei
Einbandgestaltung: hauser lacour
Gesamtherstellung: Beltz Bad Langensalza GmbH, Bad Langensalza

Dieses Papier ist alterungsbeständig nach DIN/ISO 9706.

ISBN   978-3-486-70819-6
eISBN 978-3-486-71625-2

Meinen beiden Enkeln

JAKOB und MORITZ

Einladung

Die spinnen, die Griechen. Sagten die Römer und schüttelten die Köpfe über das, was ihre Nachbarn umgetrieben hatte zu der Zeit, *„Als die Götter lachen lernten"*. So der Titel zu Harro Heusers[1a] Defilee der *„griechischen Denker, die die Welt verändern"*.

Es begann damit, dass Leute wie Thales und Pythagoras Figuren in den Sand ritzten. Inspiriert von Göttern, die sich später daran ergötzten, wie man in diesem seltsamen Völkchen vergebens und verbissen suchte, etwa aus dem Kreis ein Quadrat zu machen.

Worüber die Alten Griechen grübelten, daraus sollte nicht bloß Geometrie und Mathematik, sondern Wissenschaft schlechthin erwachsen. Sie schufen geistige Unruhe, Philosophie genannt, sowie etwas scheinbar Weltfremdes, die *Theoria*. Und da nichts praktischer ist als die Theorie, steht selbst die heutige technische Welt in der Erbfolge ihres zweckfreien Denkens.

Es gründet in ihrer *eigenartigen* Mathematik. Sie fand den Weg in unsere Schulen. Insbesondere trug sie den Keim unserer Differenzial- und Integralrechnung – beides dem Anschein nach ein Rechnen mit „unendlich kleinen *Differenzialen*". Die sind nicht weniger unheimlich als etwas unendlich Großes. Gegenständlich ein Ding der Unmöglichkeit, für unsere Vorstellung ungreifbar, drängt es sich schon beim Zählen auf, unabweisbar und unausweichlich.[2a] Eben ein Monster. Eine Frechheit des Homo sapiens, sich mit ihm gemessen zu haben! Würde der die gefährliche Kurve kriegen auf der Achterbahn ∞, vor der auf dem Deckel dieses Buches gewarnt wird?

Wir wollen die Zeitreise über jene mehr als zwei Jahrtausende antreten, die der Mensch brauchte, um sie zu bändigen: die infinitesimal kleinen Größen, die *„Infinitesimalen"*. Beliebig klein und doch nicht nichts? Oder extrem klein und damit unteilbar? Das hieße Atome. Aus solchen Körnchen dachte sich der Philosoph Demokrit die Welt. Etwa auch die gedachte Welt der Geometrie? Für sie schuf erst Eudoxos Klarheit, der Schöpfer unserer *mathematischen Klassik*. Wenn sein Gefolgsmann Archimedes die Körper in unendlich viele unendlich dünne Scheiben zerlegte – als Mathematiker tat er es nur hinter vorgehaltener Hand. Warnte noch ein Aristoteles[3a] die Mathematiker vor dem Unendlich, so spricht ein Altmeister der Neuzeit, Hermann Weyl[2b.4], mit dem Mut zu pointierender Verkürzung: „Mathematik *ist* die Wissenschaft des Infiniten." Die Mathematik der Antike war es nicht. Und auch heute trifft es nur auf einen ihrer vielfältigen Zweige zu: auf den noch immer stärksten Ast, genannt Analysis. Schier endlos sollte es dauern, bis ihr Leitmotiv, das Infinite, zur Ausbildung praktikabler *und* akzeptabler Werkzeuge führen würde.

Die Geschichte der Analysis zeichnet sich aus durch unablässige Entfaltung einer zumeist schöpferischer Phantasie. Beflügelt wurde sie immer wieder durch jene kleinen Wichteln, deren Charakter jeder Beschreibung spottete, die sich jedoch ungemein nützlich erwiesen. Für ihre Dienste war man nur allzu bereit, mit der Preisgabe des klassischen Ideals zu zahlen. Ermutigt durch Infinitesimalen-Geometrie, scheute man nicht vor einer Infinitesimalen-Rechnung. Je Zweck waren die kleinen Größen mal null, mal wieder nicht. Sperrige Widersprüche, die nicht unter *einen* Hut passten und dennoch im selben Kopfe Platz hatten. Doch was da mit Pseudogleichungen, mit Phantomen der Gattung „dx" erreicht wurde, es war in der Tat verblüffend. Etwas musste am Unbegriff des Infiniten dran sein!

Erst zwei Jahrhunderte nach Fermat, Newton und Leibniz konnte man das Ungreifbare in den Griff bekommen. Noch lange hatte sich in der Analysis der Dunst von Alchimie und Hexenküche gehalten. Anfangs des 19. Jahrhunderts verkündete ein „erfolgreiches" Lehrbuch: „*Solche Spitzfindigkeiten, mit denen sich die Griechen abquälten, brauchen wir nicht mehr.*" [1b.3b] Abermals hieß es: „Die spinnen, die Griechen."

*

Eine Einstellung, die anderseits unabdingbar war für den Fortschritt. Konsolidiert wurde der, als man sich auf die klassische Strenge besann, verwegene Ideen „dialektisch" umdachte und den Bau auf eine tragfähige Grundlage stellte. In der zweiten Hälfte des 19. Jahrhunderts entstand eine schlüssige Theorie, aus Historischem umgemünzt wurde sie *Analysis* getauft. In deren Namen konnte sich nun ein jeder guten Gewissens einer Infinitesimalrechnung bedienen. An diesem Punkt endet unsere Geschichte, Vorgeschichte eines derweil immens angewachsenen Überbaus.

Doch wie fest steht dieser? Denn auch später noch musste sich die Analysis ins Gewissen reden lassen ob ihrer Grundlage. Als man diese gefestigt glaubte, brachte logische Skepsis sie ins Wanken. [2c.3c] So leicht würde man mit dem Unendlich nicht fertig werden. Im neuen Jahrhundert riefen denn ernst zu nehmende Fundamentalisten nach radikaler Revision, wollten die Analysis in ihren Schlussweisen drastisch beschneiden. Die jedoch hatte sich unumkehrbar Bahn gebrochen, und so wird sie wohl in dem ihr eigenen Sinne stets „existieren".

Aus Naturwissenschaft und Technik sind ihre Werkzeuge ohnehin nicht wegzudenken und finden zusehends auch anderorts Verwendung. Wenngleich verschiedenen Wesens, standen und stehen Physik und Mathematik in denkbar enger Beziehung, bewegten sich insbesondere Mechanik und Analysis lange Zeit nur im Tandem vorwärts, mit wechselnden Plätzen. Das war segensreich für beide, wiewohl noch von einem Friedrich Hegel verteufelt. [1c] In einer Entstehungsgeschichte der Analysis dürfen der Physiker Newton und seine Wegbereiter nicht fehlen.

Ein Nachhilfeschüler erinnert sich des jungen Einstein: „Jetzt rechnet man mit Unendlichkeiten." Ja, für Kinder leicht ist heute manches Problem, das einst die Größten herausforderte. Solange es noch keine Methoden gab, brauchte ein jeder Fall einen Einfall. Geniestreiche ließen sich auf einmal „kalkulieren". Die *calculi*, das waren die *Kalk*steinchen auf dem römischen Rechenschieber. Ein würdigeres Andenken als in den calculs rénaux, den französischen Nierensteinen, fanden die Murmeln im „*Calculus*" der Newton und Leibniz. Ein Markenzeichen für ihre Erfindungen, das mit deren spielerischer Handhabung warb. Der Kalkül selbst ist genial und schafft seinerseits Freiraum für Geniales. Dennoch kam das Wort vom gedankenlosen Denker auf. Arthur Schopenhauer[1d] sah in mathematischem Tun, oder dem was er dafür hielt, die niedrigste aller Geistestätigkeiten. Auch in unserer Zeit gefällt sich manch anders Gebildeter darin, eine Arroganz des vermeintlich Alleingeistigen zu pflegen.

*   *   *

Wir beschränken uns auf die von griechischem Boden ausgehende Analysis. Auch in anderen Kulturkreisen zeigen sich frühe Ansätze von Infinitesimal-Mathematik, so in China, vor allem in Indien und den Ländern des Islam.[5] Manche Errungenschaften des Abendlands hatten dort lange zuvor ihr Debüt.

Die Ideengeschichte unserer Analysis soll an typischen Beiträgen der Pioniere festgemacht werden. Ihrer Zeit voraus, waren doch auch sie deren Kinder, hineingeboren in eine Tradition von Wert und Gültigkeit. Die Entwicklung vollzog sich im Auf und Ab und Auf methodischer Strenge, in Stil-Epochen sozusagen. Deren Zeitgeist zu kennen braucht es, will man die großen Geister verstehen und würdigen.

Zwei weitgehend getrennt lesbare Texte wollen dem gerecht werden. Ein kultur- und fachhistorischer Abriss setzt den Rahmen (vgl. {1e}), in den sich die Blütenlese des zweiten Abschnitts einordnet. Dort findet Vertiefung statt, jedoch auch der erste Teil bedarf mehr als der Wort, um Wesentliches zu vermitteln . Ich hoffe, mit der Auswahl der Zeitzeugnisse und ihrer Wiedergabe sind mir annehmbare Kompromisse geglückt zwischen Bedeutsamkeit und Aufwand, zwischen Authentizität und Zugänglichkeit. Nicht mehr als nötig wird gerechnet, doch müssen die Argumente deutlich werden. Ganz ohne Mühe gibt es sie nicht, die Freude am Erkennen und Entdecken!

*

Die Hochschulpraxis verstellt leider oft den Blick auf das, was hinter all den Begriffen, Methoden und glatten Lehrsätzen steht. Rück-Sicht auf deren Vorgeschichte − ein Luxus? Macht man sie gelegentlich lebendig, kommt das sicher der Motivation zugute, deren besonders jene bedürfen, die selbst einmal Schüler begeistern sollen.

Nicht wenige Studierende interessieren sich für die Entstehung und Entwicklung ihres Fachs, aber nur vereinzelt nehmen sich gestandene Mathematiker der Quellen an und schreiben darüber. Was Not täte.[6a] Da gibt es mancherlei Dissens unter solchen und solchen Fachleuten. Bei dem einen Autor heißt es „*die Differential- und Integralrechnung von Newton*"[7a], während ein anderer[7b] lapidar verkündet, die Erfindung des Calculus sei „*das ausschließliche Verdienst von Leibniz*". Gauß[1f] nennt Newton „*summus*", für van der Waerden[7a] ist er „*der wichtigste Mann des 17. Jahrhunderts*". Bourbaki indes, eine Gruppe französischer Mathematiker unserer Tage, lässt dahingestellt, ob des Engländers Werk zu den Gedanken seines Jahrhunderts „*etwas beigetragen*" habe; ein „*ganz kurzer Abriß seiner Fluxionen*" bedeute „*wenig*".[8a]

Anfänger sind überfordert, das Angebot wertend zu sichten. Es umfasst Geschichte, Ge-
schichten und Geschichtchen, reicht von skelettierender Sachlichkeit [8b] bis zu einer Mitteil-
samkeit, die einen darüber belehrt, der große X habe die Nichte Y seines Großonkels Z ge-
ehelicht. (Meine gelegentlich überbordenden Verweise sollen die Chancen des Suchenden
erhöhen; meine wohl nie gänzlich zu tilgenden Versehen wolle er mir bitte nachsehen.)

Noch etwas zu den Sachbüchern. Für den Laien haben sie den Wahrheitsbonus auf Hoch-
glanz gedruckter Bilanzen. Außer dem spukhaften Fehlerteufel genießen leibhaftige die Un-
schuldsvermutung mit weit ärgeren Folgen, wie wenn Newtons Fluenten sich zu Flugenten
mauserten. (Ein Beispiel peinlicher Inkompetenz gibt {9}.) Mit Standesdünkel allein ist nicht
abzutun, dass Mathematiker zu Vorsicht neigen, wenn Philosophen und Historiker, die nicht
aus der Mathematik kommen, sich ihrer bemächtigen.

Wichtiges Anliegen unserer Unternehmung ist ihr aktueller Bezug. Es hilft, die Grundbegriffe der Analysis zu verarbeiten, wenn man erlebt, wie sie zur Welt kamen und erwachsen
wurden: Begriffe, die dem Studienanfänger zu schaffen machen und deren volles Verständnis sich gemeinhin erst im Laufe des Studiums entfaltet. Bekanntlich kommt bei Mathe das
dicke Ende am Anfang.

Das meiste liegt in Reichweite von Schülern (siehe auch {10.1e.6b}). Ein gemeinsamer
Grundstock von Vorkenntnissen ist nicht zu erwarten, weshalb sich hier manches findet, was
den Kenner entbehrlich anmutet. Der kann ja wegschauen – sofern er es nicht selbst didaktisch verwerten will. Vielleicht trägt dieses Lernbuch in seiner Art dazu bei, die Stolper-
schwelle des ersten Studienjahres zu senken. Mag sein sogar, dass jemand Mathe neu zu
sehen lernt, dass sich wer die Augen öffnen lässt, dem sie nie geöffnet wurden oder der sie
entsetzt wieder verschloss…

*Schön, wenn ich Neugier auf das Alte wecken könnte, Begeisterung für die großartige Analy-
sis, Bewunderung von Genie und Phantasie derer, die sie schufen oder entdeckten!*

{1}   HEUSER: {1a} [4].— [2]: {1b} 689. {1c} 559. {1d} 701. {1e} 634-700.
       {1f} 658 unten.
{2}   DAVIS;HERSH: {2a} [1] 152 ff, [2] 155 ff. {2b} [1] 108, [2] 110. {2c} [1] chap.7,
       [2] Kap.7.
{3}   KLINE: {3a} [1] 175. {3b} [2] 166. {3c} [2] 258 ff.
{4}   THIELE 39 f.
{5}   JUSCHKEWITSCH Kap. I–III.
{6}   SONAR: {6a} [3] 106 (Schluss). {6b} [1].
{7}   {7a} VAN DER WAERDEN [2] 14 (vgl. 356).– {7b} HOFMANN [2] 250; [4] 62.
{8}   BOURBAKI [5]: {8a} [5] 228. {8b} [5] 9-275.
{9}   FRÖBA;WASSERMANN.
{10}   POPP.– KROLL;VAUPEL („Historische Anmerkungen").

Danke!

Ich weiß nicht recht, ob leider. Jedenfalls bin ich kein Computerfreak und widme mich weit lieber meinem Text, als dessen EDV zu kultivieren. Das konnte nur gut gehen, weil sich meiner Unbedarftheit viele verständnisvoll annahmen: Kollegen, Fachbereich und Verlag.

Soft and hard, mit Rat und Tat, griffen mir die Herren Dr. Meinhard Sponheimer und Dr. Werner Liese unter die Arme. Zur unschätzbaren Hilfe wurde mir LiTeX, eine durch Herrn Liese blindengerecht entwickelte Version von LaTeX, die mir ermöglichte, alle meine Formeln aus dem Stand punktgenau zu setzen. Der Fachbereich stellte mir unbefristet ein E-Altenteil zur Verfügung und Herrn Dipl.-Ing. Burkhardt Fischer zur Seite. Kryptische Literatur spürte Frau Dipl.-Bibliothekarin Christa Seip auf, nicht unbehelligt blieb auch Frau Monika Teubner. Sie alle unterstützten mich in zuvorkommender Weise.

Besonders verpflichtet fühle ich mich dem Oldenbourg-Verlag. Der akzeptierte den Entwurf ohne Zögern und übernahm die drucktaugliche Umsetzung meiner hausbackenen PAINTings. Hierbei und bei allem Weiteren hat Frau Kathrin Mönch als Lektorin das Projekt mit sicherem Urteil, viel Geduld und einer Hingabe betreut, die ich schwerlich in Worte zu fassen vermag – ganz herzlichen Dank!

Philipps-Universität in Marburg an der Lahn,
FB Mathematik u. Informatik auf den Lahnbergen.
Noch im Jahr der Mathematik und des Oldenbourg-Jubiläums.   *Hans-Heinrich Körle*

Zur zweiten Auflage

Überraschend früh kam die Chance, eine Zweitauflage zu besorgen. Ich hoffe, sie dennoch mit der gebotenen Akkuratesse haben nutzen zu können.

Wie der äußere Rahmen, so blieb auch die primäre Zielsetzung der ersten Auflage bestehen: Die Grundbegriffe der Analysis ihrer Entstehung nach zu vermitteln, wovon Studienanfänger wie Fortgeschrittene in verschiedener Weise, doch gleichermaßen profitieren können. Die hundert Seiten mehr, die ein Begutachter sich wünschte, gehören allerdings in ein systematisches „Textbook" zum Einführungskurs.

An der Erstauflage gab es auch sonst genug zu tun. Unter den öfteren Umbauten hatte die Nachführung der zahlreichen Kapitel-Verweise gelitten, hier und da war Bauschutt zu räumen. Dafür bitte ich um Nachsicht bei meinen bisherigen ab- und zugeneigten Lesern. Vorrangig lag mir daran, erzählerisch wie mathematisch die Lesbarkeit zu steigern. Dazu gehörten auch Ergänzungen, nicht zuletzt didaktischer Art. Anregung zu weiteren kam last minute von Thomas Sonars kürzlich erschienenem großen Werk SONAR [4].

Allen, die mich schon vormals so tatkräftig unterstützten, schulde ich auch jetzt dankbare Anerkennung. Zu ihnen gesellte sich ein Leser, der mir aus Sicht eines Nicht-Mathematikers in aller Studien-Freundschaft Unterschiedliches zu denken gab, Prof. Dr. Horst-Dieter Försterling. Ganz besonders darf ich mich wieder bedanken für die überaus harmonische Zusammenarbeit mit dem Lektorat MINT. Frau Kathrin Mönch verband wieder Beratung, behutsam-energische Initiative und allzeit verständnisvolles Entgegenkommen. Die Endphase der Betreuung besorgte Herr Dr. Gerhard Pappert, auch er ein engagierter, objektiver Mittler, wie man ihn sich nur wünschen kann.

Es entstand eine überarbeitete Auflage. Vielleicht hilft sie dem Buch, weitere Freunde zu finden.

Marburg an der Lahn, im Februar 2012   *Hans-Heinrich Körle*

Inhalt

I   Zeiten und Zeitgeister

So weit sie hier geschildert wird, zeigt die Entwicklungsgeschichte der Analysis eine lange Anfangsphase der Auseinandersetzung mit einer nützlichen Fiktion: mit den „unendlich kleinen Größen". Man mochte ihnen ausweichen, ihrer Herr zu werden war der Spezies Mathematiker nicht in zwei Jahrtausenden gelungen. So lange spukte es von Atomen und Phantomen, bis man wirklich rechnen konnte mit ihnen. Besser gesagt ohne sie. Newton und Leibniz gelang, ihrer Infinitesimalrechnung jene Heinzelmännchen dienstbar zu machen, nicht jedoch, sie zu verstehen. Dazu bedurfte es weiterer zwei Jahrhunderte. Mit dem optimistischen Zeitgeist des neunzehnten endet das Buch.

I.A   Das klassische Zeitalter abendländischer Mathematik

Weder ist gänzlich unmusikalisch, wer alle Gene beisammen hat, noch kann der sich rühmen, das mathematische fehle ihm. Daher finden wir die Mathematik wenigstens ansatzweise in allen Kulturen. Bei deren einer gedieh der Ansatz zu Weltklasse, zur mathematischen Klassik.

I.A.1   Der Geist der Wissenschaft erscheint

Thales. Euklid.

Unser Baum der Erkenntnis wuchs im alten Hellas, doch wurzelte er unterm Zaun hindurch. Fruchtbarer Boden fand sich am Nil und zwischen Euphrat und Tigris. Inspiriert wurden die jungen alten Griechen zunächst geometrisch durch die Ägypter, sodann mehr algebraisch durch die – rückwirkend so genannten – Babylonier. Zu etwa gleichen Teilen betraf dies die Zeitspanne von –3000 bis –300, die griechische Klassik dauerte von –600 bis –200.[1a]

Nicht nur Moses' Wiege stand am Nil. Das war im Schilf. Glaubt man Herodot[2a], so kam mit den Überschwemmungen auch die Geo-Metrie, nämlich die Landvermessung zwecks aktueller Grundsteuerbescheide. Sei dies nun Historie[3a.4a] oder Folklore[4b], zumindest beim Pyramidenbau war sie unverzichtbar, *diese* Geometrie. Griechischen Müßiggängern blieb vorbehalten, sehr weit hinauszugehen über derlei Nützlichkeit. Auf Grundformen zu reduzieren ist praktisch, auf die Spitze getrieben wurde es zur Theorie. Man abstrahierte und idealisierte, *dachte* die „Dinge", die in Beziehung gesetzt und Operationen unterworfen wurden. Was die Griechen da anrichteten, war in dieser Konsequenz ein Novum, weltweit.

Die Griechen? Nun, es klang schon an, dass Muße dazugehörte; auf jeden Bürger sollen mehr als zwanzig Sklaven gekommen sein. Dennoch höchst bemerkenswert, wenn es nicht eine kleine Kaste abseitiger Eggheads war, unter denen sich dieser Geist ausbreitete.

Vor gut zweieinhalb Jahrtausenden begann es mit dem Ionier Thales aus Milet, der Stadt der Freidenker.[5a] Eine – mit Skepsis[6a.7a], doch durchaus auch anders[2b.5b] – angesehene Persönlichkeit. Kam aus Ägypten und Babylon unterschiedliche Kunde zum Inhalt der Kreisfläche, suchte Thales der Sache auf den wahren Grund zu gehen. Mochten hinter solch frühen Befunden gelegentlich schon Überlegungen grundsätzlicher Art gestanden haben, bei den Griechen traten sie von Anbeginn in den Vordergrund. Die wollten Prinzip und System. Grundbegriffe schälten sich heraus, wurden zu Grundsätzen verbunden, aus denen sich *folgern* ließ. Der Beweis und das Verlangen danach verdrängten Unverständnis und Selbstverständnis.[8]

Bis heute ist dies nicht jedermanns Sache, doch auch nicht jeder, der Thales nacheifert, ist dazu berufen. Mal hatte ich mich wieder in zeitraubende Korrespondenz mit einem jener Amateurmathematiker verstrickt, welche die Fachwelt belächelt und fürchtet. Menschlich ist, nicht nur ideell motiviert zu sein, und nach meiner Erfahrung wünschen diese Leute weit weniger belehrt als bestätigt zu werden. Dennoch nehme ich sie ernst, verrät ihr meist hoffnungslos vergebliches und darum anrührendes Bemühen doch auch, von der Sache selbst in einem Maße besessen zu sein, wie man es manchem Profi wünschte. Als ich nicht abließ, meinen Partner von der Unzulänglichkeit einer Argumentation überzeugen zu wollen, riss es ihn hin, die Mathematiker der „Beweis-Neurose" zu bezichtigen. Diese Diagnose wartete auch auf Thales, als er darüber sinnierte, dass der Durchmesser den Kreis halbiert. [1b.2c.9]

Was später die Römer am Halbkreis interessieren sollte, das waren die Bögen, mit denen sich Aquädukte und ein kolossales Schlachthaus bauen ließen. Mussten Ihre Baumeister in Thales nicht den Spinner sehen? Jedenfalls missversteht ihn gründlich, wer da annimmt, er sei ob jener Eigenart des Kreises vom Zweifel zerfressen gewesen. Er suchte sie einzuordnen, stellte Sehnen und Segmente einander gegenüber und begriff die Sonderstellung der längsten Sehne. [6b] Sollte dies Legende sein, beschreibt sie doch trefflich, was die Griechen umtrieb und zu Schöpfern unserer Wissenschaft werden ließ.

Dennoch ein kritisches Wort zur Legendenbildung. Spärliche Überlieferung lässt oft viel Spielraum zum Heraus- und Hineinlesen. Der Mathematiker und Mathematikhistoriker Hermann Hankel [3b] hegt im Fall Thales den Verdacht, dass seine Nachfahren ihn auf ihren eigenen Standpunkt hievten. Wie sich alte Schriften Kopierfehler und irrige Zufügungen gefallen lassen müssen, so gibt es auch die wohlmeinende Verfälschung durch rückwärtige Projektion. (Zum Thema Dichtung und Wahrheit historischer Aufklärung siehe {10a} samt {10b}.)

*

Unter frühen Kulturen nimmt die hellenistische neben ihrem Staatswesen eine weitere Sonderstellung ein: Griechische Denker versuchten sich in einer zweckfreier Gründlichkeit. Warum begann diese ihre Erfindung bei der Geometrie? Und zwar einer, in der das Metrische bloß *ein* und dazu nachrangiger Aspekt war. Für einen anderen Start mangelte es wohl zum einen an den substanziellen Voraussetzungen. Die Geometrie umging die physische Realität, ging aus von einer idealen. Nichts eignete sich seinerzeit besser fürs Ordnen, Deduzieren, kurz: fürs Philosophieren. Doch kann das allein eine an Besessenheit grenzende Vorliebe erklären? Man war halt allgemein der schlichten Anmut geometrischer Gebilde verfallen, in deren Vollkommenheit die Ordnung des Kosmos sich zu spiegeln schien – so etwa hätte Platons Credo lauten können. Sein Gott trieb Geometrie, seine Akademie zu Athen war Hort von Ideen und Off Limits für geometrische Ignoranten. Geometrische Exerzitien galten als Paradigma für Geisteszucht, sie müssten auch die Seele läutern können. Den pädagogischen Auftrag übernahm sein Schüler Aristoteles, selber Hauslehrer bei Alexander dem sogenannten Großen und in dieser Rolle ähnlich erfolgreich wie Seneca bei Nero.

Zwar selbst nicht schöpferisch in Sachen Geometrie, initiierten Platon und Aristoteles mit diesem Pflichtfach ihrer Schulen unser Konzept von Wissenschaft schlechthin. So konnte sie zum „Modell Wissenschaft" werden, so wurde sie zu deren Markenzeichen. In neuerer Zeit würde eine Argumentation daran gemessen werden, ob sie *„more geometrico"* geführt war, nach alter Väter strenger Sitte.

Diese geometrischen Sitten wurden den meisten von uns Frühgeborenen zwar nur ansatzweise, gleichwohl ausgiebig zur Schulzeit beigebracht. Getreu einem 13-bändigen Bestseller des Altertums, in dem die bis zu Platons Zeit erreichte griechische Mathematik resümiert, angereichert und didaktisch in Form gebracht worden war durch ihren großen Sachwalter: Eukleides, sprich Euklid.[11] *„Die Elemente"* betitelt und vornehmlich der Geometrie gewid-met, galt sein Werk noch nach gut zwei Jahrtausenden als mustergültig und hat damit eine nicht nur nach Ansicht Bertrand Russells[7b] unverdient starke Glorifizierung erfahren. Eu-klid beginnt mit saloppen „Definitionen" und primären „Aussagen", *Axiome* genannt, von ihm unmittelbar einsichtig und daher als Grundlage tauglich befunden. Was sonst hätte er tun können? (Bei Kant geht es nicht viel anders zu; heutige Axiome sind weniger vermessen.) Die „euklidische Geometrie" ist das erste formalisierte Deduktionssystem auf Erden. Unge-zählte Schülergenerationen wurden durch dieses Lehrgebäude gelotst und getrieben, machten Bekanntschaft mit einer anderen Welt. In England hieß das Schulfach Mathematik schlicht „Euclid". Für mich Zehnjährigen, vom Regeldrill einer „Algebra" abgestoßen, wurden die mir zwingend erscheinenden Beweisführungen und raffinierten Konstruktionen zum prägen-den Erlebnis. Zumindest temporär fand diese Lehrtradition ihr Ende mit einem Missver-ständnis, einer Mode namens „New Math", deren Herolde uns wissen ließen: *„Euclid must go!"*

{1}   DAVIS; HERSH: {1a} [1] 9; [2] 6. {1b}: [1] 147; [2] 150 (vgl. {9}, Fußn. a).
{2}   VAN DER WAERDEN [2]: {2a} 23 ff. {2b} 140-148. {2c} 143.
{3}   HANKEL: {3a} 77. {3b} 91.
{4}   {4a} PEIFFER; DAHAN-DALMEDICO 121.   {4b} FOWLER 285.
{5}   HEUSER [4]: {5a} 43, 53-74.   {5b} 43-74.
{6}   BOYER [2]: {6a} 51 f.   {6b} 48 (Zitat Aristoteles).
{7}   KLINE [1]: {7a} 28.   {7b} 1005.
{8}   HILDEBRANDT; TROMBA 51 f.
{9}   *GREEK MATHEM. WORKS* / Thomas [1] 164 f.
{10} {10a} RUSSO.   {10b} SCHAPPACHER 85-90 (Rezension zu {10a}).
{11} ARTMANN [1].

I.A.2   Geometrische Größen, im Vergleich und in Verhältnissen

Zur „Bestimmung" geometrischer Größen. Geometrie und Zahl:
Die pythagoreische Katastrophe der inkommensurablen Strecken.
Eudoxos' Triumph übers Irrationale.

Im vorherigen Abschnitt stand Thales stellvertretend für die Griechen, die den Geist der Wissenschaft beschworen. Noch stärkeres Echo fand sein jüngerer Zeitgenosse Pythagoras. Wenn auch nicht als Urheber des „Satzes"; den besaßen die Babylonier ein Dutzend Jahr-hunderte zuvor, Ägypter und Chinesen hantierten damit.[1a.2a.3]

Einen Pythagoras und die auf ihn eingeschworenen Schüler fesselte die Zahl, das heißt der Begriff, den sie sich von ihr machten. Gemeint waren ausschließlich die von uns „natür-lich" genannten Zahlen, mit Ausnahme der Einheit[2b], welche, der omnipotenten Bienenkö-nigin gleich, alle anderen zeugte. Diese nun dienten schon deshalb weniger dem Zählen und

Messen, weil das praktisch gewesen wäre. Für Zahlsysteme fanden sich die Griechen wenig empfänglich. Während Schaf und Schwein wohl binär zählen, sollte dem Menschen eigentlich das Dezimale von der Hand gehen. Allerdings fiel dem Völkchen der Pythagoreer an der Zehn nur auf, dass sie sich unter den *„Dreieckszahlen"* $1 + \ldots + n = \frac{1}{2}\, n(n+1) = 1, 3, 6, 10,$ 15, … $(n \geq 1)$ als diejenige auszeichnet, welche die Summe ihrer Vorgängerinnen ist: $1+3+6$ = 10 (Abb.I.1). Sie suchten in Zahlen das Geheimnis, *Zahlenmystik* war ihre Domäne. (By the way: Der österreichische „Pythagoräer" wäre doch bei uns reformkonform, oder?)

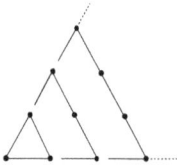

Abb. I.1 *Dreieckszahlen.*

*

Eine *Größe* nannten die Griechen *das*, bei dem sich etwas zufügen oder wegnehmen lässt. [4a.5a.6a] Damals wie heute hat das Wort wechselnde Bedeutung: eine Quantität oder aber deren gegenwärtige Ausprägung. (Nach Carl Friedrich v.Weizsäcker[7] ist Größe eines „Systems" eine Klasse formal-möglicher Eigenschaften, die man ihre Werte nennt.) Die Deutung hat der jeweilige Kontext herzugeben, da *ist* oder da *hat* eine Strecke eine Größe. Werte A, B gleicher Art erkennt man an ihrer Vergleichbarkeit, mit der dreifältigen Alternative $A < B$, $A = B$, $A > B$, genannt *Trichotomie* (eine „Drei-Teilung").

Mit Maßnehmen begann die Geometrie, bei den Ägyptern. Den Griechen ging es nicht um profane Zwecke, sie waren nicht „berechnend". Es ist kein Zufall, dass man bei Euklid vergeblich nach der Standardformel für den Dreiecksinhalt sucht.[1b] Was die Ausdehnung der geometrischen Gebilde anlangt, so handelte es sich anfangs bloß um Relation: um das *Zahlenverhältnis* ihrer Größe. Nun, die „wahren" Zahlen der Griechen waren die *ganzen*. Bald werden wir sehen, wie weit sie damit kamen… Erst im letzten Teil der hellenistischen Epoche kam der metrische Aspekt voll zum Zuge, schlug sich nieder in dem gewaltigen mathematischen Werk des Archimedes, nachdem sein Vorgänger Eudoxos (siehe unten) dem Bedürfnis nach begrifflicher Klarheit nachgekommen war.

Wir sind geneigt zu fragen, wie man die Größe von Flächen und Körpern damals „berechnete" – von dieser unserer Vokabel müssen wir uns freimachen. Inhaltsbestimmungen sind stets Vergleiche, unser Zahlenapparat erlaubt, sich dabei auf Standards zu beziehen. Wenn wir die Fläche des Kreises vom Radius „1" mit der Fläche des Quadrats von der Seitenlänge „1" vergleichen, so „messen" wir jene Kreisfläche an diesem *Flächen*-Normal „1". Das heißt wir fragen, *wievielmal* der Einheitskreis größer ist als das Einheitsquadrat, und nennen den Faktor die Verhältnis- oder Maßzahl. Die Alten hatten kein π. Sie mussten auf ihre Weise mit einer solchen Größenrelation zurechtkommen. Und taten es überzeugend!

Der Inhalt einer ebenen Figur galt als bestimmt, wenn er nachweislich dem eines „bestimmten", d.h. konkreten Quadrates gleichkam. Quadratur hieß der Nachweis. Der Vergleich von Ungleichem fand seine Krönung in exakten Größen*verhältnissen* wie dem von Pyramide und umbeschriebenem Quader, von Kegel und umbeschriebenem Zylinder, die beide 1:3 lauten (II.A). Beim Beweisen kam die Geometrie an ihre Grenze: an den Schlagbaum zur „*Analysis*". Den Griechen gelang ihn zu heben.

Am Beginn all dessen stand eine bis dahin wohl einzigartige Mentalität, hervorgerufen von der als mystisch empfundenen Beziehung zwischen Geometrie und Zahl. Griechen fühlten sich aufgerufen, Welträtsel zu lösen. Es musste sie schwer treffen, von ihrer Wissenschaft enttäuscht zu werden. Davon anschließend.

$$*\qquad*$$
$$*$$

Der folgenden Begriffsbildung liegen Streckenlängen zugrunde; sie überträgt sich auf manche anderen Größen. Mittels eines Strahles, wie in Abb.I.2 von **S** über *Z* hinaus, lassen sich die griechischen Zahlen 2, 3, … als Vielfache der willkürlichen Strecken*einheit* **SZ** modellieren; wir nehmen die 1 hinzu, das *ein*fache Vielfache. So kann man Paare von Strecken in jedwedem ganzzahligen Längenverhältnis bilden. Wie jedoch verhalten sich willkürlich gewählte Strecken zueinander?

Der einfachste Fall beim Vergleich ungleicher Strecken liegt vor, wenn eine, sagen wir *A*, durch wiederholten Abtrag von *B* entsteht. Dann lässt sich *A an B messen*, dann ist *B ein Maß für A*. Man stellt fest, *wie oft* (lat. *quotiens*) *B* in *A* enthalten ist, und schreibt *A* = *q B* mit dem *Quotienten q*. Falls nun keine der beiden in der anderen „aufgeht", so musste nach Pythagoras' Überzeugung ein Mittler existieren, ein beiden *gemeinsames Maß E. Das drückt sich so aus:*

„Es gibt *E* und Zahlen *m, n* derart, dass *A* = *m E* , *B* = *n E* gilt."   (1)

Den Ausdrücken entnimmt man   *n A* = *n* (*m E*) = *m* (*n E*) = *m B*   mit der Konsequenz

„Es gibt Zahlen *m, n* derart, dass *n A* = *m B* gilt."   (2)

Letzteres setzt *A* und *B* in *unmittelbare* Beziehung. Der Schluss von (1) auf (2) besagt: Haben *A, B* einen gemeinsamen Teiler, so auch ein *gemeinsames Vielfaches*. Strecken sind, wie der Strahlensatz in Abb.I.2 zeigt, geometrisch in eine beliebige Anzahl gleicher Teile zerlegbar. Das gestattet den Strecken den Umkehrschluss: Aus (2) gelangt man durch

$$A/m \ = \ nA/(nm) \ = \ mB/(mn) \ = \ B/n$$

zu (1) mit *E* := *A/m* . (Über Strecken lassen sich z.B. auch Rechtsecksflächen konstruktiv teilen, mit Winkeln ist das anders: siehe I.A.4.)

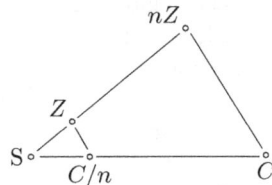

Abb. I.2 *Streckenteilung.*

Durch (1) wird ein Vergleich gestiftet: A und B verhalten sich zueinander wie m zu n, geschrieben $A : B = m : n$. Jedoch wird auch (2) zur Definition dieser *Proportion* zugelassen (vgl. {8}), auch schon von Eudoxos bei seiner Verallgemeinerung (s. II.B).

Mochten auch die verifizierenden Faktoren m, n in (1), (2) nicht einfach beschaffen oder praktisch gar nicht zu beschaffen sein – ihre Existenz, und nur darum ging es, schien angesichts des unerschöpflichen Vorrats an Zahlen eine Selbstverständlichkeit. Pythagoras' Offenbarung und der Pythagoreer Credo lautete: *Jedes Paar gleichartiger Größen steht im Verhältnis ganzer Zahlen.*

Eine glänzende Bestätigung hätte dieser Glaubenssatz auch durch den Lehrsatz gefunden, den Archimedes auf seinem Grabstein mit einer Kugel im umbeschriebenen Zylinder[1c.9a] zu verewigen suchte: Volumen[2c.11a,g] wie auch Oberflächen[11b] von Zylinder und Kugel stehen im Verhältnis 3:2. Seine Entdeckung zu erleben hätte unseren zu früh geborenen Mystiker über die Maßen entzückt. Denn wenn Pythagoras die Saite seines Monochords in eben diesem Zahlenverhältnis teilte, erklang die Quinte zum Grundton, die nächste Verwandte zur Oktave mit 2:1. Harmonisch ging's zu in seiner Welt. Sein Kosmos tanzte nach „Sphärenklängen", nach der Melodie *Alles ist Zahl:* 7 Intervalle hat die Oktave, ergo hat der Himmel 7 Planeten, und deren Sphären sind aufeinander abgestimmt wie Saiten.[1d] Für die Pythagoreer waren die Zahlen zuerst auf dem Plan und wurden von der Natur imitiert. Eine in jeder Hinsicht eigene Weltsicht.[1d.12]

*   *
*

Es war die erste Grundlagenkrise der Mathematik, als man in jener Gemeinde darauf stieß, dass ihr Guru irrte.[4b.13a] Ein Kulturschock, etwa zur selben Zeit, als ohnehin Philosophen im süditalienischen Elea begannen, eine Atmosphäre intellektueller Unruhe zu verbreiten, wie sie wohl bei keinem anderen Volk hätte entstehen können. Die „pythagoreische Katastrophe" trug einen Keim, von dem die mathematische Welt sich im besten Sinne nie erholen sollte. Das rechtfertigt die Mühe, ihr auf den Grund zu gehen.

Bekanntester, jedoch wohl nicht erster Beleg für den Irrtum[15a]: Mit der Seitenlänge A eines Quadrates und der Länge B seiner Diagonale lässt sich nicht (2) und somit auch nicht (1) erfüllen. Die Begründung, die Euklid[16] dafür anführt, ist so pfiffig und einfach, dass kaum eines unserer einschlägigen Lehrbücher daran vorbeikommt (z.B. {2d.4b.10a.11b}). (Zum „*dilemma* $\sqrt{2}$ " siehe *nicht* {6c}! Dieser Quelle zufolge bestehe es darin, dass die Wurzel nicht ganzzahlig ist ...)

Zu denken gibt, dass Euklids Trick am Ende von Buch X als Mauerblümchen kümmert; mit „gerade und ungerade" wird da nicht gerade zünftig griechisch argumentiert. Man nimmt an, dass es für den ersten Unmöglichkeitsbeweis unserer Mathematik spätestens um –450 ein geometrisches Sujet gab.[15b] Wie dies bei Diagonale und Seite des Quadrats auszusehen hätte, wird in {10b} vorgeführt (s. auch {5b.17a}). Vielleicht jedoch bot sich das regelmäßige Fünfeck dazu an.[14a.15c.17b] Nicht nur, weil einfacher zu handhaben, sondern eher, weil es die Facette eines der fünf platonischen Körper bildet, die in ihrer Regelmäßigkeit einzigartigen.

Diese geometrische Beweise stützen sich auf ein fundamentales Rekursionsprinzip der Griechen, den *euklidischen Algorithmus*. Für den vorliegenden Zweck genügt seine einfachste Version, die 1-fache „Wechselwegnahme"[2e.18a]. Bei den Pentagonen in Abb.I.3 sieht das wie folgt aus.[18b]

Die Diagonalen des äußeren Pentagons lassen in seinem Innern ein kleineres entstehen, dessen Diagonalen tun ein Gleiches, und so fort.[14b.15d.17c] Mit s_i, d_i seien Seiten- und Diagonalen-Länge des Pentagons $\mathcal{P}_i$ ($i = 0,1, ...$) bezeichnet. Sie bestimmen sich aus s_0, d_0 durch die nicht-abbrechende Rekursion

$$d_0 = s_0 + d_1 , \quad s_0 > d_1 \text{ (also } d_1 < \tfrac{1}{2} d_0),$$
$$s_0 = d_1 + s_1 , \quad d_1 > s_1 \text{ (also } s_1 < \tfrac{1}{2} s_0),$$
$$d_1 = s_1 + d_2 , \quad s_1 > d_2 \text{ (also } d_2 < \tfrac{1}{2} d_1) ... \; [15e],$$

wobei sich die Größen d_i, s_i ($i = 1, 2, ...$) auf stets gleiche eise aus gleichschenkligen Dreiecken rekursiv definieren. (In der Figur messen alle spitzen Winkel 36° oder 72°, alle stumpfen 108°.)

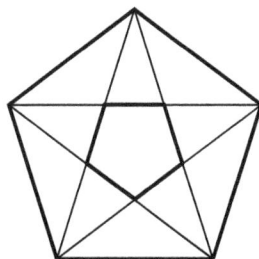

Abb. I.3 *Die ersten drei aus der geschachtelten Abfolge Pentagon–Pentagramm–Pentagon–...*

Angenommen nun, eine Strecke der Länge t ginge in Diagonale und Seite von $\mathcal{P}_0$ auf. Dann gilt nach Schema: Aus $t|d_0$, $t|s_0$ folgt $t|d_1$, aus $t|s_0$, $t|d_1$ folgt $t|s_1$, und so fort. Somit müsste t alle d_i, s_i teilen, was angesichts beliebig kleiner s_i nicht möglich ist.

*

Demnach verweigern sich Streckenpaare mitunter einem Längenverhältnis aus natürlichen Zahlen. Hermann Hankel brachte es so auf den Punkt: Strecken können sich außer in der Quantität auch in der Qualität unterscheiden, einer *„unsichtbaren"*.[1e.19a] Paare von Größen mit einem gemäß (1) *gemeinsamen Maß* verdienen mithin ausgezeichnet zu werden. Wörtlich latinisiert heißt das *„kommensurabel"* (die Griechen sagten „symmetrisch", unser „gleichmäßig" ist mathematisch anders besetzt). Das Verhältnis der besagten Unruhestifter nannte im 6. Jahrhundert jemand „irrational"[1f]; danach stünden kommensurable Größen *in rationalem Verhältnis* zueinander.

Noch etwas zur Illustration, *wie* das Quadrat gegen das pythagoreische Gebot verstößt. Nach Fehlanzeige zu (2) ist mit den fraglichen Schrittweiten nie ein Gleichstand zu erreichen. Und zu (1): Bestehen die Seiten eines Rechtecks aus m und n Längeneinheiten, so setzt sich seine Fläche aus m Kolonnen zu je n Flächeneinheiten zusammen, insgesamt $m \cdot n$ vielen. So die Urform der Inhaltsformel; als solche versagt sie bei einem Rechteck aus Seite und Diagonale eines Quadrats: Mit keinem noch so feinen quadratischen Muster lässt sich dieses Rechteck parkettieren.

Rechtecke eben dieser Form werden unserem Schreibpapier vorgeschrieben, seit 1922 als sogenannte **Deutsche Industrie-Norm**, von der nur ihr Akronym überlebte.[20] Dabei bildet

der Quadratmeter die Größe des Bogens DIN A0, seine Form wird durch die Rekursion bestimmt, welche allen Formaten die gleiche Form garantiert. Wird nämlich AN, $N = 0, 1, \dots$,
längs der kurzen Mittelparallelen gefaltet, so entsteht A(N+1), und das heißt

$$h_n : b_n = h_{n+1} : b_{n+1} = b_n : (h_n/2), \quad \text{demnach} \quad h_n = \sqrt{2}\, b_n$$

für die entsprechenden Höhen und Breiten von AN, A(N+1). Die Kanten jeden Bogens stellen also jeweils Diagonale und Seite eines Quadrates dar! Schön praktisch finden wir das
zum Beispiel beim Falten von Briefpapier, was den theoretisch empfindsamen Griechen ein
Horror gewesen wäre. Besser gesagt: hätte sein sollen. Denn selbst Platon erfuhr erst im Alter vom Schönheitsfehler des Quadrats und habe sich, wie er schreibt, dieser Unwissenheit
zugleich für alle Hellenen geschämt − sie liege auf dem Niveau von Schweinen.[5c.10c]

*　　*
*

Größte Binnenstrecke im Quadrat ist sein Durchmesser, die Diagonale. Damit lässt sich der
pythagoreische Schock auch so ausdrücken: Umfang und Durchmesser des Quadrats sind inkommensurabel. Da konnte man für den Kreis nichts Besseres erwarten und fand sich darin
beim Umgang mit der Peripherie „weltweit" bestätigt. Über deren Verhältnis zum Durchmesser meinte vor 1200 einer der eifrigen Araber, „die gesamte Wahrheit dieser Dinge" wis-
se nur Allah[21]. (Siehe auch {14c}.) Eine sehr tiefe Wahrheit, was erst ihre Übersetzung ins
Algebraische erkennen ließ. Hier lag ein noch ärgeres „Missverhältnis" vor als das, worüber
Pythagoras sich aufgeregt hatte: nämlich krasser in der „Qualität"[19a] à la Hermann Hankel:
Umfang u und Durchmesser d eines Quadrates genügen immerhin der *algebraischen* Gleichung $u^2 = 8\, d^2$, die Kreisgrößen hingegen stehen in keiner algebraiischen Beziehung (s.
I.C.3/Anfang) − der Grund dafür, dass sie nicht wie die Quadratgrößen auseinander kon-
struierbar sind.

Mit dem Durchmesser als Einheit bewerten wir das Drumherum des Kreises, sein Perí-
metron (περίμετρον), mit der „Zahl π". Für die Griechen war sie wertlos. Ihr Mysterium
wurde erst Ende des 19. Jahrhunderts endgültig erhellt (s. II.W/Ende).[17d] Was der einst
einstimmig gebilligten, noch immer anhängigen *Indiana Pi Bill* offenbar nichts anhaben
kann, welche π zumindest von der schlimmsten Form von Irrationalose heilen soll.[22]

*　*　*

Mit einem intuitiven Empfinden für „Verhältnis" wird man bei einem bestimmten Kreis den
Umfang in einem „bestimmten" Verhältnis zum Durchmesser sehen und überzeugt sein, dass
dieses Verhältnis bei allen Kreisen dasselbe ist. Ließ sich dem zu Archimedes Zeit ein Sinn
beilegen? Zum Teil ja, nämlich was die Gleichheit von Verhältnissen anlangt. Sogar solchen
zwischen z.B. Flächen auf der einen, Strecken auf der anderen Seite.

Einen ersten Schritt in den Nebel tat noch zu Platons Zeit einer, dessen Name hinter die
der großen Klassiker zurücktritt, obwohl er ihrem größten Theoretiker gehört: Eudoxos von
Knidos,[2f] angeblich[23] Lehrer Platons. Als Urheber einer durch Euklid überlieferten Proportionenlehre[11d] versuchte er sich nicht an einem selbständigen Begriff „Verhältnis", er

beschied sich damit festzulegen, wann ein Größenverhältnis als gleich oder aber kleiner einem anderen gelten solle. Über eine Beziehung zwischen Verhältnissen zu befinden, ohne diese selbst zu „kennen", das mag paradox klingen, ist es indes nicht.

Verglichen werden dabei geordnete Paare *jeweils* gleichartiger Größen. Solche Größen sind dadurch definiert, dass man jeden Partner außer sich selbst auch dem anderen zufügen kann und dass sich jeder mit einem Vielfachen des anderen übertreffen lässt (s. Zitat Archimedes in II.F).[2g.11e.13c] (Bei Größen meint „vergleichbar" dasselbe wie „gleichartig", wie schon früher angemerkt; jetzt jedoch geht es um den Vergleich zweier Größen*paare*!) Über die Partner heißt es bei Euklid, „sie haben ein Verhältnis zueinander", sagen wir „*sie stehen in einem Verhältnis*". Eine tückische Sprechweise. (Vgl. Hankels[19b] Kommentar zu Euklids Buch V.)

Nun die Gegenüberstellung der (geordneten) Größenpaare. Wenn Euklid[2h.11e] in Eudoxos' Namen von ihnen sagt: „*sie stehen im **selben** Verhältnis*", so klingt das, als spräche er *über* Verhältnisse, als habe jedes eine eigenständige Bedeutung, einen „Wert". Doch handelt es sich nicht um „gleich*wert*ige" Verhältnisse, schon gar nicht um Wortklauberei. Dem Satz als einem Ganzen hat Eudoxos präzisen Sinn (s. II.B) verliehen und dabei vom Wort nur so viel gelten lassen, wie es der Kontext festlegt. Genial! Es ist dies die Idee einer impliziten Begriffsbildung. Entsprechend organisiert ist der „Vergleich nicht-gleicher Verhältnisse" – eine unverzichtbare Definition, denn wer die Gleichheit von Verhältnissen indirekt beweisen will oder wer, unter uns gesagt, irrationale Verhältnisse in rationale einzugrenzen sucht, muss Klarheit darüber haben, wann das eine Verhältnis kleiner als das andere sein soll. Damit war den damaligen Bedürfnissen so weit möglich und eben auch nötig entsprochen (s. {2i.5b.8b.11f.13d,e.17e}). Die eminente Wichtigkeit dieses Ansatzes lag darin, dass „inkommensurabel" in der darauf aufgebauten Proportionenlehre kein Thema ist: Unterschiedslos findet sich „das Irrationale" eingebunden. Eudoxos hatte die sichere Grundlage geschaffen, auf der Archimedes hundert Jahre später aufbauen konnte.

*   *

*

Hellas' Puritaner ließen als Arithmós, als *Zahl* nur gelten, was zählte.[2c] Von Interesse waren individuelle Eigenschaften, etwa wie eine Dreieckszahl oder mystisch wie die 7 zu sein. Operativ dienten ihre Zahlen der Vervielfachung geometrischer Größen. Das Teilen von Zahlen durch Zahlen gehörte in die Zahlentheorie, die „Arithmetik"; „Logistik" hieß ihre verpönte Schwester, die mit Zahlen rechnete.[2j.17g] Dafür reichten die ganzen freilich nicht aus. Bruchzahlen waren aus Ägypten und dem Zweistromland eingeschleppt worden, darunter die auf uns gekommenen Zwölftel bei Jahr und Tag. Nun dienten sie griechischen Kaufleuten und Ingenieuren, Zahlenrang kam ihnen vor Archimedes' Zeit nicht zu. Die Einheit zu zerpflücken galt den philosophierenden Griechen ein Sakrileg.

Von den Ägyptern hatten sie Geometrie gelernt, von den Babyloniern[2j] eine Algebra mit geometrischer Beimengung. Die Griechen suchten aus aller Algebra Geometrie zu machen.[2l] Noch Archimedes ging eine Gleichung dritten Grades wie $x^2(a-x) = b$ in der Weise an, dass er $b = c\,d^2$ schrieb, um nach einer Strecke x zu suchen, mit der das Längenverhältnis $(a-x):c$ dem Flächenverhältnis $d^2:x^2$ gemäß Eudoxos' Definition gleichkam.[2m]

Warum verhielten sich die Griechen so reserviert gegenüber der Algebra? Trauten sie der Geometrie mehr zu? Die Pythagoreer wussten: $x^2 = 2 = 1^2 + 1^2$ ließ sich nicht algebraisch, wohl aber geometrisch lösen![2n] Ein rationales Plädoyer. Ich denke aber, ein irrationales Motiv war nicht minder stark: die Vorliebe. Wie für mich in meinen frühen Schuljahren, als mir die Geometrie Entdeckerfreude bereitete, während ich der Algebra schon ihre nicht einsehbaren Vorzeichenregeln verübelte.

{1} CAJORI: {1a} 86/490. {1b} 33. {1c} 34, 36. {1d} 55. {1e} 57. {1f} 68.
{2} VAN DER WAERDEN [2]: {2a} 122 f. {2b} 180 (Fußn.1). {2c} 356-358.
     {2d} 181f. {2e} 208, 236. {2f} 292 ff. {2g} 309. {2h} 286 f, 309. {2i} 310.
     {2j} 189. {2k} 5, 116, 118. {2l} 439. {2m} 440. {2n} 206.
{3} DAVIS; HERSH [1] 147 f. [2] 150 f.
{4} GERICKE [1]: {4a} 106 f. {4b} 100.
{5} THIELE: {5a} 11 ff. {5b} 18. {5c} 12 f.
{6} KLINE [1]: {6a} 68 f. {6b} 69 f.— {6c} [2] 308.
{7} VON WEIZSÄCKER 228.
{8} WEBER; WELLSTEIN 92.
{9} EDWARDS, JR.: {9a} 42 ff. {9b} 43. {9c} 12 f.
{10} TOEPLITZ: {10a} 3 f. {10b} 4 f. {10c} 6. {10d} 9.
{11} BECKER [4]: {11a} 59 f. {11b} 41. {11c} 81 unten (Begründg. vgl. {15}).
     {11d} 83-87. {11e} 84. {11f} 85.— [3]: {11g} 109 f. {11h} 73.
{12} HEUSER [2] 635.
{13} BOURBAKI [5]: {13a} 172 f. {13b} 173. {13c} 174.— [3]: {13d} 143-146.
     {13e} 144. {13f} 145.
{14} WUßING: {14a} 57 f., 327 (Anmerkg. 3.4). {14b} 58 Abb. 3.8. {14c} 97.
{15} VON FRITZ [1]: {15a} 242. {15b} 256. {15c} 257. {15d} 257, Fig.2 (siehe dsgl.
     [2]). {15e} 258.
{16} EUKLID 313 f. SONAR [1] 22 f.
{17} BOYER [2]: {17a} 81. {17b} 79 f. {17c} 81, Fig. 5.6. {17d} 603. {17e} 98 f.
     {17f} 95.
{18} MESCHKOWSKI [1]: {18a} 75 f. {18b} 76 f.
{19} HANKEL: {19a} 102 f. {19b} 393-397.
{20} ARTMANN [2] 110.
{21} JUSCHKEWITSCH 319.
{22} SONAR [1] 13; [4] 85. SKUTELLA 65.
{23} HEATH [1] 325.

I.A.3   Demokrits geometrischer Atomismus: ein zählebiger Widerspruch

Die Auflösung des Kontinuums. Zenons indiskrete Verfolgung.
Aristoteles' Verdammung der Atome. Das Unendliche bei Aristoteles.

Räumlicher Inhalt war einst von stofflicher Menge abstrahiert worden: Eine Flüssigkeits-menge lässt sich von Form zu Form umgießen, „umformen". Von festen Körpern mag man sich, unmöglich oder problematisch, die raumgleiche Schmelze vorstellen. Archimedes hatte die bessere Idee mit der Wasserverdrängung. Ihm und seinesgleichen war es jedoch um die „ideelle", die geometrische Maßbestimmung zu tun.

Bleiben wir bei der Verformung, der Änderung der Form unter Wahrung des Inhalts. Sieht man, wie sich Kalkspat spalten lässt, so drängt sich die Vorstellung auf, den Kristall durch Verschiebung seiner Schichten in einen Quader zu überführen. Als geometrisch-virtu-ellen Akt datiert Archimedes den Gedanken ins fünfte vorchristliche Jahrhundert, vermutet ihn bei Demókritos von Abdera, unserem Demokrit (s. II.A).

Der Philosoph Anaxagoras dachte in „Zusammenhängen", für ihn war Materie ein *Konti-nuum* von unbegrenzter Teilbarkeit, denn ein Kleinstes könne so wenig existieren wie ein Größtes.[1a] Demokrit hielt nichts von einem amorphen Brei, er dachte „modern". In ihm den Altvater unserer Chemie zu sehen, ist zwar überzogen, doch ist das Atom, das Unteilbare, mehr als eine altphilologische Anleihe.[2] Jedenfalls müsse die Zerlegung der Stoffe eine na-türliche Grenze haben. Er war zu sehr ein Geometer, als dass er seine Atome nicht sogleich sachgerecht eingebunden hätte: In ihrer Gestalt und Anordnung sah er den Grund für stoffli-che Vielfalt.

Wie scharf sah Demokrit dabei die Eigenständigkeit der Geometrie? Wohnten seine geo-metrischen Pyramiden im selben Raum wie jene am Nil? Zog Demokrit die Grenze zwischen den realen Körpern und denen, die nicht von dieser Welt sind? Wenn wir Analysis der Inhal-te treiben, dann stellen wir uns jeweils ein zusammenhängendes Substrat vor, das wir nach Belieben zerlegen können. Zum Zankapfel machte es Demokrit, und so müssen auch wir uns mit dessen – wahrem oder vermeintlichem, programmatischem oder gelegentlichem – *geo-metrischen Atomismus* auseinandersetzen.

Die griechische Philosophie war voller Gedankenexperimente. Zenon, jener als zynischer Bürgerschreck diskreditierte Sophist in Elea[3a], veranstaltete ein Rennen zwischen einer Schildkröte und dem flotten Achill. Sein Szenario sieht eine „diskrete" Verfolgung vor, bei der beide auf der kontinuierlichen Strecke beliebig kleine Schritte tun können. Mit Vor-sprung startet die Kröte im Punkt P_1; wenn Achill in P_1 ankommt, dann befindet sie sich be-reits in P_2. Und so geht es weiter mit den Ortspunkten $P_1 < P_2 < \ldots$ wie mit den Zeitpunkten $Z_1 < Z_2 < \ldots$, zu denen Achill sie erreicht. *Ad infinitum.* Der Trugschluss: Achill holt die Kröte *nie* ein. In jener Beschwörung des Unendlichen liegt der „sophistische Trick", die zeit-liche Grenze vermöge der unbegrenzten Zeit-Sequenz aufzuheben; freilich finden nur die

Zähler n der Werte Z_n keine Grenze. Erst im 17. Jahrhundert wurde die Verwechslungsko-
mödie aufgelöst (I.C.3). Zenon hatte den Nerv der Analysis freigelegt.

Zenon gehörte noch nicht zu den Generationen degenerierter Sophisten, und auch die hätten nicht wider ein besseres Wissen agieren können, das erst die Neuzeit besitzt; er war eher
ein Opfer seines „Tricks". Der zeigte anscheinend, wohin es führt, wenn wie hier auf Zenons
Piste des Teilens kein Ende ist. Wollte dieser sagen: Das kommt davon, wenn man sich die
Atome wegdenkt!? Andererseits widerspräche ein Diskontinuum unserer Erfahrung von der
Stetigkeit bei Ort- und Zeitwechsel. Wie sonst könnte ein Pfeil – zu jeder Zeit und „daher"
allzeit in Ruhe – überhaupt fliegen?[3b] Demnach wäre Bewegung, wiewohl wahrnehmbar,
nicht denkbar! Der Eleat hätte sich also über *alles* lustig gemacht, bestenfalls seien seine Paradoxien heilsame Parodien gewesen?[3a] Was er tat, war berufskonform: Er gab zu denken.

*   *   *

War es Zenons Gaukelspiel mit dem Kontinuum, das Demokrit zum *geometrischen* Atomisten hätte werden lassen? Aristoteles befand: „[Ferner] *nötigt der zenonische Beweis zur Annahme einer unteilbaren Größe"*, und Zeitgenossen empfanden den gleichen Notstand. Das
Zitat entstammt dem ersten Teil der seinen Namen tragenden Schrift *„Über unteilbare Lini-
en"*[4a.5], wiedergegeben in Band II der *Aristotelis Opera*. Wenig Linientreue zeigt unser
Autor in Band III, wo er zur Lehre der Linienatome meint[6a], dass sie *„so ziemlich allem in
der Mathematik widerspreche"*[6b], und anführt, in einem Dreieck aus atomaren und damit
gleichen Seiten müssten diese durch die Lote halbiert werden.[6c] Wenn solch ein Linienatom
fürs Teilen zu kurz wäre, dann kämen zwei „Gründe" in Frage: *„extrem* kurz" oder aber
„kürzer als jede angenommene Kürze". Letztere Deutung reicht unserem Epsilon die Hand.
Am Ende ist für Aristoteles *„alles Kontinuierliche in ein stets wieder Teilbares teilbar"*.[7a]

Was soeben gegenübergestellt wurde, entspricht der scharfsinnigen Differenzierung, die
Aristoteles am „Unendlich" vornahm, eine seiner bleibenden Leistungen. Die Einsicht, dass
man jede noch so große natürliche Zahl durch eine noch größere übertreffen kann, fasst man
in die Worte, es gebe *„potenziell unendlich"* viele solcher Zahlen. Wer jedoch die *Menge aller* natürlichen Zahlen in den Mund nimmt, der nimmt ihn zu voll, nach Aristoteles. Nun,
man kann den Zahlenstrahl nicht überblicken, könnte sich aber bei der Menge der Stamm-
brüche $1, \frac{1}{2}, \frac{1}{3}, \dots$ weniger überfordert fühlen. Eine Zusammenfassung dieser Art hieß später
ein *infinitum actu*, ein vollendetes oder *„aktuales Unendlich"*. Kraftausdrücke für etwas
Umstrittenes, womit man zwar zu operieren lernte, das indes eine Quelle des Argwohns blieb
und die Grundlagenkrise des vorigen Jahrhunderts heraufbeschwor.

Die Mathematiker jener Zeit hatten noch kein eigenes Gehege, kampierten unter dem
Dach der Philosophie. Aristoteles war deren so wenig einer wie zuvor Platon. Jeder beein-
flusste jedoch auf seine Weise das Verhältnis, in das sich die Geometer zu den abstrakten
Gegenständen ihres Tuns gestellt sahen. Wir kommen darauf unter I.C.1 zurück. In seinem
Rationalismus war Aristoteles berufen, den Grund unserer Wissenschaftlichkeit zu legen.
Das hat ihm lange Zeit Autorität als Vormund der Mathematik verliehen.[8a]

*   *   *

Eine banale Konsequenz der geometrischen Atome ist, dass ein Mindestmaß an Ausdehnung unendlich viele auf endlichem Raum verbietet. Perplex habe Demokrit vor dem Kegel kapituliert, als er versuchte, sich dessen Atome zu gestapelten Kreisscheiben vereint vorzustellen. Billigte er diesen eine Dicke zu, so eckte er beim glatten Kegelmantel an, anderenfalls aber hätten sie ununterscheidbar sein und einen Zylinder bilden müssen.[4d.7b] Müssen, doch nicht können, denn ohne Dicke gab's keine räumliche Größe nach dem Grundsatz, dass eine Größe nicht von Größelosem auszufüllen sei. *Unendlich* dünner Scheibchen hätte es unendlich vieler bedurft, und so musste sich halt auch Demokrit gefallen lassen, mit *unendlich* viel Kleinkram in Verbindung gebracht zu werden. Begründen ließ sich trefflich, warum etwas nicht sein konnte; was dagegen sein *sollte*, fand kein so rechtes Bekenntnis. „Aporien" heißt es bei den Profis, wenn die Tür nicht zugeht oder, um im Wort zu bleiben, wenn sich keine „Pore", kein Hintertürchen öffnet. Ein ernst gemeinter Atomismus war bald nicht mehr ernst zu nehmen. Archimedes wird eine abgespeckte Form zur Strukturierung geometrischer Objekte verwenden – heuristisch, und nur so. Erst als es *unserer* Analysis entgegengeht, werden die kleinen Helfershelfer erneut von sich reden machen.

Manche meinen, Zenon habe Achilles dazu benutzt, den seinerzeit unbekümmerten Umgang mit Unendlichkeiten zu parodieren[4b], was aber in Bezug auf Demokrit zeitlich wie sachlich nicht hinkommt[4c]. Das Kontinuum blieb ein Rätsel, schließlich hingen auch die Atome zusammen. „*Tractatus de continuo* "[9] heißt eine Schrift aus dem 14. Jahrhundert zum Verhältnis des Stetigen zum Diskreten. In {9} finden sich auch die unterschiedlichen Auffassungen vom Kontinuum aus Sicht des späten Mittelalters. Heute streiten Historiker darüber, wie weit sich wer wozu bekannte (vgl. die Positionen {10a,b}). Kein Geringerer als Otto Toeplitz schreibt betreffs Demokrits Einstellung zum geometrischen Atomismus, sie sei ihm „*aus dem Vielen, was man darüber gedruckt hat, noch nie klar geworden.* "[1b]

Missverstanden oder nicht, Demokrit steht für einen mehr oder minder naiven Versuch einer „Analysis", d.h. Auflösung (lýsis) geometrischer Ganzheiten in sublime, manipulierbare Elemente.[11] Ihre erste Bewährung vermutet Archimedes hinter Demokrits „Satz", mit dem er die altägyptische Faustregel vom Pyramideninhalt bestätigt (II.A). Demnach hätte Demokrit mit seiner plausiblen Bestimmung des Tetraeder-Inhalts den Reigen jener Eiertänze eröffnet, die dann in neuerer Zeit um die Indivisiblen und Differenziale aufgeführt wurden. Flüchtige Wesen in der Erbfolge der Atome (átomos = indivísibilis = unteilbar), allenfalls zu charakterisieren durch ihre erfolgreiche Handhabung. Bei „richtiger" Verwendung erzielte man mit ihnen erstaunliche Ergebnisse (II.L, M, N). Doch was denn die Differenziale eigentlich seien, darauf würden ihre Schöpfer die Antwort schuldig bleiben, und so kam es, dass Newtons scharfer Kritiker, der bischöfliche Philosoph George Berkeley, die Rückkehr zum Atomismus predigte. Danach gäbe es keine inkommensurablen Strecken, mithin auch nichts Irrationales jenseits der Theologie...[8b]

{1}   TOEPLITZ: {1a} 2. {1b} 59.
{2}   HEUSER [4] 281-286.
{3}   KLINE [1]: {3a} 35. {3b} 36. {3c} 37.
{4}   VAN DER WAERDEN [1]: {4a} 153. {4b} 141 f. (141 Fußn. 3). {4c} 154.—
       [2]: {4d} 228 f.

{5}   HEATH [1]: 346-348.
{6}   WIELEITNER [2]: {6a} 22-27. {6b} 23. {6c} 25.
{7}   BECKER [4]: {7a} 72. {7b} 56.
{8}   HERSH: {8a} 183. {8b} 128.
{9}   JUSCHKEWITSCH 397. BOYER [2] 289.
{10} {10a} LURIA 129 (s. auch S.106 „Anmerkg. der Redaktion").– {10b} STRUIK 44 f.
{11} SCRIBA; SCHREIBER [1] 314 f., [2] 339.

I.A.4   Quadratur und Exhaustion

Das Wie und Ob der Konstruktionen. Eudoxos' Beweismuster.

Grundsätzliches zu „Maßbestimmung" enthielt I.A.2, Stichwort Quadratur. Größenvergleich wäre durch Zerlegung oder maßtreue Umformung zu bewerkstelligen. Die Philosophie hatte hier eine Barriere gesetzt mit Aristoteles' Grundsatz, dass in jeder Dimension das Krumme und das Gerade nie von gleicher Größe sein könne. Die Mathematiker ließen sich nicht abschrecken. Auf mancherlei Art wurde spanlos umgeformt. Platon verlangte, dabei nur den Zirkel und das ungezinkte Lineal zu verwenden. Mit ihnen konnte man, beim Kenntnisstand der Planimetrie, ein Vieleck leicht in ein inhaltsgleiches Quadrat verwandeln (siehe II.D/Anfang). Doch war, *so verstanden*, auch die sprichwörtlich gewordene „*Quadratur des Kreises*"$^{\{1a.2a\}}$ möglich, aus dem Radius die Kante zu konstruieren? Etwa die Kubatur der Kugel: die Konstruktion der Würfelkante aus dem Kugelradius? (Später überträgt sich „Quadratur" auf jede wie auch immer geartete Bestimmung von Flächeninhalten.)

Der Vater des hippokratischen Eides hatte einen Namensvetter, Hippokrates von Chios. Er wusste sich einen eigenen Namen zu machen. *Seine* Eidesformel hieß „Definition, Satz, Beweis", diese unsere Trilogie geht auf ihn zurück$^{\{3\}}$. Sein Name verbindet sich mit den „*hippokratischen Möndchen*" aus Abb.II.4, deren symmetrischen Spezialfall die Abb.I.4 halbseitig wiedergibt mit einer *Quadratur* im engsten Wortsinne. Von den schattierten Flä-

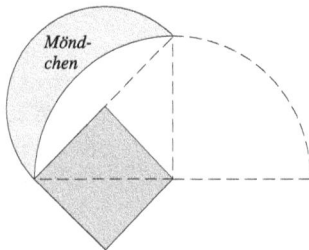

chen heißt es nämlich zu Recht: Der vom großen Viertel- und kleinen Halbkreis umgrenzte Mond gleicht dem Quadrat über der halben Kathete! Er wirft ein schlechtes Licht aufs Dogma des Aristoteles. Allerdings war dieser von den Göttern gewährte Triumph voll teuflischer Tücke: Den Vollmond entsprechend zu begradigen sollte sich als undurchführbar erweisen!

Abb. I.4 *Die einzige Quadratur des Mondes.*

Ebenso wie das Verlangen des Orakels zu Delphos, den kubischen Altar auf Delos mit Platons Werkzeug zu verdoppeln$^{\{2b\}}$ – während das doch beim Quadrat bloß eines Federstrichs bedurfte: der Diagonale, denn sie ist ja nach Pythagoras die Kante eines doppelt so großen Quadrats. Ein anderer Vergleich: Jedweder Winkel lässt sich konstruktiv halbieren, nicht jedoch dritteln.[2c] Aller verfluchten Probleme waren drei.[4a.5]

Man verstand sie als *Aufgaben*. Nicht selbst in Frage gestellt, verführten sie mit lockendem Lorbeer zu unermüdlicher, unmenschlicher Anstrengung. So ward die Quadratur des Kreises zur Mutter der Kegelschnitte. Unberufene wie Berufene verhoben sich gleichermaßen an diesem Stein der Weisen. Bis man alle diese Probleme nach gut zwei Jahrtausenden als unlösbar entlarven konnte, quälten sich die Menschen vor allem mit dem Kreis ab. Ein wenig übertrieben, das mit der Menschheit, doch seinerzeit bewegte jener Denksport ein ganzes Volk! Der Komödiendichter Aristophanes gab den Lorbeer an den Quadrierer, der mit gekreuzten Durchmessern einem Kreis zu vier rechten Winkeln verhalf.[2d.6a]

*   *   *

Hatten Demokrit und seinesgleichen ihre Flächen und Körper in undefinierbare Streifen und Schichten zerlegt, so ging man wenig später zu Handfesterem über: konkreten Dreiecken, Prismen. Dazu wurden der Figur Polygone bzw. Polyeder in wachsendem Maße einbeschrieben mit dem Ziel, sie damit „restlos" auszuschöpfen. Was nur bedeuten konnte, die Reste beliebig klein zu machen (s. II.A). *Exhaustion* nannte es Grégoire de Saint-Vincent (Gregorius a Sancto Vincentio) , in 1647.[7] Eine Variante war, das Objekt zugleich *von außen* einzuschachteln. Solch systematische Annäherung wurde zum Leitgedanken einer bereits „analytisch" zu nennenden Inhaltsbestimmung. Ihr Urheber war besagter Eudoxos, zum Meister der Anwendung wurde Archimedes.

Gut zur Exhaustion des Kreises eignen sich regelmäßige Vielecke mit unbegrenzt wachsender Eckenzahl. So konnte man, stereometrisch wie oben erwähnt, dem Kreis mit Quadraten beliebig nahe kommen. Der Sophist Antiphon, Zeitgenosse von Hippokrates, sah denn auch im regelmäßigen Unendlich-Eck nicht nur „praktisch" die Quadratur des Kreises vollzogen[2e.6b] und soll mit seinen Konstruktionen den Anstoß zu Eudoxos' Methode[2f.4b.8] gegeben haben (Kritisches siehe {1b}). Oder man argumentierte so: Wo ein- und umbeschriebene, also kleinere und größere Polygone sind, muss auch ein gleich großes sein – der goldene Mittelweg oder die Quadratur mit der Brechstange. (Siehe {1b} zur Entscheidung des Problems.)

Mit Hippokrates begann eine „Größen-Lehre"; Vertiefung erfuhr sie durch Eudoxos, ihren eigentlichen Schöpfer (I.A.2; II.B). Sollten einst die Bauelemente extrem, somit undefinierbar klein *sein*, so würden nun konkrete Reste beliebig klein *werden*. Das war untadelige Analysis! Artgleiche Größen ließen sich in Gleichung und Ungleichung setzen; „gleich" zu beweisen hieß, „größer" und „kleiner" zu widerlegen durch die später so genannte „doppelte" *reductio ad absurdum*. (Erst zu unserer Zeit würde man sich wieder des Wertes von Ungleichungen bewusst werden.) Auch ihre Verhältnisse wurden jetzt in einem präzisen Sinne miteinander *vergleichbar*. (Siehe dazu II.B, C, D, E.) Eudoxos machte vor, wie Bernhard Riemann im 19. Jahrhundert seinen Integralbegriff organisierte. Jener hatte den Weg eingeschlagen, auf dem Archimedes fortschritt, um das Infinite zu umgehen. Es wurde entbehrlich: *das* war Fortschritt. Auch wenn in nur *einer* Richtung.

{1}   RUDIO: {1a} 3-10. {1b} 61-64.

{2}   HEATH [1]: {2a} 220-226. {2b} 244-270. {2c} 235-244. {2d} 220 f. {2e} 222 f. {2f} 223.

{3}   WUßING; ARNOLD 13.

{4}   CAJORI: {4a} 20. {4b} 23.

{5}   KLEIN [1] 1-4, 13-15, 55-60.   KNORR 28.

{6}   VAN DER WAERDEN [2]: {6a} 214 f. {6b} 215 f.

{7}   STRUIK 43.

{8}   HANKEL 116 f.

I.A.5   Archimedes: der leibhaftige Herkules

Heuristik und Beweis. Untypisches: die Tangente der archimedischen Spirale.

Eudoxos hatte eine Theorie sowie die Technik ihrer Anwendung geschaffen: den keimfreien Beweis, die später so genannte Exhaustionsmethode. Zweifellos das erste Präzisionswerkzeug der Analysis – doch war es eine *Methode*? Wo sollte man das Werkzeug ansetzen? Die „Methode" lieferte keinen Anhaltspunkt, keine Zielvorgabe. So und so gesehen war sie ein steriles Instrument.

Entdeckung und Beweis fielen auseinander, jedenfalls grundsätzlich. Hilfreich, wenn nicht unverzichtbar war die Heuristik, die Kunst zu finden (= heurískein). Darin übertraf niemand einen Archimedes. Doch so überzeugend seine Demonstrationen auch sind, sie gehören auf den Vorhof der Mathematik. Das brauchte ihm keiner zu sagen. Heilig ist ihm der Beweis, das andere ist „Hinweis" (émphasis). Denkt er sich, bei der Vorüberlegung, eine Figur durch „Elemente" zweckgemäß strukturiert, so folgt er ein Stück weit dem alten Demokrit, nie aber ist bei Archimedes offiziell von unendlich schmalem oder dünnem Zeug die Rede. Von manch anderem vor und lange nach ihm in allerlei Deutung ernst genommen, benutzt er es spielerisch beim Arbeiten ins Unreine.

Beispiele wie die in II.G durchgespielten zeigen, wie geistreich Archimedes in jedem Einzelfall zu Werke geht, wie er sich außermathematischer Mittel bedient, um die mathematische Wahrheit aufzuspüren. Der Physiker Archimedes entdeckte den Hebel und mit ihm zugleich eine Wünschelrute für den Geometer. Zu deren Anwendung simulierte er Volumen durch homogene Masse und diese wiederum durch Schwerkraft. Als meisterhaft gelten die Darlegungen in seinen sozusagen signierten Schriften, und doch: Vom Meister zeugen noch weit eindrucksvoller heuristische Vorarbeiten, ähnlich wie die Skizzen, die dem Gemälde eines großen Malers vorausgehen.

*

Archimedes steht für eine griechische Infinitesimal-Mathematik, die sich dem Anschein nach gänzlich in „Integration" erschöpfte. Als Letztere im Jahrhundert von Newton und Leibniz aufgegriffen wurde, so geschah das auf eine Weise, durch die sie an eine ganz andere Fragestellung gekoppelt wurde: an das „Tangentenproblem". Auch zu Archimedes Zeit befasste man sich mit Tangenten, doch in typisch griechischem Stil: ein hinlänglicher Begriff, Verifizierung durch Widerspruchsbeweis. Infinitesimales klang nicht an. Weil sich nun aber hinter Tangenten, außer am Kreis, weit mehr als eine geometrische „Rand-Erscheinung" verbirgt, so hat man nach alten Spuren gesucht. Wohl nur ein einziges Mal befasste sich Archimedes mit einer Tangente. Daher haben wir nur diese eine Gelegenheit, ihn nach der Konstruktion zu befragen, um über eine Verbindung zur Differenzialrechnung zu spekulieren.[1.2a.3] Dem wird in II.H nachgegangen. Der Bedeutung wegen hier schon mal die Ouvertüre.

Objekt ist die *Archimedische Spirale*, seine *„Helix"* (Schraube). Anders als die Kegelschnitte, die ihr zeitlos-ideales Wesen trieben, zeichnet diese ebene Kurve eine Punktbewegung nach, gehört als eine *„Bahnkurve"* zu den − wenn hier auch nur virtuell − „mechanisch" erzeugten Kurven. Routinemäßig untersucht Archimedes die von der Kurve eingeschlossenen Flächen, außerdem aber lässt er wissen, wie die Tangenten aus der jeweiligen Kurvenlage hervorgehen. Dass Tangenten herauskommen, beweist er regelrecht, wie er jedoch auf die Konstruktion kommt, verrät er nirgendwo. Das zu erkunden sei ein Vergnügen, das er den Mathematikern nicht vorenthalten wolle, so schreibt er hintersinnig und meint sicherlich seine arroganten Kollegen in Alexandria.[4a]

Nun, es war die Tangente an eine Bahn, die aus der Überlagerung zweier Bewegungen resultiert, einer geradlinigen und einer kreisenden (II.H/(1)), mithin eines der Szenarien, wofür im 17. Jahrhundert Tangenten zunächst konstruiert (II.P), dann durch Newton − anders als von Descartes − berechnet wurden. Ist es da abwegig zu vermuten, dass Archimedes mit jenem eine Vision teilte? Doch wenn, warum verfolgte er sie nicht weiter?[3] Vielleicht sah er darin nur einen Trick im Dienste eines höheren, des geometrischen Zweckes. Einen Trick, zu dem ihn die Besonderheit des vorliegenden Falles inspiriert hat?? Mag sein, eine „Analysis des Eindimensionalen" wäre früher in Gang gekommen, hätte es, wie jemand sagte, damals mehr Kurven gegeben. Historiker warnen uns vor Befangenheit.[2b] Warnen muss man aber auch davor, Archimedes zu wenig zuzutrauen.

*   *   *

In ihrem jeweiligen Felde gelten Archimedes wie Newton als die Allroundgenies.[4b] Ersterem verdankt die statische Mechanik ihre Gründung; seine technische Vielseitigkeit ward Legende. Mathematisch wirkte er zwar nicht schöpferisch wie Eudoxos, doch ebenso „professionell". Physikalisch verbindet ihn mit Newton das Faszinosum der Kraft: „Dynamik" zum einen statisch, zum anderen im engen neueren Sinne dynamisch. Beider Mathematik galt der Bewältigung des Infinitesimalen, wobei sie sich allerdings in ihrer Einstellung zur Strenge gehörig unterschieden. Mit all den Implikationen von Vorsicht und Wagemut.

Der Entdeckerrausch des Mannes in Syrakos verhalf der Mathematik zu ihrem ersten Höhenflug. Sein Geschick brachte die Schöpfung des Eudoxos zur Entfaltung. Sie hoben aus der Taufe, was später Analysis heißen würde. Schon Archimedes' jüngerer Zeitgenosse und Gegenspieler Apollonios machte davon keinerlei Gebrauch mehr. Doch für die abendländische Mathematik sollte es insgesamt noch schlimmer kommen.

Archimedes brachte jenes *„heroische Zeitalter"* zum krönenden Abschluss. Auf abendländischem Boden gab es danach eine sehr lange Epoche ohne vergleichbare Entdeckungen, gefolgt von einer langen mit mangelnder Beweiskultur. Wenn in unserer Disziplin von Fort-schritt die Rede ist, so gehört dazu, das Nebeneinander von Finden und Beweisen wo immer möglich durch zielsichere Methoden zu ersetzen oder ergänzen, was die Neuzeit über die Systematisierung der Probleme anstrebt. Unverzichtbar bleiben hingegen schöpferische Per-sönlichkeiten vom Schlage eines Archimedes, wenn auch die Kreise immer enger werden, auf dem der Einzelne allround sein kann.

{1} STILLWELL [1] 150.   BOYER [2] 141.   GERICKE [1] 122.
{2} KNORR: {2a} 165 f.   {2b} 201, note 55.
{3} BOURBAKI [5] 196.
{4} VAN DER WAERDEN [2]: {4a} 345.   {4b} 14, 344 ff.

I.B   Eiszeit – Auszeit

Niedergang der griechischen Mathematik.   Ihre Bewahrung im frühen Mittelalter.   Neoplatonismus.

Archimedes markiert den Gipfel und zugleich den Anfang vom Ende der griechischen Ma-thematik. Ihr Keimen und Blühen währte rund vierhundert Jahre, etwa ebenso lange welkt sie nun dahin. Die Römer kommen für eine Fortführung nicht in Frage; sie haben, bei all ihrem technischen Talent, keinen Nerv fürs Theoretische. Cicero schreibt, ihr Interesse an Mathe-matik ende bei deren Nützlichkeit.[1.2a] Kollateralschäden der Feldzüge passen ins Bild: Ar-chimedes, –212 auf Sizilien erschlagen, wird Opfer des Zweiten Punischen Krieges, –48 fackelt Cäsar die Bibliothek von Alexandria ab, mit ihren 700 000 Bänden *das* damalige Weltkulturerbe. Endzeitlich mutet an, als 529 ein nunmehr christlicher „Cäsar", der oströ-mische Justinian I., die letzten Philosophenschulen in Athen dichtmacht.[3a.4a] Es war auch das Ende von Platons Akademie.[4b]

Diese Zeitmarken sagen nichts über die inneren Gründe des Verfalls. Vielleicht schien die Hinterlassenschaft der griechischen Mathematiker zu perfekt, eben „abgeschlossen". Je-denfalls wurden ihre Errungenschaften – anders als die weil astrologische Astronomie – nicht weiterentwickelt, allenfalls prinzipientreu verwaltet. Mehr noch: Der Stillstand bedeu-tete Rückschritt.[5a] Weshalb?

Als Erstes kam die persönliche Weitergabe an Schüler zum Erliegen. Aufzeichnungen gingen oft unwiederbringlich verloren, doch schon mit dem schriftlichen Überliefern war das so eine Sache. Verständnis und Verständigung brauchen den sachgerechten Sprachträger. Wir besitzen ihn und können schwerlich einschätzen, was es heißt, über keine selbstredende Symbolschrift zu verfügen. (Die leibnizsche Notation zur Infinitesimalrechnung hielt sich über die Jahrhunderte und zeigt, wie wichtig zweckmäßige Zeichen sind.) Schon einfache Ergebnisse waren schwer zu *beschreiben* und setzten den versierten Leser voraus, in der Regel bedurfte es der mündlichen Erläuterung.[5b] Riss die Stafette der Generationen erst einmal ab, so erforderten auch vollständig erhaltene Schriften eine Mühe, zu der wenige bereit waren, zumal es einen großen Unterschied macht, eine Beweisführung zu akzeptieren, weil man nichts einzuwenden wüsste, oder aber sie zu *verstehen*. (Eine didaktische Binsenweisheit, gegen die dennoch zu allen Zeiten verstoßen wird.)

Es traf vor allem die „Analysis". Ihre mündliche Tradition hatte aufgehört. In den kommenden Jahrhunderten fand nur selten jemand Zugang zu diesem Gedankengut, einem Guthaben auf eingefrorenem, von Erlöschen bedrohtem Konto.

* * *

In just jenem Jahr 529, als die letzte Hochburg griechischer Gelehrsamkeit fällt, wird auf dem Monte Cassino das Mutterkloster des abendländischen Mönchtums gegründet. Der Historiker Carl Boyer lässt mit diesem Datum das mathematische Mittelalter beginnen.[3b,c] Weit früher die Vorboten: 415 wird Hypatia, die erste bekannt gewordene Mathematikerin, von christlichen „Fundamentalisten" gelyncht[3d], in Alexandria, kurz nachdem dort die letzte Bibliothek der Heiden auf kaiserliches Geheiß zur Plünderung freigegeben worden war.

Was den Geist des Mittelalters bestimmt, sind Doktrinen, wer sie aufstellt, ist die Kirche. Empfanden es Christen, in Erwartung des nahen Weltendes, anfangs noch als Häresie, über das Diesseits nachzudenken, so wagten sich einige daran, Glaube und Philosophie zu harmonisieren in der Absicht, diese jenem nutzbar zu machen. Schließlich sei, so das entschuldigende Argument, auch der Verstand etwas Gottgegebenes. Griechische Philosophie zweierlei Provenienz fand nacheinander Eingang, Platon machte den Anfang. Anders als nach ihm Aristoteles stand er den Pythagoreern nahe in seinem „transzendentalen Mystizismus"[6a] (I.A.1). Damit empfahl er sich einem Kirchenvater *Augustinus*. Der hatte die pragmatische Einstellung, man solle „das Gute, auch wenn es von Heiden stammt, nicht ablehnen"[7a]. Obendrein bot sich die Mathematik gar als verbindendes Element an, hatte Platon in ihr doch etwas Göttliches gesehen.[6b] Damit war der „*Neuplatonismus*" geboren.

Für ein Jahrtausend wird kirchliche Hegemonie die europäische Kultur prägen, mit allem, auch allem physischem Nachdruck. Originalität braucht Freiraum, braucht Nährboden und Klima. Für mathematischen Fortschritt hätte es auch einer vorurteilsfreien Beschäftigung mit der Natur bedurft. Dazu schon derselbe Augustinus: „*Was wir Richtiges über die Natur finden, steht schon in der Bibel, was wir sonst noch finden, gehört verdammt.*"[2b] Nicht spezifisch christlich, denn mit gleicher Logik sollen einige Zeit später die Rest- und Neubestände der Bibliothek von Alexandria in den städtischen Bädern verheizt worden sein: „*Wenn die Bücher sagen, was der Koran sagt, brauchen wir sie nicht zu lesen; wenn sie anderes sagen, sind sie mehr als überflüssig.*"[3e.7b] Auch wenn die Form der Entsorgung Legende sein sollte[3e.4.8a], sie wäre bezeichnend.

Oftmals erwiesen sich die Moslems aufgeschlossener als ihre Nachbarn. Araber waren es, die am Ende das griechische Erbe verwalteten und bereicherten[7c], obwohl dem eigenen fremd. In Sachen Algebra hatten sie bereits von den Hindus hinzugelernt, auch von dem „untypischen" weil ungeometrischen Griechen Diophantos[5c], der ganz in der babylonischen Tradition stand[2c.9]. Mit einem Bestseller[5c.7d.8b.10a] aus Bagdad, dem des Euklid vergleichbar, wird Anfang des 9. Jahrhunderts auch Nomenklatur geschrieben. Das Stichwort des Titels war der Medizin entlehnt: *„al-ğabr"* (wie dschabr bzw. westarabisch gabr), „das Einrichten" von Fehlständen. Noch heute auf Knochenbrüche[2d.3f] bezogen, übertrug es sich auf Gleichungen[11] und gab der Algebra den Namen. Selbst der Verfasser machte Sprachkarriere: In einer lateinischen Übersetzung wurde al-Hwārizmī oder -Khwārizmī[7d] (mit Kehllaut und betontem „ā") zu Algorizmi[7e,f] oder Algoritmi[10b] verhunzt und lebt seither fort im „Algorithmus"[5d.7f.11.12a], nicht weit von „Arithmos". Apropos Zahl: Selbiger Autor beschrieb auch das „indische Rechnen"[3g.5d.12a], vermittelte dadurch dem Abendland die indische Verschmelzung von Dezimal- und Positionssystem[12b], im Volksmund „die arabischen Ziffern".

Das mathematische Interesse muslimischer Gelehrter war umfassend. Mit den griechischen Autoren setzte man sich kritisch und kreativ auseinander[7g]. Vielsagende Beispiele sind das Parallelenpostulat, aufgegriffen von einem al-Hayyām[7h.8c] und anderen[7i], und vor allem die eudoxische Proportionenlehre[7j], an der sie das quantitative Element vermissten (s. II.B). Manch Unentdecktes von Archimedes entdeckten diese Leute aufs Neue. Es gibt eine Parabelquadratur des ibn Qurras, der mit seinen Kubaturen von Rotationskörpern über die des Archimedes hinausging.[7k] Ein Glücksfall unserer Geschichte, dass Araber der Griechen Faible für die Theoria teilten.

Das Abendland hatte keinen direkten Zugriff auf griechisches Schrifttum. Vor dem 13. Jahrhundert wurde nichts davon gelesen[7c], Astronomisches und Mathematisches nicht vor dem 15. übersetzt[7d]. Bei uns wusste man nichts von der Winkelsumme im Dreieck, der pythagoreische Lehrsatz blieb so gut wie unbekannt. Anderthalb Jahrtausende, von denen sich wohl nichts wegdiskutieren ließe bei einer Revision der traditionellen Geschichtsschreibung, die sich, wie einige behaupten, auf zu viele falsche oder fragwürdige Urkunden stützt.

{1}   HANKEL 301.
{2}   KLINE [1]: {2a} 179. {2b} 204. {2c} 135. {2d} 192.
{3}   BOYER [2]: {3a} 273. {3b} 272 (Verweis auf {3c} in Kap.XI, nicht II).
      {3c} 214 f. {3d} 211. {3e} 249. {3f} 252 f. {3g} 251.
{4}   {4a} STRUIK 63. {4b} SCRIBA; SCHREIBER [1], [2] 92. SONAR [4] 95.
{5}   VAN DER WAERDEN [2]: {5a} 437 f. {5b} 440 f. {5c} 461. {5d} 94.
{6}   HERSH: {6a} 183. {6b} 105.
{7}   JUSCHKEWITSCH: {7a} 327. {7b} 176. {7c} 181. {7d} 204-214. {7e} 187.
      {7f} 352 f. {7g} 178 ff. {7h} 251-254. {7i} 277 ff. {7j} 250 ff. {7k} 291.
{8}   GERICKE [1]: {8a} 196. {8b} 197. {8c} 268.
{9}   BOURBAKI [5] 66.
{10} CAJORI: {10a} 102-104. {10b} 102.
{11} EDWARDS, JR. 82.
{12} STRUIK: {12a} 74. {12b} 71.

I.C   Neuere Zeit

Unsere weitere Zeiteinteilung orientiert sich an der Entwicklung von Mathematik und soge-
nannter Naturphilosophie in Europa. Auf unserem Boden zeigen sich deren erste Lebenszei-
chen, nach umwegsamer Tradition und zaghafter Innovation, frühestens im späteren Mittelalter. Nennen wir diese Hinwendung den Beginn einer „neueren Zeit". Bewegung auf breiterer
Front wird es erst ab der Kopernikanischen Wende geben, dann allerdings mit wachsender
Eigendynamik unter bewusstem Hintanstellen traditioneller Strenge. Auf einer Woge der
Entdeckungen ereignen sich Newton und Leibniz. Mit und nach ihnen erfasst ein Rausch vor
allem den Kontinent. Ernüchterung markiert die letzte Zäsur in unserer Story, die Rückbesinnung auf das klassische Ideal.

I.C.1   Zwischen Hinwendung und Wende: die Scholastik

*Aristoteles' Rückkehr. Thomas von Aquin. Oxford: Merton College und
Merton Rule. Paris: Oresmus' Bewegungsdiagramm, Formlatituden.
Cusanus. Aktuales Unendlich. Hornförmige Winkel.*

Nach dem Niedergang der hellenistischen Mathematik gab es davon außerhalb ihrer Heimat
bald keine Spuren mehr. Kenntnis von ihr erlangte nur, wer an griechische Originale geriet.
Das waren Araber. Sie pflegten eine bis hin nach Spanien reichende Amtssprache, im restlichen Europa gab es für den geistigen Austausch bestenfalls Kirchenlatein. Der mathematisch
interessierte Harun ar-Rashid[1a], mit dem um 800 die sogenannte „Epoche arabischer Gelehrsamkeit" einsetzte, sorgte für die Auswertung jenes Kulturerbes. Die Sprachbarriere
schuf einen Markt für lateinische Übersetzungen, und nachdem „die Mauren" Spanien und
Sizilien geräumt hatten, im 11. Jahrhundert[1b.2a], stand der Fundus gar zur Selbstbedienung
an. Das Lateinische etablierte sich damit universell, ähnlich unserem globalen Englisch. Da
sehr spät von Griechisch direkt ins Latein übersetzt wurde[3a], ging Literatur erst einmal
durch viele mehr oder minder behutsame Hände.

Mathematik war dabei noch lange kein Thema. Von den beiden altvorderen Philosophen
hatte man bislang nur Platon zur Kenntnis genommen (s. I.B). Aristoteles' Ankunft datiert
nach 1200. Bis dahin war der Neuplatonismus Garant des Hausfriedens gewesen. Den ratio-
nalistischen Newcomer[4a] zu domestizieren übernahm der Dominikaner Thomas von Aquin
(von Aquino, Th. Aquinas).[4b] So entstand auf verbindlicher theologischer Grundlage eine
penibel durchrationalisierte Weltanschauung, der „*Thomismus*" als die reife Frucht der später so genannten Scholastik (s.u.). Auch der Vater der Logik, Aristoteles, musste fortan mit
den Kirchenvätern teilen.[2b]

Für uns sind die Antagonisten Platon und Aristoteles von besonderem Interesse, weil sie
bis in unsere Gegenwart die Auffassung von den Gegenständen der Mathematik polarisieren.
Es sind Ideen a priori oder aber Abstraktionen[5a], sie besitzen übermenschliche Idealität oder
resultieren aus menschlicher Aktivität.[4c] Und die Moral von der Geschichte: Mit dem Platonismus steht und fällt die Unfehlbarkeit der Mathematik. Erkenntnisse haben sie in unserer

Zeit erschüttert. (Siehe dazu I.D.3/Ende.) Des ungeachtet neigt in seiner Mehrheit noch heute der Mathematiker wenn er forscht dazu, sich auf der Spur einer Wahrheit zu wissen, die nicht von dieser Welt ist{4d} – „ ... zu wähnen", sagen die Bilderstürmer. Doch liegen hier Rigorismus und Inkonsequenz gemeinhin recht nah beieinander.

*

Wir betrachten die letzten zwei bis dreihundert Jahre des Mittelalters. Das vermehrt einsickernde Schrifttum hatte den Gelehrten, den Schriftgelehrten, hervorgebracht und versorgte ihn mit Stoff zum Disputieren. Lehrmeinungen konkurrierten und koalierten; kamen Glaubens- und Vernunftgründe in Konflikt, suchte man sie dialektisch aufzulösen. Das geschah rhetorisch.{6} Eine theologisch-philosophische Streitkultur entstand, die am Ende verkam, als sie sich unter Berufung auf die alten Autoritäten in Spitzfindigkeiten ohne Bodenhaftung erschöpfte. Dies sei so weit gegangen, dass man ernsthaft darüber stritt, wie viele Engel auf einer Nadelspitze Platz fänden.{3b} Zwar wuchs das Interesse an Realien, mit Natur war jedoch das Bild gemeint, das sich einst Aristoteles von ihr gemacht hatte. Die Wortführer der „neuen" Naturphilosophie entstammten den Vorläufern der Universitäten, den Dom- und Klosterschulen. „Scholastik"{7a} wird diese Epoche, trotz ihrer vielen Querdenker, im Humanismus geringschätzig genannt werden, ausgedehnt auf eine „Frühscholastik", denn mit derart Schulen trat man schon im 8. Jahrhundert aus der Inzucht mönchischer Gelehrsamkeit heraus.{7d} Das 13. ist das der Hochscholastik.{7e} Die im engeren Sinne philosophische Seite der Scholastik lassen wir beiseite, den „Universalienstreit", bei dem es um das Wesen der Allgemeinbegriffe geht: ob sie platonisch *real* oder bloße *Nomen* = Namen sind. Der Nominalismus war eines der Anzeichen dafür, dass die Einheit mittelalterlichen Denkens dem Ende zuging.

Scholastische Naturbeschreibung hatte zunächst nichts mit Maß und Zahl gemein, war nur scheinbar quantitativ. Da sind Schwere und Leichtigkeit einer Substanz Qualitäten, die sie abwärts oder gen Himmel treiben. Eine in der Quantität variable Qualität wie die Wärme ist nach Aristoteles eine *„forma"*; sie wird die findigen Köpfe der Scholastik beschäftigen. Dieser Gewährsmann besaß auch *die* Theorie der Bewegung. Eine natürliche ist der Fall: Er lässt einen Körper seinem natürlichen Ort zustreben, „natürlich" umso schneller je schwerer. Ansonsten vermag sich ein unbelebter Körper nur bewegen, wenn ihm eine „Kraft innewohnt" oder dauernd erteilt wird, da genügt kein Anstoß.{8} Somit bedurften die Gestirne eines Bewegers. Mit Beschreibung mochte man sich nicht begnügen, musste allem auf den Grund gehen. Ursachen verlangten, ausgemacht und benannt zu werden. Der „Urgrund" klang nach Tiefe, verriet aber doch nur die Ohnmacht des Wortes.

Spontane mathematische Regungen hatten auch in Europas zweitem Jahrtausend auf sich warten lassen, sieht man ab vom Tun einiger weniger wie dem um 1200 lebenden Leonardo „Fibonacci" aus Pisa, dem nach langem ersten und für lange letzten „Fachmathematiker" {2c.9a.10a}. Um Nachwuchs stand es schlecht. Das Unterrichtswesen lag in klerikaler Hand, und im Kanon der Sieben Freien Künste rangierten Naturkunde und Mathematik zuunterst. Letztere war zwar als Fach an der Pariser Universität des 14. Jahrhunderts vorgeschrieben, abgefragt jedoch wurde allenfalls der Satz des Pythagoras, und zum Magister Artium genügte in dieser Disziplin der Eid darauf, Vorlesungen über Euklid gehört zu haben.{3c.10b}

*   *   *

Die Scholastik erwarb sich bald den Ruf haltloser Spekulation, der ihr später Unrecht tat, denn sie brachte schließlich manches auf den Weg, den sie zuvor selbst verstellt hatte. Der Zwangsehe aus theologischem Dogma und aristotelischer Ratio entstammt die Verbindung von Grundsatz und Folge-Richtigkeit. Verdienstvoll war der scholastische Beitrag zur wissenschaftlichen Methode: Tatsachen, wie auch immer „erkannt", auf gemeinsame Ursachen, auf Grundsätzliches zurückzuverfolgen. Damit endete sie vorerst bei Aristoteles. Sein Monopol zu brechen war das Gebot der Freidenker.

Nachdem viel Scharfsinn auf eine wortklauberische Logik verwandt worden war, regte sich in den eigenen Reihen Widerstand. So in Oxford. Als Zeitgenossen des besagten Thomas finden wir dort das Universalgenie Roger Bacon, Schüler eines Bischofs Robert Grosseteste (der Großkopfete nach bayerischer Mundart).[1c.2d] Bacons Credo war, man solle die Natur befragen und selbst antworten lassen, wobei der Mathematik eine Schlüsselrolle zufiele. Als Freund von klaren Worten – er wolle, so er könne, alle Schriften des Aristoteles verbrennen[2b] – hatte natürlich auch Bacon seine Kerkerjahre.[1c] Von wenigen Todesmutigen abgesehen verschanzte sich Europas Intelligenzia hinter seinen alten Autoritäten.

*   *
*

Heraklits Motto „alles fließt" täuscht in einem: Die Griechen ließen sich durch Mobiles nicht aus der Ruhe bringen. Archimedes begründete die Statik und leistete damit Bleibendes, derweilen Philosophen sich an Paradoxien der Bewegung ergötzten. Da stand denn ein Pfeil jeden Augenblick still und ein frustrierter Achill hüpfte Punkt für Punkt der Kröte nach (I.A.3). Hier wird die Scholastik innovativ. Sie widmet sich aller Art stetiger Veränderung; mit einer Kinematik beginnt man, sich zu unseren physikalischen Größen vorzutasten. Man – das ist zunächst das Merton College von Oxford im 14. Jahrhundert, verbunden mit den Namen Thomas Bradwardine und Richard Suiseth alias Swineshead.[7b.9a]

Eine Qualität quantitativ zu erfassen, darum war es diesen Leuten zu tun. Am ehesten zugänglich schienen die *formae* der Bewegung. Der Weg, als *Form* wird er bei Vorgabe der *Form* Dauer [oder bei umgekehrter Vorgabe] direkt [oder indirekt] zum Maß für *Geschwindigkeit*, wenn auch nur der durchschnittlichen. (*Wir* drücken Geschwindigkeit im Verhältnis von Zahlen aus, welche *ungleichartige* Größen in Beziehung setzen; das verbot sich nach griechischer Tradition.[1d] Dazu I.A.2, II.3.) In einer der genannten Weisen führen *extensio* Weg und *extensio* Zeit auf die *intensio* Geschwindigkeit, den newtonschen Schlüssel zu einer künftigen Analysis. Deren Vergangenheit hielt die Geometrie mit ihren extensiven Größen besetzt. Jetzt öffnete sich eine Perspektive, an deren Ende die intensiven der Newton und Leibniz stehen.

Werden in gleichen Zeitspannen gleichlange Strecken zurückgelegt, so war die Bewegung gleich-förmig, *uniformis*, anderenfalls *difformis*. Wie nun ließ sich die Geschwindigkeit des flüchtigen Augenblicks ohne einen Newton einfangen? Man führte sie, die *velocitas instantanea*[1e], durch Extrapolation auf den Fall der Gleichförmigkeit zurück, indem man sie als diejenige konstante Geschwindigkeit erklärte, die das Objekt *annähme*, *würde* es im gegenwärtigen Bewegungszustand verharren.[8a.11a] (Was sich bei Galilei noch ebenso liest.[1e])

Die einfachsten ungleichförmigen Bewegungen sind die *gleichförmig ungleichförmigen (uniformiter difformis)*[1f], in unserer Sprache die konstant positiv beschleunigten mit ihrer in gleichen Zeitspannen gleich bleibender Zunahme „der Geschwindigkeit" – das aber hieß wohl: mit gleicher Differenz jener *Momentan*geschwindigkeiten zu Anfang und Ende aller gleichen Zeitspannen. Auf damaliger Grundlage ließe sich aber die *uniformiter difformis* einfach dadurch kennzeichnen, dass auf jeweils allen gleichen Zeitspannen die *durchschnittliche* Geschwindigkeit um denselben Betrag wächst. Oresmus, der seine Diagramme für sich sprechen lässt, mag es sich so vorgestellt haben. Tatsächlich bieten Darstellungen wie Abb.I.5, Abb.I.7 den optimalen Zugang.

*

Als Erstes stellt sich die Frage, ob man von *intensio* Geschwindigkeit auf *extensio* Weg zurückschließen kann, das heißt, ob die Weglänge aus Dauer und Geschwindigkeitsverlauf zu rekonstruieren ist. Bei der gleichförmigen Bewegung besteht kein Problem, bei der gleichförmig ungleichförmigen besagt die „*Merton Rule*"[1f,9b,11b]: Es ist dieselbe Strecke, die der Körper zurücklegen *würde, wenn* er sich gleichförmig mit seiner „mittleren Geschwindigkeit" bewegte – wie immer diese definiert ist, elementar durch Rekurs auf gleichförmige Bewegung oder aber als das arithmetische Mittel aus den Momentangeschwindigkeiten zu Anfang und Ende der Laufzeit, damit also der zur Halbzeit erreichten. Das bedeutete nicht weniger als eine nichttriviale Integration (s.u.), einer höchst ungriechischen dazu. Das Ergebnis mag uns recht bescheiden anmuten, angesichts begrifflichen Notbehelfs war es beachtlich. Soweit Oxford.

*

Zum Gegenstück jenes Colleges gedieh in Paris die Schule um den Philosophen Jean Buridan und den späteren Bischof Nicolas Oresmus / Nicole Oresme ([ɔr'ɛ:m] ! – drum lieber „Oresmus").[2e] Eine gewisse Bekanntheit verdankt Ersterer kaum seinem Beitrag zur Überwindung der aristotelischen Kinetik, d.h. der Beziehung zwischen Kraft und Bewegung, sondern vielmehr seinem Esel, der bekanntlich inmitten zweier Heuhaufen verhungerte. Doch wer schon war Oresmus? Neben vielem erdachte er ein Diagramm, das die Mertonsche Regel augenfällig machte (Abb.I.5), um nicht zu sagen „bewies". Hier wird erstmals eine Abhängigkeit zwischen Naturgrößen graphisch und damit anschaulich umgesetzt, ganz „nach" dem Bilde Galileis zweieinhalb Jahrhunderte danach. Allerdings war es Oresmus, der das Vorbild gab, getreulich übernommen von Galilei.[9f] Eine zukunftweisende Innovation, die eingehend erörtert zu werden verdient.

In Abb.I.5 wird eine gleichförmige Bewegung einer gleichförmig ungleichförmigen gegenübergestellt. Zunächst zu ersterer. Eine Zeitspanne Δt erscheint auf einem Zeit-Strahl als *Länge* einer Strecke und ist als solche die Basis eines Rechtecks vom Ausmaß $\Delta t \cdot h$ der bis dahin zurückgelegten *Weg*strecke. „Ausmaß" im Widersinn, denn Oresmus verkehrte deren *Längen*-Maß ins *Flächen*-Maß des Rechtecks! Verkehrt, nach dem Reinheitsgebot der Geometrie. In Oresmus' Sprache misst *longitudo* nun nicht den Weg, sondern – als Rechteckslänge – die Zeit. Die Höhe des Rechtecks nennt Oresmus seine *Breite*: die *latitudo* (also die Höhe der *Geschwindigkeit*).[1g] Der Terminus[12a] steht sodann allgemein für intensive Größen. Die Lehre von den „*Formlatituden*", den veränderlichen Intensitäten, schlug sich nieder im weitverbreiteten *Tractatus de latitudinibus formarum* [9c.12a] und hielt die Universitäten für lange Zeit beschäftigt.[7b]

Die Beziehung zwischen Weg und Zeit ist grundlegend für den Calculus Newtons, ihre Visualisierung durch zweckmäßige Graphik wird zur unerlässlichen Hilfe für Begriffsbildung und Vermittlung werden. Newtons Abb.II.41b hat engste Beziehung zu Abb.I.5. Dahinter steht *eine* Intuition, *eine* Absicht: aus der flächigen Darstellung des Weges auf das punktuelle Geschehen zu schließen, auf momentane Geschwindigkeit. Oresmus' Skizzen[1h] zeigen kurvige Bewegungsdiagramme als Beispiele ungleichförmig ungleichförmiger Bewegung, auch treppenförmige Weg-Zunahme (s.u. die Umwidmung von Abb.I.6; dsgl. II.J). Da liegt nahe anzunehmen, dass er die scholastische *velocitas instantanea* mit ihrem hilflosen Konjunktiv durch Rückführung auf die Durchschnittsgeschwindigkeit überwindet. Seine Diagramme laden geradewegs dazu ein. In „formloser" Weise mag sich Oresmus Folgendes gedacht haben.

Bezüglich eines als Intervall ausgebildeten Zeitraums [0,*T*] sei ein willkürliches Diagramm mit stetiger Kontur angelegt. Diese gilt es zu deuten. Dort enden die auf den einzelnen Zeitpunkten fußenden, ihnen „zugeordneten Ordinaten". Nach gleichteiliger Zerlegung von [0,*T*] werde jedem Teilintervall das Rechteck aufgesetzt, dessen Fläche so groß ist wie die Strecke lang, die in dieser Zeitspanne zurückgelegt wurde. (Man mag sich von vornherein „kurze" Zeitintervalle, „schmale" Säulen vorstellen.) In der Höhe einer Säule drückt sich jeweils die *mittlere Geschwindigkeit* (*velocitas totalis*[1h]) innerhalb des Teilintervalls aus. Halbierung der Intervalle verdoppelt die Zahl der Säulen, lässt uns der Diagramm-Vorgabe näher kommen, und denkt man sich diesen Prozess ohne Ende fortgesetzt, so „endet" die Verfeinerung mit der Ausgangsfläche. Die Länge ihrer Ordinaten zeigt mithin die jeweilige *Momentangeschwindigkeit* im Fußpunkt an und ihre oberen Enden schließen sich zur *linea intensionis*[1i] zusammen. (Vergleiche „Newton"!)

Nun zur Gegenüberstellung der gleichförmigen und der gleichförmig ungleichförmigen Bewegung in Abb.I.5.[9d] Der Zeitraum [0,*T*] ist gleichteilig zerlegt. Bei Gleichförmigkeit wächst die durchlaufene Weglänge von einem zum nächsten Intervall um jeweils den gleichen Betrag (dargestellt durch gleich große Rechtecke). Was im gleichförmig ungleichförmigen Fall im gleichen Betrage wächst, ist die jeweilige *Wegzunahme*. Dies nochmals im einzelnen. Der anfängliche, das Dreieck links unten bildende Weg wächst während des zweiten Zeitintervalls um den Sockel von der Höhe *h*/2 zum Trapez an; in gleicher Weise, das heißt mit einem weiteren Sockel gleicher Höhe, entsteht das Trapez über dem dritten Intervall aus dem Trapez über dem zweiten; und so weiter. Kurz gesagt: Von einem zum nächsten Intervall bleibt bei der ersteren Bewegungsform der Wegzuwachs derselbe, bei der anderen Form ist es *der Zuwachs des Wegzuwachses*, der sich nicht ändert. Newtons Calculus wird gleichförmige und gleichförmig beschleunigte Bewegung danach unterscheiden, dass im ersten Fall die erste, im zweiten die zweite Ableitung der Weg-Zeit-Funktion (positiv und) konstant ist.

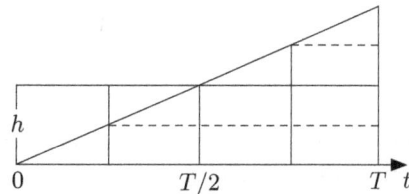

Abb. I.5 Oresmus: die Grafik zur Merton Rule.

Soeben haben wir eine gleichförmig beschleunigte Bewegung aus dem Schrägprofil der Abb.I.5 herausgelesen. Umgekehrt ist festzustellen: Nimmt die Momentangeschwindigkeit in gleichen Zeitspannen um jeweils den gleichen positiven Wert zu, dann muss die „Intensitätslinie" eine aufsteigende Strecke bilden. Etwa so:

Sei irgendeine äquidistante Zerlegung von [0,T] betrachtet, seien v', v'', v''' die Geschwindigkeiten in aufeinander folgenden Zerlegungspunkten t', t'', t'''. Nach Voraussetzung gilt $v''-v' = v'''-v'' =: \delta$ mit überall demselben δ. Für die mittleren Geschwindigkeiten μ', μ'' auf $[t', t'']$, $[t'', t''']$ ist dann ebenfalls $\mu''-\mu' = \delta$:

$$2\,\mu' = v' + (v'+\delta) = 2v'+\delta, \qquad\qquad \mu' = v' + \delta/2,$$
$$2\mu'' = (v'+\delta) + (v'+2\delta) = (2v'+\delta) + 2\delta, \quad \mu'' = (v' + \delta/2) + \delta.$$

Jede diskrete Beschreibung der Bewegung liefert also, als unstetiges Oresmus-Diagramm, eine Leiter mit gleich hohen Trittstufen zwischen den Teilungspunkten. Die fortgesetzte Verfeinerung der Intervall-Teilung führt zu einer geradlinig ansteigenden Kontur.

Oresmus hat vermöge der Formlatituden eine für seine Zeit befriedigende Antwort auf die Frage gefunden, wie Momentangeschwindigkeit zu *verstehen* sei. Damit konnte man sich auch von einer ungleichförmigen Bewegung „einen Begriff machen". Niemand in Oxford war auf die Idee eines Diagramm gekommen, geschweige denn mit „flächigen Längen". Oresmus ist wortkarg, er vertraute auf die sprechende, die „selbstverständliche" Graphik. Geradlinige Profile, Dreieck und Rechteck über [0,T] von gleicher Größe – eine überzeugende Lösung des Oxforder Problems.[1h.7c.9e.11c.12b.13] Seine Überlegungen dürften sich in unserer Erörterung wiederfinden.

*   *   *

Wir bleiben bei Oresmus. Vielleicht verrät schon die obige Bewegungsstudie, dass er keine Angst vor dem Infinitesimalen hat. Als Archimedes bei seiner Parabel-Quadratur (II.D) eine nicht abbrechende geometrische Progression „aufsummieren" musste, ging er in seiner Geradlinigkeit den Umweg. Nunmehr war man freimütiger eingestellt. Oresmus demonstrierte an folgendem Beispiel die Beweiskraft des Augenscheins.[1j.12c]

Archimedes bestimmte sicheren Weges, was wir $\sum_0^\infty (¼)^k$ schreiben. Verwegen nimmt sich Oresmus der geometrischen Reihe an, wie Abb.I.6[12d] zeigt. Indem er die Reihenglieder $(½)^k$ durch Flächeninhalte simuliert, beginnt er mit dem Quadrat der Größe $(½)^0 = 1$ und türmt die weiteren Reihenglieder als ebenso hohe Rechtecke von der Breite $(½)^1$, $(½)^2$, ... aufeinander. Dass diese noch einmal eine Fläche von der Größe des Quadrats zusammenbringen, wird folgendermaßen ersichtlich. Man schiebe zunächst Rechteck „½" nach links, bis es wieder mit dem Sockel bündig wird. Auf diesen lässt man „¼" herab und schiebt es dort nach links bis zum Anschlag bei „½". Und so geht es grenzenlos weiter – was die Operation betrifft, nicht ihr Resultat, denn durch den Umbau erweist sich der unendlich hohe Turm von beschaulichem Inhalt! Verblüffend, doch überzeugend. Einen Archimedes hätte diese „transgeometrische" Transaktion allerdings so wenig überzeugt wie seine eigenen heuristischen Experimente.

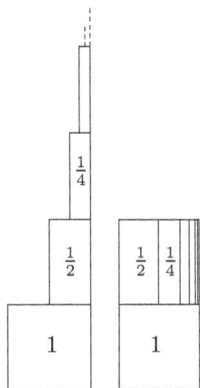

Abb. I.6 *Oresmus:* $1 + \frac{1}{2} + \frac{1}{4} + \ldots = 2.$

Durfte Oresmus seinen Augen trauen? Diese Rechtecke sollten eine Fläche bilden, die trotz endlichen Inhalts unendliche Ausdehnung besitzt? Er diskutierte das Phänomen sogar im Dreidimensionalen.[1j] Erst Jahrhunderte später stieß wieder jemand darauf und erregte damit großes Aufsehen (II.M). Beachtlicher fand der Vater des Diagramms eine Interpretation der Abb.I.6 im Sinne von Abb.I.5.[1j] Die rechte Kante des Turmes ließ er zur Zeitachse eines Wegdiagramms mutieren und stellte fest: Verliert ein Körper von einem zum nächsten gleich langen Zeitintervall jeweils die Hälfte seiner Geschwindigkeit, so durchmisst er nach der Anfangsstrecke insgesamt noch einmal dieselbe Weglänge, allerdings „erst in der Ewigkeit", wie Oresmus anmerkt.

Diese schon ihrer Unstetigkeit halber unrealistische Bewegung dient Oresmus als Beispiel für eine *ungleichförmig ungleichförmige*.[1h] Worauf es Oresmus hier ankam: Anders als im Fall der gleichförmig ungleichförmigen Bewegung in Abb.I.5 ändert sich der Längenzuwachs von einem zum nächsten Intervall nicht um denselben Betrag: Er nimmt nicht um dieselbe Größe ab, sondern auf denselben Bruchteil.

Mit einer raffinierten Spielart des vorstehenden Gedankenexperimentes gelingt es Oresmus sogar, die in der Geschichte erste konvergente Reihe auszuwerten, deren Glieder stärker als geometrisch anwachsen (II.J). Andererseits registriert er, dass *immer kleiner* und *beliebig klein* werdende Summanden zu grenzenlosen Summen fähig sind: Sein Beweis für die Divergenz der harmonischen Reihe[1k] $\sum_1^\infty 1/k$ ziert noch heute die Tafeln unserer Anfängervorlesung. (Wo der Hinweis am Platz ist, dass ihr Name dem der geometrischen nachgebildet ist, denn ab $k = 2$ bildet jedes Glied das harmonische Mittel seiner beiderseitigen Nachbarn.)

In vielem eilte Oresmus seiner Zeit voraus, blieb unverstanden. Bei ihm finden sich erstmals gebrochene Exponenten samt Rechenregeln.[3d.10c.14] Archimedes und Pappos war das Verhalten abhängiger Größen in der Nähe eines Maximums aufgefallen; Oresmus' Graphen wären das rechte Mittel, dies zu verdeutlichen.[1I.9g] Er schätzte sehr die Naturstudien seines Kollegen Buridan. Der hatte unseren mechanischen Impuls richtig definiert und gedeutet[2e], sah keinen prinzipiellen Unterschied zwischen Erd- und Himmelsmechanik. So verwundert nicht, dass Oresmus mit dem Erdlauf um die Sonne „rechnete". Anders als zu Zeiten des Aristarch (s. I.C.2) lebte lebensgefährlich, wer sich solcherlei Gedankenfreiheit herausnahm. Selbst die Soutane war nicht feuerfest.

*

Oresmus war eine Einzelerscheinung, Europas Mathematik bewegte sich nicht. Bestätigt, nicht widerlegt wird das durch eine herausragende Gestalt des 15. Jahrhunderts, den Kardinal

Nicolaus Krebs, genannt Cusanus: der von Cusa (Kues) an der Mosel. (In der ersten Auflage fiel ich Weinmuffel auf den Rheinländer rein und verrückte dessen Wiege an den Rhein.) Seine Philosophie galt der Vereinbarkeit des Widerspruchs, Gott vereine ihn.[4e] Typisches Beispiel: Auf der Peripherie des unendlich großen Kreises wird krumm zu gerade.[15a] Es war die Zeit, als die Quadratur des Kreises wieder in Mode kam und viel Sonderbares hervorbrachte.[4c] Wie schon zweitausend Jahre vor ihm geschehen, sieht Cusanus in der Kreisscheibe einen Kranz aus undenkbar schmalen Dreiecken, deren Spitzen sich in der Mitte treffen (s. II.E). Diesen Gedanken bindet er ein in seine *coincidentia oppositorum*, den Kurzschluss der Gegensätze: auf der einen Seite das Dreieck als Polygon mit den wenigsten Seiten, auf der anderen der Kreis als Polygon mit „den meisten".[1m] *Les extrêmes se touchent.*

War es Missverstehen seiner Begriffswelt, wenn Cusanus scharf kritisiert wurde von einem Johannes Müller?[3e.10d] Alias Regiomontanus, der Königsberger aus Franken, jung verschieden zu Rom. Wäre diese stärkste Fachbegabung des Jahrhunderts nicht auf der Höhe ihres Wirkens eines mysteriösen Todes gestorben, sie hätte sicherlich weit stärkeren Einfluss auf die anstehende Zeitenwende genommen. Regiomontanus war sich einig gewesen mit dem Universalgenie seiner Zeit, Leonardo da Vinci, wenn dieser im Experiment die „Mutter aller Gewissheit" sah und sich dazu bekannte, wissenschaftlich dürfe sich nur nennen, was den Weg durch mathematische Darlegung und Beweis genommen habe.[2f]

*   *   *

Zu den Themen, welche die Scholastik von Beginn an beschäftigten, zählen das Kontinuum und das Unendlich (I.A.3).[1n.16a.17] Beides war von Aristoteles analysiert worden[5b]; ihm hatte sich Thomas von Aquin angeschlossen, wenn er vor dem Aktual-Unendlichen warnte. Mit überzeugenden Argumenten wandte sich Robert Bacon dagegen.[8b.15b] Dennoch mochte man sich diesem Schiedsspruch nicht gänzlich unterwerfen und urteilte so: Unendlich Großes erfassen könne allenfalls, wer es selbst verkörperte: Gott. Falls der es jedoch wirklich konnte, so stand der Existenz von Dingen dieser Größenordnung nichts im Wege. Das verlieh den natürlichen Zahlen Mengenstatus. Zum Gewährsmann wurde Kirchenvater Augustinus erkoren[14a], war der doch denen entgegengetreten, *„die behaupten, dass unendliche Dinge über Gottes Wissen hinausgehen"*[14b]. Allerdings dürfte das kein Freibrief für die Irdischen sein, mit dem Unendlichen nach eigenem Belieben zu hantieren.

Der Analysis war es vor allem um das „unendlich *Kleine*" zu tun. Im aktualen Sinne „extrem klein, doch nicht nichts" – so etwas was muss unteilbar sein, sonst wäre es größer als seine Hälfte. Thomas übernahm von Aristoteles (I.A.3), dass Punkte, nicht aber Strecken unteilbar seien, doch waren die Scholastiker darin uneins.[1o.14c] Entschieden bekämpft hat den geometrischen Atomismus Oxfords Bradwardine.[1p] Es half, die Skepsis gegenüber den unendlich kleinen Größen wach zu halten.

Sie bewegten weiter die Gemüter, auch mit einem eigenartigen, bis Euklid zurückreichenden „Tangentenproblem". Es betraf jene *hornförmigen* „Winkel"[2g.15c,d.18a] zwischen zwei sich berührenden Kreisen oder zwischen Kreis und Tangente (als Grenzfall eines der Kreise). Da aus „berühren" (*contingere*) entstanden, hießen sie *Kontingenzwinkel*.[1q] Ein solcher wäre, nach Euklid[15d], kleiner als jeder noch so spitze geradlinige Winkel. Aber ist hier Winkel mit Winkel zu vergleichen?$^{\{5c\}}$ Da krumme und gerade Schenkel nicht zueinander passen, wurden beider Art Winkel den unvergleichbaren Größen des Aristoteles zugerechnet (I.A.4).$^{\{5d\}}$ Allenfalls könnten sie ein Dasein außerhalb aller ordentlichen Winkel fristen. Gibt es dort eine Nische für sie?

Ordentlich – das meint den Vergleich, meint „Größen" in ihrer Anordnung. Die Größe der Kontingenzwinkel war von Beginn ein Problem psychologischer Natur. Man wusste sich nicht gegen die Vorstellung zu wehren, irgendwas müsse jenen Raum doch ausfüllen; wegdiskutieren ließen sich die Hörner nicht. Sekanten durch den Berührungspunkt gegenüberliegender Kreise, die aufeinander zurücken, lassen ihnen keine Nische: Ein Kontingenzwinkel zwischen ihnen würde plattgemacht, ihm bliebe nur die Null als Wert. Bliebe da nicht – doch ist das was ganz anderes –, von der naheliegenden Möglichkeit auszugehen, den Kontingenzwinkel zwischen Tangente und Kreis über dessen Krümmung, also durch den Kehrwert seines Radius zu bewerten. (Die in {18b} auf diese Definition bezogene „Aussage" $n\,\alpha > \beta$ über hornförmige α und geradlinig begrenzte β ist zumindest irreführend…) Ich wüsste gern, welche Vorstellung sich Leibniz von der Größe der Kontingenzwinkel gemacht hat. Falls überhaupt, so war sie wohl anders geartet.

*   *   *

Gut eineinhalb Jahrtausende trennen Oresmus von Archimedes, dem Zuchtmeister der Klassik. Doch warum liegen nochmals Jahrhunderte zwischen Oresmus und Galilei? War die Scholastik nicht doch bereits sensibel für die Interaktion stetig veränderlicher Größen gewesen. Ausdruck dauerhafter Stagnation ist, dass es – trotz der ins 13. Jahrhundert reichenden Appelle – noch zu keinem konkreten, über Archimedes' Mechanik und Oresmus' Kinematik hinausgehenden Kontakt von „Mathematik und Natur" kommen sollte.$^{\{1r\}}$ Irreale „Bewegungsstudien" wie die aus II.J sind kluge Überlegungen in einer naturhaften Verkleidung, mithin gekünstelt, und stützen eher diese These. Sie sind gegenständlich nicht Physik, methodisch nicht Mathematik, nicht in deren klassischem Sinne. Zur Mathematik selbst meint der Mathematiker und Historiker Hankel, „*nicht zu viel zu behaupten*", wenn er feststellt, nach Fibonacci finde sich Jahrhunderte lang kein einziger Beweis, der nicht schon auf Euklid zurückgehe.$^{\{3b.10e\}}$ Oresmus bewies originelles Denken mit seinem Vorstoß, fand sich aber allein gelassen. Ein wesentlicher Grund für den langen Vorlauf zur Wende ist wohl im Mangel an begabten Persönlichkeiten zu sehen, begabt nicht zuletzt mit Sinn und Eigensinn für die Realien, mit Bereitschaft zu Kooperation und insbesondere einem gerüttelt Maß an Courage.

{1}   JUSCHKEWITSCH: {1a} 178, 217. {1b} 340 ff. {1c} 394. {1d} 405. {1e} 404.
      {1f} 403. {1g} 402. {1h} 408 Abb.112. {1i} 406. {1j} 409. {1k} 410 f.
      {1*l*} 410. {1m} 416. {1n} 394 ff. {1o} 397. {1p} 398. {1q} 391 f. {1r} 413.
{2}   KLINE [1]: {2a} 206. {2b} 207. {2c} 209. {2d} 207 f. {2e} 211 f. {2f} 224.
      {2g} 67 f.
{3}   CAJORI: {3a} 113. {3b} 125. {3c} 129. {3d} 127. {3e} 143.
{4}   HERSH: {4a} 182 ff. {4b} 183. {4c} 92, XIV. {4d} 92. {4e} 109.
{5}   BECKER [4]: {5a} 118. {5b} 64 ff. {5c} 48. {5d} 49.
{6}   HOFMANN [3] 65. WIELEITNER [3] 65.

{7}   PEIFFER; DAHAN-DALMEDICO: {7a} 21. {7b} 229. {7c} 230.– SONAR [4]:
        {7d} 114 ff. {7e} 134.
{8}   GERICKE: {8a} [1] 160. {8b} [2] 139 f, 145.
{9}   BOYER [2]: {9a} 279 ff. {9b} 287 f. {9c} 292. {9d} 291 Fig.14.2. {9e} 291.
        — [1]: {9f} 114. {9g} 111.
{10}   HANKEL: {10a} 342-348. {10b} 355. {10c} 350. {10d} XIII (Kritik J.E. Hof-
        mann). {10e} 353.
{11}   EDWARDS, JR.: {11a} 87. {11b} 87 ff. {11c} 86.
{12}   SOURCE BOOK ... [1] /Struik: {12a} 134. {12b} 137. {12c} 231 f. {12d} 232.
{13}   STILLWELL [1] 232.
{14}   BOURBAKI [5] 183.
{15}   SONAR [4]: {15a} 153. {15b} 132 f. {15c} 37 f. {15d} 37.
{16}   STRUIK: {16a} 90. {16b} 90 Fußn. 1. {16c} 90 f.
{17}   MESCHKOWSKI [1] 189 ff.
{18}   THIELE: {18a} 14. {18b} 14 unten u. zu Abb.1.1b.

I.C.2   Der Geist der Naturwissenschaft erscheint

Die Kopernikanische Wende. Kepler. Galilei und sein Fallgesetz.

Je nach Aspekt wird das europäische Mittelalter unterschiedlich abgegrenzt. Üblicherweise nimmt man dazu die Zerfallsdaten des west- und des oströmischen Reiches, also etwa jeweils die Mitte des 5. und des 15. Jahrhunderts.[1a.2] Zum Ende passt gut auch die Entdeckung der Neuen Welt, doch nachhaltiger wirkte die Neuentdeckung der Welt.

Dass die sich bislang samt und sonders um uns gedreht haben sollte, schien den meisten selbstverständlich. Jedem sichtbar zeigten sich Mond und Sonne mit zwei Fahrplänen, jedoch gleicher Route. Dies mit einer Eigendrehung der Erde zu erklären, musste lineare Gemüter überfordern. Dazu hätte man sich ja doch rasend schnell unter Wolken und Vögeln wegdrehen müssen. Ganz zu schweigen vom Fahrtwind einer Reise durchs All.[3a] Gegen das heliozentrische System gab es außer unsachlichen Argumenten zeitgemäß triftige. Zwar hatte schon sehr früh ein Aristarchos[3b] vorgeschlagen, die Sonne ins Zentrum zu rücken, jedoch selbst sein genialer Zeitgenosse, der Astronomensohn Archimedes, konnte sich nicht für sie erwärmen.

Zur Erklärung der vielfältigen Bewegungen am Himmel hatte Eudoxos – von Platon animiert – eine in sich schlüssige Theorie entworfen. Apollonios arbeitete weiter daran, und vier Jahrhunderte später wurde dieser erste Ansatz einer theoretischen Astronomie von Klaudios Ptolemaios nicht weniger scharfsinnig vollendet. In ihrem Harmoniebedürfnis suchten sie allesamt einen vollkommenen Kosmos nachzustellen, weshalb zu seiner Beschreibung nur die vollkommensten geometrischen Gebilde in Frage kamen: Kugelschale und Kreislinie, welche Verrenkungen man auch den Kreisen zumuten mochte (s. II.K/Anfang). Theoretisch perfekt, doch contre cœur war es schon, wie die ptolemäischen „Kreise" die Kapriolen der Planeten, ihre Rückläufe, zu erklären suchten. Vernünftiger wären allemal Bahnen um ein gemeinsames Zentrum gewesen – was jedoch eben voraussetzte, dass die Erde sich selbst unter die Planeten einreihte. Aus praktischer Sicht war müßig, die geozentrischen Modelle anzuzweifeln, eigneten sie sich doch am Ende hinreichend gut für Seefahrt und Kalender. Ein gewichtiger Aspekt auch für die spätere Entwicklung.

Dieses „*ptolemäische Weltbild*" hielt sich weit über ein Jahrtausend. Die klugen Leute in Alexandria waren sich dessen bewusst gewesen, wenig darüber zu wissen, was in Wahrheit am Himmel geschah. Sie verstanden ihr Welt-Bild eher hypothetisch, als Ansichtssache und weniger als Weltanschauung.[4a] Dazu jedoch war es wie geschaffen. Das GEOzentrische System war anthropozentrisch, EGOzentrisch. Als solches bediente es das selbstverständliche Bild von der Heimat des Menschen. Das aus Sicht der Kirche nicht nur adäquat, sondern weiß Gott unabdingbar war, denn als Hauptzweck der Schöpfung musste der Mensch auch leibhaftig im Zentrum des Universums stehen. (Andersdenkende wurden noch zu Galileis Lebzeit verbrannt und brauchten erst ab 1837 keine kanonischen Strafen mehr zu fürchten. Was noch lange nicht Galileis Freispruch einschloss.)

Die Gegenposition hatte immer wieder Sympathie gefunden, so haben selbst Kleriker wie Oresmus und Cusanus sie erwogen.[1b] Jetzt machte ein Fachmann damit Ernst: Nikolaus Koppernigk (Coppernicus), für uns Kopernikus. Auch er hielt am Kreis fest, nun aber in dessen Rolle als der Planetenbahn selbst, was zunächst einmal entscheidend war. Praktisch dem nachgebesserten ptolemäischen System kaum überlegen, wurde das kopernikanische als akademisch empfunden. Die Akademiker selbst musste es polarisieren, doch saßen diese eigentlich im selben Boot.[5a] Dass die Beschreibung der Relativbewegungen im heliozentrischen System weitaus einfacher war und damit natürlicher erschien, sprach noch nicht für dessen „Wahrheit"; insofern sind diese Bezugssysteme gleichrangig: so wie auch der Schwanz mit dem Hund wedelt. Schon Cusanus[5b] hatte eine absolute Bewegung zur Disposition gestellt, als er das Himmelsgewölbe zum Einsturz brachte. Substanziell sprach erst Newtons Dynamik für Kopernikus' Konzept.[5c] Im newtonschen Kosmos, müsste man wieder relativierend sagen.

*   *   *

Wir sind im entfesselnden Cinquecento der Renaissance. Eine Zeit nicht nur der *Wieder*geburt. Die bis dahin aufgetauchten Schriften des Archimedes[6b] erscheinen gedruckt zu fast gleicher Zeit wie das Vermächtnis des Kopernikus[6a], der seine für unseren Planeten wahrhaft bahnbrechende Schrift erst in Erwartung seines natürlichen Todes freigegeben hatte. Ein günstiges Omen für den Zeitgeist, dieses Zusammentreffen.

Zunehmend genauere Beobachtungen wie die von Tycho Brahe ließen die Akzeptanz des kopernikanischen Modells wachsen und die Zeit reif werden für zwei herausragende Zeitgenossen. Deren Erstgeborener ist Galileo Galilei (geduzt von Amerikanern, die sich bei „Gali*lei*" im Ton vergreifen würden), in seinem Wirken nicht denkbar ohne den großen Johannes Kepler. Wie einst Eudoxos, doch unvergleichbar besser gerüstet, widmen sich nun diese beiden einer theoretischen Astronomie.

Der Legende nach[7] begann der Fall Galilei mit „Fallstudien" am Schiefen Turm seiner Vaterstadt Pisa. (Als Symbol lassen wir ihn stehen.) Galilei verschrieb sich der Bewegung. „*Eppure si muove*", sie bewege sich doch, die Erde – dieses sein weltbewegendes Schlusswort vor dem Tribunal war zumindest trefflich erfunden von seinen Landsleuten („se non è vero, è ben trovato"). Im alten Hellas hatte die Physik nur Archimedes' Mechanik vorzuweisen, war ansonsten Denksport für Philosophen und behielt diese Rolle unter den Naturphilosophen neuerer Zeit. Experiment und Induktion war nicht ihr Bier. Apollonios konnte nicht ahnen, wozu seine Ellipsen einmal gut wären. Nun sollten aus Kurven Planetenbahnen werden und ihre Tangenten in jeder Hinsicht richtungweisend.[8]

Kepler, Astrologe wohl ausschließlich aus existenzieller Not, entdeckte im Sonnensystem überraschende Gesetzmäßigkeiten und suchte ihnen auf den Grund zu gehen. Den *Keplerschen Gesetzen* war letztlich beschieden Klarheit zu schaffen, auch wenn ihr Urheber die Ordnung eher in der Mystik suchte und meinte gefunden zu haben, als es ihm gelang, zwischen die abstandstreuen Bahn-Schalen seiner sechs Planeten die in I.A.2 erwähnten fünf platonischen Körper optimal zu plazieren, nämlich so, dass die Sphären den Polyedern um- und einbeschrieben erschienen.[6c.9] Außer auf diesem wundersamen Geschachtel gründete Keplers hiermit erstmals errungener Ruhm allerdings darauf, dass derzeit nicht mehr Planeten bekannt waren... Die größte Ehre verschafften ihm seine Planeten postum. Ihre Bewegungen gaben den Anstoß zu Newtons allgemeiner Kosmologie, und die wiederum fand sich in Keplers Gesetzen glänzend bestätigt. (Siehe dazu II.T/Newton.)

Die Peripatetiker, das waren Aristoteles und seine Mitläufer, folgten den Sophisten in deren gebrochenem Verhältnis zur Bewegung, wonach der natürliche Stillstand stets kraftvoll überwunden werden musste. Die Naturphilosophen wussten dieser Kraftmeierei nichts entgegenzusetzen. Eine kritische Stimme aus dem Alexandria des sechsten Jahrhunderts fand erst im vierzehnten ein hörbares Echo, bei Oresmus' Partner Buridan. Der war bereits auf dem Weg zum Trägheitsgesetz.

Kepler erlöste die Kraft aus ihrer Rolle in der aristotelischen Bewegungslehre und setzte das Beharrungsvermögen der Körper dagegen. Von Kepler erstmals formuliert[10a] und von Galilei übernommen, brauchte das Trägheitsprinzip noch geraume Zeit, bis man es voll verstand[10b]. Es zu akzeptieren verlangte nämlich die Preisgabe der eingangs genannten Argumente gegen die Bewegungen der Erde. Was den Nahbereich anlangt, die Erdrotation, so gab es ja folgenden Einspruch. Eine von keiner Kraft bewegte und daher im Raum ruhende, in diesem Sinne träge Luft müsse auf einer darunter bewegten Erde zum Sturmwind werden. Dass dieser ausblieb, war einer ganz anderen Trägheit geschuldet: der Teilhabe der Luft an der Erdbewegung.[3b.5d] So etwas war nicht leicht zu vermitteln. Das Trägheitsprinzip machte die Stelle des großen Bewegers frei, sie würde durch eine unpersönliche Dynamik besetzt werden. Dynamik als Zeichen der Zeit, auch metaphorisch gesehen.

Mathematik interessierte beide Astronomen nicht nur mittelbar, und es war Kepler, der sich eines alten Hausmittels erinnern wird: der Atome, jetzt „Indivisiblen" genannt. Wenn er die Fläche der Ellipse, auf der die Sonne umlaufen wird, unter Berufung auf Archimedes wie einen Kreis zerlegte, so lag er damit schief (II.K), hatte er doch ein zweischneidiges Instrument falsch angesetzt, um sein zweites Planetengesetz zu interpretieren. Erst Newton sollte es theoretisch einordnen (II.T/Newton).

*

Galilei hatte bemerkt, dass seine Probekörper alle praktisch gleich schnell fielen; es sollte für Newtons Theorie höchst bedeutsam werden. Das Unerhörte dieser Beobachtung war Galilei bewusst, hatte sie doch in der durch Aristoteles verordneten Welt keinen Platz (s. I.C.1). Die schweren hatten schneller zu fallen. Der junge Professor ohne Talar geriet darob mit den gelehrten Herren von Pisa in Streit. Man erzählte, er habe ihrem Defilee am Schiefen Turm aufgelauert und ihnen zwei ungleich schwere Kugeln gleichzeitig vor die Füße fallen lassen.[11] (Folklore mit Pisas Paradestück, die man sich nicht entgehen ließ.)

Vor Galilei lag Niemandsland. Er musste das Gesetz herausfinden, nach dem die Schwerkraft eine ungleichförmige Bewegung erzeugt. Sein Weg führte durch das Tal von Trial and Error. Auf den Campanile zu steigen – falls denn überhaupt –, darauf kam er nicht gleich, sondern zunächst auf die schiefe Ebene und so wohl auf den Irrtum, die Geschwindigkeit sei proportional zur Roll- und damit Fallstrecke.[8.12] Jedenfalls pröbelte er mit dieser Annahme, ehe er die *Zeit* maßgebend fand. (Durch „unklare Überlegungen" laut Bourbaki.[8]) Nun hatte sich Oresmus schon im wahrsten Sinne ein Bild davon gemacht, wie Geschwindigkeit mit der Zeit gehen kann. Offenbar benutzte Galilei dessen Diagramm Abb.I.5 zum Test auf Gleichförmigkeit der Beschleunigung.[1c]

Abb.I.7 fußt auf Abb.I.5. Darin wird der zwischen den Zeitpunkten $n = 0$ und $n = 1, \dots, 4$ jeweils zurückgelegte Weg W_n dargestellt durch die Fläche eines Dreiecks, das sich zusammensetzt aus Dreiecken von der Größe $W_1 = w$ des schattierten. Es sind $\frac{1}{2} (n^2 \cdot 2w) = w\,n^2$ viele. Oresmus' gleichförmig ungleichförmige Bewegung folgt mithin der Wegformel $W_n = W_1\,n^2$. (Und auch bei stetigem Zeitverlauf wird der Inhalt der Dreiecksfläche proportional zum Quadrat der Zeit.) Wenn nun aber Galileis Fallwege dementsprechend anwuchsen, so musste im Umkehrschluss die Beschleunigung gleichförmig sein. (Siehe die Interpretation zu Abb.I.5.)

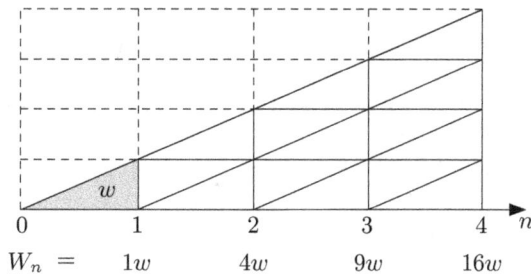

| $W_n =$ | $1w$ | $4w$ | $9w$ | $16w$ |

Abb. I.7   Galilei: die Grafik zum Fallversuch.

*

Endlich schien Robert Bacons Vision Gestalt anzunehmen, zu Naturgesetzen allein durch objektive Wahrnehmung zu gelangen. Kepler und Galilei hatten Mitstreiter, für viele ihrer Kollegen blieb jedoch undenkbar, sich Beobachtung und Experiment anzuvertrauen oder gar zu unterwerfen, waren sie doch Gefangene einer Tradition, wo Philosophen darüber befanden, was denknotwendig sei, und also nicht nur vor, sondern auch jenseits aller Erfahrung entschieden, wie die Welt zu sein hatte. Sie weigerten sich, durch Galileis Fernrohr zu blicken. Des Widerspruchs zum Vorurteil überführt meinte einer: „*Umso schlimmer für die Tatsachen!*" So gestrig ist das nicht. Der Hang, alles Mögliche und Unmögliche gebieterisch vorzudenken, lässt Ideologien reifen. Nachdenkenswert.

Ganz so unvoreingenommen wie es die Verklärung will war allerdings auch unser Galilei
nicht. Für ihn erschöpfte sich die Rolle der Mathematik keineswegs darin, die Gesetze der
Natur zu formulieren und allenfalls noch – der Nachprüfung verpflichtete – Voraussagen zu
treffen. Vielmehr sah Galilei in der Mathematik selbst bereits eine Quelle der Naturerkennt-
nis. Schließlich weise sie der Natur den Weg, nämlich den einfachsten.[4b] So trat denn bei
ihm oft das mathematikgestützte Gedankenexperiment an Experimentes Statt.[4c]

Die Pythagoreer hatten es in die Welt gesetzt: „Alles ist Zahl". Platon sah in der leblosen
Natur die Verkörperung von Mathematik.[4d] Damit ward das Verhältnis beider erstmals auf
den Kopf gestellt. Jetzt, wo der lange Marsch von Naturphilosophie zu Naturwissenschaft
Fortschritte zeigte, erhob man die Mathematik abermals zum Vormund der Natur. Nun zu
Recht, so schien es; Newton würde jeden Rest von Zweifel tilgen. Schon zu dessen Zeit sollte sich jedoch das Blatt wenden. Verließ sich Galileis Physik noch auf Mathematik, so wird
Newtons Mathematik die Natur als Zeuge anrufen, denn auf seines Calculus Grundlage war
wenig Verlass. Inzwischen haben wir ein klareres Bild von der Beziehung zwischen Mathematik und Naturwissenschaft, wissen wir, dass die Mathematik bestenfalls Modelle liefern
kann und sich mit Stückwerk bescheiden muss, lokal gültig ähnlich wie Landkarten für den
Globus.

Die „*Kopernikanische Wende*" in der Astronomie verband sich mit mancherlei Wende.
Archimedes' Physik galt der Statik, die des Galilei der Bewegung. Sie wurde zum Leitmotiv:
Das Veränderliche in der Natur und *die* Veränderliche als sein Gegenpart in der Mathematik.

{1}   BOYER [2]: {1a} 272. {1b} 304.— [1] {1c} 113.
{2}   PEIFFER; DAHAN-DALMEDICO 16.
{3}   VAN DER WAERDEN [2]: {3a} 336. {3b} 336 ff.
{4}   KLINE [1]: {4a} 159. {4b} 329. {4c} 331. {4d} 151 f.
{5}   VON WEIZSÄCKER: {5a} 256 ff. {5b} 257. {5c} 258, 260. {5d} 256.
{6}   WUßING; ARNOLD: {6a} 90. {6b} 91. {6c} 135.
{7}   SONAR [4] 198.
{8}   BOURBAKI [5] 204.
{9}   STILLWELL [1] 21-23.   HILDEBRANDT; TROMBA 57.
{10} {10a} JOOS: [1] 76; [2] 90.– {10b} HUND 97 f., 298 f, 301.
{11} RUSSELL 19.
{12} HEUSER [3] 45 Fußn.1.

I.C.3   Fünfzig Jahre Vorabend des Calculus

Algebraische Notation, Koordinaten.   Indivisiblen bei Cavalieri, Torricelli.
Vorläufer zum Calculus: Fermat, Gregory, Neil, Barrow.

Nicht weniger interessant als eine Geburt pflegt ihre Vorgeschichte zu sein. Das trifft auch
auf den Calculus zu. (Siehe II.N,P,Q.) Die Astronomie hatte ihre Sternstunde, die der Analy-

sis ließ noch auf sich warten. Während der ersten Hälfte des 16. Jahrhunderts herrschte noch Ruhe vor dem Sturm. Als, in der zweiten, der vielseitige François Viète (Vieta) die Algebra einem Höhepunkt zuführte, bereitete sich eine neue „Geometrie" gerade auf ihre Zukunft vor, mit mehr oder minder sporadischen, doch signifikanten Entdeckungen.

Dann die Supernova der Analysis. Nicht zufällig mit Doppelstern. Spätestens zu Beginn des für unser Thema epochalen 17. Jahrhunderts hatte sich jene Atmosphäre entwickelt, von der man sagen würde, Newton und Leibniz lagen in der Luft. Sie hatten ihr Schlüsselerlebnis fast gleichzeitig, unabhängig voneinander, und Ähnliches widerfuhr einer ganzen Reihe von Anwärtern auf die Rolle, die diesen beiden zufallen sollte.

*

Zwei Jahrtausende nach ihrer klassischen Phase erlebte die Analysis jetzt eine druckvolle zweite mit einer Vielzahl von Ideenträgern. Neben den Vorarbeitern im engeren Sinne verdient gewürdigt, wer wichtige Zuarbeit leistete. Da ist zum einen Vieta, dem zu danken ist, dass er die Ausformung einer konsequenten Symbolsprache einleitete. Ein Segen für die Analysten. Die sich damit allerdings auch einen Virus ins Haus holten: Mit Zeichen zu rechnen mag nämlich suggerieren, sie seien bereits bare Münze. Algebraiker gingen mit ihren Symbolen vorsichtiger um als die jungen Analysten, wiewohl deren fiktive Größen unvergleichlich problematischer waren.

Von dem Verhältnis zwischen Geometrie und Algebra, wie es zu griechischer Zeit bestand (I.A.2/Ende), war nur der Respekt vor der geometrischen Dimension erhalten geblieben. Zu intensiver Berührung kam es jetzt dadurch, dass sich den neuen „Geometern" die Zahlen der neuen Algebraiker als Koordinaten anboten. Nicht fremd war solch Usus freilich Leuten wie Archimedes (II.D,G,H), Apollonios[1a] und, auf andere Art, Oresmus (I.C.1). Im Unterschied dieser Beispiele spiegelt sich bereits der verschiedene Gebrauch von Koordinaten bei den gegenwärtigen Benutzern: bei René Descartes (Cartesius), der als Promotor der Koordinaten-Geometrie gilt, und bei Pierre de Fermat, dem von jenem geschmähten Kollegen. Beide sind die führenden Gestalten dieser Jahrhunderthälfte in puncto Mathematik[1b], Philosoph und Landsknecht der eine, Jurist der andere.

Cartesius kannte keine kartesischen Koordinaten, doch war unwesentlich, dass er ebenso wie Fermat mit nur *einer* Achse arbeitete, einem Strahl, von dem aus parallele Strecken abgetragen wurden. Der angedeutete Unterschied liegt grob gesprochen darin, dass Descartes den Punkten die Zahlen zuordnet und Fermat den Zahlen die Punkte. Descartes sieht in der Parabel einen Kegelschnitt, dessen Punkte durch eine Koordinatenbeziehung zu charakterisieren sind. Seine Absicht ist, geometrische Probleme durch Nutzung des algebraischen Fundus zu lösen. Das bringt es mit sich, nur Kurven (einschließlich der geraden) zu betrachten, deren Punkte $(x|y)$ einer Gleichung der Gestalt $a\,x^m y^n + ... + b\,x^p y^q = 0$ mit rationalen Koeffizienten $a, ..., b$ und Exponenten $0, 1, ...$ genügen, einer *„algebraischen Gleichung"*. Anderen, den *nicht- algebraischen* Kurven, insbesondere den wie abfällig sagt „mechanisch erzeugten", entzog er damit die geometrische Lizenz.[1c] Fermat hingegen ging von der Zahlbeziehung aus, interpretierte sie als Koordinatenbeziehung bzw. -*vorschrift*. Er fragt im Falle unseres Beispiels, was die Zuordnung $x \mapsto y = x^2$ geometrisch impliziere, was der Minimalwert $y = 0$ mit der Tangente in $(0\,|\,0)$ zu tun habe (s. unten bei Abb.I.10). Descartes steht in der Tradition des Apollonios, während Fermat[1d] wie schon Oresmus[1e] arithmetische Zusammenhänge *sichtbar* machen will.

*   *   *

Geraume Zeit vor Kepler und Galilei waren die Scholastiker dem alten Demokrit auf die Spur seiner geometrischen Atome gekommen. Jetzt, an der Schwelle zum 17. Jahrhundert, besann man sich verstärkt dieses vorklassischen Erbes. Beherzt griff Kepler nach den Indivisiblen, zuerst – wie oben erwähnt – auf der Suche nach Theorie für seine Planeten (II.K). Er sah diese guten Geister überall am Werk, wie am Himmel so auf Erden. Sein Wissensdurst galt denn auch dem Inhalt von Weinfässern, von leeren, versteht sich.[2a] Weit mehr als ein Kuriosum, wurden sie zum Aufmacher eines Buches aus dem Jahr 1615, das Jahre später große Beachtung fand.[1f,g] Nach Moritz Cantor „die Quelle der Inspiration aller späteren Kubaturen".[3a] In vino veritas.

Keplers ungriechischer Stil war ansteckend und inspirierte Leute, die in Sachen Indivisiblen kreativ hervortraten wie Bonaventura Cavalieri (der mit dem „Prinzip"), Evangelista Torricelli (der mit dem Barometer) und Gilles Personne de Roberval (der mit der raffinierten Waage, *«le roberval»*). Wörtlich ernst nahm man jene Atome längst nicht mehr. Was immer man sich unter ihnen vorstellte, der Zweck rechtfertigte sie und verdrängte ihre Philosophie. Roberval nennt sie seine „Infinitesimalen" und will sich mit dem Buchtitel *Traité des Indivisibles* nicht etwa zu den Unteilbaren bekennen, benutzt halt das Warenzeichen als Werbeträger.[4a]

*   *   *

Galilei hatte den Krümelmonstern skeptisch gegenübergestanden. Doch weil sein Freund und Schüler Cavalieri damit Aufsehen erregende Resultate erzielte, forderte er ihn auf, eine Theorie auszuarbeiten. Anregung gab auch Keplers Fasskunde. In 1635 erschien Cavalieris Buch [1g,4b,5a,6a,7a,8a,9a], welches, wenngleich wenig gelesen[8a], die Entwicklung anschob. Anders als die Atomisten vermied es der Autor, Indivisiblen als solche zu beschreiben.[1k] Das, was sie konnten, sollte sagen, was sie sind. Was sie, wohlgemerkt, bei *rechter Anwendung* konnten (Abbn.I.8; II.M,N) – ein eher unfreiwillig eingenommener pragmatischer Standpunkt diesseits des Infiniten. Ähnlich wie Roberval hält er nichts von Unteilbarkeit, ähnlich wie dieser hält er es mit dem Titel *„Geometria indivisibilibus continuorum ..."* (soviel wie: „Geometrie des Kontinuums vermittels Indivisiblen").

Zu Beginn haben Cavalieris Indivisiblen noch eine kleinere Dimension als das Objekt und kommen wie folgt zustande. Bei einer ebenen Figur (s. II.M/Anfang) strukturieren sie ein Kontinuum durch die „Spur" einer parallel hindurch geführten Geraden, der *„regula"*, so dass eine *„Gesamtheit"* von Schnitt-Strecken entsteht.[6b,8b,10a] Dieses Konstrukt will Cavalieri vom Begriff „Fläche" wenigstens grundsätzlich unterschieden wissen.[10b] Sein Bemühen, die eudoxische Proportionenlehre darauf zu übertragen, gilt nicht einem Flächeninhalt. Der sollte in diesem Stadium seiner Theorie etwas anderes sein als die „Summe" von Indivisiblen. Durch Inkonsequenz trug Cavalieri selbst dazu bei, missverstanden zu werden.

Sein Einfluss ist bis heute spürbar, wenn unsere Schüler dem seinen Namen tragenden „*Prinzip*" begegnen, meist beim *Volumen*vergleich. Diesbezüglich siehe II.M; hier vorerst ein Beispiel *ebener* Figuren. Abb.I.8a zeigt zwei Dreiecke auf einer gemeinsamen Grundlinie fixiert; aus gleichen Grundseiten und Höhen schließt Cavalieri auf gleichen Inhalt aufgrund dessen, dass die Spuren der hier angemessenen Regula, sprich die Parallelen zur Grundlinie, aus beiden Dreiecken jeweils ein Paar gleich langer Strecken herausschneiden. (Letzteres liefern die Strahlensätze.) Somit erscheinen die Dreiecke zusammengesetzt aus Strecken, die zu Paaren gleicher Länge geordnet sind.

Genau das aber ist auch der Fall bei den unterschiedlich großen Teildreiecken der Abb. I.8b! Dieses Bildchen (nach {2b.7b.11a}) findet sich in einem Brief Cavalieris an Torricelli, ebenfalls Schüler Galileis.[11b] Er selbst also hatte bemerkt, dass sich der Abgleich von Indivisiblen nicht auf deren bloße Wechselbeziehung reduzieren lässt (vgl. *"one-to-one"* in {9a})! Bei Abb.I.8a hat *eine* Regula gleiche Gesamtheiten erzeugt; *demnach* zeigen hier einander zugeordnete Strecken denselben lotrechten Abstand etwa von der gemeinsamen Grundlinie der Dreiecke, von einer Parallelen zu ihr oder von den Spitzen der Dreiecke. In Abb. I.8b lässt sich keine Regula einführen, ist nichts auszumachen, wozu die korrespondierenden Strecken gleichen Abstand hätten.

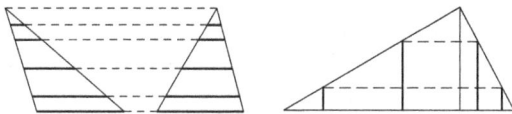

Abbn. I.8 a,b *Anordnung von „Indivisiblen": (a) richtig, (b) falsch.*

Sein Schöpfer steht dem „Paradoxon" von Abb.I.8b recht ratlos gegenüber; er bemüht ein Gleichnis mit Gewebefäden und sucht seine Indivisiblen nach ihrer „Anzahl" zu bewerten.[7c] Georg Cantor hätte es Cavalieri nachempfinden können. Als er 1877 im Rahmen seiner Mengenlehre bewies, dass ein Quadrat „ebenso viele" Punkte hat wie seine Kante, meinte er: *„Ich sehe es, aber ich kann es nicht glauben."*

Gegen eine falsche Auslegung des Prinzips waren Cavalieri und seinesgleichen gefeit, wie es ja für die genialen Meister bezeichnend war, von schwankendem Gerüst aus sicher zu bauen. Wird wie bei {7d,e} der tatsächlich oder angeblich nachlässig formulierte Wortlaut der Originale nachgeahmt, so reißt das „Beweislücken": wenn sich nämlich die Berufung auf Cavalieris Prinzip wörtlich darin erschöpft, eine längentreue Eins-zu-eins-Abbildung zwischen Indivisiblen aufzuweisen. So geschehen in {1h,*l*,m.4c.12}, bei {13a} sogar Seite an Seite mit {13b}, der gegenbeispielhaften Abb.I.8b. Es entschuldigt auch nicht, wenn die hier zitierten Fälle stets eine der Abb.I.8a gemäße Konfiguration nachzustellen gestatten (Beispiel Abb.I.9b). Torricellis Ausweitung des Cavalierischen Prinzips (s.u.) wird in jedem Fall zu klären verlangen, welche „Gesamtheiten" für einen Abgleich qualifiziert sind.

Die damalige Nomenklatur der Substanz nach abgrenzen zu wollen scheint müßig; der Versuch in {8} bezeugt nicht viel mehr als Unklarheit, die dieses Versuches (s.{8c}) nicht ausgenommen. Verständlich, dass man sich am Ende daran gewöhnt hatte, in der „Indivisiblen" die bloße Chiffre für ein fiktives Arbeitsmittel zu sehen, nach Gebrauch zu entsorgen.

*

Wie Cavalieri mit Indivisiblen „rechnet", deutet sich im folgenden Bewährungstest an.[9b] Abbn.I.9 zeigen beide Male dasselbe diagonal geteilte Quadrat. Der Wert der „Indivisiblen-Summe" Σx in Abb.I.9a soll als die Hälfte des Quadrat-Inhalts $\Sigma (x + u)$ bestätigt werden. In Abb.I.9b erscheinen beide Teildreiecke aus Paaren gleich langer Indivisiblen aufgebaut, und zwar *lege artis*, nach Cavalieris Gesetz: Das wird augenfällig, stellt man die Teildreiecke mit ihren vertikalen Seiten in *einer* Linie nebeneinander. Mittels eines „selbstverständlichen" Assoziativgesetzes kommt schließlich

$$\Sigma a = \Sigma (x + u) = \Sigma x + \Sigma u = 2 \Sigma x, \text{ also}$$

die Quadratur $\Sigma x = \frac{1}{2} \Sigma a = \frac{1}{2} a^2$ der Potenzfunktion $x \mapsto x^1, \ 0 \le x \le a$.

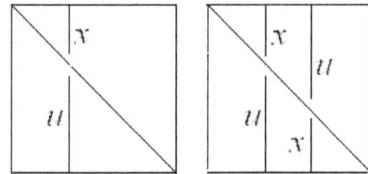

Abbn. I.9 a,b *Cavalieri:* $\Sigma x = \Sigma u$.

Das war „Infinitesimalrechnung", ihren Erfolg mag man der Schlichheit des Problems zurechnen. Analog ging Cavalieri die Parabeln höherer Ordnung an[9c] (II.N) und „bestätigte" damit Archimedes' Parabelquadratur (II.D) in wenigen Zeilen (s. II.N/(2)) − freilich musste jener sich durch diesen bestätigt finden. Jedenfalls erwies sich Cavalieris Technik allversprechend für die Potenzfunktionen positiv ganzzahliger Ordnung, nur die ausufernde Darstellung setzte ihren Quadraturen ein Ende.

Das sind Schritte auf Neuland ohne den festen Untergrund, auf dem einst Archimedes stand, doch durchaus nicht abwegig. An der fragwürdigen Argumentation musste „mathematisch was dran sein", einmal der Korrektheit nachprüfbarer Ergebnisse wegen, mehr aber noch, weil *System* die Arbeit Cavalieris auszeichnete.[14a] Sein Blick hatte sich vom konkreten Gegenstand gelöst und auf die Operation gerichtet. Die Probleme waren „zur Gründerzeit" *eigenartig*, der Fortschritt ging aus von ihrer Klassifizierung. Verallgemeinerung führte sie zusammen, ermöglichte universelle Methoden zu ihrer Bewältigung. Archimedes hatte stets wieder von vorn beginnen müssen.

*   *   *

Demokrit hatte aus seinen Atomen vermutlich platte Prismen und Zylinder fabriziert. In Archimedes' Vorstudien erschienen die Objekte gar aus Elementen der nächstkleineren Dimension aufgebaut. Weniger fadenscheinig ging's zu bei der Kreisfläche, deren Radien nicht erst bei Archimedes Speck ansetzten, indem sie zu ultimativ schlanken Dreiecken wurden, um sich zu einem dem Kreis flächengleichen Viereck zusammensetzen zu lassen (s. II.E/Anfang). Kepler griff dies wieder auf. Das Kapitel „*Der apfelförmige Körper Keplers"* von {10b} handelt nur insoweit von einem Objekt der Anatomie, als hier ein Apfel zerschnitten wird.[7g] Einem seiner Puzzles war Pappos von Alexandria[7f.15a.16a] bereits zuvorgekommen (II.I).

Immer exotischere Blüten trieb das Spiel mit den „Indivisiblen". Mit ihrer Hilfe fand der *„spitze hyperbolische Körper Torricellis"*[10c] eine verblüffende Volumenbestimmung. Gemeint ist die Trompete (s. II.M), mit der Cavalieris Freund Torricelli die mathematische Welt aufhorchen ließ: ein Trichter (Abb.II.24/rechts; {7h}), der bei unendlich großer Oberfläche ein endliches Volumen besitzt! Mit Farbe zu füllen, die nicht ausreicht, ihn anzustreichen... Hier war in Sachen Volumen keine Hilfe vom Cavalieri-Prinzip zu erwarten, jedenfalls nicht direkt. Wie bereits aus der frühen Skizze Abb.II.23a[11c.15b] hervorgeht, suchte Torricelli *gekrümmte* Indivisiblen – im Prinzip – ins cavalierische Prinzip einzubeziehen, und zwar in eben der Weise, die dem in {15c} formulierten Grundsatz zum Vergleich von Indivisiblen Rechnung trägt. Beim Trompetenkörper argumentiert er anhand seines den Abbn.II.24 entsprechenden Diagramms aus {1n.7i.15d} (nicht aber {11d}).

Auch Roberval hatte das scheinbar paradoxe Phänomen entdeckt. (Seinem Naturell entsprechend bezichtigte er Torricelli des Plagiats.) Nicht überrascht hätte es einen Oresmus. Der hatte, als frühen Vorläufer[1i], mit der Abb.I.6/links einen unendlich langen Garten von endlicher Fläche angelegt (s. dsgl. Abb.II.18) und war schon auf die Möglichkeit eines räumlichen Analogons zu sprechen gekommen (I.C.1/{1i}). Widerhall rief die Trompete auch in der mathematischen Halbwelt hervor. Das Wohlwollen, mit dem Philosophen solcherlei Treiben der Analysten verfolgten, mag der Kommentar von Thomas Hobbes bezeugen: *"To understand this for sense, it does not require that a man should be a geometrician or logician, but that he should be mad."*[17]

*   *   *

Die Indivisiblen in ihren Spielarten waren nicht das einzige Werkzeug damaliger Integration. Zukunftsweisend präzis wurden Cavalieris Parabel-Quadraturen von Fermat und Blaise Pascal fortgeführt, und zwar zunächst für *sämtliche* natürlichen Exponenten (II.N).[9d] Für die gebrochen rationalen taten es Fermat und Torricelli. Originell operierte Fermat[9e] dabei mit der geometrischen Reihe (II.N/(15)), die sein Zeitgenosse de Saint-Vincent[5b.18] eingehend analysierte und dazu verwandte, Zenos Kröten-Mysterium aus I.A.3 zu entzaubern. Fermat ließ, wie bei ihm üblich, nichts über seine Entdeckung verlauten. John Wallis[9f] wiederholte manches davon, zur Lektüre für Newton ward dessen *Arithmetica infinitorum* von 1656. Pascal starb sehr früh. Er hätte dennoch Verheißungen erfüllt, wandte sich jedoch abrupt ab von der Mathematik mit dem Bekunden, der Mensch solle dem Unendlichen in Ehrfurcht begegnen, nicht aber versuchen, es zu verstehen oder gar zu beherrschen.

Größen von unendlicher Kleinheit zu benutzen war sich auch der große Fermat nicht zu schade, pflegte zu versichern, er könne seine Resultate auch in alter Manier erhalten, sozusagen im klassisch-griechischen Stil erringen. Wo man dessen betuliche Umständlichkeit umgehen konnte, tat man es, mehr oder eher weniger schlechten Gewissens. Als Sprecher der Leichtfertigen tat sich unser Cavalieri hervor. Sein Kommentar: *„Strenge ist Sache der Philosophie, nicht der Geometrie."*[4d.19a] Kein Kommentar.

*   *
*

Nach Oresmus hatte sich erst wieder Galilei mit der Bewertung einer intensiven Größe befasst. Ansonsten galt alles Bemühen den extensiven: den Inhalten geometrischer Figuren und

danach der „Quadratur von Funktionen", d.h. der Flächen unter Graphen. Die „kleinen Größen" dienten ausschließlich der „Integration": der Zusammenfassung nicht messbarer Elemente zu einem messbaren Ganzen. Nicht zufällig blieben die Analysten so lange die „Geometer".

In ihre andere Rolle fanden die Winzlinge äußerst mühsam hinein: Partner eines Verhält-
nisses zu sein. Das Problem der intensiven Größe wird auch durch Newton und Leibniz nur
operativ gelöst werden. Zum Vorläufer ihres Differenzialquotienten wird Oremus' Formlatitude werden (I.C.1), Repräsentant eines zur Strecke geschrumpften Flächenelements, ganz so
wie es in Newtons Abb.II.41b wieder auftaucht. Sichtbares Pendant bei Leibniz ist die Tangente mit ihrer Steigung. Erstmals wird es Isaac Barrow gelingen, sie und die Formlatitude
so in Beziehung zu setzen, dass darin der Hauptsatz der Differenzial- und Integralrechnung
zum Ausdruck kommt (II.Q; Abb.II.38).

Richten wir den Blick zurück auf die Tangenten! Die Kegelschnitte hatten in Apollonios
einen Tangentenleger gefunden[20], nur Archimedes dürfen wir zutrauen, dass er in einer gewissen Tangente mehr gesehen hat als eine Randfigur, dass er sie nämlich in die Bewegung
einbezog (I.A.5, II.H). Spätestens mit der neuen Astronomie rücken kinematische Vorgänge
ins Zentrum *analytischen* Interesses, womit den Tangenten eine „richtungweisende" Rolle
zufällt. Ihre eigentliche Berufung werden sie vonseiten der *Funktionen* erfahren, zunächst als
Beiwerk ihrer Graphen, wesentlich dann aber als Bild und Sinnbild linearer Approximation
bis in die Höhen moderner Analysis.

Bei der Neuentdeckung der Tangente machte Keplers Ellipse den Anfang (II.K), auch sie
hatte bereits eine bewegte Vergangenheit (II.P/{4a}). Systematisch begann dann Roberval,
Kegelschnitte und damit auch ihre Tangenten kinematisch zu erzeugen (II.P).[9g] Descartes
schlug diese Einladung zur Tangentenbildung aus, hielt nichts von Prozessen. Algebraisch
sind seine Kurven, algebraisch findet er zur Tangente. Seine *Kreismethode* zielt auf einen
Kreis ab, der die Kurve „in benachbarten Punkten" schneidet und somit aus einer Doppelwurzel hervorgeht (II.P).[9h.21] Im Rahmen descartesscher Kurven ist dies ein ebenbürtiges
Konzept.[14b] Viel später wird auch er, wie Fermat, von Schnitt-*Geraden* ausgehen.[3c.22a]

Allgemein konnte eine mit Zahlen betriebene ebene Geometrie dem Tangentenproblem
erst gerecht werden, wenn sich aus der Abhängigkeit der Koordinaten eines Punktes auf die
Abhängigkeit ihrer momentanen Änderung schließen ließ. Dazu eine Illustration für den Fall
einer unabhängigen Koordinate. In der Umgebung des Berührpunktes einer horizontalen
Tangente zeigt sich die abhängige Koordinate gegenüber der anderen extrem träge, in ihm
selbst kommt sie quasi zum Stehen. Man sagt, die Funktion verhalte sich dort „*stationär*".
Bei einer differenzierbaren Funktion kann es nur an Stellen stationären Verhaltens zu Ex-
tremwerten kommen. Schon Archimedes verfolgte dieses Indiz, dann anscheinend erst wieder Pappos. Nicht zu vergessen die Latituden des Oresmus. Kepler kam von der Optimierung
der Fassform zu Extremalproblemen und stellte z.B. fest, dass unter allen einer Kugel einbeschriebenen Quadern von quadratischer Grundfläche der Würfel am größten ist.[1o]

Noch Newton wird über keinen begrifflichen Grenzwert verfügen und sich in einen von
der Kritik gegeißelten Trick flüchten. Diesen nimmt Fermat vorweg mit seinen später so ge-

nannten „*Pseudogleichungen*".[9i] (Siehe {23} zur Klarstellung der Konzeption Fermats.) Nachstehend von ihm je ein Beispiel zu Extremum und Tangente.

Beim einfachsten der „isoperimetrischen Probleme" konkurrieren alle Rechtecke gleichen Umfangs um den größten Inhalt. Zum Umfang $2x - 2y = 4$ gehören die Flächeninhalte $xy = x(2-x) = F(x)$, $0 < x < 2$ (Abb.I.10). Gesucht sind „stationäre Stellen" $x = \bar{x}$ von F als Kandidatengeber für ein absolutes Maximum $F(\bar{x})$. Fermat fragt, wie sich F in naher Umgebung einer solchen Stelle verhält, also nach den Werten $F(\bar{x} + \delta)$ für alle betraglich genügend kleinen δ. Solange $\delta \neq 0$ ist, gilt

$$\frac{F(\bar{x}+\delta) - F(\bar{x})}{\delta} = 2(1-\bar{x}) - \delta.$$

Linker Hand steht die Steigung der Geraden durch $(\bar{x}\,|\,F(\bar{x}))$ und $(\bar{x}+\delta\,|\,F(\bar{x}+\delta))$. Soll F in $\bar{x}$ stationär sein, dann müssen diese Geraden bei $\delta \to 0$ der Horizontalen zustreben. Das aber gibt es nur im Falle $2(1-\bar{x}) = 0$, das heißt $\bar{x} = 1$, und umgekehrt folgt aus $\bar{x} = 1$, dass sich F in $\bar{x}$ stationär verhält, denn dann geht obiger Quotient mit seinem Wert $-\delta$ gegen null. Damit ist $\bar{x} = 1$ einziger Anwärter auf eine Extremstelle. Da $F(x)$ beiseitig von $\bar{x} = 1$ Werte kleiner als $F(1)$ aufweist, so ist diese Zahl als Maximalwert der Funktion verifiziert: Das Quadrat ist die Lösung.

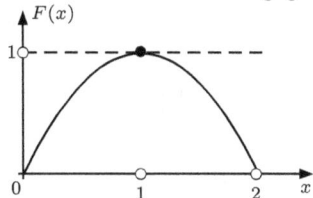

Abb. I.10   Fermat variiert: Bei $x = 1$ verhält sich die Funktion $F(x) = x(2-x)$ stationär.

Die vorstehende Überlegung wird von Fermat in folgender Arbeitsanweisung organisiert. Man setze die – hier lediglich von $\delta = 0$ erfüllbare – Gleichung $F(\bar{x}+\delta) = F(\bar{x})$ an, forme sie unter der Voraussetzung $\delta \neq 0$ um zu $2(1-\bar{x}) = \delta$ und setze *nunmehr* $\delta = 0$. (Bis auf Äußeres deckt sich dieses Vorgehen mit Newtons Weg zum Extremwert.)

Die preußische Schulordnung von 1870 erlaubte nur diese Art Extremwert-Bestimmung. Pädagogisch gesehen ein Eigentor, denn in ihrer Schizophrenie lehrt diese Methode, dass sich auch mathematisch zu mogeln lohnt. Es erinnert an ähnliche Eingriffe der Obrigkeit. An den Alten Fritz, der 1779 das Rechnen über 100 für Dorfschulen verbot. Ein moderner Nachahmer ist Chinas Mao mit seinem Ukas, Zweige der Mathematik wie die Topologie verdorren zu lassen[24].

Bei Tangenten arbeitet Fermat mit ähnlich „falschem Ansatz"[9j.19c]. Beispiel $x \mapsto x^2$, $x > 0$ (Abb.I.11): Zielgröße ist die Länge s der Subtangente an der Stelle x; mit $\delta > 0$ wird die „Pseudogleichung" $(x+\delta)^2 : (s+\delta) = x^2 : s$ aufgestellt. Ausrechnen, teilen durch δ, dieses hernach null setzen – das ergibt $s = x/2$, also die Steigung $2x$.

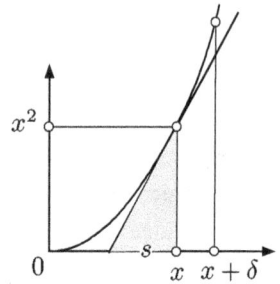

Abb. I.11 *Fermats Subtangente: „falsch" gerechnet,
richtig berechnet.*

*   *

*

Alle bisherigen Erörterungen sind jeweils nur *einem* der beiden Pole des künftigen Calculus
zuzurechnen. Summieren und Differenzieren, Plus- und Minuspol – zwischen ihnen sahen
bloß einige wenige den zündenden Funken aufblitzen, den sogenannten *Hauptsatz der Diffe-
renzial- und Integralrechnung.*

Zu ihnen zählt der in allem zurückhaltende Fermat, Größter derer vom „Vorabend". Er
gewann tiefe Einsichten.[14c] Doch war ihm deren Zusammenhang, wie sein Landsmann Joseph Louis Lagrange behauptet, voll bewusst?[10b] Bei Torricelli war es sicherlich der Fall;
sein früher Tod hat möglicherweise vereitelt, dass er Newton und Leibniz zuvorkam.[1j.16b]
Mehr ist über James Gregory zu erfahren, der – zeitgleich mit Newton und Jahre vor Leibniz
– das Wesen des Calculus erkannt haben dürfte. Er zeigte es geometrisch verkleidet in einem
Buch, das keine Beachtung fand.[4e] Überhaupt wäre auch er, ebenfalls früh verstorben, ein
ebenbürtiger Dritter im Bunde mit Newton und Leibniz geworden.[9k.25a] Als erster stellte
Gregory Betrachtungen über eine von ihm so genannte „*Konvergenz*" an [19c]. Bei der klassischen Quadratur des Kreises gewann Gregory die Überzeugung, sie sei nur mit Algebra zu
widerlegen. Ohne ihn lief die Geschichte nun langsamer ab.

Auch Gregorys Zeitgenossen William Neil blieben nur wenige Jahre. Er kam bloß eine
Bogenlänge weit, doch weiter als er dachte. Bei deren Ausmessung (II.Q) benutzte er mangels Differenziation einen Trick: „Anti-Integration". Damit hatte Neil den Hauptsatz der
Analysis im Visier gehabt, ging ihm aber nicht nach. Immerhin hatte er als einer der ersten[5b] einem alten Grundsatz den Rest gegeben, dem aristotelischen Dogma von der „unmöglichen Rektifikation" (I.A.4/Anfang). Es war auch eine Schlappe für Descartes. Der hatte
zwar selbst eine der von ihm verfemten Kurven rektifiziert, beharrte jedoch dann darauf, dass
(nicht-lineare) algebraische Kurven kein algebraisches Maß hätten, das heißt: ihre Bogenlänge nicht Wurzel einer algebraischen Gleichung sein könne. Zumindest sei das menschlich
nicht entscheidbar.[25b] Neil gab das Gegenbeispiel: Er maß die „semikubische" Parabel $y =$
$x^{3/2}$ mit der Quadratwurzel.[5b.25c]

Man sagt, dem Hauptsatz am nächsten gekommen sei Isaac Newtons Lehrer, Isaac Barrow.[15f] Satz 11 aus der zehnten seiner *Lectiones Geometricae* sieht er wohl eher im Rang
einer geometrischen Kuriosität. Ihre Entstehung bleibt unklar, die Präsentation ist statisch-
geometrisch[9l] (II.Q); Weiteres siehe {14d}. Auf einem Auge stallblind, folgte Barrow nur

widerwillig Newtons Drängen zu algebraischer Praxis: *"I hardly know ... whether there is any advantage in doing so."*[1p]

*   *   *

Rückschauend wundern wir uns, warum beim Hauptsatz der Groschen nicht früher fiel, warum Ansätze wie in II.Q nicht konsequent verfolgt wurden. Barrow hatte Flächen durch Strecken simuliert. Das machte nicht nur nicht Schule, auch er selbst lernte nichts daraus. Oder wollte nicht, weil es ein Tabu verletzte? Die Algebraiker pflegten ihre Gleichungen dimensionsgerecht zu bilden, brachten dazu Korrektive an wie

$$A \text{ in } B \text{ quad } aequatur \text{ } C \textbf{ plano } in \text{ } D \text{ } aequatur \text{ } E \textbf{ solido} \quad \text{für} \quad A B^2 = C D = E,$$

wenn C einen Flächen-, E einen Rauminhalt bedeutete[5c] (Descartes[21b] schaffte das ab). Nur jenes *eine Mal* riskierte Barrow, einen Flächeninhalt mit der Elle zu messen. Oresmus hatte einen noch sperrigeren Gedanken gedacht und eine Strecke zur Fläche gemacht (I.C.1). Erinnern wir uns: der Weg als eine mit der Zeit anwachsende Fläche, deren momentane Breite die Geschwindigkeit anzeigte – wir verglichen das mit Abb.II.41b in II.S. Es macht Oresmus zum Vorläufer Newtons!

*   *
*

Nimmt es wunder, nach allem was geschah und nicht geschah, warum die Zwillingsgeburt der Infinitesimal-Mathematik erst jetzt in ihre Endphase tritt? Rechnet man das Ringen um die Grundlagen der Grundbegriffe nicht schon zu den Nachwehen, so vollzieht sich die legale Geburt erst am Endes dieses Buches: zu Ende des 19. Jahrhunderts. Der Differenzialkalkül beruht auf Verhältnissen, und so liegt seine Verspätung um Millennien wohl nicht zuletzt daran, dass sich der Menschengeist mit dem Relativen schwer tut.

Die Griechen hatten nur gleichartige Größen ins Verhältnis gesetzt (I.A.2), Anderes war nicht vorstellbar. Erst die Scholastiker riskierten mehr. Sie bezogen ungleichartige Größen aufeinander, sprachen von Intensität. Punktuell war so was zeitlich kaum und räumlich gar nicht zu greifen. Immerhin gab Oresmus ein getreues Bild von der Momentangeschwindigkeit, wagte aber wohl nicht zu sagen, was für ein Bild *er* sich von ihr gemacht hatte. Abermals verstrichen Jahrhunderte, bis man mit intensiven Größen mehr als Primitives anzufangen wusste. Nicht-gleichförmige Veränderung verlangt nach Relation im Mikrobereich. Oresmus spürte, dass er solcherart Größenbezug nicht wirklich würde Herr werden können (I.C.1).

Doch es nahte die Zeit der konzertierten Aktion, um auf die Fragen zu antworten, die Keplers und Galileis Kosmos stellte. Newton wird „nach der Zeit" differenzieren, und man könnte diese Bezugsgröße für seinerzeit unverzichtbar halten, um sich Differenzial-Verhältnisse zu vergegenwärtigen, wäre da nicht das Spekulationsgenie Leibniz gewesen mit der ihm eigentümlichen Form der „Anschauung". Beide werden faktisch das Gleiche erreichen.

{1}   BOYER [**2**]: {1a} 172. {1b} 367. {1c} 375. {1d} 380. {1e} 379. {1f} 358.
{1g} 361. {1h} 363 (Zn. 2,3). {1i} 392 (Zn. 3,4). {1j} 392 (Ende Nr. 20).—
[**1**]: {1k} 117. {1*l*} 118. {1m} 126 (Zn. 14 f.: *"Therefore ..."*). {1n} 125.
{1*o*} 110. {1p} 182.

{2}   TOEPLITZ: {2a} 78 f. {2b} 58.

{3}   CANTOR, M.: {3a} 750. {3b} 770. {3c} 777 f.

{4}   KLINE [**2**]: {4a} 350. {4b} 349. {4c} 349 unten (*"equal number of equal lines"*).
{4d} 383. {4e} 356.

{5}   CAJORI: {5a} 161. {5b} 181. {5c} 139.

{6}   BECKER [**4**]: {6a} 144 f. {6b} 145 (Pascal geb. 1623, nicht 1632).

{7}   *SOURCE BOOK* ... [**1**] /Struik: {7a} 209. {7b} 218. {7c} 219. {7d} 215 (Fußn. 1,
Zn. 5,6). {7e}   234 (Bew. Prop. 2). {7f} 195 f. {7g} 197. {7h} 227-231.
{7i} 229 Fig.4.

{8}   ANDERSEN: {8a} 18. {8b} 19 f. (vgl. Unstimmigkeit bzgl. „Indivisible" in {19b}).
{8c} 14 unten (*"clear"*).

{9}   EDWARDS, JR.: {9a} 104. {9b} 107. {9c} 108 f. {9d} 110 ff. {9e} 116 f.
{9f} 113 ff. {9g} 134-137 (Fig.8: Graph falsch). {9h} 125–127. {9i} 122-124.
{9j} 124 f. {9k} 140 f. {9l} 139 f.

{10} WIELEITNER: {10a} [**1**] 108. {10b} [**2**] 60 ff. {10c} [**2**] 78 ff.

{11} NIKIFOROWSKI: {11a} 157. {11b} 158. {11c} 160 Bild 26. {11d} 161 Bild 27.

{12} PRAG 382 (Z. 25: „*gleiche Indivisibilien haben*").   PEIFFER; DAHEN-DALMEDICO
187 (Z. 8 f.: „*Gesamtheiten*").

{13} VOLKERT: {13a} 66 (Zn.11-13). {13b} 70.

{14} BOURBAKI [**5**]: {14a} 207-210. {14b} 207. {14c} 212. {14d} 206.

{15} VAN MAANEN: {15a} 76, 74.   {15b} 70 Abb. 2.12.   {15c} 70 oben.
{15d} 71 Abb. 2.13. {15e} 71 unten. {15f} 86 ff.

{16} POPP: {16a} 35. {16b} 29.

{17} STILLWELL [**1**] 149.

{18} SONAR [**4**] 224-227.   BOYER [**2**] 385 f.

{19} HEUSER [**2**]: {19a} 650. {19b} 652 f. {19c} 651 f.

{20} GERICKE [**1**] 135–137.

{21} SCRIBA; SCHREIBER [**1**] 315 f., [**2**] 339 f.

{22} SCOTT: {22a} 114 f. {22b} 95.

{23} BARNER.

{24} DAVIS; HERSH [**1**][**2**] 87.

{25} HOFMANN: {24a} [**1**] 41, 149. {24b} [**4**] 12. {24c} [**2**] 242.

I.C.4   Zwei Väter, ein Calculus: Newton und Leibniz

Leibniz' Summen und Differenzen, sein charakteristisches Dreieck.
Newtons Fluenten und Fluxionen; von Kinematik zu Kinetik.
Leibniz' und Newtons Reihen.   Der Prioritätsstreit um den Calculus.

Was Newton bereits vor 1670 kannte[1a.2a], erfuhr die Welt erst, nachdem es Leibniz auch entdeckt und 1684 publiziert hatte. Der Titel, zeitgemäß weitschweifig dem lateinischen Titel nachempfunden:

> *„Eine neue Methode für Maxima und Minima, ebenso für Tangenten, die weder bei gebrochenen noch irrationalen Größen versagt, und ihre eigen artige Berechnung. "* [3a.4a]

Die Wendung *„singulare ... calculi genus"* will wohl als *„einzigartige* Berechnung" verstanden sein.

Zwei Jahrtausende lang hatten schöpferischer Elan, Stagnation und Experimentieren in einer sozusagen erweiterten Geometrie der Quadraturen einander abgelöst. Um 1650 gab es einen stattlichen Fundus von zunehmend systematisch gewonnenen Resultaten dieser Art. Das „Tangentenproblem" ließ nichts Vergleichbares erkennen. Griechische Geometrie war Stereometrie gewesen, darin fand sich auch die Tangente eingebunden. Nur einmal mochte Archimedes dies lockerer gesehen haben, er hatte jedoch „Bewegung und Tangente" nicht weiterverfolgt (I.A.5; II.H). Es dauerte lange, bis die Augen der geometrisch programmierten Mathematiker sie auch anders, nämlich *entstehen* sahen und „richtungsweisend" wahrnahmen. (Die Scholastik hatte nur geradlinige Bewegung betrachtet. Ihr Begriff von Momentangeschwindigkeit hätte sich durchaus mit der Tangente an Archimedes' Spirale in Verbindung bringen lassen.)

Allerdings verschleierte schon die herkömmliche Bezeichnung Tangentenproblem die Quintessenz, indem sie den „Differenzialquotient" an seinem geometrischen Aspekt festmacht. Schon lange vor den Bahntangenten kam jemand der Sache mit den Wachstums*verhältnissen* auf die Spur. Es war Oresmus mit seiner Idee von der *intensio* (I.C.1). Auch wenn es von dort noch sehr weit war, bis infinitesimale Größenverhältnisse erfasst wurden.

Erste Ansätze, solche Betrachtungen aufs Neue anzustellen, vor allem aber, sie mit Quadraturen in Verbindung zu bringen, hatte es gegen 1650 bereits gegeben (I.C.3; II.Q). Einstweilen noch Stückwerk, welches auf das einende Prinzip wartete. „Prinzip", das steht wie der Prinz an erster Stelle, meint den Anfang, woraus sich alles erklärt und worauf man meist erst am Ende kommt. Man, das waren der Physiker Isaac Newton und der Philosoph Gottfried Wilhelm Leibniz, die den beiden Seiten infinitesimaler Mathematik zur Partnerschaft verhalfen. Auch wenn diese bei Newton noch recht einseitig ausfiel, als er seinen frühreifen Differenzialkalkül zum Vormund des ehrwürdigen Integrals bestellte und damit die Brücke zwischen *in-* und *extensio* schlug, über die *der* Königsweg zur Quadratur führen sollte.

*   *   *

Erreichten unsere Matadore auch noch nicht das Ziel einer stichhaltigen „Theorie der Diffe-
renzial- und Integralrechnung", so doch das wichtigste Etappenziel. Beide schufen, in verschiedener Handschrift, je einen in begrifflich bodenloser Weise begründeten *Kalkül*, zu dessen endgültiger Absicherung es noch zweier Jahrhunderte bedurfte. Davon jedoch hing nicht
der Eigenwert des Provisoriums ab. Es krönte das „Schicksalsjahrhundert der europäischen
Kultur"[5a].

Die theoretischen Erörterungen von Newton wie Leibniz enthalten gleichermaßen „Un-
gereimtes", schließlich hatten sie wie ihre Wegbereiter den von Eudoxos und Archimedes
angelegten Pfad der Tugend verlassen. Das schmälert ihre Leistung ebenso wenig wie – in
Newtons Worten – „*auf Schultern von Giganten*"[4b] gestanden zu haben. Beide gehen fast
zeitgleich zu Werke, doch jeder für sich. Das ist bezeichnend: Zum einen war die Zeit reif
für den einstweilen letzten Akt, zum anderen betraten die Akteure die Szene von verschiedenen Seiten. Der auch nach Dienstjahren Ältere kam aus der noch immer so genannten Naturphilosophie, von einer Himmelskunde auf der Schwelle zur Himmelsmechanik. Der Seil-
schaft Kepler-Galilei-Newton steht der Einzelgänger Leibniz gegenüber. Philosoph reinsten
Wassers und durstiger Autodidakt, war er schon früh auch ein Amateur von „Geometrie",
wie mittlerweile alles hieß, was dort seine Wurzeln hatte. Als ihr Profi würde er über seine
Entdeckungen sagen: „*... das Ganze reduziert sich auf reine Geometrie, die das einzige Ziel
von Physik und Mechanik ist.*"[6a]

Archimedes brachte einst zum Abschluss, was bis zum Aufbruch in eine neue Analysis
als verbindlicher Maßstab galt (I.A.5). Sein mathematisches Werk zeichnet sich durch kom-
promisslose Präzision aus. Entdecken und Beweisen waren säuberlich getrennte Arbeitsgän-
ge, voller Phantasie der eine, unbeirrbar auf Ideallinie der andere. Stereotyp. Verallgemeinerung wurde nur in den Grundsätzen, nicht den Methoden angestrebt. Die Zukunft lag in über-
greifender Systematik, in Kalkülen. Mit solchen Calculi pflasterten unsere beiden Pioniere
eine breite Straße, deren Untergrund zwar noch nachgab, auf dem jedoch jedermann unge-
ahnte Ziele würde erreichen können. Wenn sich die Resultate gegenseitig stützten, so musste
das wenigstens den Glauben an den rechten Weg festigen. Die alte Esoterik sollte einem sozusagen volkstümlichen „Calculus" weichen, ein Terminus, der einen Stammplatz in den
angloamerikanischen Curricula behauptet.

Unmittelbare Anregung empfing Newton von seinem Lehrer. Leibniz hatte keinen Barrow. „*Der* Barrow", nämlich dessen *Lectiones* (I.C.3), wären für einen Anfänger wie derzeit
Leibniz eine hohe Hürde gewesen (dazu {8a.7a}). Noch viel weniger einsichtig war, was
Newton einsehbar bei der Royal Society hinterlegt hatte, um seinen Prioritätsanspruch zu si-
chern. Leibniz kam das später zu Gesicht, doch musste er sich selbst zurechtfinden. In seinem vom Krieg verheerten Heimatland stand dieser Gelehrte allein. Erste konkrete Berührung mit Mathematik fand er in Paris, durch Christiaan Huygens.[5b] Der witterte das Genie
und setzte es frei. Wenn Leibniz in unserer Erzählung den Anfang macht, so vor allem, weil
wir selbst aufgewachsen sind mit seiner geometrischen Veranschaulichung und seiner Symbolsprache.

*   *
*

Die berüchtigten „kleinen Größen", seit Demokrit erfand man sie in mannigfacher Gestalt, um den Inhalt geometrischer Gebilde mit Hilfe einer jeweils angepassten Feinstruktur auszuloten. Auch wenn sie bei Demokrit (II.A) oder Roberval (II.L) in Bewegung versetzt wurden, lag ihre Aufgabe in der Stereometrie. Kopernikus und Kepler sind Symbolfiguren für die aktuelle Anforderung an die „Geometrie". Der wesentliche Unterschied im neuerlichen Einsatz der Infinitesimalen ist, sie ins Verhältnis zu setzen und dadurch im „Mikrobereich" *intensive* Größen zu bilden. Es galt, zunächst zeitliche Abläufe, sodann jedwede stetige Veränderung punktgenau in den Griff zu bekommen.

Konkret besteht Zuwachs aus Differenzen, und Leibniz hatte schon früh mit ihnen gespielt. Für eine ab $x_0 = 0$ wachsende Zahlenfolge x_n notiert er

$$\Delta \sum_{v=1}^{n} x_v = \sum_{v=1}^{n} \Delta x_v \ (= x_n), \ n \geq 1, \tag{1}$$

wo z.B. $\Delta x_v = x_v - x_{v-1}$ (vgl. II.R/(2); Abb.II.40). So bescheiden sich die Vertauschbarkeit dieser Operationen auch ausnimmt, für Leibniz muss sie ein ermutigende Schlüsselerlebnis gewesen sein. Er wagt die Übertragung von (1) auf „unendlich benachbarte Summanden" im Abstand von Differenzialen dx, um mit ihnen „unendlich lange Summen" zu bilden, wiedergegeben im symbolischen Stenogramm $d \int x = \int d x \ (= x)$. Dessen formale Operatoren $d, \int$ sollten aus dem jeweiligen Operanden etwas unvergleichbar Kleineres bzw. Größeres entstehen lassen und stufenweise eine symmetrische Hierarchie

$$\ldots \ll ddx \ll dx \ll x \ll \int x \ll \iint x \ll \ldots$$

von „*Variablen*" aufbauen.[9a.10a] So der Philosoph, und auch die spekulativen Facetten seines Infinitesimalkalküls gehören in eine Ideengeschichte. Mehr verrät uns ein Blick darauf, wie Leibniz vor Ort mit seinen „*differenziellen* Variablen" arbeitet!

(Wenn ich mich hier der neuen Rechtschreibung anschließe und wie in allen Derivaten des herkömmlichen Differen*t*ials ein „*z*" schreibe, so aus demselben Grunde, der für das „*t*" der „Exponen*t*ialfunktion" spricht: wegen „Differen*z*" und „Exponen*t*".)

Funktionen sind es, was wir *differenzieren*. Das macht uns befangen anzunehmen, mit ihnen hätten es Leibniz wie Newton von vornherein zu tun gehabt.[10b] (Leibniz hatte das Wort geprägt, es näherte sich aber erst durch Johann Bernoulli unserer Bedeutung an.[11a.12]) Variable *Größen* standen zunächst nicht in nachordnender Beziehung, Koordinaten descartesscher Kurven sind nicht voreinander ausgezeichnet. Und den selbständigen Funktionsbegriff der Mathematik gab es noch lange nicht.

Aus algebraischen Beziehungen zwischen vergleichbaren „Größen" gewinnt Leibniz solche zwischen deren Differenzialen, und zwar nach allen Möglichkeiten.[9b] Mit der Einheit 1 von x und y in der Rolle eines gewichtenden „Homogenitätsfaktors" (vgl. II.R,S) würde er beispielsweise[9c] zunächst die allgemeinen Beziehungen

$$1 y = x^2, \quad 1 dy = 2x \, dx, \quad 1 ddy = 2 \, dx \, dx + 2x \, ddx \tag{2}$$

aufstellen, Letzteres dank Produktregel (s.u.). (Wir lassen nun die Gewichte fort.) Die Variable x in $y = x^2$ gilt für uns als unabhängig und erhält daher den Vorrang beim Differenzieren, bei Leibniz *kann* sie ihn haben. „Unabhängig" bedeutet, x ändert sich in *gleich bleiben-den* Schritten der Größe dx, denen sich der Zuwachs dy von y nach Maßgabe des Faktors $2x$ anpasst. Konstantes dx heißt dd$x$ = 0, was auf unsere nach Leibniz' Art geschriebene Ableitung 2.Ordnung führt:

$$\mathrm{dd}y = \mathrm{d}^2 y = 2\,(\mathrm{d}x)^2\ .$$

Wie gesagt, für Leibniz ist das nur *eine* der Möglichkeiten, in der Beziehung $y = x^2$ zu „differenzieren". Der Gleichschritt dy bewirkt dd$y$ = 0 und (2) liefert am Ende

$$\mathrm{dd}x = \mathrm{d}^2 x = \pm\,(4\,y\,\sqrt{y})^{-1}\,(\mathrm{d}y)^2\ .$$

Andere Alternativen[6c]: dx, dy werden allein durch dy = $2x$ dx gebunden, oder aber zusätzlich dadurch, dass sich dx nach gleichen Spannen ds = $\sqrt{[1 + (2x)^2]}$ dx der Bogenlänge s richtet. (Auf derartige Weise finden sich die Spielräume der Variablen bei unseren Parameterdarstellungen angesetzt.)

*

Bedeutung können „Differenziale" oder „Momente", wie Newton sie nennt, erst durch ihre jeweilige Verwendung erlangen. Nur bei Leibniz treten sie eigenständig auf, und zwar im Rahmen einer Symbolschrift, die formal und zielsicher mit ihnen zu rechnen erlaubt. Ein Monitum ist angebracht beim *Differenzialquotienten*. Von Leibniz nicht nur so genannt und geschrieben, sondern auch verwendet, präsentiert sich dieser Grenzwert in einer ebenso hilfreichen wie missverständlichen Form. Wir dürfen uns ihrer ungestraft bedienen, doch muss unsere Didaktik darauf bestehen: Der Differenzialquotient ist kein Quotient. Also Formsache. Auch für ihn? Ja und nein, denn ihm bedeutet Form mehr als uns. Wir kommen darauf zurück.

Leibniz' erste Begegnung mit dem sonderbaren Quotienten war eine Erleuchtung. Er sah, wie er schreibt, in einer Schaufigur Pascals „ein Licht" von zwei ähnlichen Dreiecken ausgehen[1b.8b.11a], eines davon das *Steigungsdreieck*, wie wir es gut kennen und wohl zu unterscheiden wissen von jenen mit Sekanten gebildeten Dreiecken, deren Kathetenverhältnisse $\Delta y/\Delta x$ relative Funktionsänderungen bzw. mittlere Graphensteigungen anzeigen. Alle in Abb.I.12 auftretenden Dreiecke haben das durch Leibniz mit (d)y : (d)x bezeichnete Kathetenverhältnis[2g], für uns eine Zahl und $\lim_{\Delta x \to 0} \Delta y/\Delta x$ geschrieben. (In damaliger Zeit hatte es mit einem „Verhältnis" noch seine von alters überkommene Bewandtnis.)

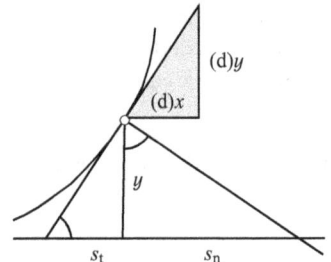

Abb. I.12 *Leibniz: Makro-Kopien des charakteristischen Dreiecks.*

Für unseren professionellen Metaphysiker war der ominöse Quotient Formsache in einem tieferen Sinne, denn „Form" gilt bei ihm als Terminus. *Wir* sehen die „Sekanten-Dreiecke" auf einen Punkt zu schrumpfen, Leibniz sieht sie in sich *zusammen*schrumpfen. Auf einen Punkt, der die „Form Dreieck" in ihrer letztlich aktualen Form bewahrt.[5c] Das erinnert an des Philosophen Monaden, die mit Innenleben ausgestatteten Bausteine der Welt. Bei der Vererbung von Form reitet er hier sein Prinzip der *Kontinuität*: Was bis zur Grenze gilt, behält dort seine Gültigkeit. (So was treiben wir Schülern mit dem nicht mehr positiven Grenzwert der $1/n$ aus.) Mithin ende die Schrumpferei wieder mit einem Dreieck, mit eines Leibniz' *triangulum characteristicum*: aktual unendlich klein, mit dx, dy und dem linearisierten Bogen ds als Hypotenuse.[1c] In dieser seiner unsichtbaren Urform nennt Leibniz es „inassignabilis".[2g] Draus wird ein sichtbares Dreieck vom Typ „assignabilis", wenn seine Katheten proportional überdehnt werden zu $(d)x$, $(d)y$ – wie aber auch zu Subtangente s_t und y beziehungsweise zu y und Subnormale s_n (Abb.I.12). Was ihn nicht hindert, dx, dy sowohl mikro- wie makroskopisch zu verwenden.

Differenziationsregeln – nach solchen sucht man bei Newton vergeblich – gewann Leibniz tatsächlich auch anhand jener konkreten Katheten. Das war nicht so bei der Produktregel. Für eine kleine Weile glaubte er an das Analogon $d(uv) = du\,dv$ zur Summenregel, an einen „Ringhomomorphismus d" – modern gesprochen, strukturell gedacht[11b]. Abb.I.13 zeigt, *wie* die Inkremente du, dv das uv große Rechteck um eine Berandung von der Größe

$$d(uv) = (u + du)(v + dv) - uv = [u\,dv + v\,du] + du\,dv$$

anwachsen lassen: dass nämlich Leibniz mit seiner Annahme nur den Zwickel oben rechts erwischt, den Korrekturterm $du\,dv$. Es heißt, dieser Fehler sei typisch für den in formalen Mustern denkenden Leibniz und wäre einem Barrow oder Newton nicht unterlaufen.

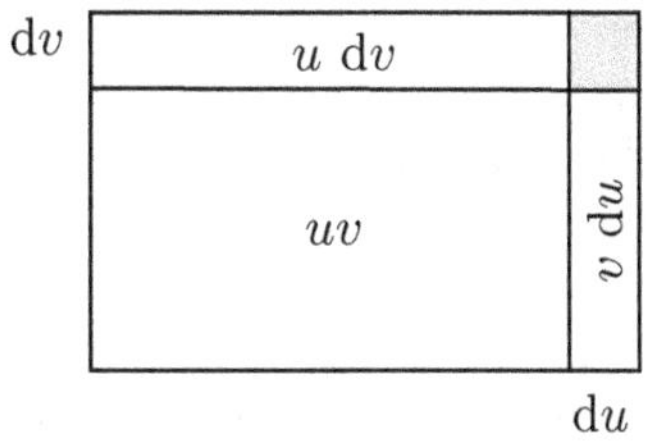

Abb. I.13 *Leibniz auf dem Weg zu* $d(uv) = u\,dv + v\,du$.

Von den Phantomen, die der furchtlos junge Leibniz bei ihrem Vornamen „d" beschwor, versuchte er im Alter abzurücken, indem er ihnen die Rolle einer façon de parler zuwies. Einer Sprech- und Schreibweise, mit der sich Umständlichkeiten würden abkürzen lassen, eine nützliche Fiktion eben. Wenig wichtig sei, ob oder auf welche Art die Differenziale existierten, solange man sich ihrer mit Erfolg bediene, *als ob* es sie *so* gäbe.[13] Der Marquis Guillaume de l'Hospital (unhistorisch „Hôpital" in USA, aus Furcht vor Hospitalismus), Leibniz' zwielichtiger Schüler, bekniete seinen Gönner, es mit dieser ketzerischen Selbstverleugnung nicht zu weit zu treiben.

*   *

*

Aus Leibniz' Differenzen erwuchsen seine Differenziale. Ob Atome, Indivisible, Infinitesimale, kein Analyst war bislang ohne irgendwelche Heinzelmännchen ausgekommen. Newton suchte den Eindruck zu erwecken, er schaffe es allein.[5d] Doch alle Erklärungen und Revisionen halfen nichts[6h], auch er brauchte sie, um Größenänderungen in den Griff zu bekommen.[5e] Die Bindung der Variablen verschafft Newton sich, indem er diese von ein und derselben *gleichmäßig wachsenden* Hilfsvariablen abhängen lässt. Das garantiert „gleichzeitige" Änderung. Er hieß nicht Einstein und so nahm er, als Inbegriff von Gleichmaß, die Zeit als symbolischen Parameter. Dessen infinitesimale Zunahme o („oh") bewirkt, dass sich die „*Fluenten*" x, y nach Maßgabe ihrer Änderungsgeschwindigkeiten $\dot{x}, \dot{y}$ – „*Fluxionen*" genannt – um ihre *Momente* ändern: die $\dot{x}o, \dot{y}o$. Sie sind die Gegenstücke der leibnizschen Differenziale dx, dy. Mit ihnen identifiziert, wird aus Leibniz' Differenzialquotient dx/dy der Fluxionsquotient $\dot{y}/\dot{x}$. (Noch heute wird in der Physik die Zeitableitung mit dem Punkt markiert; ansonsten ist er in Gebrauch bei der Ableitung nach Kurvenparametern.)

Fluxionen fungieren sozusagen als momentane Proportionalitätsfaktoren; Newton versucht keine weitere Erklärung. Wie auch? Ganz zu schweigen von Fluxionen der Fluxionen. Newton blieb unverbindlich, hielt sich oft nicht an eigene Zeichen, gab ihnen sogar verschiedenen Sinn wie etwa, wenn er o schrieb und Moment meinte. (Kritisches bei {14}.) In den „Textbooks" seiner Schule pflegte es denn auch mit beiden Vokabeln durcheinander zu gehen, ein zusätzliches Handicap für die Verbreitung seiner Lehre. Die leibnizschen Symbole wurden dort peinlich gemieden, als „*unpassend und umständlich*".

Während Leibniz seinen „Quotienten" dy/dx beim Wort nimmt, versteht Newton darunter die „*ultima ratio*", „*das letzte Verhältnis verschwindender und zugleich erste Verhältnis entstehender Größen*", letzte Spur und erster Keim. Doch soll Newtons „letztes Verhältnis" eben kein Verhältnis sein:[5f] „*Die letzten Verhältnisse, mit denen Größen verschwinden, sind in Wirklichkeit nicht die Verhältnisse unbegrenzt abnehmender Größen.*" Es seien vielmehr „*Werte, denen sich die Verhältnisse … ständig nähern und denen sie näher kommen als irgendeine vorgegebene Differenz …*". Der Abstand der echten Verhältnisse zu ihrem „letzten" werde also kleiner als jede vorgebbare Schranke – das ist nichts anderes als das Konzept des Grenzwerts!! Er liegt in Reichweite, doch Newton greift nicht zu. Stattdessen der verbale Rückfall: Der „Wert" werde von den Verhältnissen „*nicht erreicht, bis* [!] *die Größen in infinitum abgenommen haben*". Es blieb bei der Metapher eines Happenings.

*   *   *

Crux des Ganzen blieben die Differenziale und Momente. Newtons Kringel „o" für den virtuellen Zuwachs war ein launischer Wechselbalg: Mal die Null, mal nicht, grad so wie Fermats δ in den „Pseudogleichungen" aus I.C.3. Immer wieder sahen sich die beiden Erfinder genötigt zu erläutern, was ihre Pseudogrößen denn *eigentlich* seien. Sie vermochten es nicht. Letztlich, nach widersprüchlicher Verteidigung, berief man sich auf den verlässlichsten Entlastungszeugen, den Erfolg der Anwendung. Der musste die Mittel heiligen, und so hatte man zwar einen Grund für sein Tun, doch keine Grundlage. Leibniz' väterlicher Freund Huygens konnte sich nie mit dessen Differenzialen anfreunden. Neben „dem" Satz von Rolle gibt es auch diesen: „*Der Calculus ist eine Sammlung geschickter Trugschlüsse*"[5g]. Viele weniger Berufene saßen zu Gericht. Für Voltaire war der Calculus die *„Kunst, ein Ding exakt zu zählen und zu messen, dessen Existenz unvorstellbar ist."*[5g] Auf einen Landsmann Newtons, einen höchst streitbaren Theologen, kommen wir noch zu sprechen.

Nicht nur die Vorläufer von Newton und Leibniz schufen Vorläufiges. Ihrer beider Calculus war *lege artis*, nach Archimedes' Regeln der Kunst, weder fundiert noch – entgegen aller Beteuerung – so ohne weiteres fundierbar. Das wussten sie nur zu gut, doch besaßen beide die Gewissheit innerer Richtigkeit. Sie hatten Visionen und sie hatten Beweisnot, verließen sich schon notgedrungen auf Intuition. In puncto Zumutbarkeit wird Euler noch manchen in den Schatten stellen. Wie denn überhaupt in jener Zeit schöpferischer Durchbrüche perönliche Überzeugungen an die Stelle von Beweisen zu treten pflegten. Überzeugen mussten die Resultate.

$$* \quad * \quad *$$

Anschließend ein Wort zu den *„höheren"* Differenzialquotienten einer geeignet intervalldefinierten Musterfunktion $f: x \mapsto f(x)$, nämlich die Differenzialquotienten bzw., global gesehen, zu den später von Lagrange so genannten *„Ableitungen"*

$$\frac{\mathrm{d}}{\mathrm{d}x} f = f' = f^{(1)}, \quad \frac{\mathrm{d}}{\mathrm{d}x} f' = f'' = f^{(2)}, \; \ldots \tag{3}$$

erster, zweiter, ... Ordnung, was man formal auf die nullte Ordnung $f^{(0)} := f$ ausdehnt. Seit Beginn hatten sich die Notationen von Funktion und abhängiger Variablen vermischt: $y(x)$ anstelle $y = f(x)$. Entsprechend fungieren $y' = f'(x)$, $y'(x)$, ... Eine herkömmliche Doppelzüngigkeit, gegen die kein Kraut wächst, ist sie doch suggestiv und kann die Übersicht erheblich erleichtern. Stiftet sie Verwirrung, so muss man einschreiten, doch erst dann.

$$* \quad * \quad *$$

Newtons und Leibniz' Differenzialrechnung mögen sich in Ansatz und Form unterscheiden (vgl. II.S,T), in ihrem Wesen besteht kein Unterschied. Nicht ganz so verhielt es sich mit dem Integral.[7b] Erst am Ende wertet Leibniz es so aus, wie Newton es einführt, nämlich durch Antidifferenziation:

$$\int_a^b f(t) \, \mathrm{d}t = F(b) - F(a), \text{ falls } f = F'. \tag{4}$$

Hinter diesem ersten Teil des Hauptsatzes II.S/(1.1) stehen bei Leibniz die Formeln (1) und ursprünglich II.R/(2.1); sein Beweis orientiert sich an der Originalskizze Abb.II.42. Dort fungiert die Ableitung im Sinne des „zweiten Hauptsatzes" II.S/(1.2), ähnlich wie bei Newtons Original Abb.II.41b und, wie schon bei Oresmus z.B. in Abb.I.5 angelegt, als die Intensität der Flächenzunahme.

Bei Newton ist das bestimmte Integral nicht eigenständig, besteht Integration schlechthin in Antidifferenziation. Dem schloss man sich nur zu gern an, ein Kurzschluss, der seinen Preis hatte: Newtons Integral wurde dem von Eudoxos und Archimedes nicht gerecht; Integration ist mehr, wozu sich Leibniz denn auch dezidiert bekannte (s. II.S/Leibniz). Im konkreten Fall hatten bereits Pascal und Fermat dem archimedischen Integral einen modernen

Zugang gewiesen (II.N). Allgemein wird Cauchy es versuchen (II.X) und Riemann es schaffen (II.Y). Der bringt die Dinge ins Lot, versöhnt Archimedes und Newton.

Jede Funktion F der Eigenschaft $F' = f$ nennt man eine „Stammfunktion“ von f. Die Stammfunktionen etwa einer auf dem Intervall $I = [a,b]$ *stetig* vorgegebenen Funktion f sind die Lösungen $y: x \mapsto y(x)$, $x \in I$, der Urform $y' = f$ einer *Differenzialgleichung*. Zu ihnen zählt das variable Integral

$$F(x) = \int_a^x f(t)\,\mathrm{d}t\,,\ x \in I, \tag{5}$$

und daher heißt es seit alters, es *integriere* die Differenzialgleichung. Um hier alle Lösungen auf dem Intervall I zu erfassen, beachte man: Hat $y' = f$ etwa die Lösung $\widetilde{y}(x)$, $x \in I$, so besteht diese Menge aus den Funktionen $\widetilde{y} + C$, $C \in \mathbb{R}$. Meist ist ein Lösungsintervall durch die Gegebenheiten ausgezeichnet und wird nicht weiter herausgestellt; auch seine Teilintervalle sind Lösungsintervalle. Um in diesem Sinne die Gesamtheit aller Lösungen zu erhalten, bedarf es also nur der Kentnis *einer* Stammfunktion wie eines Integrals der Form (5) im Falle unseres *stetigen* Integranden. Nicht nur der variablen Grenze wegen heißt es „das unbestimmte Integral“ von f (s.u.).

In (5) war x die echte und t die Scheinvariable. Alles wird Schein, wenn durch $\int f(x)\,\mathrm{d}x = F(x)$ ausgedrückt wird, dass F eine Stammfunktion zu f sei. Übler, doch üblicher Missbrauch des Gleichheitszeichens. Schrieb ein Schüler $\int x\,\mathrm{d}x = \frac{1}{2}\,x^2$, so erhielt er einst den Tadel, wo denn die Konstante bleibe. Aber $\int x\,\mathrm{d}x = \frac{1}{2}\,x^2 + C$ macht den Kohl ebenso wenig fett, und man braucht ein weites Sprachverständnis, dieses „unbestimmte Integral“ mit der *Lösungsmenge* unserer Differenzialgleichung zu identifizieren. (Gepflogenheiten lassen sich nicht wegdiskutieren; das ist wie mit den Trampelpfaden, die ordentlich angelegte Wege abkürzen.) Zur Ehrenrettung der Scheinvariablen noch dies: Mit Eulers e aus I.C.5 gilt $\int e^x\,\mathrm{d}x = e^x$ im Sinne obiger Konvention, doch ist dann auch $\int e^x\,\mathrm{d}e = e^{x+1}/(x+1)$, $x \neq -1$, ohne Weiteres korrekt – wenn auch ein Sakrileg.

Allgemein werden Differenzialgleichungen für eine Funktion y *einer* Veränderlichen, verkürzt gesagt, jeweils durch eine Gleichung gebildet, in der vorgegebene Funktionen und eine Auswahl aus $y^{(0)}$, $y^{(1)}$, $y^{(2)}$, … mit wenigstens *einer* Ableitung auftreten; deren höchste Ordnung heißt die *Ordnung der Differenzialgleichung*.

*

Newtons Integrieren galt den Differenzialgleichungen, der Grundlage einer neuen Naturphilosophie. Bereits mit Stammfunktionen lässt sich ein Fall aus kleiner Höhe angemessen beschreiben, in Einklang mit Galileis Experiment. Dessen Diagramm Abb.I.7, das die während der Zeitintervalle $[0, t]$ durchfallenen Weglängen $s(t)$ als Flächeninhalte über diesen Intervallen darstellt, zeigt mit seinen Ordinaten die momentanen Geschwindigkeiten $\dot{s}(t)$ an. (Vgl. die auf Konjunktiv gegründete *velocitas instantanea* der Scholastik und ihre Überwindung durch Oresmus in I.C.1.) Wächst sie wie am Schiefen Turm in gleichen Zeitspannen in gleichem Maße, so vermittelt uns die Konstante $g = \dot{s}(t)/t = \dot{s}(T)/T$ die dort herrschende *Schwerebeschleunigung*. Ihr ungefährer Wert ist g = 9,81 (m/s)/s (laut Kodex m s^{-2}; des-

sen Herkunft sollte man sich bewusst sein oder werden). Die beobachtete Funktion $s(t)$ genügt mithin der Differenzialgleichung

$$\ddot{s} = g \tag{6}$$

2. *Ordnung*. Sie *ist* das Fallgesetz. Alle Funktionen $s(t)$, die einen Fall an diesem Ort beschreiben, erfüllen sie. Umgekehrt: Als *Forderung* an diese Funktionen charakterisiert sie
alle Funktionen, die zur Beschreibung der Fallbewegung in Frage kommen. Sie bilden die
Lösungs*menge* von (6). Wie sieht sie konkret aus?

Jede Lösung von (6) ist Stammfunktion einer Stammfunktion der konstanten Funktion
vom Werte g, mithin ein Polynom zweiten Grades in t. Die Freiheit in der Wahl jener beiden Stammfunktionen drückt sich darin aus, dass Start-Ort $s(0) = s_0$ und Start-Geschwin-
digkeit $\dot{s}(0) = v_0$, also auch ein vertikaler Anstoß in oder gegen die Fallrichtung, vorgeschrieben werden können. Wir sprechen von *Anfangsbedingungen* und einem *Anfangswert-
Problem* mit der *eindeutigen* Lösung

$$\dot{s} = g\,t + v_0, \quad s = \frac{1}{2}\,g\,t^2 + v_0\,t + s_0. \tag{7}$$

Der Fall $v_0 = 0$ ist der „*freie*" Fall und wird anderenfalls überlagert von einer gleichförmigen Bewegung. Außer bei $t = \text{„0"}$ u. dgl. sind Gleichungen wie (6), (7) *Größengleichungen*
({15a} ist nicht nur keine Größengleichung ...).

Mehr als solcher Stammfunktionen bedurfte es, als Leibniz nach den Lösungen seiner
ersten Differenzialgleichung $y' = y$ fragte (II.R/Ende).

*   *
*

Newtons Calculus ist nicht zu trennen von Newtons *Dynamik*. Zunächst betrachtete er Galileis Fallversuch (I.C.2) aus Sicht seiner Fluxionen und schuf eine perfekte Beschreibung der
Bewegung. Das war *Kinematik*. Das gewichtige Hauptresultat des Versuchs harrte jedoch
noch der Erklärung.

Gewicht, einst war das die Kraft der *archimedischen* Dynamik, verursacht durch die
„*schwere Masse*" der Materie, nämlich deren Fähigkeit, eine über unserem Planeten aufge-
hängte Federwaage in aller Ruhe auszuziehen. So erfährt homogene Materie an einem bestimmten Ort eine ihrem Volumen proportionale Schwer- oder „Gewichtskraft", wie es in der
Schule heißt. (Als Vektor weist sie zum Erdzentrum; hier interessiert nur ihr Betrag.) Die
Einheit der schweren Masse bildet ein nahe Paris gehüteter Prototyp, das Urkilogramm. Ver-
leiht die Erde einer schweren Masse m_s an einem bestimmten Ort das Gewicht G, so herrscht
dort die *Schwerefeldstärke* $F = G/m_s$. (Sie abstrahiert vom gegenwärtigen Körper und vermittelt zwischen G und m_s als Proportionalitätsfaktor. Wer mag, denke sich das uns umge-
bende Schwerefeld repräsentiert durch die Kraft, die das Urkilogramm in den einzelnen
Raumpunkten erfährt.) Die Feldstärke am Schiefen Turm sei mit f bezeichnet.

Hätte der kleine Archi bereits mit einer Federwaage gespielt, er hätte seinen „schwer" be-
ladenen Bollerwagen drangehängt, wäre mit diesem Gespann losgerannt und dadurch einer
ganz anderen Eigenschaft der Materie auf die Spur gekommen. Auch jetzt wäre die Feder
ausgezogen worden, und zwar, unter idealen Bedingungen, gerade so lange, wie der Wagen
schneller wurde. Wirkte im ersten Falle die Schwerkraft auf die Feder, so war es jetzt der
Widerstand, den die *„träge Masse"* ihrer Beschleunigung entgegensetzt: die *Trägheitskraft.*

Die schwere und die träge Masse – grundverschiedene Zwillinge. Dieselbe Waage zeigt:
Der doppelt so schwere Körper ist doppelt so träge, das heißt, will man das doppelte Gewicht
ebenso stark wie das einfache beschleunigen, muss man sich so anstrengen, dass die Feder
dabei auf das Doppelte ausgezogen wird. „Träge Masse" wird *gemessen* durch Federdehnung
unter gleicher Beschleunigung. Sie erweist sich proportional zur schweren, und zwar derma-
ßen streng, dass man beide identifizieren kann und tut. Drum sagt man einfach „Masse".
Doch müssen wir, um Newton zu verstehen, zwischen schwerer und träger Masse begrifflich
unterscheiden und schreiben m_s, m_t.

Doppeltes Gewicht erzeugt also doppelte Trägheit. Dies ist, außer bei Körpern mit Dop-
pelkinn, ebenso wenig selbstverständlich wie, dass die doppelte Beschleunigung am selben
Körper die doppelte Trägheitskraft provoziert. Allgemein: Diese Kraft erweist sich bei gleicher Beschleunigung zur Masse proportional, bei gleicher Masse zur Beschleunigung. Damit
ist, mathematisch bewertet, die Trägheitskraft *proportional dem Produkt* aus Masse und Beschleunigung. Newton hätte dieses nun kurzerhand die dynamische Kraft nennen können.
War es sein Instinkt, der ihn vor Einsteins „Unruhmasse" warnte? Jedenfalls *definierte* er die
dynamische Kraft als den zeitlichen Differenzialquotienten der Bewegungsgröße, des *„Impulses"*, nämlich des Produktes aus Masse und Geschwindigkeit. Für den Hausgebrauch,
nämlich weit unterhalb der Lichtgeschwindigkeit, sollte sich das griffige *„Masse mal Beschleunigung"* glänzend bewähren.

Wenn bei Galilei alle Körper im Wesentlichen gleich schnell fielen, so liegt es Newtons
Theorie zufolge daran, dass jeder nach Maßgabe seiner schweren und seiner trägen Masse
gleich stark angezogen beziehungsweise gehemmt wird: Gewichts- und Trägheitskraft stehen
im „Gleichgewicht"

$$m_s\, \mathrm{f} = m_t\, \mathrm{g}.$$

Da nun aber $m_s \equiv m_t$, so erfahren alle Körper in Pisa dieselbe Beschleunigung g = f. Es war
die Bewährungsprobe für Newtons Konzept der nicht-statischen Mechanik. Er hatte die Kinematik mit seinem Kraftbegriff verknüpft, sie „dynamisiert". Heraus kam die *Kinetik.*

*

Oben war die Schwerefeldstärke auch für Punkte *über* der Erdoberfläche definiert worden.
Wie die Raumfahrt zeigt, nimmt bei zunehmender Höhe das Gewicht eines Körpers und damit auch die Feldstärke ab. Die Frage *Wie?* führt uns zum Ursprung der newtonschen Himmelsmechanik und darüber hinaus zum Ausgangspunkt all unserer Theoretischen Physik.

Außerhalb der Erde gilt $F(r) \sim 1/r^2$ für die Schwerefeldstärke im Abstand r vom Erdzentrum, eine Gesetzmäßigkeit namens *"inverse square law"*, die von der Erde aus freilich nur am Himmel zu finden war. (Huygens formuliert das Gesetz[16a], Robert Hooke äußert es als Vermutung in einem Brief[11c] an Newton; s.u.) Sie folgt dem allgemeinen Gravitationsgesetz: Zwei Massen m, M im Abstand a erfahren eine gegenseitige Anziehung proportional zu

$$\frac{mM}{a^2} \tag{8}$$

mit einem universellen Proportionalitätsfaktor, der *Gravitationskonstanten*. (Ist es nur eine Laune der Natur, dass die Anziehung gegensätzlicher elektrischer Ladungen dem entsprechend gleichen Gesetz folgt?) Auf dem Erdboden zurück mag man sich fragen, wie es mit der Schwerefeldstärke im Innern bestellt ist. Mit Hilfe von (8) zeigte Newton (wie {11d} etwas mühsam zu entnehmen): Im Abstand r_0 vom Zentrum erfährt ein Körper nach gleichem Gesetz eine Anziehung lediglich durch den Kugel-Rest vom Radius r_0.

Die Gravitation der Sonne hatte die Fliehkraft der Planeten zu kompensieren. Als erster bestimmte Huygens den Betrag dieser Kraft, unter Annahme einer gleichförmigen Kreisbewegung.[16a] Ein Körper, der auf einer Kreisbahn vom Radius r mit der konstanten Winkelgeschwindigkeit ω umläuft, erfährt eine radiale Beschleunigung im Betrage $\omega^2 r$: Newton konnte das später der zweiten Zeitableitung des Radiusvektors r ($\cos \omega t$, $\sin \omega t$) entnehmen. Auch andere hatten unter der gleichen vereinfachenden Annahme mit Hilfe des 3. Keplerschen Gesetzes abgeschätzt, wie groß die Zentripetalkraft K sein müsste.[15b] Nach Kepler ist das Quadrat der Umlaufzeit T proportional zu r^3, woraus folgt:

$$K \sim \omega^2 r \sim \frac{1}{T^2} r \sim \frac{1}{r^3} r = \frac{1}{r^2} .$$

Schon Buridan hatte daran gedacht, dass zwischen Äpfeln und Planeten kein Unterschied sein könne, wenn es um Bewegung ging (I.C.1).[7b] Newton dachte es zu Ende. Er konnte die Bedingungen formulieren, unter denen ein Himmelskörper im Schwerefeld der anderen seine Bahn findet. Die Feldwirkung vor Ort führt das globale Problem vorerst auf die lokalen Gegebenheiten zurück. Dabei wird das Naturgesetz vom Differenzialgesetz erfasst, so wie in (6). Es legt die Bewegung noch nicht fest, jedoch den Rahmen ihrer *Möglichkeiten*. Dieser Entwurf ist Newtons großer Wurf.[17] In (7) zeigte sich, wie die Anfangsbedingungen einen Ablauf determinieren. Inwieweit solche Eindeutigkeit auch im Kosmos besteht, musste zu jener Zeit mathematisch fraglich bleiben. Jedenfalls hatte Newton ein mechanisches Weltbild geschaffen, wie es zu seiner Zeit physikalisch zu erfahren und mathematisch zu modellieren war.

*

Symbolisten oder Lamaisten mögen in Newton die Reinkarnation Galileis wittern, doch wurde jener nur dank der in England verschleppten gregorianischen Kalenderreform vermeintlich noch in Galileis Todesjahr 1642 geboren. (Selbst Bertrand Russell saß der Ente auf.[18a]) Jedenfalls eine gelungene Stabübergabe. Keplers Beobachtungen hatten bereits Robert Hooke das korrekte Abstandsgesetz der Massenanziehung vermuten lassen, das „$1/a^2$„ in (8) als die Ursache der elliptischen Planetenbahnen.[2b] Er fragte an bei Newton, im November 1679.[2b.11c.15c] Der gab – nach nur vier Tagen[11e] – knapp zur Antwort, er habe Schluss gemacht mit „Naturphilosophie" ([15d]?!). Um dann während der folgenden sechs Jahre vollendete Tatsachen zu schaffen. Wahrhaft *vollendete*! (Siehe des Weiteren [11f].) Seine Ernte: die *Philosophiae Naturalis Principia Mathematica*[3b]. Eine herkulische Tat! Bei der Newton übrigens fast ganz ohne seinen Calculus auskam. Und auch ohne Humor: Sein Sekretär habe ihn derweil nur ein einziges Mal lachen sehen.

Newton gelang, die kosmische Erfahrung seiner Zeit auf *ein* Prinzip zu gründen, indem er die Keplerschen Planetengesetze für einen vom Zentralgestirn beherrschten Raum ableitete (II.T/Newton). Ansonsten durfte, nein musste der leer sein. Davon waren die Astronomen überzeugt gewesen. Den leeren Raum brauchte schon Demokrit für seine Atome, Aristoteles dagegen schaffte ihn für zwei Jahrtausende ab[5m]. Das passte einem Descartes ins Konzept, denn „... *Körper und Raum* [seien] *ein und dasselbe* ..."[4c], und so entschied er, dass die Planeten von Wirbeln angetrieben werden[19]. Galilei obsiegte am Ende, es gab kein Zurück.

Wie gewagt es war, sich auf *„Gravitation"* einzulassen, auf eine fernwirkende Eigenschaft der Materie, zeigt sich im Urteil damaliger Kapazitäten. Leibniz und Johann Bernoulli hielten nichts davon; Christiaan Huygens, einer der wenigen, die Newton schätzte, nannte sie „absurd". Ja selbst ein irritierter Newton gebrauchte dieses Wort[15e]. Ihm wurde unterstellt, mit einer solchen Hypothese verfolge er weniger ein physikalisches als ein mathematisches Ziel; verwerflich sei, mit etwas zu rechnen, dessen Wesen man sich nicht erklären könne. Er hielt etwas anderes für wesentlich: *angemessen* zu *beschreiben, nach*zurechnen. Für ihn kamen keine selbstevidenten Prämissen in Frage wie philosophische Denknotwendigkeiten oder Dogmen anderer Provenienz. Die Prinzipien mussten in des Kosmos eigener Sprache formuliert werden, der Mathematik. Als Grundlage einer verifizierbaren Theorie hatte sich das Gravitationsprinzip als voll tauglich erwiesen. Erst viel später erfuhr es seine Revisionen, zunächst durch den von „Feldern" beseelten, dann durch einen gekrümmten Raum. Doch dürfte naturidentische Erkenntnis prinzipiell ein allzu menschlicher Traum sein.

Galileis Physik hatte sich auf die Mathematik gestützt. Bei Newton war es umgekehrt: Er brauchte die Rückmeldung aus der Physik, seine Mathematik war nicht autonom wie die eines Archimedes. Die zweite Stütze des newtonschen Calculus war eine Krücke, die Metaphysik der „letzten und ersten Verhältnisse". Sie provozierte – nicht zu Unrecht – den galligen Spott des irischen Bischofs Berkeley[5h] : „*Was sind das bloß für Männer der Wissenschaft, die sich so sehr viel mehr Mühe geben ihre Prinzipien anzuwenden als sie zu verstehen!*" Über jene verschwindenden Ex- und Inkremente heißt es: „*Dürfen wir sie nicht die Gespenster abgeschiedener Größen nennen?*"[5i] (Siehe auch I.A.3/Ende.) Beim Vergleich von Mathematikern und Theologen durfte das Gleichnis vom Balken im Auge des anderen nicht fehlen. Für die Abrechnung mit dem gläubig verblichenen Newton nahm Berkeley den „*ungläubigen*" Kometengucker Edmund Halley aufs Korn („*infidelis*" nicht wie bei [20]). Titel der Streitschrift: *The Analyst* ([5j.3c.2c.21]). Als sie erschien, war Newtons Mechanik schon aus dem Halbschatten ihrer Herkunft getreten und zur Offenbarung gediehen.

Eine Theorie, der die Planeten gehorchten, konnte nicht falsch sein. Descartes hatte der Physik noch jedwede Eigengesetzlichkeit absprechen wollen, meinte wie Leibniz, alles sei Geometrie.[6f] Den Raum als solchen wird Euklid vorerst im Griff behalten, ansonsten aber kann Newton für mehr als zwei Jahrhunderte unumschränkt im Kosmos herrschen. Danach würden Planck und Einstein ihn untereinander aufteilen, nach Mikro- und Makro-, würden physikalische Prinzipien den mathematischen der *Principia* die Schranken weisen. Die Mathematik müsste sich damit begnügen Modelle zu besorgen, und so verstanden sich dann auch Quantenmechanik und Relativitätstheorie. Newtons Analysis wird Marktanteile an Algebra und Geometrie verlieren. Descartes hätte sich bestätigt gesehen durch das von Bernhard Riemann entworfene Modell einer Geometrie, deren sich Einstein bedienen konnte.

$$*\qquad*$$
$$*$$

Nun zurück zu unserer Analysis! Angelpunkt des Calculus war das „unendlich Kleine" gewesen. Mit noch einem anderen Infiniten war zu rechnen, mit unendlichen Rechenprozessen, wie sie die *unendlichen Reihen* darzustellen scheinen. Latent seit Archimedes, der sie ihrer Begriffslosigkeit wegen mied, begann man in neuerer Zeit die Scheu vor ihnen zu verlieren (I.C.1; II.J). Jetzt griffen Leibniz und vor allem Newton ungeniert auf sie zu.

Dem ungelernten Mathematiker Leibniz verhalfen sie zur ersten Begegnung mit Mathematik: Seinen Einstand gab er mit einer genialen Auswertung der nach ihm benannten Reihe $1 - 1/3 + 1/5 - \dots$ Nach weiteren Anfangserfolgen meinte Leibniz, er könne „alle Reihen summieren". Ganz schön hyperheblich. Frappierend genug war ja, dass und wie der Reihenwert $\pi/4$ aus den natürlichen Zahlen hervorging, und so sagte er stolz: „*Niemand vor mir hat die arithmetische Quadratur des Kreises erbracht.*" [22a]. Man soll nie nie sagen: Gregory hatte sie zuvor als Ableger der Arcustangens-Reihe erkannt[2d.6g], und bereits um 1500 war der Inder Nîlakantha auf demselben Wege zum selben Ergebnis gelangt[23] (samt Konvergenz-Beschleunigung zwecks Approximation von π). Nicht nur schmälert das Leibniz' Leistung nicht, es stellt ihn sogleich in die Reihe der Großen.

Aus Leibniz' Sicht gelang die arithmetische Kreisquadratur nicht zufällig mittels der ungeraden Zahlen: „*Gott mag sie*" – für so was ist Leibniz stets gut. Er diskutierte auch ernsthaft mit einem Mönch namens Guido Grandi, ob dessen Reihe $1-1+1- +\dots$ vermöge einer Manipulation wie $0 = (1-1) + (1-1) + \dots = 1 - (1-1) - (1-1) - \dots = 1$[24] das Rätsel löse, wie Gott die Welt aus dem Nichts habe erschaffen können. Grandios eben! (Hintergründig sah Leibniz auch sein Dualsystem: Wie aus Null und Eins jede Zahl entsteht, so werde alles aus dem Nichts und dem einen Sein gezeugt.)

$$*$$

Newton, wiewohl mystisch nicht unempfänglich, hatte mit derlei Spekulationen nichts am Hut. Sein Umgang mit unendlichen Reihen war pragmatisch, sein Interesse galt den „unendlich langen Polynomen", den *Potenzreihen* $\sum_0^\infty a_k x^k$. Deren natürlicher Ursprung lag in der *"Long Division"*

$$\begin{array}{l} 1 \quad : (1-x) = 1+x+\dots \\ \underline{-(1-x)} \\ \quad x \\ \quad \dots \end{array}$$

Er fand oder unterstellte, dass die gängigen Funktionen eine derartige „Entwicklung" erlaubten. Damit ließen sich doch Differenziation und Integration *term by term* auf die Potenzen abwälzen! „Unnahbare" Funktionen würden sich durch die entsprechenden Partialsummen annähern lassen, durch Polynome, deren Grad man als den „Grad der Näherung" bezeichnet. In Potenzreihen sah Newton das Passepartout der Analysis.[11g] Es sollte sich von größter Tragweite für Praxis wie Theorie herausstellen.

Über die Absicherung dieser Errungenschaft schien sich Newton kaum Gedanken zu machen. Er vertraute der geometrischen Reihe als einem Vorbild und sah die Potenzreihen den Polynomen gleichgestellt hinsichtlich jedweder Art Operation. Geriet formal ein Gleichheitszeichen zwischen Funktion und Potenzreihe, so war das für Newton selbstredend *die Darstellung* der Funktion durch *ihre Potenzreihe*. Nicht einmal mit der von Gregory angemahnten Frage nach „Konvergenz" hielt Newton sich auf. Heute haben wir mehr Respekt vor Funktionenreihen und wissen, dass hinter *termwise* die Vertauschung von Grenzprozessen steht. Mit seinen Reihen hatte Newton eine glückliche Hand, und so wurde denn bei ihm „reihenweise" operiert. Stolz konnte er auf *seine* Binomialreihe sein, mit der ihm der Durchbruch gelang, gebrochene Potenzen vermittels der ganzen herzustellen (doch nicht wie in {25} zu „verstehen" gegeben!). Damit war er weder allein noch der Erste: Sowohl die binomische als die logarithmische Reihe kannte bereits Gregory.

*   *
*

Leider war dem Calculus zu Lebzeit seiner Väter kein Happyend beschieden, sondern ein Vaterschaftsprozess.[11h] Werfen wir vorerst einen vergleichenden Blick auf beider Lebenswerk und Persönlichkeit (s. {26}).

Newton erhielt von Gauß[5k] höchstes Lob, überwiegend gibt man ihm in der Sache klar den Vorzug[27] gegenüber Leibniz. Genie und Beharrlichkeit ließen Newton zum „Stammvater der modernen Physik" werden, pathetisch verkürzt angesichts einiger Zeit- und Vorzeitgenossen. Ihm fiel allerdings zu, erst einmal die dafür nötige Mathematik zu schaffen – insofern gab er gleichermaßen einen Mathematiker ab, einen glänzenden dazu. Dem Philosophen Leibniz blieb vergleichbarer Ruhm in seiner eigentlichen Domäne versagt. Selbst im praktischen Randbereich der Mathematik war er erfolgreicher als im philosophischen: Davon zeugen das sehr effektive Konzept einer Rechenmaschine und andererseits der wenig aussichtsreiche Ansatz einer *„Mathesis Universalis"*[2e], von der er sich Streitfragen per Kalkül zu entscheiden erhoffte. Unvergleichlich größere Resonanz fand *seine Form* des Calculus. Von raffinierter Handlichkeit, lud sie ein zuzugreifen, und so bekamen die Anwendungen eine Dynamik, die den chronischen Mangel an Grundlage bald vergessen machte.

Die Opponenten sind sich nie begegnet. Ein introvertierter, misstrauischer Newton hatte anfangs in dem weltläufigen, selbstbewussten Leibniz nur den frechen Dilettanten gesehen, der sich einmischte. Kaum gab es ja etwas, das diesen nicht interessiert und herausgefordert hätte. Von Natur umtriebig, verzettelte Leibniz sich in allen möglichen und – letztlich aus purer Brotnot – unmöglichen Unternehmungen. Worin ein Newton durchaus mithielt, als der sich später, ohne Not, doch mit aller Energie der alchimistischen Goldsuche[11i] widmete oder aber Geldfälscher an den Galgen brachte[11j]. An gemeinsamer Unternehmung gibt es eben nur den unseligen Prioritätsstreit[6d]. Seine Anbahnung ist in {8c} geschildert, den ganzen Krimi kann man in {16b} lesen. Auch dem Calculus tat er nicht gut.[6e.28]

Newton hatte Leibniz zwecks eigener Absicherung frühzeitig „Hinweise" zugespielt, gegen deren Entschlüsselung es ein Leichtes sein musste, den Calculus selbst zu entdecken. Genau das tat Leibniz – und anders als sein Rivale machte er ihn publik. Man weiß jetzt, wie wenig berechtigt der Vorwurf des Plagiats war, von Newton und seinen Schülern erhoben, zurückgewiesen von den Anhängern Leibniz', die am Ende mit gleicher Münze zu zahlen suchten. Generationen von Newtonians folgten ihrem Meister buchstäblich Punkt für Punkt, nämlich mit dem Kult der punktierten Fluxionen, und schotteten sich gegen den leibnizschen d-Kalkül ab, der den Kontinent eroberte. Newton hatte die Insel in die Isolation getrieben. Das *„Dot-age"* herrschte, ein Zeitalter, das erst mit dem 19. Jahrhundert endete, als junge Wilde den *„d-ism"* übernahmen, um *der* Dotage zu entrinnen. Dotage ist die Altersblödheit.[2f.5l]

Für Franzosen schien der Streit gegenstandslos. So lapidar wie auf dem Stein für Pierre de Fermat in Toulouse heißt es im Lexikon (*Hachette* 1992): *«Il établit les bases du calcul infinitésimal.»* Nicht als Letzter zieht Frankreichs General Bourbaki gegen Newton zu Felde: Dessen Mathematik habe kein Echo gefunden, Häme eines abfälligen Nebensatzes trifft die *Principia*.[7c] Nationaltümelei, derjenigen vergleichbar, die den Sowjet-Russen den Spott eintrug, die Physik sei von Newtonjew erfunden.

Der Engländer Bertrand Russell nennt den Italiener Galilei den wichtigsten unter den Männern des 17. Jahrhunderts[18a] , denn er sei es gewesen, der die Bresche für Newton schlug. Diesem hätte der Mut gefehlt, und wer Galilei seinen Widerruf vorhält, lese den Urteilsspruch der Inquisition im Wortlaut[18b].

{1}   BECKER [4]: {1a} 146-150. {1b} 158. {1c} 159.

{2}   BOYER [2]: {2a} 430 ff. {2b} 446. {2c} 469 f. {2d} 443. {2e} 445.
      {2f} 583.— [1]: {2g} 215 f.

{3}   SOURCE BOOK ... [1]/ Struik: {3a} 271. {3b} 285. {3c} 333 ff.

{4}   NIKIFOROWSKI: {4a} 214. {4b} 215. {4c} 206 unten.

{5}   HEUSER [2]: {5a} 655. {5b} 668. {5c} 676. {5d} 665 f. {5e} 666 oben.
      {5f} 665. {5g} 680. {5h} 677-680. {5i} 679 oben. {5j} 677. {5k} 658 unten.
      {5l} 670 f.— [4]: {5m} 284-286.

{6}   KLINE [1]: {6a} 391. {6b} 91. {6c} 92. {6d} 380. {6e} 380 f. {6f} 325.
      {6g} 439.— [2]: {6h} 134 f.

{7}   BOURBAKI [5]: {7a} 221 Mitte. {7b} 223. {7c} 228.

{8}   HOFMANN [1]: {8a} 45. {8b} 28. {8c} 146-194, 203 f.

{9}   BOS: {9a} 88 f. {9b} 89-92. {9c} 91 f.

{10} GUICCIARDINI: {10a} 113. {10b} 90.

{11} ARNOL'D: {11a} 47. {11b} 48. {11c} 14 f. {11d} 26 f. {11e} 15.
      {11f} 24-26. {11g} 35. {11h} 49-51. {11i} 16. {11j} 68.

{12} JAHNKE 143.

{13} DAVIS; HERSH 242.

{14} HOPPE 173-175.
{15} HILDEBRANDT; TROMBA: {15a} 64, Z.4 v.u. {15b} 234 f. {15c} 235. {15d} 236
      („ jener Brief" von S.235 fand Antwort, s. {11c}). {15e} 250.
{16} SONAR [4]: {16a} 288. {16b} 401-405.
{17} VON WEIZSÄCKER 243.
{19} BÖTTCHER 248 f.
{20} MESCHKOWSKI [2] 132.
{21} HERSH 127-129.
{22} SCRIBA: {22a} 115. {22b} 113 ff. {22c} 123, Zn. 15, 14 v.u.
{23} JUSCHKEWITSCH 169-171, 173. WUSSING 94.
{24} REIFF 66. KNOPP 134 Fußn.1.
{25} PEIFFER; DAHAN-DALMEDICO 205 Fußn.4, letzte Zeile (!!).
{26} WUSSING 187-190, 192-194.
{27} VAN DER WAERDEN [2] 14.
{28} CAJORI 217.

I.C.5   Leibniz' Erben

Jacob und Johann Bernoulli, die Interpreten.   Euler und seine Reihen.
Lagrange.

Leibniz gelang mittels seines Differenzialkalküls, die von Willebrord Snellius beschriebene
Brechung des Lichts an Mediengrenzen auf Fermats Minimalprinzip der optischen Wege zurückzuführen (II.T). Eine starke Werbung für beide, für Kalkül wie Leibniz. Die Brüder Jacob und Johann Bernoulli[1a], Schweizer Belgier, hatten den 1684 publizierten leibnizschen
Calculus mühevoll studiert, vieles ein weiteres Mal finden müssen, waren dann aber von der
neuen Technik begeistert und stürzten sich auf jede erdenkliche Anwendung. Überraschungen boten so alltägliche Kurven wie durchhängende Ketten, Profile geblähter Segel. Scharen
von Kurven, die sich von einer Seite her dicht gedrängt an eine Grenzlinie schmiegen, brachten Leibniz aufs partielle Differenzieren (II.V). Johann Bernoulli hatte entdeckt, wie man eine rollende Kugel führen müsse, damit sie in kürzester Zeit von einem Punkt zu einem versetzt darunter befindlichen gelangt (s. II.U/Ende). Als er die Frage *„den scharfsinnigsten
Mathematikern der Welt"* als terminierte Herausforderung vorlegte, erfand sein Bruder dazu
die „Variationsrechnung", bei der Funktionen als Ganzes um ein Optimum konkurrieren. Die
richtige Lösung kam – anonym – auch von Newton, der exakt zur Deadline von der Aufgabe
erfuhr und sie noch gleichen Tages löste. „Das war die Pranke des Löwen", hieß es.

Bei den bisherigen Funktionen war von nur *einer* unabhängigen Veränderlichen die Rede. Die Größen der Natur hängen zumeist von mehreren ab, im Standardfall von Ort und
Zeit. Zur Untersuchung von Funktionen $f(x, y, ...)$ ist hilfreich, alle unabhängigen Variablen
bis auf jeweils eine festzuhalten, doch muss man sich hüten anzunehmen, f sei mittels solch
„partieller" Funktionen $x \mapsto f(x, y, ...)$, $y \mapsto f(x, y, ...)$ *einer* Variablen hinlänglich zu be-

schreiben. Die Konvergenz von Folgen in mehrdimensionalen Räumen (vgl. II.X: Konvergenz im Komplexen) erlaubt, den Begriff der Stetigkeit sogleich für Abbildungen zwischen solchen Räumen zu definieren – ganz im Gegensatz zur Differenzierbarkeit. Wir wollen dem in diesem Buch nicht nachgehen und begnügen uns mit *„partiellen"* Differenzialquotienten und Ableitungen einer skalarwertigen Funktion f:

$$\frac{\partial}{\partial x}\, f(x,y,...) \equiv f_x(x,y,...) \;, \quad \frac{\partial}{\partial y}\, f(x,y,...) \equiv f_y(x,y,...) \;, \quad \ldots \;.$$

Übernehmen diese ihrerseits die Rolle des f, so entstehen die partiellen Ableitungen $f_{xx}, f_{xy}, f_{yx}, f_{yy}$ von 2. Ordnung, und so fort. Den – nunmehr *gewöhnlich* genannten – Differenzialgleichungen für Funktionen $f(x)$ entsprechen solche mit partiellen Ableitungen, die partiellen Differenzialgleichungen, im Fachjargon „PDG".

Zur Algebra gehören seit je die Bestimmungsgleichungen, die von mehreren unbekannten Zahlen „simultan" erfüllt werden sollen: die algebraischen Gleichungs*systeme*. Ihnen nachgebildet sind die Systeme gewöhnlicher und partieller Differenzialgleichungen für mehrere unbekannte *Funktionen*. Das alles kam mit Eintritt ins 18. Jahrhundert in Gang. Zum Beispiel befassten sich Johann Bernoulli und sein (vom Vater geistig bestohlener[1b]) Sohn Daniel mit Problemen der Hydrodynamik, einem Gegenstand Jahrtausende alten Interesses, der erst jetzt zugänglich werden konnte.[1c]

*   *   *

Voraussetzung und Folge des von Newton und Leibniz verantworteten Neubeginns war der Bruch eines „hippokratischen Eides", der die Mathematiker auf die sprichwörtliche geometrische Strenge verpflichtete. In den Indivisiblen hatte der Teufel gesteckt, mit seiner Hilfe war der Baum der Erkenntnis geplündert worden. Werkelte man jetzt mit Differenzialen und Momenten, so hieß das, den Teufel mit Beelzebub auszutreiben. Man war ja schon lange zuvor schwach geworden und fand sich in einer „neuen Geometrie" immer mehr damit ab, dass der Beweis im Sinne regelrechter Deduktion ausgedient habe. Die Analysis entwickelte sich zu einer induktiven Disziplin, in der sich vom Glauben an Transfer und Analogie gut leben ließ, zum Beispiel beim Umgang mit den unendlichen Reihen. So zu spekulieren enthob nicht nur der Mühe, Methoden zu rechtfertigen und Behauptungen auf anerkannte Prinzipien zurückzuführen, es setzte bereits die Notwendigkeit dessen außer Kraft. Die Abkehr von der griechischen Klassik wurde gar dadurch gefeiert, dass man ihren alten Ehrentitel auf die neue Analysis übertrug und vom Anbruch des „heroischen Zeitalters" sprach. In gewisser Weise verdiente sich auch das 18. Jahrhundert den Titel.

*   *
*

Der größte unter den neuen Heroen war Johann Bernoullis Schüler Leonhard Euler, der bei weitem erfindungsreichste und produktivste (seine *Opera omnia* messen gut zweieinhalb Meter). Er prägte jenes Jahrhundert. Kein Geringerer als der große Himmelsmechaniker Pierre Simon Laplace mahnte: *„Lest Euler, lest Euler, er ist unser aller Meister!"*

Dabei konnte und wollte auch ein Euler die Erblast der Analysis nicht beheben. Anders als er mühten sich viele seiner Zeitgenossen, den begrifflichen Makel loszuwerden, so Brook Taylor, Colin MacLaurin, Thomas Simpson, Joseph Louis Lagrange. Allerdings mehrten solche Versuche eher die Verwirrung. Jean-le-Rond d'Alembert, der Enzyklopädist, sah sich in der Pflicht, zu diesem Thema im berühmten *Dictionnaire Raisonné* Vernünftiges zu schreiben. Heraus kamen unter den Stichwörtern *Différentiel, Limite* solch grenzwertige Tautologien wie: *„Die Theorie der Limites ist die wahre Metaphysik des Calculus ..."* Doch einen *Begriff* von Limes musste auch er schuldig bleiben.

Euler teilte nicht Leibniz' Verhältnis zum Calculus (vgl. {2a}). Er hielt nichts von geometrisch suggerierten Infinitesimalen, angefangen bei der geometrischen Begründung des Integrals, das auch er mit der Stammfunktion erledigt sah. (Deshalb wohl fand dieses so findige Genie nicht zum Kurvenintegral.) Kalkül prägte seine Analysis. Vorgestellt wurde sie in der 1748 erscheinenden *Introductio in Analysin Infinitorum* [3a] (mit griechischem Akkusativ) als eine formal-operative Fortsetzung der Arithmetik, zum einen auf unendlich lange Summen und Produkte, zum anderen auf Quotienten aus unendlich kleinen wie großen „Zahlen". Kurz gesagt, er vertraute grenzenlos dem Algebraischen.

Der Diskussion um den Differenzialquotienten entzog sich Euler pragmatisch: Differenziale hätten grundsätzlich den Wert null, doch ebenso grundsätzlich könne $0/0$ alles bedeuten, denn jede Zahl a erfülle ja $0 \cdot a = 0$, und welche nun gerade gemeint ist, ergebe sich aus dem „Differenzieren". Seine „Analysis des Unendlichen" betrieb er mit unendlich kleinen ω > 0 und unendlich großen Ω (statt Eulers *infinitum* „i"), beide Male Plural, variabel. Wie sich von ihnen zu korrekten Resultaten führen ließ, man mag traumwandlerische Sicherheit darin sehen. Doch war Euler eher ein Seil- denn ein Traumtänzer. Sein untrüglicher Gleichgewichtssinn sorgte dafür, dass diese Größen innerhalb algebraischer Ausdrücke stets „ausgewogen" auftraten. Ein Beispiel: Für ihn kann – seiner flexiblen Festlegung von $0/0$ nach folgerichtig – ein Produkt $\omega \cdot \Omega$ jede x-beliebige (positive) Zahl bedeuten, nicht allerdings willkürlich, sondern in der Art, wie durch Euler $\omega \cdot \Omega = \lim(x/n) \cdot \lim n = \lim[(x/n) \cdot n] = x$ angesetzt wird. (Vgl. Cavalieris Abwägen divergierender Reihen in {4a}.)

Typisch für Eulers Technik ist die Bewertung von $(1+\omega)^{\Omega}$. Hier wird sozusagen eine der 1 unendlich nahe Zahl in eine unendlich hohe Potenz erhoben, ein Tauziehen mit offenem Ausgang. Jenes Gebilde unterwirft Euler zunächst der Bindung $\omega \cdot \Omega = 1$ und es entsteht die von ihm mit der Letter „e" (wie *e*xpo, was anzunehmen) belegte „Zahl" $(1 + 1/\Omega)^{\Omega}$, unser $\lim(1+ 1/n)^n$. Geburtshilfe für ihren Wert holt Euler bei Newton ein. Wie respektlos er dessen Binomialreihe auf das Binom $1 + 1/\Omega$ anwendet, zeigt sich in II.W.

*

Überhaupt Euler und die Reihen! Ein schillerndes Kapitel nicht ganz ohne Schatten. Eines der Glanzlichter ist die Reihe $\sum_1^\infty 1/k^2$, an deren Summierung sich unter anderen Leibniz und Jacob Bernoulli versucht hatten, zeit ihres Lebens. Mit 29 Jahren fand Euler per Geniestreich das legendäre $\pi^2/6$ [2b] und schlug damit, neben der sogenannten leibnizschen Reihe aus I.C.4, eine weitere Brücke von den natürlichen Zahlen zum Kreismaß! Für sein Kalkulieren war Euler jede Reihe willkommen. Etwas subtiler als Newton, der sich wenig um Konvergenz geschert hatte, unterschied jener zwischen Summe und anderweitigem Wert einer Reihe[4b], zwischen aufsummierbaren Reihen und solchen, die sich aufgrund ihrer Herkunft „bewerten" ließen.[2c] Seiner Überzeugung nach *„müsse jede Reihe einen bestimmten Wert haben."*[4b] (Weiteres siehe unten.)

Herkunft – das ist für Euler „der" mit einer Variablen gebildete algebraische „Ausdruck" (*expressio*), dessen „Entwicklung" die Reihe entstammt. Sie ihrerseits hält jenem die Treue bis über den Tod, sprich Divergenz hinaus. Euler kennt da keine „Grenzen", wie sich gleich zeigen wird.

Doch werfen wir zunächst einen Blick auf das Bild, was die nach irgendeiner Vorschrift wie z.B. einer formalen Entwicklung erzeugten Reihen boten. Denn das trägt dazu bei, Eulers grundsätzliche Einstellung zu den Potenzreihen zu verstehen. Heute werden sie vorrangig als Wesen der Analysis angesehen, „wertvoll" dort, wo sie konvergieren. Treiben sie anderenorts ein Unwesen? In neuerer Zeit wird man tun, was Euler bereits tat: ihnen Werte *zuordnen*. Aber auch das noch unter dem Dach der Analysis. Nein, dem Geist jener Zeit erschienen die Potenzreihen gleichermaßen, einem Euler sogar *vorwiegend* als Wesen der Algebra, identifiziert mit der Folge ihrer Koeffizienten (was sich später auch analytisch gerechtfertigt erwies). Sie gaben Anlass zu algebraischem Operieren, Newton berechnete auf diese Weise Reziprokfunktionen und später gesellte sich das Cauchy-Produkt dazu. Das erklärt, warum man formalen Potenzreihen von vornherein einen „Eigenwert" zugestand, und es ist zu beachten, wenn man den für uns leichtfertigen Umgang mit ihnen zeitgerecht zu beurteilen trachtet.[2h.3b]

*

Leibniz hatte mit Grandi darüber diskutiert, ob dessen Reihe 1−1+1−+... der Wert 0 oder 1 zukomme (I.C.4). Schon Jacob Bernoulli spielte mit unerlaubten Einsetzungen ins formale Ergebnis newtonscher Long Division:

$$\frac{1}{1+x} = 1 - x + x^2 -+ \dots \,, \; x = 1 \,; \tag{1a}$$

$$\frac{1}{1-x} = 1 + x + x^2 + \dots \,, \; x = -1.\,^{\{4c.5a\}} \tag{1b}$$

Also Reihenwert ½? Auch wenn nur eine halbe Sache herauskam, war Grandi das ½ = 0 als Weltformel recht.[2d.4c,d.5a.6a] Nach Meinung des verständnisbereiten Leibniz sprach schon „die Wahrscheinlichkeit" für den Wert ½.[4e.5a.7] Der vertrug sich bestens mit seinem Prinzip der Kontinuität aus I.C.4, wonach die innerhalb der Intervallgrenzen $x = \pm 1$ gültigen Entwicklungen (1a,b) noch an Grenzpunkten „ihren Wert" behalten, nämlich den ihnen von der erzeugenden Funktion zugewiesenen.[4f] Um nichts weniger hat Euler hat Prinzipien. Er geht weiter als Leibniz mit seinem Plädoyer für ½.[3c] Originalton Euler:

> *„Summa cujusque seriei est valor expressionis illius finitae, ex cujus evolutione illa series oritur."*[4b]
> (Die Summe jeder Reihe ist der Wert desjenigen endlichen Ausdrucks,
> aus dessen Entwicklung jene Reihe hervorgeht.)

Alle Schwierigkeiten mit divergenten Reihen würden *sponte*, von selbst, verschwinden, wäre nur der bislang gültige Begriff von Summe in der angegebenen Weise erweitert.[3b]

Erst gut vierzig Jahre später kam jemand darauf, dass man der Grandi'schen Reihe „mit praktisch demselben Recht" den Wert ⅔ verleihen könne, nämlich vermöge der bei $x = 1$ gleichermaßen missbrauchten Entwicklung $(1+x)/(1+x+x^2) = x^0 - x^2 + x^3 - x^5 + - ...$ Allerdings lässt die Einsetzung in $x^0 + 0\,x - x^2 + x^3 + 0\,x^4 - + ...$ eine von Grandis Reihe *prinzipiell* verschiedene entstehen: $1 + 0 - 1 + - ...$! (Siehe dazu {3b.8}.) Euler hätte es fern gelegen, Grandis Rhythmus mit dieser holprigen Potenzreihe in Einklang zu bringen.

Soweit waren die Einsetzungen bloße Intervall-grenz-verletzungen. Betrachten wir (1b) für $x \to 1$, so kommt rechterhand $1+1+1+... = \infty$, konform mit der linken Seite im Falle $x \uparrow$ 1. Hier nun müsste $x \downarrow 1$ zu denken geben: $-\infty = +\infty$. Doch beherzt *überschreitet* Euler die Grenze $x = 1$ in Richtung zunehmender x und erlebt bei der Einsetzung $x = 2$ das Wunder $-1 = 1+2+4+...$[2e] Er ist kein Zweifler und hält die Auswertung *dieser* Reihe, im Vergleich mit der aus lauter Einsen, für die Zeugung einer nach John Wallis[4g] „*über-unendlichen Zahl*", gleichsam so, als überschreite das Phantom $\sum_{k=0}^{\infty} x^k$ einen jenseitigen Kurzschluss der Zahlengeraden und schaue von hinten um die Ecke herum...

In Eulers weitem Sinne war mancherlei wahr, und sei es auch nur seiner Schönheit wegen. Einer so prächtigen Beziehung, einer Symmetrie wie

$$\sum_{-\infty}^{\infty} x^k = \sum_{k=0}^{\infty} (x^{-1})^k + \sum_{k=1}^{\infty} x^k = \frac{x}{x-1} + \frac{x}{1-x} = 0$$

mochte er nicht widerstehen[4h] – dabei gibt es kein einziges x, für das nicht wenigstens eine der beiden hier gebildeten Teilreihen aus der Rolle fällt. Als Experimentator war Euler fasziniert von allem was stimmig war. Stimmte die Form, so stimmte die Formel; zumindest scheute er sich nicht, es erst einmal anzunehmen. Jede Reihe verkörperte ein ordentliches Bildungsgesetz, hatte mithin Format, und das bereits garantierte, dass sie „was wert" war.

Rechnungen wie die obige stoßen uns vor den Kopf. Sie zeigen uns aber auch, wie offen Euler dachte und wie ehrlich er das wissen ließ – Brainstorming ungeschützt. Und er wurde ernst genommen. Bei den Neuschöpfungen der Algebra hatte sich ein Permanenzprinzip[9] als fruchtbar erwiesen und in Cambridge eine Schule entstehen lassen, die dieses *principle of permanence of form* auf die Analysis ausgedehnt wissen wollte. Auf eine wehrlose Analysis, die noch keinen Kodex für den Umgang mit dem Unendlichen besaß. Noch fünfzig Jahre später bekennt sich eine programmatische Schrift aus Cambridge zu Reihenauswertungen im Stile Eulers!

Nach dessen Überzeugung verhielt es sich mit den divergenten Reihen ähnlich wie mit den imaginären Größen, deren Verwendung am Ende doch auch „was Reelles" zustande brachte. Euler hatte durch den Einsatz divergenter Reihen anderweitig gestützte Resultate gewonnen, was auch die vehementesten Gegner dieses Teufelszeugs nachdenklich machte und ratlos ließ, bis eine kurz vor 1900 einsetzende „Limitierungstheorie"[6b] viele der auf Eulers Wertzuordnung gegründeten Schlüsse stichhaltig zu interpretieren vermochte. Bei manchen divergenten Reihen war sein Erfolg auf deren „asymptotisches" Verhalten zurückzuführen,

Gegenstand eines anderen Zweiges heutiger Reihenlehre.[2f] Nur weniges von dem, was Euler auf seine Weise erhielt, erwies sich auf keine Weise haltbar.

*

Es ist kaum zu überblicken, was alles Euler in den verschiedensten Richtungen auf den Weg brachte. Begonnen hatte dieser Schweizer damit, über die Bemastung von Segelschiffen nachzudenken. Seine populäre *Introductio* sorgte für Verbreitung von „Analysis". Als ABC-Schützen lernten wir das *abc* des Dreiecks, auch „*f*(*x*)" trägt Eulers Handschrift. Mit unendlichen Reihen, Produkten und Kettenbrüchen gelangen ihm große Entdeckungen in der Zahlentheorie. Grundlegend arbeitete er an der Variationsrechnung, der Differenzialgeometrie. Die Mechanik verdankt ihm weit mehr als nur Anregungen: Auf ihn geht die Theorie des Kreisels zurück, er befasste sich mit den partiellen Differenzialgleichungen der Hydro- und Aerodynamik, Blasinstrumente bekamen ihre Theorie. Nicht zu vergessen die Schwingungslehre, Fourierreihen kannte er lange vor Fourier. Er wurde zum Ideengeber und Vorbild seiner Zeit, die Großen schrieben bei ihm ab.

*   *
*

So langsam kam Newton auf dem Kontinent an. Das war, von Johann Bernoulli nebst Sohn Daniel und von Euler abgesehen, bei den Franzosen. Voltaire war Newton-Fan. Mathematik und Physik tauschten sich aus, mathematische Physik war entstanden. Eine heutige Vorlesung über klassische Mechanik ist eine Revue der in diesem Jahrhundert entstandenen Probleme und Konzepte, verbunden mit Namen wie d'Alembert, Clairaut, Lagrange, Laplace, Legendre, Fourier. Der rasche Erfolg ihrer Anwendung rückte die Analysis ins Zentrum des mathematischen wie physikalischen Interesses.

Vereinzelt gab es noch Versuche, ihre Grundlage zu sanieren. Lagrange schrieb ein stolzes Buch, das die „*Ableitung*" – Lagranges Wortschöpfung – als kalkülmäßige Zuordnung favorisierte. Um den Differenzialquotienten $f'(x_0)$ endgültig vom Makel seiner obskuren Geburt zu befreien, ging er aus von Newtons Potenzreihen. Den konvergenten, in die sich „Funktionen" halt entwickeln lassen. Brooke Taylor hatte in ihnen „Taylorreihen" erkannt. Dazu Folgendes.

Ein Polynom $p(x) = \sum_{k=0}^{n} a_k (x - x_0)^k$ steht, wie rasch nachzurechnen, zu seinen Koeffizienten in der Beziehung $p^{(k)}(x_0) = k!\, a_k$ (s. I.C.4/(3)). Das Entsprechende gilt für eine Funktion $f(x)$, gegen die eine Potenzreihe (PR) $\sum_{k=0}^{\infty} a_k (x - x_0)^k$ in einer Umgebung von x_0 konvergiert (nämlich mindestens auf einem x_0 enthaltenden offenen Intervall). Unter diesen Umständen gilt: f besitzt in x_0 Ableitungen jeder Ordnung und die Reihe PR hat notwendigerweise die Gestalt

$$\sum_{k=0}^{\infty} \frac{f^{(k)}(x_0)}{k!} (x - x_0)^k \,; \tag{2}$$

sie heißt die „*Taylorreihe* von f an der Entwicklungsstelle x_0", ihre Koeffizienten sind ihre diesbezüglichen *Taylorkoeffizienten*. Wenn überhaupt, so gestattet eine Funktion f in irgendeiner Umgebung von x_0 nur die Potenzreihen-Darstellung in der Form (2): Die Darstellung ist *eindeutig*! Formal lässt sich die Taylorreihe (2) für jede Funktion f bilden, welche Ableitungen aller Ordnung an der Stelle x_0 besitzt. Erst wenn (2) auf einer Umgebung von x_0 gegen die Werte $f(x)$ konvergiert, liegt dort eine Taylor-*Entwicklung* vor.

In der Eindeutigkeit von Potenzreihen-Entwicklungen sah Lagrange die Chance, ohne „Metaphysik" zu den Differenzialquotienten zu gelangen: Als Ableitungswerte einer Funktion an der Stelle x_0 sollten nämlich ganz einfach, *per Definition*, ihre diesbezüglichen Entwicklungskoeffizienten herhalten.[5b] Deckt sich eine solche „Definition" mit der von Newton und Leibniz? Bald würde Cauchys Fehlanzeige einer solchen Entwicklung wissen lassen, dass nicht einmal jede überall beliebig oft differenzierbare Funktion so was mitmacht. Dessen Beispiel ist eine Funktion, deren überall konvergente Taylorreihe nirgendwo außer im Entwicklungspunkt gegen den Funktionswert konvergiert![5d]

Auf der anderen Seite sah Lagrange jedoch das Erfordernis, eine Taylor-Reihe als Taylor-*Entwicklung* zu bestätigen. Bei Vorgabe einer formal gebildeten Reihe (2) fragte er nach dem Abstand der Partialsummen zum Funktionswert an den einzelnen Argumentstellen x.[5e] Für die Antwort fand er eine geeignete *Darstellung* der Abstände, den ersten geschlossenen Ausdruck dieser Art: das „Lagrange'sche *Restglied*"[5f]. Die in ihm gespeicherte Information war von vitaler Bedeutung. Typisch für die Eulerzeit war ja der algebraisch-formale Umgang mit Funktionenreihen gewesen (s.o.). Man hielt es nicht für doppelte Moral, in ihnen erst dann etwas anderes als den Spielball eines Kalküls zu sehen, wenn es um konkrete Werte der Variablen ging. Hier liegt ein besonderes Verdienst des Louis Lagrange.[2g]

Auch Lagrange war am Ende überzeugt, dass sein Versuch, die Differenzialquotienten algebraisch zu begründen, nicht das letzte Wort sein konnte. Im Jahr 1784 bewog er die Berliner Akademie zu einem Preisausschreiben: *„Man erkläre, wie aus einer widersprechenden Annahme* [d.h. der Existenz uneigentlicher Größen, kleiner wie großer] *so viele wichtige Sätze entstanden sind. Man gebe einen sicheren und klaren Grundbegriff an, welcher das Unendliche ersetzen darf, ohne dass die Rechnungen zu schwierig oder zu lang würden."*[5c] Diesem Aufruf folgt 1786 die Académie Royale unter dem Titel: *«Une théorie claire et précise de ce qu'on appelle* Infini en Mathématique.*»* Lagrange blieb ein Rufer in der Wüste, Gehör fand er erst Jahrzehnte später.

{1}   STILLWELL [1]: {1a} 248-255. {1b} 255. {1c} 245-248.
{2}   JAHNKE [2]: {2a} 134 f. {2b} 150 f. {2c} 155. {2d} 154 f. {2e} 154.
        {2f} 156. {2g} 167.— [1] 269 f, 284/Speiser, A. 1945.
{3}   EULER: {3a} [1]. {3b} [2] IX. {3c} [3] 593.
{4}   REIFF: {4a} 4 f. (Druckfehler S. 5 Mitte). {4b} 123. {4c} 65. {4d} 66. {4e} 67 f.
        {4f} 66 f. {4g} 65, 8. {4h} 100 f.
{5}   HEUSER [2]: {5a} 683. {5b} 687 f. {5c} 689.— [1]: {5d} 374 (Aufg.7), 290
        (Aufg. 9). {5e} 355 f. {5f} 355 (61.3).
{6}   MESCHKOWSKI [2]: {6a} 82. {6b} 83, Z.10 v.u.: *„hat einfach keinen Sinn"* hat
        einfach keinen Sinn.
{7}   FROBENIUS 262 („*Leibnitzsche Reihe"* nicht wie in I.C.4).

{8}   HARDY 14 f.
{9}   KLINE [1] 773-775. [2] 159 f.

I.D   19. Jahrhundert: goldenes und kritisches der Analysis

Was kulturgeschichtlich oft zu beobachten, findet in der Analysis seine Parallele: Der griechischen Klassik folgte, wenn auch mit großem Abstand, eine Epoche des Sturm und Drang. Nunmehr stand an, den Boden festzuklopfen. Darüber kam jedoch die Gewinnung von Neuland nicht zu kurz, zumal die Fragwürdigkeit von Grundlagen eine Sache auch der Mentalität ist. So befindet sich die Analysis um 1800 noch immer zwischen Erschlaffen und Erwachen des mathematischen Gewissens.

Die Ernte, welche die Mathematiker des 19. Jahrhunderts dann einbrachten, übertraf nach Urteil des Historikers Boyer „in Quantität und Qualität bei weitem alles davor", dies sei das Goldene Zeitalter gewesen.[1a] Mehr noch interessiert uns, womit es sich den Beinamen „das kritische" verdiente. Auch die Kritik war Goldes wert. Die Analysis erfuhr ihre erste „Aufklärung".

Gegen Ende des eulerschen 18. Jahrhunderts, des neu-heroischen (I.C.5), besinnen sich die drei Zweige der Mathematik ihrer Eigenart.[1b] Bislang selbstverständliche Anschauungen werden in Frage gestellt, zum Beispiel in Algebra und Geometrie die den „Größen" anhaftende Ausdehnung. Die Geometrie befreit sich vom euklidischen Korsett, das noch ein Kant festzurrt.[2] Diesem schien auch die Anschauungsform Zeit denknotwendig zu sein, die sich der newtonschen Differenziation auch als mathematische Metapher angedient hatte. Die Analysis ist es, die den größten Einschnitt erfahren wird. Der Grenzwert, er war nicht vorstellbar ohne Grenz*prozess*, nicht ohne ein Procedere, allenthalben strebte es in Raum und Zeit. „Natürlich" gegen Punkte statt Zahlen. Euklid verbürgte geometrische Evidenz. So nützlich all dies für die Wahrheitssuche war, der Wahrheitsfindung stand es im Wege. Sie selbst, die Wahrheit in der Mathematik, wollen wir nicht „hinterfragen". Dieses bedeutsame Kapitel, das auf dem Beginn des 20.Jahrhunderts lastete, soll hier nur gestreift werden, zu Ende von I.D.3.

{1}   BOYER [1]: {1a} 620. {1b} 605.
{2}   HERSH 129. PETERS 166.

I.D.1   Rückbesinnung auf klassische Strenge

Resignation des Gewissens (Ist-Stand 1800). Cauchy und Abel. Cauchy und Bolzano. Weierstraß' „Epsilontik". Konvergenz „in ganz gleichem Grade". Vertauschbarkeit von „Grenzübergängen".

Analysis entstand, als sich die Geometrie mit Atomen und dergleichen infizierte. Es war das Verdienst der Eudoxos und Archimedes gewesen, diese Malaise vorerst kuriert zu haben. Ein neuerliches Aufkeimen ging von Kepler aus. Mehr als erdachte Figuren interessierte ihn, was am Firmament Gestalt annahm. Zu seiner Überraschung hatte er auch dort Ellipsen vorgefunden. Spätestens dann, als Kepler die Konstanz der Flächengeschwindigkeit zu analysieren suchte (I.C.2; II.K), erst recht dann unter Newtons Einfluss wurde die Zeit mathematisch zum Paradigma der unabhängigen Bezugsgröße, wurden funktionale Beziehungen mit zeitlichem Ablauf assoziiert. Die Folge war: Der Grenz-Übergang „ereignete" sich, Konvergieren war und blieb ein Schauspiel.

*   *   *

Was die Analysis jetzt nötig hatte, war ein weit größerer Kraftakt als der des Eudoxos. In Wahrheit waren es zwei, zusammengefasst in *„Arithmetisierung".* Zum einen musste der Begriff der Konvergenz dem Zeitlichen abschwören, zum anderen verlangte er nach Antwort darauf, was das denn eigentlich sei, *wogegen* etwas konvergiere. Das alles nahm ein Gutteil des Jahrhunderts in Anspruch.

Streng betrachtet ist der Grenzwert nichts wert ohne Wert, sprich Zahl: ohne einen Zahl*begriff.* (Was nicht heißt, ohne ihn habe es keine gute Analysis gegeben.) Ein Vorstoß zu solcherart Konsolidierung stand und fiel mit der Bereitschaft, auf liebgewordene Anschauungen und Überzeugungen zu verzichten. Ein neues mathematisches Gewissen würde es gebieten.

Zu lange schon hatte man gute Erfahrungen mit schlechten Begriffen gemacht. Das ließ viele gleichgültig werden, sogar überheblich: Frust schafft Trotz. Ein Sylvester-François Lacroix geißelte in seinem weit verbreiteten, wohl ebenso eingängigen wie einfältigen Lehrbuch die *„Spitzfindigkeiten, mit denen sich die Griechen abquälten"* (s.Vorwort).[1a] Das war 1810. Und kein Geringerer als Carl Gustav Jacob Jacobi blies noch um 1840 in dasselbe Horn: *„Für Gaußsche Strenge haben wir keine Zeit."*[2a] Dabei war Carl Friedrich der Große nicht eben in dieser Hinsicht vorbildlich zu nennen. Hier findet man ihn erstaunlich indifferent, zuweilen krass gegen seine Gepflogenheit inkonsequent. So verwendetet Gauß das eine Mal akribisch d'Alemberts Konvergenzkriterium, um wie er sagt ein Exempel zu statuieren, dann wieder erteilt er der Reihe $\sum_0^\infty (-1)^k k!$ à la Euler einen Wert zwischen 0 und 1. Grundsätzlich gab Gauß nur preis, was er zu voller Reife gebracht hatte. Wenn er sich nicht dezidiert zu den Grundlagen der Analysis äußerte, so lag das wohl an seiner zutreffenden Einschätzung der Problematik, gepaart mit eben jenem Grundsatz.

*   *
*

Als Repräsentant einer neuen Strenge wollte Augustin-Louis Cauchy sich empfehlen. Unbehagen über die schwammigen Grundbegriffe verspürte er besonders bei seiner Lehrtätigkeit. Das 18. Jahrhundert hatte als das der Lehrbücher gegolten, jetzt kam das Vorlesungswesen in Schwung und forderte vom Professor den „Bekenner" ein. Zu überzeugen setzt voraus, selbst überzeugt zu sein. Cauchy war, ganz wie später Weierstraß, von dieser Mission erfüllt, suchte in der renommierten École royal polytechnique seine Ideen umzusetzen, auch wenn ihm die Hörer davonliefen.

Mehr Wirkung zeigte das Skript seines legendären *Cours d'analyse* aus dem Jahr 1821. (Zur Legendenbildung siehe {3a}.) Ein Programm der *„Methoden, die sich mannigfach von denen in anderen Werken unterscheiden"*[4a]. Laut eigener Bekundung hielt er sich für den Ersten und Einzigen, der die Analysis endlich und endgültig exakt betrieb. Im *Cours* benutzt Cauchy weitgehend noch das alte Vokabular.[5a] Unter Vorbehalt[4b], doch bekennt er sich ausdrücklich zu dessen prägnanter Kürze[3b.5b]. Divergente Reihen verwirft er ausnahmslos und räumt auf mit der Selbstverständlichkeit von Taylorentwicklungen. Cauchy ist Visionär, will Revision, er wendet sich gegen das induktive Gehabe, will Lehrsätze beschränkt wissen auf das, was Gegenstand der Beweisführung war. So zumindest sein Anspruch. In erster Euphorie legt Niels Henrik Abel das Buch jedem ans Herz, dem es ernst sei mit der mathematischen Strenge. Cauchy weckte Erwartungen, die er nur begrenzt einlöste.

Bei Bourbaki heißt es wörtlich ({6a}, deutsch {6b}): Nach Cauchys Lehrbüchern befinde man sich *«enfin sur un terrain solide»*. Eingeräumt wird *«un language un peu vague»* beim Funktionsbegriff, doch der Begriff des Grenzwerts werde ein für allemal festgelegt, *«fixée une fois pour toutes»*. Was die Präzisierung des Grenzwertes angeht, so erwies sich als erhebliches Hindernis, dass man stets mit dem Limes von „Größen" statt dem von Funktionen hantierte. Limes und Funktion, das fiel noch immer unglücklich auseinander[4b], weshalb Cauchy versäumte herauszuarbeiten, in welcher Abhängigkeit die *Spielräume* verbandelter Variablen zueinander stehen.

Das Prädikat „stetig" haftete von Natur all den Funktionen an, die auf geometrisch motivierten Beziehungen beruhten, war geradezu darauf beschränkt.[7] Ein großes Verdienst liegt in Cauchys Bestreben, dieser Eigenschaft Eigenständigkeit zu verschaffen. Unter Berufung auf „unendlich kleine Inkremente" gab er eine Definition der Stetigkeit in Punkten von Intervallen.[2b.4c.5c.8a] „Inkremente" wollte er verstanden wissen als Chiffre für eine „Variable", deren *„numerische Werte beliebig so abnehmen, dass sie kleiner als jede gegebene Zahl werden"*.[5c] Das erinnert an Newton, lässt die für den Grenzwert wesentliche Größenbeziehung anklingen. Cauchy setze doch praktisch Nullfolgen ein, meinen Wohlmeinende. In seiner Praxis merkt man das jedenfalls nicht.

Der Wortlaut der Definition weist auf lokale Stetigkeit, eine „Erläuterung" verwischt es, und so liest die gleichmäßige Stetigkeit heraus, wer keinerlei Untiefe bei Cauchy wahrhaben will. Später will er glauben machen, eben jene gemeint zu haben, doch widerlegt ihn der Gebrauch (II.X). Sein Zeitgenosse Bernard Bolzano formulierte präzis die punktuelle Stetigkeit und war sich des Unterschieds zur gleichmäßigen offenbar bewusst.[5d]

In dem fraglos genialen Cauchy einen Ausbund namentlich an Klarheit zu sehen muss verwundern: Der Cours d'analyse zeichne sich aus *«autant par sa rigueur que pour la clarté*

... du style mathématique de son auteur», so hört man's aus Bourbakis Mund.[9a] Abel, wohl eifrigster und gewiss kompetentester Leser Cauchys, urteilt so: *„Er schreibt sehr undeutlich. "*[5e]

Bereits im „Cours" sollte sich die unzulängliche Beschreibung der Stetigkeit rächen, nämlich beim Beweis eines Satzes, der dann peinlich reden machte. Dem Sinne nach: Eine auf einem Intervall konvergente Folge stetiger Funktionen bildet eine stetige Grenzfunktion.[10] (Statt von einem Intervall spricht Cauchy von „Umgebung eines Punktes", was zur Fehleinschätzung beigetragen haben mag.) *«... on déduit immédiatement»* heißt es im Beweis und lässt Cauchy nicht nach einem Gegenbeispiel suchen, wozu sich schon die für $0 \le x \le 1$ gebildete Reihe $x + (x^2 - x) + (x^3 - x^2) + ...$ mit ihren stetigen Partialsummen $s_n(x) = x, x^2, ...$ (Abb. I.14) und deren unstetiger Grenzfunktion $s(x) = 0$ $(0 \le x < 1)$, $s(1) = 1$ anbot.

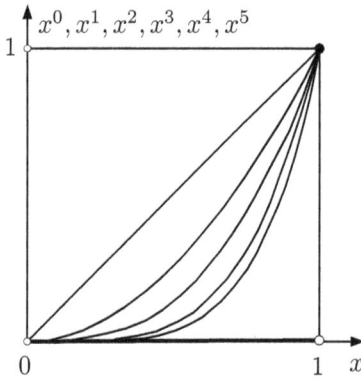

Abb. I.14   Grenzwertiges.

Hatte nicht schon Anfang des Jahrhunderts J.B. Joseph Fourier ungekünstelte Reihen aus stetigen Funktionen vorgeführt, die gegen Reihenwerte mit weit ärgerem „Fehlverhalten" konvergierten (s. I.D.2)? Eine solche Reihe versteckte der junge Abel in der Fußnote einer 1826 erscheinenden Arbeit[1b.2c.11], unter dem Euphemismus einer *«exception»* zu Cauchys Ergebnis. Und das nicht, ohne seinen Urheber zuvor brieflich auf den Fehler aufmerksam gemacht zu haben.[9b] Vergebens. Sieben Jahre später, Abel war tot, ließ Cauchy den Satz abermals drucken.[9c]

Inzwischen geschah Folgendes. Im nämlichen Jahre 1826 sucht der um seine nackte Existenz ringende Abel den von ihm hochverehrten Übervater auf, sucht ihn für ein bedeutendes Resultat zu interessieren, von dem er den Durchbruch erhoffen durfte. Auch als offiziell bestellter Gutachter ignoriert Cauchy die Schrift, hält sie indes zurück.[3c.2d.12a] Die Pariser Akademie bleibt untätig, erst unter diplomatischem Druck rückt Cauchy das Werk schließlich heraus, lange nach Abels Tod.[13a] Angeblich ein „Versehen"; in jedem Falle wenig honorig für einen Ritter der Ehrenlegion...

Jenen falschen Satz korrigiert Cauchy erst 1853[9d], in unzulänglicher Formulierung[5f]. Dazu in {6c} ({6d}): *«Cauchy ... avait cru un moment qu'une série convergente, à termes fonctions continues d'une variable, a pour somme une fonction continue ...»*

Es war für Cauchy denn auch nur konsequent, wie Newton anzunehmen, das Integral einer Reihe stetiger Funktionen sei ohne Weiteres dasselbe wie die Reihe ihrer Integrale. Noch war die Einsicht nicht verbreitet, dass es sich bei all dem um die Vertauschung von Grenzprozessen handelt (s. (1) unten).

In Sachen Stetigkeit gibt es bei Cauchy Weiteres zu bemängeln. Nicht der Frage würdig schien ihm, ob eine Funktion von zwei Variablen – im einzig zulässigen Sinne – schon dann stetig sei, wenn sie bei jeweiligem Festhalten der einen Variablen stetig bezüglich der anderen ist. Dass Stetigkeit die Differenzierbarkeit impliziere, war gängige Meinung. Cauchy mochte wohl der Betrachtung des Differenzialquotienten einer stetigen Funktionen hinzufügen „wenn es ihn gibt", er differenzierte jedoch beliebig oft, bestenfalls unter Erwähnung der Stetigkeit.$^{\{2e\}}$

Mehr als ihr Wortlaut verrät gelegentlich ihr Gebrauch, wie Cauchy seine Definitionen meinte. Beim „Wert" des Grenzwertes allerdings ist das Defizit fundamental. Es zu beheben war die Zeit noch nicht reif. Über diese Blöße sieht Cauchy hinweg: Dem wesentlichen Teil des seinen Namen tragenden Kriteriums (s. I.D.3) schenkt er keine Beachtung.$^{\{1c\}}$

Das bestimmte Integral, von Eudoxos und Archimedes erfunden, als solches von Newton übergangen und von Fourier aufgegriffen: Cauchy wollte es wieder in sein altes Recht eingesetzt wissen. Integranden waren für Newton und Leibniz die ihrzeit geläufigen Funktionen; ihre Stetigkeit als solche mehr als intuitiv zu charakterisieren war bislang nicht in Betracht gekommen. Zu Cauchys Programm gehörte, der Stetigkeit und, geometrisch fundiert, der Integrierbarkeit einen Begriff zu geben, um die *Integrierbarkeit stetiger Funktionen* zu etablieren. Das Postulat der Integrierbarkeit zu formulieren gelang (II.X/[C *Ibk*]), doch bereits der lokalen Stetigkeit mangelte eine arbeitsgerechte Handhabe. Hatte Cauchy beim stetigen Limes stetiger Funktionen nicht über die dazu hinreichende Bedingung der gleichmäßigen *Konvergenz* verfügt ([*Gl* Kv] unten; II.Z), so fehlte ihm jetzt eine Gleichmäßigkeit der *Stetigkeit*. Beides Begriffe, die erst Jahrzehnte später Gestalt annahmen. Somit wusste Cauchy seine Stetigkeitsvoraussetzung nicht auszuschöpfen.

Mit seinem Beweisversuch wagte Cauchy einen wesentlich über Archimedes hinausgehenden Schritt, indem er ganze Klassen von Funktionen betrachtete (eingeschlossen die stückweise stetigen und auch die mit uneigentlichem Integral). Erst Riemann wird sich nicht von vornherein an der Stetigkeit orientieren und eine *„Integrierbarkeit" als solche* konzipieren (II.Y).

Intuition, Vielseitigkeit und eine enorme Schaffenskraft machten Cauchy zur herausragenden Gestalt der ersten Jahrhunderthälfte. Das verführt zu Personenkult. Selbst in einem bayerischen Schulbuch$^{\{14\}}$ liest man: „… *Cauchy, der die* [heutigen] *Definitionen der grundlegenden Begriffe, wie Konvergenz, Stetigkeit, Differenzierbarkeit usw., schuf.*" Endgültig, wie Bourbaki behauptet, schuf er sie nicht. Kritik schmälert nicht seine Verdienste (vgl. {1c}), und wenn Cauchys Portrait hier auch in den Schattenpartien skizziert wird, dann, weil dieser in hohem Grade selbstsüchtige Mensch großen Einfluss auf Mathematik und Mathematiker übte. Seine überbordende Produktion beherrschte die Fachpresse, andere Autoren wurden kontingentiert. Dabei waren ihm Wiederholungen recht, er publizierte auch Unfertiges und tat sich schwer, fremde Quellen zu nennen. Cauchy selbst verzerrte sein Bild, das eines großen Gelehrten, der die Wissenschaft nachhaltig prägte. „*Funktionentheorie*" war *Cauchys* Theorie der Funktionen und ist in ihrer Fortsetzung ein Hauptzweig der Analysis (s. II.X).

*   *

*

Die Läuterung der Analysis erfolgte in zwei Phasen, die erste betraf „den Limes". Soweit damals publik wurde, begann sie mit Cauchys Initiative. Indessen waren seine grundsätzlichen Überlegungen nicht stichhaltiger als die eines Bernard Bolzano, eher im Gegenteil.[1d] Professor der Theologie statt Mathematik von Staatsraison wegen, war dieser ideenreiche Philosoph aus Böhmen ein großer, doch klein gehaltener Mathematiker.[1e.13b.15] Seiner Zeit in vielem voraus, doch kaum bekannt und bald vergessen, wurde sein Werk erst um 1870 durch Hermann Hankel bekannt, als es nur mehr von historischem Interesse war.[16a] Mit Cauchy teilt er den Irrtum vom stetigen Reihenwert[5g], während jener aber noch nicht die Kluft zwischen Stetigkeit und Differenzierbarkeit wahrhaben wollte, legte Bolzano bereits 1830 das Beispiel einer überall stetigen, nirgends differenzierbaren Funktion vor, etwas damals wörtlich Unglaubliches[6e].

Erklärtes Ziel Bolzanos war die konsequente Arithmetisierung der Analysis. Bei ihm finden sich keine unendlich kleinen Größen mehr, und ähnlich wie Euler wollte er die Analysis von ihrer Bevormundung durch Mechanik und Geometrie befreien. Das Cauchy-Kriterium formulierte Bolzano schon vor seinem Namengeber und machte mehr daraus[5d], er versuchte sich an einer Theorie der reellen Zahlen (I.D.3), wusste unsere analytischen Grundbegriffe zu handhaben. Abel schätzte ihn.[9e] Ob nicht auch Cauchy die in Paris alsbald zugänglichen Arbeiten Bolzanos kannte? Erwähnt hat jener sie nie, was nicht dagegen spricht. (In {3d} wird dieser Frage mit Indizien nachgegangen; vgl. dazu {5h.1f}.) Bolzano nahm die arithmetisierte Analysis in vielem vorweg, weshalb ihn Felix Klein ihren eigentlichen Vater nannte. Stärker als Cauchys *Cours* beschwört Bolzanos Schrift aus dem Jahr 1817, seinen Zwischenwertsatz betreffend, den Geist des Aufbruchs in das kritische Jahrhundert.[1e]

*   *   *

Hochgemut hatte Cauchy endgültige Strenge versprochen. Nach seiner Zeit stellte sich Ernüchterung ein. Wie bei dem aus einem versoffenen Studenten mutierten Karl Weierstraß.[8b] Der sah in aller Nüchternheit *zwei* Kühe, die noch vom Eis zu holen waren. Nämlich: Was hieß, Zahlen nähern sich Zahlen unbegrenzt? Und zuvörderst: Was sind Zahlen überhaupt??

Zugleich mit einer Grundlegung des Zahlbegriffs kultivierte Weierstraß die verbalen Postulate für Konvergenz und Stetigkeit. Den Anfang macht die Liquidation der unendlich kleinen Größe, die Geburt der „Epsilontik" in einer Vorlesung von 1961. Darüber heißt es in {17a}:

> «S'il est possible de déterminer une borne δ telle que pour *toute* valeur de h plus petite en valeur absolue que δ, $f(x+h) - f(x)$ soit plus petite qu'une quantité ε aussi petite que l'on veut, alors on dira qu'on a fait correspondre à une variation infiniment petite de la variable, une variation infiniment petite de la fonction.»

Unsere einschlägigen Definitionen orientieren sich allesamt an dieser Klausel, die (der Logik und später auch dem Wortlaut nach) mit einem vorgegebenen „ε" eröffnet wird, dem Grad der Annäherung. Dem Anfänger muss das vorkommen, als werde der Gaul von hinten aufgezäumt, bis ihm wie zu hoffen aufgeht, dass nur so ein mathematischer Begriff zustande kommen kann. Besser als der Gaul macht sich hier die Maus: Wollen wir sie fangen, so sorgen wir dafür, dass ihr Abstand zum Köder jede noch so kleine Schranke ε ab jeweils einem gewissen Zeitpunkt δ unterschreitet. Das beschreibt einen Ablauf mit Hilfe von Zuständen, nämlich durch die Beziehung zwischen örtlichen und zeitlichen Höchstabständen.

Mit der obigen Sentenz machte Weierstraß in seinen Vorlesungen der unendlich kleinen Größe den Garaus. Auf eine Funktion wie $n \mapsto 1/n$, $n \in \mathbb{N}$, eine *Nullfolge*, und den uneigentlichen Grenzübergang $n \to \infty$ überträgt sich die Klausulierung in nachstehenden Formen:

Sei $\varepsilon > 0$ beliebig vorgegeben; dann

(1.)   gilt $\frac{1}{n} \le \varepsilon$ für jedes $n \ge \frac{1}{\varepsilon}$;

(2.)   gibt es eine Indexschranke $N_\varepsilon \in \mathbb{N}$ der Art, dass $\frac{1}{n} \le \varepsilon$ gilt für jedes $n \ge N_\varepsilon$

[nämlich bei der Wahl $N_\varepsilon \ge \frac{1}{\varepsilon}$];

(3.)   gilt $\frac{1}{n} \le \varepsilon$ für jeweils *fast* alle $n \in \mathbb{N}$

[nämlich für alle $n \in \mathbb{N}$ mit Ausnahme von jeweils höchstens endlich vielen].

Grenzwert und verwandte Begriffe lassen sich von aller „Streberei" nur säubern, indem man ausschließlich mathematisches Instrumentar verwendet. Cauchy hatte jenes ε eingeführt, doch nicht Ernst damit gemacht.[5i] In seiner Dissertation von 1851[18a] mahnt Bernhard Riemann die korrekte Definition der stetig veränderlichen Größe an; bescheiden nennt er die eigene „*greiflicher ausgedrückt*"[18b]. Wenig später unterstreicht er nochmals[18c], dass ein Begriff wie Stetigkeit allein auf Abstandsbeziehungen gegründet werden könne – also letztlich auf *Ungleichungen*. Es war dies die Rückkehr zur griechischen Statik! Eudoxos' und Archimedes' Exhaustion fand sich ihrem Wesen nach in der „Epsilontik" wiedergeboren. Der Strenge nach ebenbürtig, als Methode unvergleichlich überlegen. Und unverzichtbar, wo Grenzprozesse ineinander spielen. Der Experimentalphysiker meines ersten Semesters machte sich lustig über „die Mathematiker mit ihrem Epsilon-Tick". Später lachte ich nicht mehr darüber.

Wenn Weierstraß die nach-eudoxische Analysis von der dominanten Vorstellung des Ablaufs befreite, so darf das die Didaktik unserer Disziplin nicht eines hilfreichen Elementes berauben. Dazu noch eine Illustration im Interesse der Lernenden und Lehrenden. Betrachtet sei eine für $x < \hat{x}$ definierte Funktion f; die Implikation „$x \to \hat{x} \Rightarrow f(x) \to \lambda$" will sagen, dass f an der Stelle $\hat{x}$ den Grenzwert λ besitzt, und soll bedeuten: Zu jeder ε-Umgebung $U_\varepsilon = (\lambda - \varepsilon, \lambda + \varepsilon)$ von λ gibt es ein Intervall $I_\delta = (\hat{x} - \delta, \hat{x})$ so, dass $f(I_\delta) := \{ f(x) : x \in I_\delta \}$ $\subseteq U_\varepsilon$ erfüllt wird. Das ist Statik im engsten Sinn. Bei Newton fanden wir den kontinuierlichen Übergang zum Grenzwert; Archimedes hingegen näherte sich ihm diskret: schrittweise. Er bildet zwar nur faktisch, nicht in unserem Sinne einen Folgen-Grenzwert, doch dürfen wir uns daran ein Beispiel nehmen. Das sogenannte „*Folgenkriterium*" gibt obiger Implikation die Form: „wenn immer $x_n < \hat{x}$, $x_n \to \hat{x}$, so $f(x_n) \to \lambda$". Das bringt Bewegung in die Sache, ist anschaulicher als die obige Schachtelung von Mengen. Daher hielt ich es für geboten, in der Lehre wo immer möglich mit *Grenzwerten von Folgen* zu arbeiten (wiewohl auch sie freilich statisch definiert sind). Hingegen ist der Einsatz von Umgebungen und dergleichen die Vorstufe für den Schritt zur Verallgemeinerung jenseits des Metrischen, in einer Disziplin namens *Topologie* (nach griechisch tópos = der Ort, wie Biotop).

Cauchy verwendete erstmals die Letter ε für sozusagen „unendlich Kleines aller Größen" (II.X). Lange vor Weierstraß dachte jedoch schon Abel in dessen Sinne. Damit beschäftigt zu zeigen, dass eine an der Stelle $x = 1$ und folglich ein Stück links davon konvergente Potenzreihe $\sum a_k x^k$ in $x = 1$ linksseitig stetig ist, machte Abel die Bekanntschaft einer Konvergenz anspruchsvoller Art (Cauchy 1826 zur Kenntnis gebracht, mitsamt besagter Fußnote {11}). [8c.9g] Auch Weierstraß' Lehrer Christof Gudermann hatte das Phänomen bemerkt und nannte es, 1838, eine *„Konvergenz in (ganz) gleichem Grade"*. Weierstraß griff das auf und formulierte 1861 allgemein und endgültig, was erst gut fünfzig Jahre später in Druck ging: unsere *„gleichmäßige Konvergenz"*. [16b] Wir geben den Begriff in rudimentärer Gestalt wieder:

> **[GlKv]** Die Folge von Funktionen f_n konvergiert auf dem Intervall I gleichmäßig gegen null (das ist: die Nullfunktion), wenn es zu jedem $\varepsilon > 0$ ein N_ε gibt so, dass $|f_n(x)| \leq \varepsilon$ erfüllt ist für alle $n \geq N_\varepsilon$ **und alle** $x \in I$.

Die Definition besagt: Bei Vorgabe noch so kleiner Toleranz ε lässt sich jedem $x \in I$ *dieselbe* Indexschranke N_ε zumessen, ab der $|f_n(x)|$ unterhalb von ε bleibt; die Schranke wirkt bei allen $x \in I$ gleichermaßen. Und anschaulich:

> Ab einem gewissen Folgenindex liegen alle Graphen der f_n innerhalb des Parallelstreifens $\{(x|y): x \in I, |y| \leq \varepsilon\}$.

(Ein Beispiel geben die Potenzfunktionen $x \mapsto x^n$, wenn man sie nicht wie in und um Abb.I. 14 auf $(0,1]$ betrachtet, sondern auf $(0,\frac{1}{2}]$, was in II.Z geschieht.) Der Fall gleichmäßig Konvergenz bei $\lim g_n = g$ wird „natürlich" auf $f_n := g_n - g$ zurückgeführt. (So konvergieren z.B. $g_n(x) = 1/x - 1/n$ auf $(0, \infty)$ gleichmäßig gegen $1/x$.)

Während Weierstraß schon mit dieser Eigenschaft gearbeitet hatte, kamen ihr weitere unabhängig voneinander auf die Spur, Sir George Gabriel Stokes und Philipp Ludwig v. Seidel. [8d] Als sie nämlich das Konvergenzverhalten gewisser Folgen stetiger Funktionen an Stellen untersuchten, wo die Grenzfunktion unstetig wurde [6b], bemerkten sie, dass es bei vorgeschriebener Güte der Approximation umso größerer Indexschranken bedurfte, je näher man der kritischen Stelle kam. Solcherart Konvergenz nannte, unabhängig voneinander, der eine *"infinitely slow"*, der andere *„beliebig langsam"* (II.Z). [2c.5j]

Die Stetigkeit einer Grenzfunktion f an der Stelle x_0 drückt sich aus in

$$
\begin{aligned}
\lim_{x \to x_0} f(x) &= \lim_{x \to x_0} \lim_{n \to \infty} f_n(x) \\
&= \lim_{n \to \infty} \lim_{x \to x_0} f_n(x) = \lim_{n \to \infty} f_n(x_0) = f(x_0),
\end{aligned} \tag{1}
$$

das ist die Vertauschbarkeit von Funktions- und Funktionslimes. Dass dazu die gleichmäßige Konvergenz *nicht notwendig* ist, belegten Gaston Darboux und Georg Cantor schon früh mit Beispielen (s. II.Z/(3)). Aus gutem Grunde sei verdeutlicht, was dieser negative Befund besagt und was nicht. Im Rahmen der Voraussetzung „ $f_n(x) \to f(x)$ für jedes $x \in I$ "

bedeute   **G**: (f_n) konvergiert auf I gleichmäßig gegen f ;
                S: f ist stetig auf I.

Wahr ist   **G** $\Rightarrow$ **S** , das heißt **S** gilt, wenn **G** gilt   / **G** ist *hinreichend* für **S**.
Falsch ist   **S** $\Rightarrow$ **G** , das *hieße* **S** gilt *nur*, wenn **G** gilt / **G** ist *notwendig* für **S**.

Dennoch stößt man immer wieder darauf, dass die Gleichmäßigkeit als eine notwendige Bedingung hingestellt wird − falls didaktisch-kolloquial wie {1f}, so nicht minder falsch). Nach dem saloppen Motto: „Kann man eine Voraussetzung nicht einfach weglassen, so ist sie notwendig" ({5k.16b}). Oder gar subjektiv motiviert: „Notwendig ist, was *ich* zum Beweise nötig habe." In Sachen „Notwendigkeit von G" siehe bei {2e,f.5*l*.16c} und, nicht mal mit Analogie zu entschuldigen, bei {12b}.

Entsprechend, und zwar in jeder Hinsicht, verhält es sich mit der Integrierbarkeit des gleichmäßigen Limes integrierbarer Funktionen (II.Z/Ende), d.h. der Gültigkeit von

$$\int_a^b \lim_{n\to\infty} f_n(x) \ dx \ = \ \lim_{n\to\infty} \int_a^b f_n(x) \ dx \ ; \tag{2}$$

spielen die $f_n(x)$ die Rolle von Partialsummen einer Reihe $\sum_{\nu=0}^{\infty} u_\nu(x)$, so erscheint (2) in der Form

$$\int_a^b \sum_{\nu=0}^{\infty} u_\nu(x) \ dx \ = \ \int_a^b [\lim_{n\to\infty} \sum_{\nu=0}^{n} u_\nu(x)] \ dx$$
$$= \ \lim_{n\to\infty} \sum_{\nu=0}^{n} \int_a^b u_\nu(x) \ dx \ = \ \sum_{\nu=0}^{\infty} \int_a^b u_\nu(x) \ dx \ .$$

Man nennt das sprachlich brutal die „gliedweise" Integration der Reihe, unter Missbrauch des Adverbs. („Gliedweises Integrieren" wäre ein Kompromiss.)

Unser Anliegen gebot, die Analysis des 19. Jahrhunderts unter dem Gesichtspunkt der Konsolidierung zu betrachten. Diese ging nicht leichter Hand ab, wie manches zeigt, was Cauchy nicht glückte. Auch dessen Stärke lag im Innovativen (II.X).

{1}   HEUSER [2]: {1a} 689 oben. {1b} 696. {1c} 693. {1d} 690. {1e} 689 f.
        {1f} 697 („*entscheidende Rolle*").
{2}   KLINE: {2a} [2] 166.— [1]: {2b} 951. {2c} 965. {2d} 645. {2e} 964
        (*"need for uniform convergence"*). {2f} 965 (*"need for uniform convergence"*).
{3}   GRATTAN-GUINNESS: {3a} 48. {3b} 49 (Fußn. 3). {3c} 26. {3d} 51-57.
{4}   EDWARDS, JR.: {4a} 309. {4b} 310. {4c} 310 f.
{5}   LÜTZEN: {5a} 203. {5b} 204. {5c} 196. {5d} 221. {5e} 224. {5f} 234.
        {5g} 222. {5h} 200. {5i} 236. {5j} 231 ff. {5k} 234, 6.6 letzte Zeile falsch.
        {5*l*} 237 („*nur*").

{6}   BOURBAKI: {6a} [2] 174. {6b} [5] 230. {6c} [3] 150. {6d} [5] 181. {6e} [5] 27.
{7}   LEBESGUE 3.
{8}   SOURCE BOOK ... [2] /Birkhoff: {8a} 2. {8b} 71 f. {8c} 61. {8d} 61 f.
{9}   DUGAC [2] : {9a} 341. {9b} 350. {9c} 352 oben. {9d} 353. {9e} 344.
      {9f} 356. {9g} 350 unten.
{10} CAUCHY [1] 120.
{11} ABEL, ŒUVRES ... / Sylow; Lie   224 f. Fußnote.
{12} BOYER [2]: {12a} 556. {12b} 610 (*"only if"* falsch).
{13} WUßING; ARNOLD: {13a} 371. {13b} 320-333.
{14} POPP 18.
{15} WUßING 225 f.
{16} CAJORI: {16a} 367 f. {16b} 377 (*"became necessary"* ?!). {16c} 376
      (*"only when"* falsch).
{17} DUGAC: {17a} [1] 64; [2] 370. {17b} SONAR [4] 525 (deutsch zu {17a}).
{18} RIEMANN: {18a} [1] 3-43. {18b} [1] 46 (Anmerkg.(1); in {9f} falsche Seite).
      {18c} [2] 111 (Notiz v. 7.11.1855).

I.D.2   Für Überraschungen gut:
die „unberechenbaren" trigonometrischen Reihen

Schwerlich ist aufzuzählen, was alles in der Mathematik bis zum Ende des 19. Jahrhunderts geschah oder sich anbahnte, insbesondere in der Analysis. Nicht zuletzt von deren Stand zeugt David Hilberts berühmter Katalog der 23 wartenden Probleme, mit denen er die Jahrhundertwende auf einem Kongress in Paris feierte.[1] Doch wartete noch manch Unerwartetes.

Kaum ist von einem Gegenstand der neueren Analysis eine so vielfältige und nachhaltige Wirkung ausgegangen wie von den bereits Daniel Bernoulli[2] und Euler begegneten Reihen der Gestalt

$$c + \sum_{k=1}^{\infty} [a_k \cos(kx) + b_k \sin(kx)], \text{ etwa } -\pi \le x < \pi, \tag{1}$$

den „*trigonometrischen*". Als der Naturforscher Fourier sie bei Anfangswertproblemen der Temperaturverteilung einsetzte, stieß er auf Sonderbares. Die wohlgeformten Reihen (1) waren, sofern sie konvergierten, höchst eigenwilliger Unstetigkeiten fähig und empfahlen sich mit dieser Unart als Kandidaten für die Anpassung an entsprechend willkürliche Anfangsbedingungen. Konnte Fouriers Beweisführung auch mathematisch nicht überzeugen, die von ihm beigebrachten Beispiele waren unabweisbar.

Da gab es also Reihen, die auf mathematisch höchst natürliche Weise gebildet waren und dabei ein so gesehen unnatürliches Bild von Grenzwerten abgaben. *Natura non facit saltus.* Dürfen Funktionen von Natur aus Sprünge machen? Sollte man sie zurückweisen oder sollte sich der Funktionsbegriff nach ihnen richten? Dann müsste man ihn liberalisieren.

Letzteres tat Peter Gustav Lejeune Dirichlet (der seltsame Zuname entstand aus Le Jeune di Richlette). Das war um 1830; bis dahin ließ sich in den Lehrbüchern kein von herkömmlichen Hintergedanken freier Funktionsbegriff finden. Der Beifall war dünn. Viele entrüstete, welch krankhafte Glieder da der Analysis einverleibt werden sollten. Was für schöne Funktionen hatte man doch vor und zu Eulers Zeit gefunden oder erfunden! Der Kontrast zu den Potenzreihen konnte nicht größer sein, nicht bloß, weil sich diese beliebig oft differenzieren lassen.

*

Welten trennen das „willkürliche" Verhalten trigonometrischer Reihen und die Zwänge, denen Potenzreihen unterliegen. Erstere können unstetige Funktionen bilden, konvergente Potenzreihen nur solche, welche Ableitungen jeder Ordnung besitzen. Das ist nur *ein* Aspekt dessen, welch engen Zusammenhalt so erzeugte Funktionswerte zeigen und wird erst so recht deutlich, wenn man sie in ihrer natürlichen Umgebung betrachtet, „im Komplexen" (siehe II.X/2.Teil). Potenzreihen sind geradezu die Verkörperung von Regularität; drum definiert man reguläre Funktionen durch die Eigenschaft, sich in Potenzreihen entwickeln zu lassen. Typisch für sie ist, dass ihre sämtlichen, nämlich ihrer Natur entsprechenden Werte bereits durch diejenigen auf einem beliebig kleinen Teilintervall ihres Konvergenzbereichs festgelegt sind!

Dass sich konvergente Reihen von trigonometrischen und Potenzfunktionen so sehr unterscheiden, entspricht der Tatsache, dass die jeweiligen Koeffizienten zu den Reihenwert-Funktionen in grundverschiedener Beziehung stehen. Nämlich so verschieden wie die beiden Operationen des Calculus. Die Koeffizienten einer (in einer Umgebung von x_0) zu $f(x)$ konvergenten Potenzreihe $\sum_{k=0}^{\infty} a_k (x - x_0)^k$ gehen aus f durch Differenzieren hervor (s. I.C.5/Ende). Wird die Funktion f dagegen von einer Reihe (1) gebildet, so ergibt sich zwischen f und den Koeffizienten in (1) unter Umständen (wie der gleichmäßigen Konvergenz) die *Integral*beziehung

$$c = \frac{1}{2\pi} \int_{-\pi}^{\pi} f(t) \, \mathrm{d}t, \quad a_k = \frac{1}{\pi} \int_{-\pi}^{\pi} f(t) \cos(kt) \, \mathrm{d}t, \quad b_k = \frac{1}{\pi} \int_{-\pi}^{\pi} f(t) \sin(kt) \, \mathrm{d}t \quad (2)$$

der *Euler-Fourierschen Formeln.*

Einer Funktion f, deren Integrale (2) existieren, ordnet man die formale (!) *Fourierreihe* (1) zu, analog zur *Taylorreihe* I.C.5(2). Wiederum analog dazu fragt sich, ob (1) überhaupt konvergiert und, falls ja, ob gegen die in (2) auftretenden Werte $f(x)$. Reproduziert die Fourierreihe ganz oder teilweise die Funktionswerte $f(x)$, so liegt *Fourierentwicklung* von f vor. Bei (2) ging man zunächst von stückweise stetigen, dann von Riemann-integrierbaren Integranden aus. Neue Integralbegriffe erschlossen der Fourierreihen-Theorie neue Funktionsklassen. (Näheres in II.Y.)

Die gefeierte Errungenschaft der gleichmäßigen Konvergenz (I.D.1) spielte ihre große Rolle bei den Potenzreihen, nicht so bei den trigonometrischen. Deren gleichmäßige Konver-

genz erzeugt ja doch *stetige* Reihenwerte, interessanter sind die anderen. Es war nicht abzusehen, welch produktive Unruhe die Fourierreihen in die Analysis tragen würden.

Zunächst wollte man wissen, wann jedenfalls eine 2π-periodische Funktion in Form einer
Reihe (1) darstellbar ist. Und wenn: Müssen deren Koeffizienten dann die Fourierkoeffizienten (2) sein? Potenzreihen-Entwicklungen sind eindeutig − wie steht es mit der *Eindeutigkeit* trigonometrischer Entwicklungen? So sprudeln die Fragen.$^{\{3a\}}$ D.J. Struik schreibt$^{\{4\}}$:
„Fourier klärt die Situation völlig auf. Er stellt die Tatsache klar, ...“ Bei Letzterer handelt
es sich darum, dass jede stückweise stetige Funktion eine trigonometrische, dem Kontext
nach fouriersche Entwicklung besitze. Abgesehen davon, dass Fourier wie es heißt kein einziges seiner Resultate wirklich beweisen konnte, wurde die fragliche „Tatsache“ bereits 1873
widerlegt mit dem Beispiel einer stetigen Funktion, deren Fourierreihe nicht einmal überall
konvergiert.$^{\{3b.5a\}}$

Mittlerweile nimmt man an, dass es für eine Funktion eigentümlich ist, eine trigonometrische Entwicklung zu besitzen, dass dies sich nämlich nicht auf andere Funktionseigenschaf-
ten zurückführen lässt.$^{\{3c\}}$ Das eigenwillige Verhalten der trigonometrischen Reihen zu beschreiben verlangte nach Klassifizierung der Argumentstellen.$^{\{6\}}$ Sie konnten absonderliche
Mengen bilden und leisteten so Geburtshilfe für die Mengenlehre, die bald auf eigenen Fü-
ßen stand und ihre eigenen Wege ging. Mit unabsehbaren Folgen... (I.D.3/Ende). Es begann
mit Cantors Untersuchungen zur Eindeutigkeit trigonometrischer Entwicklung.$^{\{5b\}}$ Erste Ein-
drücke vom neuen Konzept einer *„transfiniten Mengenlehre“*$^{\{5c\}}$ gibt $\{5d\}$.

$\{1\}$ HILBERT 290-329.
$\{2\}$ BECKER [**4**] 219.
$\{3\}$ KNOPP: $\{3a\}$ 366. $\{3b\}$ 391 unten (in *Nachricht.v.d.Kgl.Gesellsch.d.Wissensch.
        zu Göttingen*). $\{3c\}$ 391.
$\{4\}$ STRUIK 168.
$\{5\}$ SONAR [**4**]: $\{5a\}$ 482, 575. $\{5b\}$ 554. $\{5c\}$ 571. $\{5d\}$ 570-574.
$\{6\}$ EPPLE 38 ff. (S.390, Z.6: λ statt $\lambda-1$).

I.D.3   Der Grundstein, der ein Schlussstein war

*Zur materiellen Grundlage der Analysis: ihre „Vervollständigung“ durch
arithmetische Begründung der Irrationalzahlen.   Modell Dedekindsche
Schnitte, exemplarisch.   Bourbaki: Vollständigkeit und Vierte Proportionale.*

Bis ins 19. Jahrhundert hinein hatte man an der neuen Analysis vornehmlich hoch hinaus ge-
baut, das vergebliche Bemühen um ihr Fundament hatte viele resignieren lassen. Hoffnung
war mit Cauchy aufgekommen. Zu einem Umschwung, der diesen Namen verdiente, kam es
erst in der zweiten Hälfte des Jahrhunderts. Es begann, wie in I.D.I skizziert, mit der Mathe-
matisierung der Grenzprozesse, das Werk von Weierstraß und Gleichgesinnten. Der beließ es

nicht beim Aufschreiben. Ein rasch wachsender Kreis wissbegieriger Hörer nahm seine Gedanken dankbar auf. Dennoch plagten ihn Gewissenbisse.

Wenn er seine Definitionen und Sätze vortrug, fragte er sich, worum es denn dabei überhaupt gehe. All das beruhte auf Zahlen, und die meisten gab es eigentlich gar nicht.[1a] Während der gut 150 Jahre nach dem Calculus, als die Mathematiker von der Flut packender und jetzt auch lösbarer Probleme mitgerissen wurden, fand die Not der Pythagoreer wenig Verständnis. Irrationale Werte, im Allgemeinen wie im Arithmetischen, mussten sich mittlerweile auch vor dem Zeitgeist der Technik verantworten, der keinen Sinn in „wertlosen" Kommastellen sah.

Was Pythagoras und Weierstraß schmerzte, es war das gleiche Manko: die Lücken auf dem Strahl $\mathbb{Q}^+$ der Brüche p/q aus natürlichen Zahlen. Wer im Altertum offiziell ihren Umgang scheute[2], konnte sie über das p- und q-Fache einer Einheitsstrecke konstruieren (Abb.I.15a; vgl. Abb.I.2). Abb.I.15b zeigt, wie beim Umlegen der Diagonale des Einheitsquadrats ihr Endpunkt in ein Loch fällt, dort wo die „Quadratwurzel aus 2" hingehört.

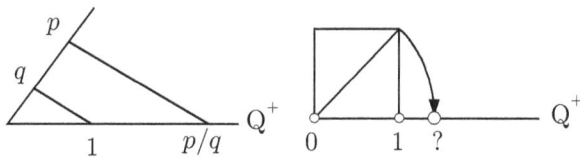

Abbn. I.15 a,b *Zum Loch im Zahlenstrahl.*

Auf jenem als lückenlos empfundenen Zahlenstrahl hatten sich also unvernünftige, „*irrationale*" Punkte eingenistet, und nur manche ließen sich wie hier auf geometrische Weise genau lokalisieren. Archimedes grenzte Fehlstellen wie π zwischen Brüchen ein, wies sogar den Weg, dies beliebig genau zu bewerkstelligen. Erst in neuer Zeit durfte man mehr von ihnen erwarten, als dass sie lokalisierbar seien. Vielmehr und insbesondere sollten sie ja zum Rechnen taugen! Wo Begriffe fehlen, da stellt laut Mephistos Losung ein Wort sich ein, hier „die Irrationalzahl", die am Ende Gewohnheitsrecht beanspruchte. Richard Dedekind bemerkte trocken, niemand habe $\sqrt{2} \cdot \sqrt{3} = \sqrt{6}$ jemals bewiesen.[1b.3a]

Eine symbolische Gleichung wie $\lim (1/n) = 0$ war von Bolzano interpretiert, von Weierstraß präzisiert worden (s. I.D.1). Sie erwischt den Grenzwert auf dem richtigen Fuß, und so wird selbst ein freistehendes $\lim (1/n)$ „wertvoll". Dagegen zeigt $\lim (1 + 1/n)^n$ den Pferdefuß. Teufelszeug und keinesfalls glaubwürdiger als Eulers Binom-Potenz aus II.W/(1). Zwischen sie und $\Sigma_0^\infty 1/k!$ hatte der Meister ein Gleichheitszeichen gesetzt. Wir, die wir seiner Argumentation in der Form nicht folgen können, sehen dabei Binomial- und Partialsummen demselben Ziel zustreben. Ehemals ein Loch, und damit wäre Eulers Gleichung gegenstandslos gewesen. Doch hatte in einem ähnlich desolaten Falle das Gleichsein nicht schon einmal einen ganz konkreten Sinn bekommen? Damals entdeckte Eudoxos für Größenverhältnisse die Möglichkeit, sie allesamt „in Ordnung" zu bringen (II.B), und triumphierte damit erstmals über das Irrationale.[4a] So recht begriffen die Väter der reellen Zahlen vielleicht erst im Nachhinein, dass sie mit ihm eines Sinnes waren.

*   *
*

Cauchy hatte die „Zielstrebigkeit" von Zahlenfolgen zutreffend erfasst (s.u.), nur mochte damit ins Leere gezielt sein, so wie bei Abb.I.15b die Diagonale keinen Endpunkt auf $\mathbb{Q}^+$ findet. Denn Cauchy definierte den Grenz-*Wert*, indem er von vornherein auf eine „Zahl" Bezug nahm.[1b.5a] Es blieb dabei, dass ein Zeichen wie $\sqrt{2}$ sich noch immer durch seinen Gebrauch „definieren" musste.

Wie ließen sich irrationale Rechenelemente begründen? Man konnte und wollte sie nicht missen. Es sei denn, man hieß Leopold Kronecker, für den nur zählende Zahlen zählten. Arithmetisierung – das Wort wird ihm zugeschrieben[6a] – verstand er als die Option eines Programms, alle „höhere Mathematik" unmittelbar auf die natürlichen Zahlen zu beziehen. In diesem Sinne sollte die Analysis naturbelassen bleiben.[6b] Auf diesem Standpunkt stand er ziemlich allein. Andere drängte es zu wissen, was denn „Existenz" bei Zahlen bedeute. Schon die natürlichen waren nicht als Einzelwesen aufzufassen, wie viel weniger solche, die auf eine noch unbegreifliche Weise zum Rechnen berechtigen sollten! („Die" Irrationalzahl im Wörterbuch vertritt deren ganze Sippe.)

Zahlen sind, nach heutiger Auffassung, jeden Falles in ein *strukturiertes* Ganzes einzubinden. Glaubt man „die Struktur" hinlänglich charakterisiert, so ist geboten, sich von ihrer Sinnhaftigkeit mittels eines konkreten Modells zu überzeugen. Hier ist Phantasie zu Eigenbau gefragt, als Erstes jedoch die Bereitschaft, Abstand zu gewinnen vom Selbstverständlichen weil Vertrauten, von „der Gewohnheit tiefgetretnen Spur", wie Schiller sagt. Nicht nur suchten viele Zeitgenossen keine derartige Fundierung, sie lehnten sie rundweg ab.[7a] Weniger aus Bequemlichkeit denn aus Überzeugung. Zur Einstellung von Paul DuBois-Reymond [8a] bekannte sich selbst Hankel[8b]: „*Jeder Versuch, die irrationalen Zahlen formal und ohne den Begriff der Größe zu behandeln, muss auf höchst abstruse … Künsteleien führen, die … einen höheren wissenschaftlichen Wert nicht haben.*"

Doch nur auf rein arithmetischer Basis ließ sich eine Struktur begründen, die rationale und irrationale Zahlen unter einem Dach vereint: die der *reellen* Zahlen. Eine „*Erweiterung*" des Rechenbereichs $\mathbb{Q}$ auf einen Rechenbereich $\mathbb{R}$, wie wäre das zu verstehen? Sie hätte sich in einem umfassenden Modell abzuspielen, wobei man darauf gefasst sein müsste, in diesem Konstrukt die Elemente von $\mathbb{Q}$ nicht auf den ersten Blick wiederzuerkennen – was aber Formsache wäre, durch Identifizierung mit den herkömmlichen Zeichen zu erledigen. So jedenfalls der Plan, der sich auf mannigfache Weise realisieren lassen sollte.

In diesem Bauplan für $\mathbb{R}$ konnten die rationalen Zahlen als zuverlässiger Rohstoff dienen. Die positiven Bruchzahlen besaßen eine lange Tradition, schon die negativen ganzen hatten es viel schwerer gehabt anerkannt zu werden. Hier also war Boden für eine Grundlage. Erst zu Ende des 19. Jahrhunderts entstand das Bedürfnis, den Grund der Arithmetik tiefer zu legen und bei den natürlichen Zahlen zu beginnen.[1c.9a] Konsens bestand darüber, was heutige Termini wie folgt fixieren: Die rationalen Zahlen erlauben zwei „*Gruppen* bildende Verknüpfungen", die verzahnt sind durch ein Distributivgesetz. Dieses hat „minus mal minus gleich plus" zur natürlichen Konsequenz und ist „verträglich" mit einem „Kleiner-als", einer

Ordnungsbeziehung gemäß dem Lemma des Archimedes aus II.F. Sie sorgt für Abstand und damit für Annäherung, den Grundschritt der Analysis.

Das alles macht die „Struktur $\mathbb{Q}$" aus, in der eben nicht bloß gerechnet wird. *Zumindest* so müsste auch eine Struktur $\mathbb{R}$ ausgestattet sein, war man doch bislang mit irrationalen Zahlen nicht anders als mit rationalen umgegangen. Jedoch hatte $\mathbb{R}$ entschieden mehr zu leisten! Cauchy formulierte das hierfür charakteristische Postulat, allerdings ohne sich dessen fundamentaler Bedeutung bewusst zu werden. Dabei ginge es uns darum, für $\mathbb{R}$ gewisse Elemente per Option zu fordern (zunächst unbeschadet ihrer Realisierbarkeit). In unserer Diktion lautet das *Cauchykriterium*:

Sei $x_n \in \mathbb{R}$ $(n = 0, 1, ...)$; Äquivalenz $\mathbf{C} \Leftrightarrow \mathbf{K}$ besteht für

$\mathbf{C}$:   *Zu jedem $\varepsilon > 0$ gibt es ein $N \in \mathbb{N}$ so, dass $|x_m - x_n| \le \varepsilon$ gilt für alle $m, n \ge N$.*

$\mathbf{K}$:   *Es existiert ein $\lambda \in \mathbb{R}$ folgender Art: Zu jedem $\varepsilon > 0$ gibt es ein $N \in \mathbb{N}$ so, dass $|x_n - \lambda| \le \varepsilon$ gilt für alle $n \ge N$.*

Wir notieren dazu die folgenden Sprechweisen:

$\mathbf{C}$:   „(x_n) ist *Cauchyfolge* aus $\mathbb{R}$ " ;

$\mathbf{K}$:   „(x_n) konvergiert in $\mathbb{R}$ " ;

$\mathbf{C} \Rightarrow \mathbf{K}$: „Jede Cauchyfolge aus $\mathbb{R}$ konvergiert in $\mathbb{R}$ ".

Ersetzt man hier überall $\mathbb{R}$ durch $\mathbb{Q}$, so gilt lediglich $\mathbf{K} \Rightarrow \mathbf{C}$, nicht umgekehrt. Mithin ist die Implikation $\mathbf{C} \Rightarrow \mathbf{K}$ die für $\mathbb{R}$ typische; sie bildet *eine* unter vielen Möglichkeiten, die sogenannte *Vollständigkeit* von $\mathbb{R}$ auszudrücken. In seinem Konvergenzkriterium für Reihen stellt Cauchy eher beiläufig fest, $\mathbf{C}$ sei „auch hinreichend" für $\mathbf{K}$[1d] : Die Implikation wird von ihm nicht postuliert, sondern konstatiert.

In den oben angesprochenen Modellen von $\mathbb{R}$ ist das Cauchykriterium ein gültiger Satz. Stellt man es den Axiomen von $\mathbb{Q}$ an die Seite, so erhält man ein allen anderen Axiomensystemen von $\mathbb{R}$ äquivalentes.

Durch Einlösung der Forderung nach Vollständigkeit werden Werte geschaffen. Grenzwerte, doch nicht nur. Wir wollen einige der dadurch ermöglichten Begriffsbildungen aufführen. Sie betreffen (unendliche) Zahlenfolgen und unendliche Mengen. Ist (x_n) *beschränkt*, d.h. gibt es $s \in \mathbb{R}$ der Art, dass $|x_n| \le s$ ist für alle $n \in \mathbb{N}$, so garantiert die Vollständigkeit eine in $\mathbb{R}$ konvergente Teilfolge (x_{n_k}); ihr Grenzwert h ist ein „*Häufungspunkt*" der Folge (x_n), definiert dadurch, dass für jede Umgebung U von h gilt: Jeweils unendlich viele n erfüllen $x_n \in U$. Entsprechend dazu besitzt eine *beschränkte* unendliche *Menge* $\mathcal{M}$ mindestens einen Mengen-Häufungspunkt in $\mathbb{R}$, definiert dadurch, dass jede seiner Umgebungen unendlich viele Elemente aus $\mathcal{M}$ enthält. – Folgen bzw. nicht leere Mengen, welche eine sinngemäß definierte *obere* Schranke haben, besitzen dank Vollständigkeit jeweils auch eine *kleinste* obere Schranke, genannt *obere Grenze*; Gegenstück ist die *untere Grenze*. (Beispiele: 1 ist die obere und 0 die untere Grenze der Menge $\{1/n : n = 1, 2, ...\}$; 1 ist die obere wie auch die untere Grenze der Menge $\{1\}$.) Die Struktur $\mathbb{R}$ lässt sich gegenüber $\mathbb{Q}$ z.B. auch dadurch charakterisieren, dass jede nach oben beschränkte Teilmenge von $\mathbb{R}$ eine obere Grenze besitzt. Hervorzuheben ist, dass Vollständigkeit die begriffliche Grundlage für Integral und Differenzialquotient bildet. „Objektiv“ gesehen steht und fällt die Analysis mit diesem Postulat, ihrem im Nachhinein gelegten Grundstein.

*

Von $\mathbb{R}$ fordern wir Eigenschaften, die den rationalen Zahlen abgeschaut und um die Vollständigkeit ergänzt sind. Dieser Katalog wird unseren Analysis-Vorlesungen als *„Axiomensystem der reellen Zahlen“* vorangestellt. Oft einem Katechismus gleich, ohne Link zur Genesis, ohne mehr zu seiner Rechtfertigung als den Hinweis, man *brauche* die Vollständigkeit. So ist man leicht fertig. Auch leichtfertig, denn Schwergläubige mögen argwöhnen, der vervollständigte Axiomensatz überfordere die neue Struktur. Dann wäre sie „leer“. Das Problem der Widerspruchsfreiheit packte man noch im 19. Jahrhundert erfolgreich an, nämlich mit der bereits oben angedeuteten Realisierung der Vollständigkeit in Modellen. Jedes Modell von $\mathbb{R}$, das ein Modell von $\mathbb{Q}$ umfasst, implementiert das Axiomensystem der reellen Zahlen.

Schon Bolzano hatte sich daran versucht, wenn auch nicht stichhaltig, wie der Nachlass zeigt.[10] (Zur anschließenden Entwicklung siehe {11a}.) Weierstraß, Richard Dedekind, Georg Cantor, Charles Méray, Edward Heine und andere brachten das fast gleichzeitig um 1872[3b] zuwege, jeder auf seine Weise[4b] und mit stets beträchtlichem technischen Aufwand. (Zur Vielfalt der Versuche siehe {11a,b}.) Wie so was aussieht, wollen wir anhand von Dedekinds Konstruktion[1e] locker skizzieren. Sie ist einfach, verglichen etwa mit der von Weierstraß [11c], und zeichnet sich aus durch ihre Nähe zu Eudoxos' Konzept der gleichen Verhältnisse (II.B).

*   *
*

Kehren wir zurück zur Abb.I.15b mit ihrem unvollständigen Zahlenstrahl und betrachten die Fehlstelle $\sqrt{2}$ in ihrer Umgebung! Offenbar steht sie zu den rationalen Punkten $r > 0$ der Eigenschaft $r^2 < 2$ in derselben Beziehung wie die Stelle 3 zu denen mit $r^2 < 9$. So ähnlich hätte Dedekind die Witterung aufnehmen können, die ihn auf seine Idee der *„Schnitte“* brachte.

Dem Folgenden liege wieder der Zahlenstrahl $\mathbb{Q}^+ = \{ r \in \mathbb{Q} : r > 0 \}$ zugrunde. Zwecks Einstimmung betrachten wir die Menge $Z = \{ z \in \mathbb{Q}^+ : z < 2 \}$ und ihr Komplement $\complement Z$ in $\mathbb{Q}^+$, ein Mengenpaar, das sich – übrigens ebenso wie $Z' = \{ z' \in \mathbb{Q}^+ : z' \leq 2 \}$ und $\complement Z'$ – mit der 2 identifizieren lässt. Diese Zerlegungen von $\mathbb{Q}^+$ haben mit dem Paar

$$W = \{w \in \mathbb{Q}^+\colon w^2 < 2\} = \{w \in \mathbb{Q}^+\colon w^2 \leq 2\},$$
$$\complement W = \{w \in \mathbb{Q}^+\colon w^2 \geq 2\} = \{w \in \mathbb{Q}^+\colon w^2 > 2\} \tag{1}$$

gemein, dass sie jeweils eine Zerlegung von $\mathbb{Q}^+$ in nicht leere „Klassen" U, V stiften mit der Eigenschaft „$u < v$ für alle $u \in$ U, $v \in$ V ". Jedes solche bereits durch seine *Unterklasse* U bestimmte Paar heißt ein *Dedekindscher Schnitt in* $\mathbb{Q}^+$; er sei hier mit [U] bezeichnet. Wesentlicher Unterschied zwischen (1) und den Schnitten [Z], [Z'] ist, dass bei Letzteren das Element $2 \in \mathbb{Q}^+$ jeweils einer der beiden Klassen Z, $\complement$Z bzw. Z', $\complement$Z' angehört und in diesem Sinne „den Schnitt erzeugt", während weder W noch $\complement$W ein Extremum besitzt.

Auch das Mengenprodukt $W \cdot W := \{r\,s\colon r, s \in W\}$ ist Unterklasse eines Schnittes in $\mathbb{Q}^+$, eines uns vertrauten, denn $W \cdot W = Z$. Das sieht man unschwer ein, wenn man ein Stück „fertiger Analysis" verwendet, nämlich: Für die Umkehrung q^{-1} von $q(x) = x^2$, $x \in \mathbb{R}^+$, gibt es zu $y_1, y_2 \in \mathbb{Q}^+$ mit $y_1 < y_2$ jeweils ein $x \in \mathbb{Q}^+$ der Art, dass $q^{-1}(y_1) < x < q^{-1}(y_2)$, also $y_1 < x^2 < y_2$ gilt. Das heißt: Zwischen je zwei positiven rationalen Zahlen liegt das Quadrat einer Rationalzahl. Nun zur Behauptung:

$W \cdot W \subseteq Z$: Für $r, s \in W$ gilt $(r\,s)^2 < 2 \cdot 2$, also $r\,s < 2$ und damit $r\,s \in Z$.

$W \cdot W \supseteq Z$: Sei $z \in Z$ und damit $z^2/2 < 2$. Dazu werde $r \in W$ mit $z^2/2 < r^2 \; (< 2)$ gewählt.

Für $s := z/r$ gilt dann $s^2 = z^2/r^2 < 2$, d.h. $s \in W$, und folglich ist $z = r\,s \in W \cdot W$.

Was liegt nun näher als, das Produkt [W]·[W] durch [W·W] = [Z] zu definieren, also

$$[W]^2 = [Z]$$

zu setzen und [W] als die *Wurzel* $\sqrt{2}$ von [Z] $\equiv$ 2 anzusehen?!

Von hier aus sind es nur mehr technische Schritte zu den „Schnitten in $\mathbb{Q}$ ". Auf diese Struktur übertragen zwanglose Definitionen das gesamte Erscheinungsbild von $\mathbb{Q}$. Damit wird zum Beispiel erreicht, dass jede Cauchyfolge von $\mathbb{Q}$-Schnitten gegen einen $\mathbb{Q}$-Schnitt konvergiert.

*

Die lückenlose Ausführung dieses Programms ist mühsame Routine.[9a,b] (Ein Dozent, der es kompromisslos durchzieht, macht sich wenig Freunde.) Der Möglichkeit gewiss, darf man eine solche Konstruktion getrost vergessen und mit den Irrationalzahlen nach alter Väter nunmehr legitimierter Sitte rechnen. Das ist so, wie es einst mit der Golddeckung fürs Papiergeld war. Dennoch tat sich selbst Dedekind schwer, eine psychologisch erklärbare Hürde zu überspringen und den Schnitten als solchen den Status von Zahlen zuzuerkennen. „*Irrationale Zahlen bringen Schnitte hervor*"[1f.12a] heißt es bei ihm. Soll hier der Satz-Gegenstand gegenständlich gelten wie gehabt oder ist die nostalgische Formulierung eine Konzession an den Zeitgeist, dem Dedekind Respekt zollt? Jedenfalls ist derlei Differenzierung selber irrational. Die Logiker Gottlob Frege und Bertrand Russell haben sie denn auch als unvernünftig kritisiert.[1f.12b]

Die auf diese Art erzeugte Struktur ist in folgendem Sinne „saturiert". Wiederholt man die Prozedur mit den reellen anstelle der rationalen Zahlen, dann zeigt sich: Der Rechenbereich der Schnitte **in** $\mathbb{R}$ unterscheidet sich nur formal von $\mathbb{R}$ selbst, dem Rechenbereich der Schnitte **in** $\mathbb{Q}$. Dies gilt auch für die anderen Konstruktionen zur Vervollständigung von $\mathbb{Q}$.

Wenigstens eine sei zum Vergleich erwähnt. Wie schon zuvor Charles Méray[5a], geht Georg Cantor[1a.3c.5b] von Cauchyfolgen rationaler Zahlen aus. Indem er derartige (u_n) und (v_n) im Falle $u_n - v_n \to 0$ identifiziert, bilden sich „Äquivalenzklassen" aus sozusagen gleich-„wertigen" Folgen. Diese Klassen sind die Rechenelemente seines $\mathbb{R}$-Modells.

Irgendein Hinweis auf die Genetik der reellen Zahlen gehört zu einer Einführung in die Analysis. Problembewusstsein sollte, wenn schon nicht gezielt vermittelt, wenigstens nicht zugeschüttet werden. (Zu Hinweisen siehe etwa {13}.)

*   *
*

Die Dedekindschen Schnitte erinnern an Eudoxos' Definition der Verhältnis-Gleichheit.[1f] In beiden Fällen handelte es sich darum, ein fundamentales Bedürfnis zu befriedigen. Zumindest die Technik ist vergleichbar. Es sei dahingestellt, wieweit sich Dedekind von vornherein an Euklids Überlieferung orientierte. Vor ihm scheint nur Newtons Lehrer Barrow die Tragweite von Eudoxos' Konzept begriffen zu haben.[4c]

Eudoxos' und Dedekinds Anteil an den irrationalen Zahlen wird unterschiedlich beurteilt. Die einen betonen, Eudoxos sei es um Relation, nicht um Operation gegangen, andere sind der Überzeugunng, beide hätten „im Grunde dasselbe" gemacht[4d]. Bourbaki im Original über Eudoxos, unter Bezug auf Liv. III, Chap.V §2 (nicht «*Appendice*»): «... *de ce fondement axiomatique découle nécessairement la théorie des nombres réels*»[4e]. (Übersetzung [4a]: „*Man sieht leicht ein, dass aus dieser axiomatischen Grundlegung die Theorie der reellen Zahlen entsteht.*") Doch damit nicht genug, so als laute die Botschaft: Wer Überblick von hoher Warte hat, der findet bei Eudoxos die reellen Zahlen in toto vorweggenommen. Wir wollen Bourbakis Parallele ein Stück weit verfolgen. (Die dortige Darstellung lässt zumindest im Wortlaut zu wünschen übrig.)

In I.A.1 war die Rede vom Urteil aus der Retrospektive, von der Gefahr, einer historischen Person eine moderne Ansicht unterzuschieben. Der jetzige Fall liegt anders. Hier geht es um etwas, das unserer „Vollständigkeit" nicht nur ebenbürtig, sondern de facto wesensgleich sei.

*

Zunächst eine anschauliche „Vorübung", welche die positiven rationalen Zahlen p/q in der Rolle von Operatoren zeigt. Die im Pol eines Strahles ansetzenden Strecken lassen sich ganzzahlig strecken und, nach Abb.I.2, ebenso teilen. Das ermöglicht die Abbildung

$$A \rightarrow [p/q] \, A := (p \, A)/q \,. \tag{1}$$

Die Gesamtheit dieser Operatoren [p/q] bildet eine kommutative Gruppe; siehe dazu

$$([r/s] \circ [p/q]) \, A := [r/s] \, ((p \, A)/q) = ((rp) \, A)/(sq) = [(rp)/(sq)] A \,. \tag{2}$$

Die Definition (1) deckt sich mit q ([p/q] A]) = p A, und dies wiederum ist Ausdruck der euklidischen Proportion

$$[p/q] A : A = p : q \,, \tag{3}$$

was aber heißt: Das Bild von A unter [p/q] ist eine „*vierte Proportionale*". So der Name des Lückenbüßers beim Aufbau einer Proportion, von der drei Partner vorgegeben waren; ein Unikat, von dessen Existenz man stillschweigend überzeugt schien. (Siehe dazu II.C/(2).)

*

Als Grundlage zur Schaffung des Begriffs „Operatorenbereich" dienen im Folgenden irgendwelche Mengen $\mathcal{D}$ = { $A, B, \ldots$ } und { P, Q, … } aus jeweils untereinander artgleichen Größen. Das Bild eines Operator [P/Q] auf $\mathcal{D}$ wird erklärt als die (eindeutig bestimmte) vierte Proportionale in der Proportion

$$[P/Q] A : A = P : Q \,, \quad A \in \mathcal{D} \,.$$

Diese Konstruktion unterscheidet sich von der des Musterbeispiels (3) darin, dass die P, Q, … nicht kommensurabel zu sein brauchen, dank Eudoxos (s. I.A.2 in Verbindung mit II.B).

Die Operatoren in (1) werden von unserer Bruchrechnung verwaltet, die dortige Operatorgruppe spiegelt sich − siehe (2) − in der multiplikativen Gruppe der positiven rationalen Zahlen. Auch die Operatoren [P/Q], … bilden eine kommutative Gruppe; hier werde wieder nur das Kommutativgesetz verifiziert, und zwar mit Euklids Proportionenlehre:

$$([R/S] \circ [P/Q]) \, A =: C \,, \quad \text{mit} \quad [P/Q] \, A =: B \quad \text{und} \quad [R/S] \, B = C \,,$$
$$\text{also} \quad P : Q = B : A \quad \text{und} \quad R : S = C : B \,,$$
$$([P/Q] \circ [R/S]) \, A =: C' \,, \quad \text{mit} \quad [R/S] \, A =: B' \quad \text{und} \quad [P/Q] \, B' = C' \,,$$
$$\text{also} \quad R : S = B' : A \quad \text{und} \quad P : Q = C' : B' \,,$$

ergeben

$$P : Q = B : A = C' : B' \,, \qquad R : S = C : B = B' : A \,,$$
$$C : B' = B : A \,,$$
$$C' : B' \quad = \quad C : B$$

nach {14} und damit $C' = C$, wegen Eindeutigkeit der vierten Proportionale.

Jene Mengen $\mathcal{D}$ wie auch die der P, Q, … sind bloße Vehikel; die ad hoc konstruierten Operatorgruppen lassen sich identifizieren und bilden „den allgemeinen Operatorbereich"[4f]:

«*Que ses rapports* [nämlich die „[P/Q]"] *forment un* domaine d'opérateurs *pour toute espèce de grandeur équivaut à l'axiome … de l'existence de la quatrième proportionelle …*» Das

Fazit: «*Le domain d'opérateurs universel ainsi construit était donc pour les mathématiciens grecs l'équivalent de ce qu'est pour nous l'ensemble des nombres réels; il est clair d'ailleurs qu'avec l'*addition *des grandeurs et la* multiplication *des rapports de grandeurs, ils possédaient l'équivalent de ce qu'est pour nous le* corps *des nombres réels …*». « … *il est clair …*» − man darf fragen, ob das schon klar gehe mit *unserer* Vollständigkeit? Dann schließlich doch noch die Frage: «*On peut, d'autre part, se demander s'ils avaient conçu ces ensembles (… des grandeurs … ou … des rapports de grandeurs) comme c o m p l e t s à notre sens …*» und die Antwort: «*… on ne voit pas bien, autrement, pourquoi ils auraient admis … l'existence de la quatrième proportionnelle …*».

Dedekind stellt in Abrede, dass „[seine] Prinzipien, wenn auch in anderem Gewande, bereits vollständig in Euklids Elementen enthalten seien". [12c]

*   *
*

Ende des 19. Jahrhunderts war erreicht, die irrationalen Zahlen aus den rationalen zu begründen. Letztere gewinnt man leicht aus den durch die Axiome Peanos[5c] strukturierten natürlichen Zahlen.[9a] Fundamentalisten wollten bereits diese nicht als gottgegeben hinnehmen, was Kronecker ihnen immerhin konzedierte; der Logiker Frege zauberte sie aus der leeren Menge. Bourbaki hebt hervor, dass sich nicht erst die reellen Zahlen in ihrer Konstruktion auf die fragwürdig gewordene Mengenlehre stützen und dass für dieses Fundament kein Ersatz bereit stehe.[4g]

Bedenken solcher Art artikulieren Titel und Überschriften wie *"MATHEMATICS − The Loss of Certainty"*[7b], *"From Certainty to Fallibility"*[15a], *"What is Mathematics, really?"*[16]. (Vgl. I.C.1/Anfang: Platon vs. Aristoteles.) Die Mengenlehre mit ihren gewagten Konstrukten und inhärenten Paradoxien erwies sich auf zweierlei Weise „schwindelerregend". Man hatte die Rückkehr zur Strenge gefeiert, die Wende zum 20. Jahrhundert brachte Ernüchterung. M.Kline formuliert auf Paradoxisch: *"There is no rigorous definition of rigor."*[7c] Beweise, Rückgrat unserer Mathematik, müssen sich inzwischen gefallen lassen, relativiert zu werden. Der Mathematiker G.H.Hardy wird sagen, als Bürgerschreck: *"There is strictly speaking no such thing as mathematical proof…"*[7d]

Ursache dieser Krisenstimmung ist das Unendlich, Spiritus rector der Analysis. *Existenz* im Bereich unendlicher Mengen wurde erstmals rigoros in Frage gestellt durch den Holländer Jan Bouwer[17a], ganz zu Anfang des 19. Jahrhunderts. Die indirekte Beweisführung, eines der wichtigsten Werkzeuge der Mathematik, geht davon aus, dass jede ihrer Aussagen wahr oder falsch sei: *Tertium non datur*, „ein Drittes" gebe es nicht. Dagegen spricht nach Brouwer folgendes Beispiel[17b], gebildet mit der dezimalen Ziffernfolge $\{k_n : n = 0, 1, …\}$ von π. Grammatikalisch korrekt ist der Satz: Es existiert ein $m \in \mathbb{N}$ mit der Eigenschaft $k_{m+p} = p$, $p = 0, … , 9$. Ist dieser Satz, mathematisch gesehen, richtig oder falsch? Platon hätte JA gesagt, Brouwer sagt: NEIN, solange er nicht verifiziert oder falsifiziert ist. Platons Antwort kommt aus seinem Bauch, rührt nicht her von der Möglichkeit, dass irgendwann irgendwer auf die Ziffernfolge stößt. Ihm geht es um seine *ideelle Wahrheit* mit ihren ausschließlichen Wahrheitswerten wahr und falsch. Außerhalb deren liegt für Brouwer jedoch alles nicht Erfahrene oder nicht in endlich vielen Schritten Konstruierbare. *Intuitionismus* heißt diese Absage an den mathematischen Platonismus. (Sein Ursprung sei *das Zweite* und *die Zweiheit* 1+1, „Urintuitionen" nicht nur des Menschen.) Eine Parallele hierzu: der Rückzug Platons aus der Philosophie der Scholastik[17c], unter dem Namen Nominalismus. Beide Male Ansichtssache, keines Glaubenskrieges wert.

Exemplarisch gibt {16} einen Eindruck von den Kräften, die sich anfangs des 19. Jahrhunderts regten. Hier ereignete sich die Philosophie der Mathematik! Zu ihren Philosophen braucht es den Mathematiker. Einer der Größten ließ ihren bebensicheren Baugrund wanken: Kurt Gödel[15b]. Vollständigkeit, so hieß der beglückende Befreiungsschlag im neunzehnten Jahrhundert, dem zwanzigsten bescherte Gödel ein Menetekel: die *„Unvollständigkeit"*. Seine Botschaft ist sozusagen die „Kritik des reinen Vertrauens" in die axiomatische Methode. (Siehe etwa {16.19a}; „Vollständigkeit" in Gödels Worten: {19b}.) Flapsig gesagt: Ein Quentchen „vernünftige" Mathematik in Axiome einzubetten ist jede Decke zu kurz, so viel man auch anstücken mag. Hilberts Vision *„wir werden wissen"* war ausgeträumt.[19c] Für eine Hypothese, der Hilberts besonderes Interesse galt, ließ sich zeigen, dass sie mit dem allgemein akzeptierten Axiomensystem der Mengenlehre weder bewiesen noch widerlegt werden kann. Wenn sich eine der hilbertschen Fragen einer Antwort durch Relativierung entzog, so gemahnt das an das Problem, wie die Quadratur des Kreises zu bewerkstelligen sei: wo es auch nicht um die Frage, sondern ihre Zulässigkeit ging.

Hatte die pythagoreische Katastrophe das Weltbild einer Sekte zerbrechen lassen, dann stand jetzt nicht weniger als die mathematische Wahrheit, ein letzter Mythos, auf dem Prüfstand. Im Griff eines Zeitgeistes, den man nie mehr ganz wird verscheuchen können. Eine Zeitlang galt er als Gespenst, schockte die Mathematiker, hat sie aber nicht von der Mathematik abbringen können. Genauer: vom Mathematisieren. Dafür hatten ihre Ahnen zu viel gute Mathematik hervorgebracht. Abgeklungen ist das Fieber der Suche nach endgültiger Grundlage, man hat sich damit abgefunden: Es gibt sie nicht. Treffend scheint der Vergleich, den Johann von Neumann[20] zieht: *Die Mathematik ist nicht schlechter als die Theoretische Physik*. Schlusswort: Der Grundstein wackelt, aber er trägt. Eine ganze Subkultur.

{1} HEUSER [2]: {1a} 699. {1b} 698. {1c} 700 unten. {1d} 693, Fußn. 3. {1e} 699f. {1f} 700 Mitte.

{2} VAN DER WAERDEN 81.

{3} EDWARDS, JR.: {3a} 329. {3b} 330f. {3c} 332.

{4} BOURBAKI [5]: {4a} 174. {4b} 181f. {4c} 178. {4d} 173ff.— {4e} [3] 144. {4f} [3] 145f.— {4g} [5] 181f, Fußn.11.

{5} BOYER [2]: {5a} 606 Mitte. {5b} 607. {5c} 645.

{6} KRONECKER: {6a} 58. {6b} 58, Fußn. 40.

{7} KLINE: {7a} [1] 972f. {7b} [2]. {7c} [2] 315 oben. {7d} [2] 314.

{8} PRINGSHEIM: {8a} 56-58. {8b} 57, Fußn. 32.

{9} {9a} LANDAU. {9b} PERRON 1-32.

{10} VAN ROOTSELAAR.

{11} {11a} CAJORI 396-400.– TWEDDLE: {11b} 47-51. {11b} 51-58.

{12} BECKER [4]: {12a} 244f. {12b} 244 oben. {12c} 241ff.

{13}   STORCH; WIEBE 101.
{14}   EUKLID 100 (L.11), 103 (L.16).
{15}   DAVIS; HERSH: {15a} [1] Chap.7, 317-359; [2] Kap.7, 333-379. {15b} [1] 228;
       [2] 236.
{16}   HERSH.
{17}   SONAR [4]: {17a} 577-581. {17b} 579. {17c} 581 unten.
{18}   EPPLE 407-410.
{19}   GÖDEL: {19a} 196-204. {19b} 202 Mitte. {19c} 208 ff.
{20}   VON NEUMANN 42 f.

I.E   Nach-Lese

I.E.1   Vom Sinneswandel der Analysis

„So, Ihr Mann macht Analysis, was analysiert er denn?" Volkstümlich ist das nicht gerade, womit Mathematiker das Wort besetzen. Auch wenn man dessen Bedeutung weniger eng fasst als Davis und Hersh es in {1a} tun: *"the modern outgrowth of differential and integral calculus"* ; immerhin wird der Calculus später[1b] noch ins Boot geholt. Dennoch: Warum dieser Schnitt? War doch – wenn auch zuweilen unter dem Decknamen Geometrie – all das Analysis, was ein faustischer Geist schon vor Jahrtausenden zuwege brachte, wenn er sich mit Gewinn auf den gewagten Handel mit dem Unendlichen einließ, lange bevor er es meisterte. (Vgl. dazu {1c}.) Zu griechischer Vorzeit war ἀνάλυσις noch ganz etwas anderes, weshalb sie in unserem Text gelegentlich auf Gänsefüßchen daherkommt. Von Platon in die Welt gesetzt, erfreute sie sich bei Philosophen und Mathematikern reger Selbstbedienung.[2a]

Platons „analytische Methode"[2a,b] war als logischer Wegweiser gedacht. Für den von Eudoxos inspirierten Euklid bedeuten Analysis und Synthesis komplementäre Techniken, einen Beweis zu finden bzw. zu führen. Die Ausgangspunkte sind *„Zugrundelegung des Gefragten als anerkannt ..."* bzw. *„Zugrundelegung des Anerkannten ..."*, jeweils um ihrer auf *„anerkannt Wahres"* bzw. auf *„Ergreifung des Gefragten"* führenden Folgerungen willen.[2a,b.3]

Beginnen wir mit dem zuverlässigen Weg, der Synthese. Das braucht Anerkanntes, was verwendbar ist, Anhaltspunkte. Euklids Analysis mag welche liefern. Gut beraten ist, wer die Behauptung in irgend einer Weise ins Spiel bringt und an das Tertium non datur aus I.D.3 glaubt. Dann unterstellt man der Behauptung, sie sei falsch, und folgert drauflos, bis man auf Falsches oder einen Widerspruch zur Voraussetzung stößt. Dieser *indirekte Beweis* hat den Vorteil, außer über die primäre Voraussetzung über die verneinte Behauptung zu verfügen.

Zur „Feinstruktur" der euklidischen Analysis siehe {2b}. Im oben markierten Sinne „verfolgt" sie die Behauptung. Nun, aus der Behauptung $-1 = 1$ folgt $(-1)^2 = 1^2$... Folgerungen, die das Ziel zugrunde legen, haben selbst keine Beweiskraft, können nur ein falsches Ziel widerlegen. Glücklich endende „analytische" Folgerungen stiften als solche erst dann einen Be-

weis, wenn man sich lückenlos ihrer Umkehrbarkeit versichert. Darin ließe sich eine „Zerlegung", also Analyse der Behauptung sehen; es hieße, sich – mit der Behauptung beginnend
– durch eine Kette von Schlüssen der Form „... *gilt, falls ... gilt"* zu etwas Wahrem hoch-
zuarbeiten.

Nicht nur manch argloser oder -listiger Schüler, der eine algebraische Gleichung lösen
soll, belässt es gern bei einer rücksichtslosen Vorwärtsstrategie. Um es auf den Punkt zu
bringen: Er nimmt das Variablensymbol für bare Münze, unterstellt, dass es in der Gleichung
einen oder mehrere *Werte* repräsentiert und dass nach allen Manipulationen der Gleichung
die Lösung und nichts als die Lösung herauskommt. Nach der Melodie:

Es ist $\quad x - 2\sqrt{x} - 3 = 0\,,$

also ist $\quad\quad (x-3)^2 = (2\sqrt{x})^2 = 4x\,,$

also ist $\quad x^2 - 10x + 9 = 0\,;$

also ist $\quad$„ $x = 9$ und $x = 1$ " die Lösung ... (??).

Nee. Also doch Einbahnstraße!

Jenes „Einrichten" einer Gleichung war die ursprüngliche Bedeutung von „Algebra" (s.
I.B), später kultiviert durch Vieta, den Vater der „Buchstaben-Algebra".[4] Dann, als das sys-
tematische Arbeiten mit dem Unendlichkleinen Früchte trug, als man mit seiner Hilfe die
Geometrie mit anderen Mitteln fortzusetzen meinte, verband sich dies abermals mit Analysis.
Cavalieri und seinesgleichen gingen algebraisch damit um und verbuchten beachtliche Erfol-
ge. Bezeichnend für diese Verwandtschaft ist, dass der ach so algebraisch eingestellte Euler
sein grundlegendes Lehrbuch eine Einführung in die *„Analysis des Unendlichen"* nennt
(I.C.5). Er betrieb sie auf die ihm eigentümliche Weise (II.W). Der Analyst war zugleich ein
Geometer im Sinne des einstigen Ehrentitels für Mathematiker schlechthin, jenem streitbaren
irischen Bischof zum Trotz, der "the Analyst" zu diskreditieren versucht hatte (I.C.4).

Descartes' algebraisierte Geometrie hieß später „analytisch", was seiner Einstellung zur
späteren Analysis zuwiderlief und schon gar nicht bedeuten konnte, Descartes hätte die Geometrie den sich anbahnenden Techniken der kleinen Größen öffnen wollen. Das klassische
Wortpaar war hier nur ausgeborgt: Analytische Geometrie meinte den Gegensatz zur synthe-
tischen, sprich zahlenlosen Geometrie.

Nachdem sich Analysis und Algebra voneinander emanzipiert hatten, konkurrierten sie
miteinander. Jene machte der Algebra die Rolle streitig, die ihr nach Descartes' Ansicht in
der Geometrie zustand. Ein Jahrhundert später mischte sich Eulers Algebra in die Analysis
ein, in der er die Fortsetzung der Algebra auf anderer Ebene sah. Lagrange wollte die offene
Wunde der Analysis algebraisch kurieren. All das zeigt Vertrauen in die Algebra, zunehmend wird sie favorisiert. Doch hatte auch sie ihre grundsätzlichen Schwierigkeiten, schob
sie vor sich her. Ihre Meister hantierten – erfolgreich wie die der Analysis – mit Dingen, die
sie aus heutiger Sicht „im Grunde nicht verstanden".

{1}   DAVIS; HERSH: {1a} [1] 412. {1b} [2] 437.   {1c} SONAR [4] 3 f.
{2}   {2a} HANKEL 137.   {2b} THIELE 6 f.
{3}   EUKLID 386 f. (XIII, L.1/§1a). Cajori 27.
{4}   WUßING 133 ff.

I.E.2   Zur „Lehre von den Größen"

Zum Erbe der Griechen gehörten die Größen, im geometrischen Sinn. In diesem Sinne trieben sie auch Algebra, doch nicht erst seit heute haftet den algebraischen Größen nichts Großes mehr an. Bis in die Lexika unserer Tage hält sich zäh der Slogan von Mathematik als der *Lehre von den Größen* und meint die messbaren. Die sind in der Physik am Platze. Es gibt keine Kurzformel, Mathematik zu definieren. Ein Versuch hat jedoch zu respektieren, dass man bei „Größen" schon seit langem von der Quantität abstrahiert und den herkömmlichen Namen jedweder Art Operanden anhängt. Nicht bloß die Araber stießen sich seinerzeit daran, dass Eudoxos bei seiner Proportionenlehre „das Maß aus den Augen verloren hatte" (II.B). „Das Ende der Größenlehre ..." heißt ein Kapitel in {1}.

Philosophierende Griechen *verglichen* Größen, rechneten nicht damit (I.A.2 u.4). *Ihre* Zahlen waren vorerst Träger von Eigenschaften und Eigenarten, sie waren teilbar, figuriert, mystisch. Eine aktive Rolle spielten sie gegenüber den Größen: Die mussten sich gefallen lassen, von ihnen vervielfacht oder zerstückelt zu werden. So ließen sich vermeintlich alle Dinge regeln, in Sonderheit ihre Verhältnisse. Letztere wurden später zu Verhältnis*zahlen*, wie überhaupt unsere Mathematik vielerlei *beziffert*. Sie beschäftigt Zahlen nicht nur in den klassischen Rollenfächern. Die Lehre von den Mengen vergleicht zwar deren „Größe", benutzt aber aus gutem Grund nicht dieses Wort. Und was in einer „Maßtheorie" alles gemessen wird, wäre zu beschaulichen Zeiten undenkbar gewesen.

*   *   *

Für Kronecker beginnen jenseits der natürlichen Zahlen die menschlich-degenerierten. Da werden Zahlen aus der Not geboren, Gleichungen zu befriedigen. Bei der Wurzel aus 2 war es noch wie zu alten Zeiten: Die steckte fest in geometrischem Boden, solange der ihr nicht von den modernen „Geometern" entzogen wurde. Viel schlimmer stand es um die „–2". Und was bitte sollte $\sqrt{-2}$ *sein*? Mit all dem musste man rechnen, sobald man rechnete, „es kam heraus". Doch *durfte* man damit rechnen? Achselzuckend tat man es.

Lange waren die *negativen* Zahlen verpönt. Vieta wollte nichts von ihnen wissen. Als Wallis und Euler die negativen Größen in Ordnung, sprich Größenordnung zu den anderen bringen wollten, traten sie die Flucht nach vorn an und platzierten sie oberhalb des Unendlich (I.C.5).[2a] Nicht nachvollziehbar für uns, die wir ständig mit Skalen beiderlei Richtung umgehen. Eine negative Größe schien ein Widerspruch *„in adiecto"*, im Attribut. Weniger als nichts, als die Null, das konnte es nach Descartes nicht geben; für ihn waren die negativen Wurzeln die „falschen". Der Proportion $(-1):1 = 1:(-1)$ warf man vor, hier verhalte sich Kleineres zu Größerem wie Größeres zu Kleinerem.

*

All diese Ordnungswidrigkeiten waren nichts gegen das, was die imaginären Zahlen anrichteten. Sie spielten die Rolle von Platz haltenden Statisten, die man möglichst rasch wieder loszuwerden suchte. Am ehesten sah ihnen Euler die mangelnde Größe nach. Mehr ärgerte ihn deren algebraische Unzuverlässigkeit, verletzten sie doch „das Wurzelgesetz", wonach $i^2 = \sqrt{-1}\,\sqrt{-1} = \sqrt{(-1)(-1)} = 1$ hätte gelten müssen. Und ein Cauchy, der seine grandiose Theorie der Funktionen auf die komplexen Zahlen gründete, äußerte sich so: „ *... niemand weiß, was das Zeichen $\sqrt{-1}$ bedeutet oder welchen Sinn man ihm geben soll.* "[2b] August de Morgan, sein jüngerer Zeitgenosse, wertet negative und imaginäre Zahlen, ihrer Unvorstellbarkeit nach, gleichermaßen „imaginär"[2a], wehrt sich jedoch gegen die Zurückweisung von Methoden, bei denen sie sich natürlicherweise einstellen.[2c] Gauß merkt an, negativ besetzte Attribute hätten viel zur Ablehnung von Zahlen beigetragen.[2d]

Aus noch einem anderen Holz waren die *Infinitesimalen*, seien sie nun Bausteine oder Inkremente. Unmessbar, unfassbar, dennoch wollte man mit ihnen rechnen dürfen und tat es so ungeniert wie erfolgreich. Die komplexen Zahlen hatten sich am Ende voll rehabilitieren lassen, die Differenziale dagegen waren auf herkömmliche Weise nicht zu legalisieren. Eine Reanimation, die diesen Scheingrößen im Rahmen eines einwandfreien Kalküls ihre suggestive Natur belässt, gelang erst in jüngster Zeit einer „Non-Standard-Analysis"[3,4a]. Ein Um-Interpretieren, wie es hier die alte Differenzialenrechnung erfährt, ist nicht selten.[4b] Darunter fällt auch die Rechtfertigung eulerscher Reihen-Manipulationen (I.C.5) oder die Errettung der sogenannten δ-„*Funktion*" aus den Händen von Experimentalmathematikern.

„ ... doch hart im Raume stoßen sich die Sachen", so heißt es irgendwo bei Schiller. Die Größen, mit denen Algebraiker und Analytiker operierten, hatten sich erklecklich weit vom physisch Gegenständlichen entfernt. Es musste sie überraschen, wie sehr sich ihre Kopfgeburten in der Außenwelt bewährten. Für Algebra und Analysis eine weitere Rechtfertigung, auf ängstliche Nabelschau verzichtet zu haben.

{1}   EPPLE 371-410.
{2}   KLINE [1]: {2a} 593. {2b} 816. {2c} 975 Mitte. {2d} 632 oben.
{3}   SCHMIEDEN; LAUGWITZ. ROBINSON. SONAR [4] 623-632.
{4}   LÜTZEN: {4a} 243 f. {4b} 243.

I.E.3   Nach-Denkliches: die Analysis in der Lehre

Hilbert soll in großer Runde gesagt haben: „*Die Physik ist für die Physiker viel zu schwer*", dann, als ein Chemiker auflachte: „*... und die Chemie nur deshalb so leicht, damit sie die Chemiker verstehen.*" Wie den Physikern, so erging es seinerzeit den Mathematikern mit dem Calculus. Seine Schöpfer nicht ausgenommen. Die handhabten ihn souverän, taten sich aber schwer, ihn zu erklären. Was hätten beide anderes tun können, als die Grundlage des Calculus auf sich beruhen zu lassen. Newton hielt, falls nicht alle drei Hörer fortblieben, zehn halbe Stunden Vorlesung im Jahr, und das keineswegs über seinen Calculus![1a] Leibniz war der Bekennerschaft enthoben, war nie Professor.

Zur Theorie des Calculus wurde in den gut hundert Jahren erster Praxis viel geschrieben, wenig half es dem suchenden Eleven. Wenig änderte daran auch der von Sendebewusstsein durchdrungene Vielschreiber Cauchy. Ein Berufener wie der alle überragende Gauß entzog sich dem Ruf, gegen pädagogischen Eifer war er ohnehin immun. Zur rühmlichen Ausnahme wurde dann erst Weierstraß, der kam aus dem Schulfach. Der Wahrheit und Klarheit verpflichtet arbeitete er bis zur Erschöpfung, schrieb wenig, suchte vielmehr in seinen Vorlesungen zu überzeugen, die sich denn auch weit herumsprachen. Welche Resonanz ihm höheren Ortes beschieden sein mochte, lässt die besagte preußische Schulordnung ahnen, die das Differenzieren verbot (I.C.3).

Da scheinen wir es doch mit den Grundkenntnissen per Saldo weiter gebracht zu haben. Das Grund*verständnis* allerdings musste und muss nur zu oft hinter den Fertigkeiten zurückstehen. Bei deren Erwerb ist auf Leibniz Verlass, der stolz von seiner zeitlos narrensicheren Gebrauchsanweisung für Differenziale sagte, mit ihr könne ein armseliger Kopf den Besten schlagen, so wie ein Kind eine Linie mit dem Lineal besser ziehe als der größte Meister von Hand.[1b]

Über diese Kunst, Höhere Mathematik zu vermitteln, äußert ein Kenner, Vladimir Igorevich Arnol'd, sie sei *„besonders geeignet, mit ihr Analysis von Leuten lehren zu lassen, die sie nicht verstehen, für Leute, die sie nie verstehen werden. "*[1b] Nicht Resignation, eher Wunsch und Werbung lese man daraus. Die Exerzitien meiner Schulzeit gaben mir zu wünschen, Mathematiklehrer zu werden, nämlich „nicht so einer". In Schule und Hochschule erlebte ich Lehrer aus Berufung. Auch. Hoffentlich finden sich allzeit begeisternde Lehrer, die sich dem verstehenden Lernen verschreiben, und begeisterte Schüler, die ihnen das zu danken wissen. Bei einem Unterricht, in dem auch die geschichtliche Besinnung ihren Platz hat.

*

Soviel zum Thema „Lehre" im aktiven Sinn des Wortes. Als Lehrfach gehört die Mathematik selbst in die Lehre. Leichter als besser ist anders, auch deformieren läuft unter reformieren. Und wieviel Reform ist nicht persönlicher Profilierung „geschuldet"! Offenheit gegenüber neuen Wegen und Inhalten gebietet zu fragen, von wem Lehre anzunehmen geboten ist.

Aus der Neuen Welt schwappte einst eine "New Math" auf den alten Kontinent, inzwischen ist sie verebbt. Auf das Kulturgut, dem sich dieses Buch verschreibt, hat es eine Gruppe militant fortschrittlicher Reformer abgesehen. Deren Bekennerschreiben {2} spricht der ehrwürdigen Analysis ab, lehrwürdig zu sein. Wenig oder gar nicht tauge sie zum Beispiel, Differenzialgleichungen zu lösen. Was wäre nach neuer Lehre das Integral wert? Danach *ist* es eine Summe, erfährt seinen Wert durch elektronische Auswertung. *„Aristokratisch "* sei die abgestandene analytische Mathematik und gehöre abgelöst durch Computer-Mathematik: die sei *„demokratisch "*... Peng. Der Kurzschluss von Demokrit zu Demokrat.

Ein Klassenkamerad mit Jahrzehnten der Erfahrung als Schulleiter gab mir den Trost, es sei noch keiner Reform gelungen zu verhindern, dass Kinder lesen lernen. Was mich gewisslich hoffen lässt, dass noch recht lange recht viele unsere schöne Analysis lernen werden.

{1}   ARNOL'D: {1a} 67.   {1b}48.
{2}   HOFFMANN, JOHNSON, LOGG.   SONAR [2] 262-264.

Zeittafel der Personen

	Lebensspanne	Todesjahr
Thales von Milet	(≈ 76)	−548
Pythagoras von Samos	(≈ 80)	≈ -500
Zenon von Elea	(≈ 65)	≈ -430
Hippokrates von Chios	(≈ 50)	≈ -400
Demokrit (**Demokritos**) von Abdera	(89)	−371
Platon	(80)	−347
Eudoxos von Knidos	(≈ 80)	≈ -347
Aristoteles	(62)	−322
Euklid (**Eukleides**) von Megara	(≈ 70)	≈ -290
Aristarchos von Samos	(≈ 80)	≈ -230
Archimedes von Syracos	(≈ 75)	−212
Apollonios von Perge	(≈ 70)	≈ -190
Heron von Alexandria	(≈ 80)	≈ 120
Klaudios **Ptolemaios**	(≈ 80)	≈ 165
Pappos von Alexandria		um 300
Hypatia von Alexandria	(≈ 45)	≈ 415
Augustinus	(76)	430
al-H̲wārizmī	(≈ 70)	≈ 850
Leonardo von Pisa („**Fibonacci**")	(≈ 70)	> 1240
Thomas von **Aquin(o)** („**Aquinas**")	(≈ 49)	1274
Roger **Bacon**	(≈ 80)	1294
Thomas **Bradwardine**	(≈ 59)	1349
Jean **Buridan**	(≈ 60)	≈ 1360
Nicole **Oresme** (**Oresmus**)	(59)	1382
Nicolaus von Cusa (**Cusanus**)	(63)	1464
Johannes **Müller** (**Regiomontanus**)	(40)	1476
Leonardo **da Vinci**	(67)	1519
Nicolaus **Kopernikus**	(70)	1543

Michael **Stifel**	(≈ 81)	≈ 1567
François **Viète (Vieta)**	(63)	1603
John **Napier (Neper)**	(67)	1617
Simon **Stevin**	(72)	1620
Willebrord **Snell (Snellius)**	(46)	1626
Johannes **Kepler**	(59)	1630
Joost **Bürgi**	(80)	1632
Galileo **Galilei**	(78)	1642
Paul **Guldin**	(66)	1643
Evangelista **Torricelli**	(39)	1647
Bonaventura **Cavalieri**	(≈ 56)	1647
René **Descartes**	(54)	1650
Blaise **Pascal**	(39)	1662
Pierre **de Fermat**	(≈ 58)	1665
Grégoire **de Saint-Vincent**	(83)	1667
William **Neil**	(33)	1670
James **Gregory**	(37)	1675
Giles Personne de **Roberval**	(73)	1675
Isaac **Barrow**	(47)	1677
Thomas **Hobbes**	(91)	1679
Christiaan **Huygens**	(66)	1695
Robert **Hooke**	(68)	1703
John **Wallis**	(87)	1703
Guillaume F.A. **de l'Hospital**	(43)	1704
Jacob **Bernoulli**	(50)	1705
Gottfried Wilhelm **Leibniz**	(70)	1716
Michel **Rolle**	(67)	1719
Isaac **Newton**	(84)	1727
Brook **Taylor**	(46)	1731
Edmund **Halley**	(86)	1742
Guido **Grandi**	(71)	1742
Johann **Bernoulli**	(81)	1748
George **Berkeley**	(68)	1753
Abraham **de Moivre**	(87)	1754
Leonhard **Euler**	(76)	1783
Jean-le-Rond **d'Alembert**	(66)	1783
Joseph Louis **Lagrange**	(77)	1813
Pierre Simon **Laplace**	(78)	1827
Niels Henrik **Abel**	(27)	1829
Joseph B.J. **Fourier**	(62)	1830
Bernhard **Bolzano**	(67)	1848
Karl Friedrich **Gauß**	(78)	1855

Augustin-Louis **Cauchy**	(68)	1857
Peter Gustav (**Lejeune**) **Dirichlet**	(54)	1859
Arthur **Schopenhauer**	(72)	1860
G. F. Bernhard **Riemann**	(40)	1866
Hermann **Hankel**	(34)	1873
Leopold **Kronecker**	(68)	1891
Karl **Weierstraß**	(82)	1897
George Gabriel **Stokes**	(82)	1903
Richard **Dedekind**	(85)	1916
Jean Gaston **Darboux**	(75)	1917
Georg **Cantor**	(73)	1918
Felix **Klein**	(74)	1925
Guiseppe **Peano**	(75)	1932
Ferdinand **von Lindemann**	(87)	1939
Henri **Lebesgue**	(66)	1941
David **Hilbert**	(81)	1943
L.E.Jan **Brouwer**	(85)	1966
Bertrand **Russell**	(97)	1969
Kurt **Gödel**	(72)	1978

II   Aus Schatztruhe und Trickkiste

Nach Schopenhauer hält der Mathematiker die unterste Stufe geistiger Tätigkeit besetzt (s. „Einladung"/{1d}). Von oben herab sieht ihn auch heute noch mancher dort stehen und Erbsen zählen. Hier nun eine Reihe von Gegenbeispielen zum Satz von Schopenhauer.

II.A   Demokrit: Wie viel Raum ist in den Pyramiden?

Die Pyramiden hatten es den griechischen Touris angetan. Da war der handlungsreisende Thales aus Milet[1a], der den ägyptischen König damit entzückte, dass er aus der Schattenlänge ihre Höhe bestimmte[2]. Einen anderen interessierte das Volumen. Veranschlagt wurde es von den Baumeistern mit dem dritten Teil eines Quaders von gleicher Grundfläche und Höhe. War das nun gut geschätzt oder gar mathematisch exakt, so fragte sich Demokrit (I.A.3). Nach Archimedes Worten ist ihm die Bestätigung des genauen Wertes zuzuschreiben. Es war eine geistreiche wie auch folgenträchtige Erklärung.[1b.3a]   Sie ist unser Thema. Den *Beweis* hat erst Eudoxos erbracht, überliefert im zwölften Buch der „Elemente" Euklids.[1c.4a.5a.6]

Etwas von dieser Entdeckung erreicht auch unsere Mathe-Adepten: Die lernen „⅓ mal Grundfläche mal Höhe" vielleicht als „die Formel vom Kegel", einigen wenigen begegnet das wieder bei der Integralrechnung. Wem es nie untergekommen ist, befindet sich in durchaus guter Gesellschaft, denn den ganz alten Griechen wäre das Geformel wie ein Rechnen mit Äpfeln und Birnen vorgekommen. Für sie bedeutete die „Bestimmung" von Inhalten einen direkten Vergleich, so wie hier die Einbettung in einen Quader.

*   *   *

Bei Pyramiden denken auch wir an die Immobilien am Nil: über quadratischem Grund vier gleiche Dreiecke als Mantelflächen oder *„Seiten"*. Davon zeigt Abb.II.1 das schattierte Viertel AMBS. Es bildet selbst eine Pyramide, denn einer jeder solchen liegt ein ebenes Vieleck zugrunde, auf dessen Seiten lauter Dreiecke mit gemeinsamer Spitze sitzen. Unser Ausschnitt ist die einfachste 3-seitige Pyramide, wird aus insgesamt 4 Dreiecken gebildet und heißt daher Vierflach oder Tetraeder. Bei ihm kann jedes der Dreiecke zur Grundfläche, jeder Eckpunkt zur Spitze werden.

Wenn, dann muss Demokrit das Volumenproblem wie folgt analysiert haben. In Abb.II.1 findet sich unser Tetraeder AMBS ergänzt zum Prisma AMBCSD; das Tetraeder ist der vierte Teil der Nilpyramide, das Prisma der vierte Teil des ihr umbeschriebenen Quaders. Mithin verhalten sich Pyramide und Quader zueinander wie Tetraeder zu Prisma. Demokrits Problem reduziert sich damit auf die Frage, ob das Tetraeder den dritten Teil des Prismas ausmacht.

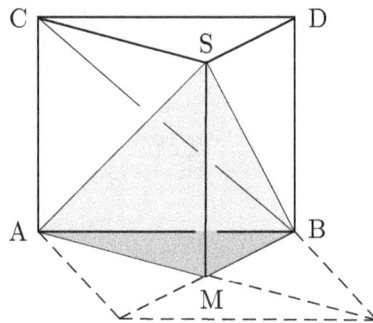

Abb. II.1 *Dreiteilung des Prismas: Dadurch wird die Pyramide zum dritten Teil des ihr umbeschriebenen Quaders.*

Die Dreiecke ABS und CSB zerlegen das Prisma in die drei Tetraeder AMBS, CSDB und SCAB. Und tatsächlich: *Sie sind gleich groß!* Dies gilt es zu zeigen.[4b.6a.7a]

Archimedes verdächtigte Demokrit des Geniestreichs, die drei Teil-Tetraeder des Prismas durch inhaltstreue Transformation ineinander überführt zu haben.[5b] Umformung in wörtlichem Sinne, nämlich dank einer für Demokrit typischen Strukturierung auch der geometrischen Körper. Wir wollen das zunächst an Flächen demonstrieren.

*

Das ebene Gegenstück zum Tetraeder ist das Dreieck. (In ihren jeweiligen Dimensionen sind beide die einfachsten Figuren, sogenannte Simplexe.) Zu ihrer Beschreibung wird eine Seite bzw. Seitenfläche als Basis ausgezeichnet und deren jeweils lotrechter Abstand von der Gegenecke zur Höhe erklärt. Für die anstehende Überlegung empfiehlt es sich, ein vorgelegtes Dreieck durch die Parallelen zweier Seiten zu einem Parallelogramm zu ergänzen.

Bei Euklid heißt es im ersten Buch sinngemäß: Alle Parallelogramme mit gemeinsamer Basis und gleicher Höhe haben den gleichen Inhalt. Also den des Rechtecks unter ihnen.[4c] Die Rückführung der Flächengleichheit auf Kongruenz zeigt Abb.II.2: Dort erweist sich das jeweilige Parallelogramm ABCD „zerlegungskongruent"[7b] zum Rechteck ABC*D*, wie es die paarige Markierung kongruenter Teilflächen anzeigt. Damit sind auch alle Dreiecke von gleicher Basis und Höhe so groß wie ein rechtwinkliges darunter.

Abb. II.2 ABCD *ist jeweils zerlegungskongruent zu* ABC*D*.

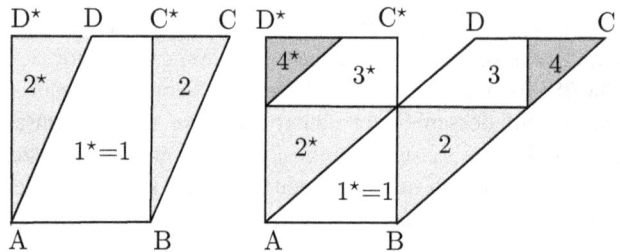

Soweit ein Beweis. Er soll den Kunstgriff der folgenden virtuellen Verformung rechtfertigen. Ihr zugrunde liegt die Vorstellung, die Fläche des Parallelogramms lasse sich identifizieren mit der Gesamtheit aller zur Grundseite AB parallelen Strecken gleicher Länge. Man denke sie sich zwecks geplanter Scherung zusammengehalten durch ein Korsett aus elastischen Parallelen, die sich von AD, BC auf AD*, BC* verkürzen, wenn die Strecken des Stapels horizontal gegeneinander verschoben werden. Das legalisiert dann auch die Hochstapelei beim Dreieck, wo der Stapel in einer Spitze ausläuft. (Vgl. Abb.I.8a.)

Dank des korrekten Resultats dieser mechanischen Manipulation darf man erwarten, dass sich die inhaltstreue Scherung auf Körper übertragen lässt. Beim Tetraeder sähe sie so aus: Eine Ecke wird parallel zur Gegenfläche unter Mitnahme des Stapels parallel geschichteter Dreiecke verschoben. Mit der Vorstellung oder Annahme einer realen bzw. idealen Schichtung soll der „Atomist" Demokrit als Erster gearbeitet haben (I.A.3). Seine einleuchtende Demonstration wäre freilich ein Beweis höchstens zweiter Klasse.

Für ihn waren demnach zwei Tetraeder inhaltsgleich, wenn sie zwei kongruente Seiten und diesbezüglich gleiche Höhen aufweisen. Um zu erkennen, dass seine drei Tetraeder gleich groß sind, brauchte er zwei Paare, auf die sich sein Lehrsatz anwenden ließ. Für

AMBS und CSDB, mit den (jeweils an 4.Stelle stehenden) Ecken S, B als Spitzen, ist das klar. Beim schattierten Tetraeder AMBS wechseln wir nun den Aspekt der Grundfläche, nehmen AMS als die neue und und sehen das Tetraeder, gleichsam wie bei einem Vexierbild, zu AMSB mit der Spitze B „umklappen". Das ermöglicht seinen Vergleich mit dem auf gleicher Ebene stehenden Tetraeder SCAB, denn deren Grundflächen sind kongruent und ihre Spitzen fallen zusammen. (Bei M.E. Baron[10a] geht die Bestimmung des Tetraedervolumens kommentarlos davon aus, dass sich die Dreiteilung des Prismas[10b] in Abb.II.1 *"readily"* [10c] als Dreiteilung seines Volumens erweise.)

*

Man wird das „⅓-Gesetz" auch bei verwandten spitzen Gegenständen vermuten. Regelmäßige Pyramiden gestatten eine entsprechende Behandlung, und wächst die Eckenzahl unbegrenzt, so wird aus der Pyramiden- die Kegelformel.[5c] Das geht dann wahrlich nicht ohne „Analysis" ab. Doch bereits unsere plan begrenzten Figuren halten, was Analysis anlangt, noch eine Überraschung bereit.

Im Zweidimensionalen gelingt es, die Scherungsinvarianz des Inhalts durch die Zerlegungskongruenz zu bestätigen. Dieser Begriff überträgt sich von Polygonen auf Polyeder, und spätestens seit Gauß wurde fragwürdig, ob gleich große Polyeder stets zerlegungskongruent seien. Bei Hilbert rangiert die Frage als Problem Nr.3[8a] unter seinen berühmten dreiundzwanzig[8b], mit denen er die 19. Jahrhundertwende feierte. Die Antwort ist nein.[7b,d.9] Demokrit wird also bei seinem Verschiebetrick von der Geometrie im Stich gelassen!

Die Pyramiden hatten Demokrit zur *Fein*zerlegung, zu „Analysis" inspiriert. Feste Körper verrutschen zu lassen oder überhaupt virtuell zu strukturieren, dieser Gedanke war fortan nicht mehr wegzudenken. Archimedes sollte ihn insgeheim aufgreifen, Heron von Alexandria[3b] formulierte ihn erneut, im 17. Jahrhundert baute ihn Cavalieri[11] systematisch aus (I.C.3; II.M).

So gewonnene Einsichten legitimierte nicht erst das Integral. Eudoxos mochte sich eine Atomgeometrie nicht zu Eigen machen. Namentlich in vorliegendem Falle wartet er mit einer stichhaltigen Beweisführung auf und zeigt auf der Grundlage seiner Proportionenlehre (II.B): Die Inhalte von Tetraedern gleicher Höhe verhalten sich wie die Inhalte ihrer Grundflächen. Sein Weg: Zunächst zeigt er das Entsprechende für alle 3-seitigen Prismen (AMBCSD in Abb. II.1 war ein *gerades* dieser Art). Sodann füllt er ein Tetraeder, auf raffinierte Weise, mit immer mehr dieser Prismen aus, so dass immer weniger Rest bleibt – und zwar *beliebig wenig*.[5a.6.7c] Dem Vorgang nach ist es kein Integrieren: Die Figur, hier das Prisma, wird „ausgeschöpft", erfährt eine „*Exhaustion*", wie es später heißt. Eudoxos verlässt den Boden, auf dem Demokrit gestanden hatte. Heute kehrt man dorthin zurück, wenn man Gebietsintegrale in iterierte Integrale auflöst.

Wir werden die wahrhaft schöpferische Tat des Eudoxos[3c] an weniger aufwändigen Beispielen erläutern, die von Archimedes stammen (II.D u. E).

{1}   VAN DER WAERDEN [2]: {1a} 140 ff.   {1b} 227 (unten, berichtigt: ... *Prisma*).
       {1c} 307-309.
{2}   CAJORI 15 f.
{3}   BECKER [4]: {3a} 56 Mitte. {3b} 56 f.— {3c} [3] 93-95.
{4}   EUKLID: {4a} 357-364. {4b} 363 f. (L.7). {4c} 25 (L.25).
{5}   EDWARDS, JR.: {5a} 19-22. {5b} 9 f. {5c} 10.
{6}   *HISTORY OF MATHEMATICS* .../ Inter-IREM-Comm. 67 f.   ARTMANN 275 f.
{7}   STILLWELL [1]: {7a} 57 unten. {7b} 58. {7c} 60 (4.3.4).— {7d} [2] 145-152.
{8}   HILBERT: {8a} 301 f. {8b} 290-329.
{9}   BOURBAKI 269 (Fußn.). DEHN [1], [2] .
{10} BARON: {10a} 21. {10b} 21, Fig. 1.4. {10c} 21, Z. 2.
{11} SCRIBA; SCHREIBER [1] 315 f, [2] 338 f.

II.B   Eudoxos schafft geordnete Verhältnisse

Für Flächeninhalte hatte Hippokrates folgenden Satz aufgestellt: *Kreise verhalten sich wie
ihre umbeschriebenen Quadrate.* Wozu er ihn brauchte und wie er zu beweisen ist, das
kommt in II.C zur Sprache. Zunächst einmal geht es darum zu klären, was denn der Satz
überhaupt besagt. Hippokrates' Worte bedurften mathematischer Legitimation, bevor sich
über ihren Wahrheitsgehalt entscheiden ließ. Denn es machte bislang noch keinen strengen
Sinn, allgemein von irgend zwei Flächen zu sagen, ihre Inhalte verhielten sich zueinander
wie die zweier anderer.

Zu seiner Zeit schien man sich außer bei den Pythagoreern nicht sonderlich über inkom-
mensurable Größen aufzuregen, und so verstand Hippokrates seinen Satz gemäß der Definition, wie sie Euklid für eine Beziehung der Art 6 : 9 = 4 : 6 zwischen zwei Zahlenpaaren, einem vorderen und einem hinteren, aufstellen wird [1a.2a.3a]: *„Zahlen stehen in Proportion,
wenn die erste von der zweiten ein Gleichvielfaches oder derselbe Teil oder dieselbe Menge
von Teilen ist wie die dritte von der vierten."* Bei $a : b = c : d$ heißt das:

Es gibt („griechische") Zahlen $m, n = 2, 3, ...$ der Art, dass gilt:
$[a = mb$ und $c = md]$ oder $[a = b/n$ und $c = d/n]$ oder $[a = m(b/n)$ und $c = m(d/n)]$.

Oder ebenso gut:

Es gibt $m, n = 1, 2, ...$ der Art, dass gilt $na = mb$ und $nc = md$,   (1)

in unserem Beispiel 3·6 = 2·9 und 3·4 = 2·6. Die Beziehung selbst nennt Euklid „*Proportion*", worauf {1b} schließen lässt. Sie eine „Verhältnisgleichung" zu nennen unterstellt einen
eigenständigen Begriff von Verhältnis. *Wir* dürfen das, denn für uns sind 6/9 und 4/6 gleiche
Zahlen.

Die für Hippokrates' Satz erforderliche Syntax schuf erst Eudoxos mit seiner „Proportionenlehre", die dann ein ganzes der dreizehn Bücher Euklids füllt. Bezüglich der Ordnungsre-
lation heilte sie das Dilemma der inkommensurablen Größen, die pythagoreische Katastrophe. (Dazu siehe I.A.2, auch bezüglich der Bezeichnungen.) Euklids allgemeine Definition,

der Gegenstand dieses Kapitels, findet sich in {1c}, kommentiert in {2b}. Wir bereiten ihre Einführung vor durch eine Analyse der Proportion zwischen kommensurablen Größen.

*

Den Terminus *Verhältnis* verwendet Euklid zunächst nur so: Zwei Größen stehen in einem Verhältnis zueinander, wenn sie „artgleich" sind, was charakterisiert ist als *vergleichbar* in dem Sinne, dass sie vervielfältigt einander übertreffen können.[1d] Darüber hinaus stehen solch gleichartige Größen A, B in einem *Zahlenverhältnis*, wenn es $m, n = 1, 2, \ldots$ gibt, so dass $A : B = m : n$ gilt, d.h. $nA = mB$. Nach I.A.2/(2) heißt das, sie sind kommensurabel.

Vorerst sollen A, B sowie C, D jeweils ein Paar *kommensurabler* Größen bilden. (Zur Klarstellung: Hier wird − anders als in {3b} − nicht angenommen, dass A, B, C, D gleichartig sind.) Von diesen Paaren heißt es, sie stehen *im selben (rationalen) Verhältnis* oder *in (rationaler) Proportion*, falls es m, n gibt, womit $A : B = m : n = C : D$ erfüllt wird.[1a.4] Ausgeschrieben besagt es, analog (1):

$$\text{Es gibt } m, n = 1, 2, \ldots, \text{ so dass gilt}\quad nA = mB \text{ und } nC = mD. \tag{2}$$

Das berechtigt, den obigen Begriff der Proportion von Zahlenpaaren auf Paare kommensurabler Größen zu übertragen. Für sie ist damit $A : B = C : D$ durch (2) wohldefiniert.

Entsprechend lassen sich Paare kommensurabler Größen vergleichen, die in *ungleichem* rationalen Verhältnis stehen (I.A.2). Wie vorausgesetzt, existieren m, n und p, q derart, dass $A : B = m : n$ beziehungsweise $p : q = C : D$ gelten; am zwanglosesten erkläre man $A : B < C : D$ dann durch $m : n < p : q$, das heißt $mq < np$, eine Vorschrift, die unabhängig von der Wahl der ganzzahligen Faktoren nachzuweisen ist. Oder man definiert zunächst $A : B < m : n$ durch $nA < mB$, die Folge von $n'A = m'B$ und $nm' < n'm$:

$$n'(nA) = n(n'A) = n(m'B) = (nm')B < (n'm)B = n'(mB).$$

Bei jeder solchen Festlegung von $A : B < C : D$ lässt sich feststellen, dass

$$A : B < m : n \leq C : D \quad \text{oder} \quad A : B \leq m : n < C : D$$

mit gewissen $m, n = 1, 2, \ldots$ erfüllt ist. Das Charakteristikum:

$$A : B < C : D \text{ gilt dann und nur dann, wenn es } m, n = 1, 2, \ldots \text{ gibt derart, dass}$$
$$[\, nA < mB \text{ und } nC \geq mD \,] \text{ oder } [\, nA \leq mB \text{ und } nC > mD \,]. \tag{3}$$

*   *   *

Wir gehen jetzt daran, Eudoxos' *allgemeinen* Proportionsbegriff zu formulieren. Zugrunde liegen Paare (A, B), (C, D) jeweils gleichartiger Partner. Eudoxos fragt: Wie lässt sich die oben für Paare kommensurabler Größen eingeführte Verhältnis-Gleichheit auf die jetzige Vorgabe *verallgemeinern*? Das heißt: Welcher Sinn soll der symbolischen Gleichung

$$„\, A : B = C : D \,"$$

schlechthin beigelegt werden? Eudoxos Antwort ist folgendes *Postulat*:[2c.3b.4.5]

Bei Zulassung aller $m, n = 1, 2, \ldots$ gelte: (4)

    Wenn $nA < mB$, dann $nC < mD$,

    wenn $nA = mB$, dann $nC = mD$,

    wenn $nA > mB$, dann $nC > mD$.

So wurde es durch Euklid mit Worten überliefert.[1c.2d] Dazu gibt es Varianten mit mehr oder weniger Redundanz. Ist $nC < mD$, so kann weder $nA = mB$ noch $nA > mB$ gelten, somit bleibt $nA < mB$. Das heißt, im Rahmen des Ganzen kann in der ersten Zeile statt der Implikation die einsprechende Äquivalenz stehen, und das gilt für alle Zeilen. Bei dieser neuen Fassung folgt die mittlere Zeile aus den übrigen, und so erhält man die zu (4) logisch gleichwertige Definition

Bei Zulassung aller $m, n = 1, 2, \ldots$ gelte: (4′)

    Wenn und nur wenn $nA < mB$, dann $nC < mD$,

    wenn und nur wenn $nA > mB$, dann $nC > mD$;

die korrespondierenden Ordnungsrelationen gelten also jeweils *zugleich*.[6] (Bei {7} wird (4) stillschweigend auf die erste und dritte Implikation reduziert.)

Eudoxos' Definition (4) verträgt sich mit der auf kommensurable Paare beschränkten des Pythagoras. Nämlich:

(4) *ist notwendig für* (2), *und stehen* A, B *oder* C, D *in rationalem Verhältnis, so ist* (4) *hinreichend für* (2).

<u>Beweis:</u>

Sei (2). Das heißt, es gelte (*) $qA = pB$, (**) $qC = pD$ für gewisse p, q. In (4) sei $nA < mB$ vorausgesetzt. Nach (*) ist

$$(np)B = n(pB) = n(qA) = q(nA) < q(mB) = (mq)B,$$

also $np < mq$, woraus mit (**) folgt

$$p(nC) = (np)C < (mq)C = m(qC) = m(pD) = p(mD),$$

nämlich die Behauptung $nC < mD$. Entsprechend ist bei den weiteren Zeilen zu schließen.

Sei nun (4) und damit (4′). Falls es p, q gibt mit $qA = pB$, so kann weder $qC < pD$ noch $qC > pD$ gelten und folglich ist $qC = pD$. Entsprechend führt die Annahme $qC = pD$ auf $qA = pB$.

*

Archimedes spürte, dass Umfang u und Durchmesser d eines Kreises nicht kommensurabel sein können. Eudoxos hatte ihm aber das Mittel an die Hand gegeben, in wohldefiniertem Sinne zu schreiben $223 : 71 < u : d < 22 : 7$. Dazu wird, wieder für gleichartige Partner A, B bzw. C, D, die Ungleichung „$A : B < C : D$" gemäß der Vorlage (3) definiert; Euklids Definition {1e} findet sich präzisiert in {3c} (vgl. {4}). Dementsprechend legt man $A : B > C : D$ fest, nämlich durch $C : D < A : B$, was aus (3) durch Bezeichnungstausch hervorgeht:

Es gibt $p, q = 1, 2, \ldots$ derart, dass

$$[\, q\,C < p\,D \quad \text{und} \quad q\,A \geq p\,B\,] \quad \text{oder} \quad [\, q\,C \leq p\,D \quad \text{und} \quad q\,A > p\,B\,]. \tag{3'}$$

In I.A.2 war die Rede von Trichotomie. ((Trichotomie))** Genügt ihr auch Eudoxos' Begriffsbildung, das heißt: Gilt genau eine der Beziehungen

$$(<)\;\; A:B < C:D, \quad (=)\;\; A:B = C:D, \quad (>)\;\; A:B > C:D,$$

schließen sie einander aus? Offenbar verträgt sich (=), das ist (4'), weder mit (<) noch mit (>), d.h. nicht mit dem Bestehen von (3) und nicht mit dem von (3'). − Nehmen wir nun an, es gelte sowohl (<) als (>), das heißt es gäbe $m, n,\ p, q = 1, 2, \ldots$, womit (3) bzw. (3') erfüllt werden. Mit (3') gilt jedenfalls

$$q\,A \geq p\,B \quad \text{und} \quad q\,C \leq p\,D. \tag{3°}$$

Wir zeigen: Weder die erste noch die zweite der Klammern [...] in (3) ist verträglich mit (3°) und folglich nicht mit (3'). Es gelte die erste Klammer in (3). Dann ist auch $n\,A < m\,B$ und zusammen mit $q\,A \geq p\,B$ aus (3°) kommt

$$(n\,p)\,A = p\,(n\,A) < p\,(m\,B) = m\,(p\,B) \leq m\,(q\,A) = (m\,q)\,A,$$

also $n\,p < m\,q$. Mit der ersten Klammer von (3) gilt des weiteren $n\,C \geq m\,D$ und zusammen mit $q\,C \leq p\,D$ aus (3°) kommt

$$(n\,p)\,C = p\,(n\,C) \geq p\,(m\,D) = m\,(p\,D) \geq m\,(q\,C) = (m\,q)\,C,$$

also $n\,p \geq m\,q$. Entsprechend verfahre man mit der zweiten Klammer in (3), nämlich in den beiden Fällen $n\,A \leq m\,B$, $q\,A \geq p\,B$ und $n\,C > m\,D$, $q\,C \leq p\,D$, woraus der Widerspruch $n\,p \leq m\,q$, $n\,p > m\,q$ resultiert.

*   *   *

Mit dieser allgemeinen Proportionenlehre setzten sich Araber intensiv auseinander. Sie bezweifelten sie nicht, erhoben jedoch den Einwand, ihr fehle der Größenbezug, der messende Vergleich, wie er bei den Proportionen kommensurabler Größen vorliegt. Daher entwickelten sie eine entsprechende Alternative zur eudoxischen Definition, dieser äquivalent.[8]

Eudoxos' Werk gab auch eine sichere Rechengrundlage. Vergleichbarkeit vorausgesetzt, kann mit Größenverhältnissen so gerechnet werden, wie wir es von den Brüchen positiver reeller Zahlen gewohnt sind. In einigen historischen Lehrtexten wird dies ohne besondere Erwähnung praktiziert.

Vermöge seiner Definition konnte Eudoxos den eingangs formulierten Satz auf die Ebene einer mathematischen Aussage heben. Mit deren Richtigkeit befasst sich der nächste Abschnitt.

{1}   EUKLID: {1a} 142 (Def.20). {1b} 91 Def. 8 (9). {1c} 91 Def.5. {1d} 91 Def.4.
        {1e} 91 Def.7.
{2}   VAN DER WAERDEN [2]: {2a} 187. {2b} 188 oben. {2c} 287. {2d} 286 unten.
{3}   BECKER [4]: {3a} 79. {3b} 84. {3c} 85.
{4}   TOEPLITZ 10.
{5}   BOYER [2] 99.   KLINE [1] 69.   HEUSER [2] 637.
{6}   STRUIK 43.
{7}   BOURBAKI: [5] 175 oben. [3] 145 oben.
{8}   JUSCHKEWITSCH 250 ff.

II.C   Die krummen Sachen des Hippokrates und des Eudoxos

In diesem Paragraphen findet sich die aristotelische These widerlegt, dass Krummes und Gerades nicht gleichen Inhalts sein könne. Gegenbeispiel ist Hippokrates' Mondquadratur aus I.A.4 (Abb.I.4), zunächst auf dessen bloße Überzeugung gegründet, Kreisflächen verhielten sich wie die umbeschriebenen Quadrate, anders gesagt, wie die Quadrate über den Radien. Erst Eudoxos schuf den *Begriff* der Verhältnis-Gleichheit bei Größen allgemein (II.B) und erhob damit jenen Glaubenssatz zu einen Satz, ob nun wahr oder falsch. Und er beweist ihn, cum grano salis.

*

Zunächst zur Proportion. Treten an die Stelle zweier Kreise ihnen einbeschriebene ähnliche Polygone, etwa regelmäßige mit gleicher Eckenzahl, so ist für diese leicht auszumachen, dass sie sich tatsächlich wie die Radienquadrate verhalten. Das zeigen Dreiecke, die bei der Verbindung der Polygonecken mit dem Zentrum entstehen, denn ähnliche Dreiecke verhalten sich wie die Quadrate über entsprechenden Seiten, also auch über den Radien.[1] Der für solche Polygone geltende Satz brauchte also „bloß abgerundet" zu werden.[2a] Die Werkzeuge dazu besaß Eudoxos: Proportionenlehre und Exhaustion.[2b.3a.4a.5a.6]

Im Folgenden betrachten wir Kreise $\mathcal{K}_i$ ($i = 1, 2$) samt Quadraten Q_i über ihren Radien; sei $K_i := |\mathcal{K}_i|$ und dergleichen. Zum Widerspruchsbeweis („*reductio ad absurdum*") steht an:

$$K_1 : K_2 = Q_1 : Q_2. \tag{1}$$

Angenommen den Fall $K_1 : K_2 > Q_1 : Q_2$. Dann, so Eudoxos[3b.4b], existiert eine Fläche vom Inhalt $F < K_1$ (etwa, doch nicht notwendigerweise, eines zu $\mathcal{K}_1$ konzentrischen Kreises) der Art, dass

$$K_1 : K_2 > F : K_2 = Q_1 : Q_2 \tag{2}$$

erfüllt ist; siehe auch {3c}. Einer *vierten Proportionale* war man sich zu jener Zeit sicher[3d]; {4c} zufolge ist die Anleihe hier nicht erforderlich. (Weiteres dazu in {3e,f.7} und I.D.3.)

Jetzt schlägt die Stunde, wenn nicht gar die Geburtsstunde der eudoxischen Exhaustion. In deren Sinne gibt es (vgl. II.E) ein dem $\mathcal{K}_1$ einbeschriebenes Polygon $\mathcal{P}_1$ mit Inhalt $P_1 > F$; sei P_2 Inhalt eines dem $\mathcal{K}_2$ einbeschriebenen und zu $\mathcal{P}_1$ ähnlichen Polygons. Mit $P_1 > F$, $P_2 < K_2$ gilt nach Euklid[3c]

$$P_1 : P_2 > F : P_2 > F : K_2.$$

Aus (2) folgt damit $P_1 : P_2 > Q_1 : Q_2$ im Widerspruch zu $P_1 : P_2 = Q_1 : Q_2$, wie eingangs begründet. Der Fall $K_1 : K_2 < Q_1 : Q_2$ kann analog behandelt, oder einfach mittels $K_2 : K_1 > Q_2 : Q_1$ auf den ersten zurückgeführt werden.

*

Zur Anwendung der Proportion (1) beantworten wir die Frage nach dem Kreis $\mathcal{K}_2$, der doppelt so groß ist wie $\mathcal{K}_1$ vom Radius r_1. *Wir*, ausgehend von der Beziehung „ $K = \pi Q$ ", ziehen $\pi r_2^2 = 2 \cdot \pi r_1^2$, also $r_2^2 = 2r_1^2$ heran und sehen: r_2 hat die Länge der Diagonale eines Quadrates von der Seitenlänge r_1, ist also aus r_1 (mit und nach Bestimmung des Mittelpunkts von $\mathcal{K}_1$) per Zirkel und Lineal konstruierbar. Gestützt auf (1) allein schließt man aus $2 K_1 = 1 K_2$ vermittels II.B/(4) auf $2 Q_1 = Q_2$, und es geht weiter wie oben.

Eine zweite Anmerkung betrifft den geometrischen Atomismus aus I.A.3. Die Demokrit zugeschriebene Manipulation von Volumenelementen war Gegenstand von II.A und wurde dort in zwei Dimensionen nachgestellt. Danach bauen sich Parallelogramme (Abb. II.2) und Dreiecke aus geschichteten Strecken auf, und deren doppelte Längen bewirken doppelten Flächeninhalt. Es würde naheliegen zu mutmaßen, Flächen von Kreisen verhielten sich wie ihre Radien.[5b] Das verbieten Hippokrates und Eudoxos: Zum zweifachen Radius gehört der vierfache Inhalt. (Zu Form und Anordnung von „Indivisiblen" siehe II.E, I, L, M u. N.)

*   *   *

Indem er Existenz und Eindeutigkeit der vierten Proportionale postulierte, *bewies* Eudoxos den von Hippokrates aufgestellten Satz. Der hatte weder Grund noch Zeit, auf einen Jahrzehnte jüngeren Eudoxos zu warten, und zog den gewagten Schluss aus dem Szenario der Abb.I.4[4d], das wir mit Abb.II.3 {5d/Abb.5} wiederholen. Hippokrates' Überlegung findet sich in {5c} (vgl. {4e}).

Die beiden von A nach C führenden Bögen bilden die Mondsichel vom Inhalt M. Zwischen M und dem Inhalt Q_1 des Quadrates über $\mathrm{M_1A}$ vermitteln der Inhalt H des Halbkreises über AC und der Inhalt V des Viertelkreises über $\mathrm{M_2A}$:

$$M = H + |\mathrm{AM_2C}| - V = H + Q_1 - V. \tag{3}$$

Nach (1) verhalten sich die Inhalte $K_1 = 2H$, $K_2 = 4V$ der Kreise vom Radius $|\mathrm{M_1A}|$, $|\mathrm{M_2A}|$ wie die Inhalte Q_1, Q_2 der Quadrate über $\mathrm{M_1A}$, $\mathrm{M_2A}$. Wir haben daher

$$K_1 : K_2 = Q_1 : Q_2 = 2H : 4V \tag{4}$$

und des Weiteren, nach Pythagoras,

$$4\,Q_1 = (2\,|M_1A|)^2 = |AC|^2 = \tfrac{1}{2}(2\,|M_2A|)^2 = 2\,Q_2\,,$$

also $Q_1 : Q_2 = 2 : 4$. Zusammen mit (4) ergibt das $H = V$, sodass (3) die Quadratur $M = Q_1$ liefert.

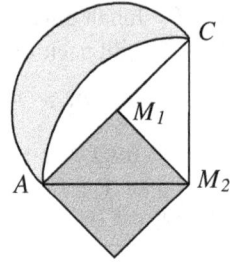

Abb. II.3 *Zum Beweis der Möndchen-Quadratur.* (Vgl. Abb.I.4.)

*

Wir sahen Hippokrates *einen* Mond betrachten, hierzu reichte ihm der „gleichschenklige Pythagoras". Danach ist die Sichel über dem Bogen AC ebenso groß wie das Dreieck AM₂C. Spiegeln wir Abb.II.3 an M_2C, so erhalten wir ein gleichschenklig-rechtwinkliges Dreieck (mit Scheitel C) vom doppelten Inhalt der Mondsichel. Verallgemeinert gilt für jedes rechtwinklige Dreieck gemäß Abb.II.4: Die Flächen der beiden Möndchen $\mathcal{M}_a$, $\mathcal{M}_b$, der „*lunulae Hippocratis*", addieren sich zum Inhalt des Dreiecks.

Für uns, die wir den Verhältnisfaktor besitzen, ist der allgemeine Mondsatz eine unmittelbare Folge „des Pythagoras": Die Flächengleichung zwischen einem Halbkreis und dem Quadrat über seinem Durchmesser überträgt den pythagoreischen Satz von den Quadraten über den Seiten auf die Halbkreise $\mathcal{H}_a$, $\mathcal{H}_b$, $\mathcal{H}_c$ über den Seiten:

$$|\,\mathcal{H}_a \cup \mathcal{H}_b\,| = |\,\mathcal{H}_a\,| + |\,\mathcal{H}_b\,| = |\,\mathcal{H}_c\,|\,.$$

An dem nach innen gekippten Halbkreis $\mathcal{H}_c$ ist abzulesen: Nimmt man von $\mathcal{H}_a \cup \mathcal{H}_b$ sowie von $\mathcal{H}_c$ die unschattierten Schnipsel fort, so zeigt sich die Behauptung.

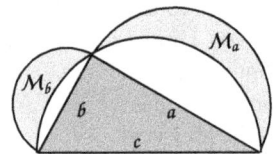

Abb. II.4 *Die beiden l u n u l a e H i p p o c r a t i s über den Katheten des ihnen flächengleichen Dreiecks.*

So einfach also geht das, wenn man die pythagoreischen Quadrate durch Halbkreise ersetzt! Nun gut, man hatte noch kein π, aber irgendein Platzhalter für den Proportionalitätsfaktor hätte es doch auch getan! Wen das wundert, der hat die Griechen nicht verstanden. Geometrische Größen ließen nur ganzzahlige Vielfache zu, allenfalls rationale Faktoren als Stenogramm für ganzzahlige Größenverhältnisse (vgl. I.A.2/Ende). Man musste mit den eudoxischen Proportionen auskommen, und man kam weit damit.

*   *   *

Hippokrates' Meisterstück hatte Appetit gemacht auf etwas, dem der Fluch des Paradies-apfels anhaftet: auf das Problem der strengen Quadratur des Kreises. So mancher Tantalus sollte danach greifen. Der erste war Hippokrates selbst mit einem ernst zu nehmenden Ver-such, Kreisbogen-Zweiecke zum Ausfüllen der Kreisfläche einzusetzen.[5e] Es sollten fast zwei Jahrhunderte vergehen, bis wieder jemandem eine echte Quadratur gelang. Dem jungen Archimedes. Davon anschließend.

{1}   EUKLID 126 (L.13).
{2}   HANKEL: {2a} 123. {2b} 124 f.
{3}   BECKER [4]: {3a} 53 ff. {3b} 55. {3c} 85 (Satz 8; Druckfehler).—
        {3d} [1] 369. {3e} [1] 376 oben. {3f} [2] 375 ff.
{4}   VAN DER WAERDEN [2]: {4a} 304 ff. {4b} 305 f. {4c} 306. {4d} 216. {4e} 216 ff.
{5}   TOEPLITZ: {5a} 11-14. {5b} 57. {5c} 7 f. {5d} 7. {5e} 48.
{6}   THIELE 23-25.
{7}   BOURBAKI: [5] 175 f. [3] 146.

II.D   Archimedes' berühmte Parabel-Quadratur

Hippokrates' Mondquadratur aus dem 5. vorchristlichen Jahrhundert, am Ende bewiesen mit Eudoxos' Nachbesserung (s. II.C), erlangte in dem Maße Respekt, wie die Bemühungen bei Kreis, Ellipse und deren Segmenten scheiterten. Da war es schon verwegen, wenn sich der Newcomer Archimedes an die Parabel herantraute. Der Erfolg verblüffte auch ihn. Er schil-dert sein Vorgehen nach Heuristik und Beweis im kollegialen Gedankenaustausch.[1a.2a]

Es wundere ihn, so beginnt ein Brief, dass sich noch niemand vor ihm an der Parabel ver-sucht habe[2b.3a], die man schon gut hundert Jahre kannte. Zu ihrer Herkunft: Ein wenig an-ders, als wir es von Apollonios lernten, hatte vor Archimedes ein Menaichmos die ersten „Konika", die Kegelschnitte produziert.[4a.5a] Dieser legte den Parabeln just denjenigen Ke-gel zugrunde, der bei Rotation eines 45°-Winkels um einen seiner Schenkel entsteht, und schnitt ihn mit Ebenen senkrecht zu einer Mantellinie, wobei der Scheitelabstand die Form der Parabel bestimmt. Zur Karriere der Parabel trug bei, dass sie sich als Hilfsmittel für das delische Problem, die Würfelverdoppelung, nützlich gemacht hatte.[4b.5b,c]

Bei Archimedes findet sich Abb.II.5[2c](vgl. {6a}), wiewohl sein Ergebnis auch zutrifft, wenn die Parabelachse nicht im Segment verläuft. Zu vorgegebenem Abschluss AB des Seg-ments weiß Archimedes den Berührpunkt P der dazu parallelen Tangente $\mathcal{T}$ zu konstruie-ren.[6b] Er beweist: Segment und Dreieck ABP stehen *im Flächenverhältnis* 4 : 3.[2d] Das Weitere, die platonische Konstruktion eines zum Dreieck gleich großen Quadrates, ist bei-läufige Routine: Durch Strecken einer Seite um ein Drittel wird aus ABP ein Dreieck von der Größe des Segments[7a], ein Dreieck ist leicht in ein flächengleiches Rechteck verwandelt und der „Höhensatz"[7b] liefert die mittlere Proportionale zu dessen Seiten.

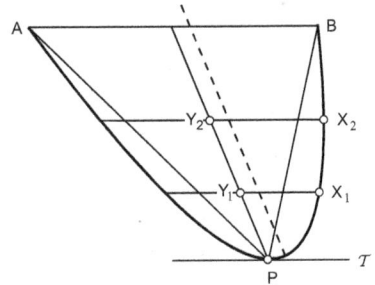

Abb. II.5 *Ein Dreiecksverhältnis.*

Bevor sich Archimedes ans Beweisen machte, tastete er sich an die Segmentfläche heran mittels einer Strategie, die für ihn typisch werden sollte und hier zum ersten Male eingesetzt wurde (vgl. I.A.5; siehe {1b.2e.3b.4c}). Statt ihrer Bewährungsprobe an der Parabel wollen wir später, in II.G, ein noch schöneres räumliches Beispiel vorführen. Hier also bloß zum mathematischen Teil, dem Muster einer *archimedischen Exhaustion* (s. II.A/Ende). [2f.4d.6b.8]

Mittels Abb.II.5 gibt Archimedes eine Beschreibung der Parabel, die bei Descartes nicht anders ausgesehen hätte. Auf der durch P gehenden Parallelen zur (punktierten) Parabelachse sind Abschnitte PY_i markiert, Strecken $Y_i X_i$ verlaufen parallel zu AB. Für die Kurvenpunkte X_i ist charakteristisch, dass sich die $|PY_i|$ wie die Inhalte $Q(Y_i X_i)$ der Quadrate über $Y_i X_i$ verhalten. [2c] Heute hieße das $|PY_i| = a \cdot Q(Y_i X_i)$, kurz „$y = a x^2$", mit einer „reellen" Konstanten a. Wir machen uns das Leben leichter, stellen die Parabel auf den Scheitel und betrachten, für $a = 1$, das Segment $\{(x|y) : |x| \leq 1,\ x^2 \leq y \leq 1\}$ oder vielweniger, in Abb.II.6a, seine rechte Hälfte $\mathcal{P}$.

*

Abb.II.6a eröffnet die Reihe der dem Halbsegment einbeschriebenen Vielecke mit dem Dreieck $\mathcal{E}_0$ von der Größe ½. Seine Seite AB übernimmt die Rolle der Sehne AB aus Abb.II.5; der dortige Punkt P entspricht hier dem Berührpunkt $P = (½ | ¼)$ der zu AB parallelen Tangente DC.

Das Dreieck ABP erweitert das Dreieck $\mathcal{E}_0$ zum Viereck $\mathcal{E}_1$ (Abb.II.6b). Auf gleiche Weise wie das schattierten Dreieck ABP im *Segment* über AB entstehen die schattierten Dreiecke APP*, PBP** mit den Berührpunkten $P^* = (1/4 | 1/16)$, $P^{**} = (3/4 | 9/16)$ der zu AP, PB parallelen Tangenten. Denn Archimedes kannte seine Parabel: Eine Sekante über dem Intervall $I = [x_0, x_1]$ zeigt dieselbe Neigung wie die über der Mitte von I berührende Tangente mit ihrer Steigung $(x_1^2 - x_0^2)/(x_1 - x_0) = x_1 + x_0$. Die den Seiten AP, PB von $\mathcal{E}_1$ aufgesetzten Dreiecke ergänzen das Viereck $\mathcal{E}_1$ zu dem Sechseck $\mathcal{E}_2$. So geht es endlos weiter. Als Erstes sollen die weiteren Inhalte E_1, E_2, ... der Vielecke $\mathcal{E}_0$, $\mathcal{E}_1$, ... angegeben werden. (Abbn.II.6 sind mangelhaft. Vgl. 6a/6b: $|AD| = 1/4 = 1 - 3/4$; 6b zeigt kein Quadrat.)

In Abb.II.6a bilden die Sekante AB und die Tangente in P das Parallelogramm ABCD vom Inhalt $|AD| \cdot 1 = \frac{1}{2} - \frac{1}{4} = \frac{1}{4}$. Es ist doppelt so groß wie das schattierte Dreieck ABP, und damit wird

$$E_1 = E_0 + |\text{ABP}| = \tfrac{1}{2}\left(1 + \tfrac{1}{4}\right).$$

Noch wäre „usw." fehl am Platze. Erst der Übergang von $\mathcal{E}_1$ nach $\mathcal{E}_2$ verdeutlicht, wie die Polygoninhalte anwachsen. Der Art nach wiederholt sich die Konfiguration aus Abb.II.6a in Abb.II.6b zweimal; zu klären ist, wie die Parallelogramme der zweiten Generation längs der Geraden $x = \tfrac{1}{2}$ aneinander schließen. Auf dieser erreicht die Tangente durch P^* dieselbe Höhe $\tfrac{3}{16}$, von der aus die Tangente durch P^{**} startet. Daher teilen sich die beiden Parallelogramme die Basis PQ von der Länge $\tfrac{1}{4} - \tfrac{3}{16} = \tfrac{1}{16}$, sind also gleich groß und messen zusammen $2\left(\tfrac{1}{16} \cdot \tfrac{1}{2}\right) = \tfrac{1}{16}$; die Hälfte davon entfällt auf die Dreiecke APP^*, PBP^{**}. Fazit nach zwei Schritten:

$$E_2 = E_1 + |\text{APP}^*| + |\text{PBP}^{**}| = \tfrac{1}{2}\left(1 + \tfrac{1}{4}\right) + \tfrac{1}{2} \cdot \tfrac{1}{16} = \tfrac{1}{2}\left(1 + \tfrac{1}{4} + \tfrac{1}{16}\right).$$

Nun sei auf Ehrenwort gesagt, dass der Zuwachs an Flächeninhalt von einem zum nächsten Vieleck auf jeweils den vierten Teil abnimmt. Das heißt, das n-te Vieleck hat den Inhalt

$$E_n = \tfrac{1}{2}\left[1 + \tfrac{1}{4} + \ldots + \left(\tfrac{1}{4}\right)^n\right] = \tfrac{2}{3}\left[1 - \left(\tfrac{1}{4}\right)^{n+1}\right], \quad n = 0, 1, \ldots, \tag{1}$$

in einer geschlossenen Darstellung, die auf dasselbe wie die von Archimedes hinausläuft.[4e]

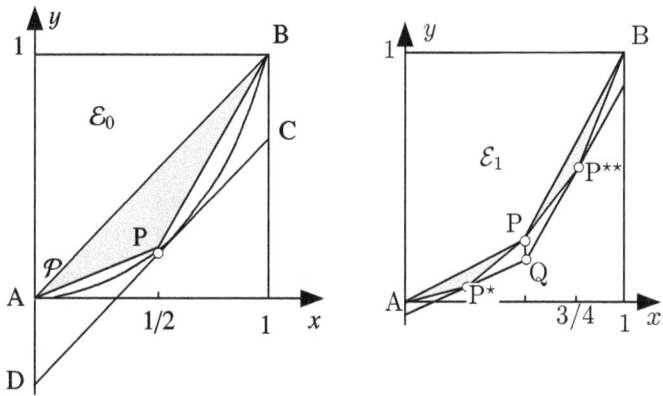

Abbn. II.6 a,b *Archimedes: Die ersten Schritte zur Exhaustion eines Parabel-Segments.*

*

Unsereinem verschafft (1) sogleich $\lim E_n = \tfrac{2}{3} = \tfrac{4}{3} E_0$. Die wachsenden E_n kommen dem Zahlenwert beliebig nahe, denn die Potenzen eines echten Bruches sind beliebig kleiner Werte fähig. Nicht nur wusste Archimedes das, ihm war auch bewusst, dass es hier etwas zu postulieren galt, was zu seiner Zeit mehr oder eher minder explizit geschah. Solch ein Axiom, das *Lemma von Archimedes*, und seine Rolle bei Exhaustionsbeweisen wird in II.F gesondert behandelt.

Beweisziel ist $P = |\mathcal{P}| = \frac{2}{3}$. Gestützt auf jenes Postulat soll (1) die Gegenannahmen widerlegen. Wird $\frac{2}{3} - P > 0$ angenommen, so gibt es ein m mit $\frac{2}{3} - P > \frac{2}{3}(\frac{1}{4})^{m+1} = \frac{2}{3} - E_m$, also mit $E_m > P$ in geometrischem Widerspruch zur Konstruktion.

Sei nun $P - \frac{2}{3} > 0$ angenommen, wonach es m gäbe mit

$$P - \frac{2}{3} > \frac{1}{2}(\frac{1}{4})^m = E_m - E_{m-1}. \tag{2}$$

Archimedes analysiert die Exhaustion. Am Anfang $n = 0$ wird $\mathcal{P}$ auf $\mathcal{P}\backslash\mathcal{E}_0$ verkleinert, ein Segment, das bei Schritt $n = 1$ um das Dreieck ABP abnimmt; dies alles geschieht in Abb. II.6a. Bei jedem Schritt $n = 2, 3, \ldots$ wird der Rest $\mathcal{P}\backslash\mathcal{E}_{n-1}$ durch Wegnahme all der Dreiecke vermindert, die dem Polygon $\mathcal{E}_{n-1}$ aufgesetzt waren (Abb.II.6b zu $n = 2$). Im Falle $n = 1$ stellen wir fest:

$$E_1 - E_0 = |ABP| = \frac{1}{2}|ABCD| > \frac{1}{2}(P - E_0),$$

das heißt, der Rest $\mathcal{P}\backslash\mathcal{E}_0$ verliert durch Wegnahme des schattierten Dreiecks ABP mehr als die Hälfte. Die schattierten Dreiecke in Abb.II.6b zeigen entsprechend $E_2 - E_1 > \frac{1}{2}(P - E_1)$; allgemein wird $E_n - E_{n-1} > \frac{1}{2}(P - E_{n-1})$, das ist

$$E_n - E_{n-1} > P - E_n.$$

Nach (2) aber wäre dann

$$P - \frac{2}{3} > E_m - E_{m-1} > P - E_m, \text{ also } E_m > \frac{2}{3}$$

entgegen der durch (1) gegebenen *arithmetischen* Beziehung $E_n \leq \frac{2}{3}$ ($n = 0, 1, \ldots$).

Damit gilt $|\mathcal{P}| : |\mathcal{E}_0| = \frac{2}{3} : \frac{1}{2} = 4 : 3$ und somit die Behauptung zu Abb.II.5 im Spezialfall. Eingangs wurde angemerkt, dass Archimedes' Resultat nicht an diese Abbildung gebunden ist. Beispielsweise ist $\mathcal{P}\backslash\mathcal{E}_0$ in Abb.II.6a ein Segment außerhalb der Parabelachse. Die Daten $P - E_0 = \frac{2}{3} - \frac{1}{2} = \frac{1}{6}$, $|ABP| = \frac{1}{2}|AD| \cdot 1 = \frac{1}{8}$ bestätigen auch hier das Flächenverhältnis $4 : 3$.

$$* \quad * \quad *$$

Zu seinem Beweis konstruierte Archimedes Polygone $\mathcal{E}_0$, $\mathcal{E}_1$, $\ldots$, die sich *immer weniger* und *beliebig wenig* von $\mathcal{P}$ unterscheiden. *Wir* werten seine Konstruktion als einen „Grenzprozeß" und schließen von $E_n \leq P \leq \frac{2}{3}$ und $\lim E_n = \frac{2}{3}$ auf $P = \frac{2}{3}$, doch ist das ein bloß formaler Unterschied. Der alte Fuchs wusste genau, wie der Hase läuft, sprich die geometrische Reihe $\sum_{k=0}^{\infty}(\frac{1}{4})^k$ mit ihrem Wert $\frac{4}{3}$. Wie er damit umging zeigt, dass er von ihr denselben Begriff hatte, wie wir ihn bestenfalls haben.

Unsere Wiedergabe der Beweisführung benutzt neben unserer Zeichensprache auch Analysis, wie sie Archimedes in dieser Form nicht besaß. Hohe Bewunderung verdient daher, wie er die „Analysis der Parabel" beherrschte. Selbst unsere aufwändige Darstellung lässt nur erahnen, welche Mühe hinter seinem stolzen Resultat stand. Nicht trotz, vielmehr wegen dieses Aufwandes wollten wir den unerschrockenen Archimedes mit seiner Parabel-Quadratur einführen.

Wenn die Newton und Leibniz das Ergebnis in der Gestalt $P = 1 - \int_0^1 x^2 \, dx = 1 - \frac{1}{3}$ erzielen, so würdigt das gleichermaßen deren und Archimedes' Leistung. Dabei ist hervorzuheben, dass das Integral des newtonschen Calculus sich nicht auf einen geometrischen Begriff vom Inhalt stützt. Archimedes begründet ihn analytisch exakt und kommt dabei einem Kalkül zum Greifen nahe. Seine Mühsal musste abschrecken. Drum werden Cavalieri, Fermat, Pascal und ihre Verwandten auf diesem Terrain nach kürzeren Wegen suchen. Deren Kunstgriffen an den „Parabeln höherer Ordnung" war Archimedes' Demonstration überlegen, was Beweiskraft anlangt.

{1}   {1a} *ARCHIM.WERKE*/Heath 354-370.   {1b} HEATH [2] 29 f.
{2}   *ARCHIM.WERKE*/Czwalina: {2a} 153-175.   {2b} 153.   {2c} 154 f.   {2d} 151-175.
       {2e} 162 ff (BC⊥BD!).   {2f} 170 ff.
{3}   BECKER [4]: {3a} 61.   {3b} 62-64.
{4}   VAN DER WAERDEN [2]: {4a} 313 f, 407 f.   {4b} 196, 224, 266 f.
       {4c} 354-356,   361-363.   {4d} 363-367 (365 knapp!).   {4e} 365 f.
{5}   BOYER [2]: {5a} 103 f.   {5b} 105.—   {5c} KLINE [1] 47 f.
{6}   EDWARDS, JR.: {6a} 35-37 (Fign. 7, 8 fehlerhaft).   {6b} 36 f.   {6c} 35-40.
{7}   EUKLID: {7a} 111 f (L.1).   {7b} 121 f (A.5) u. 124 f (L.12).
{8}   STILLWELL [1] 61-63.

II.E   Archimedes und der Kreis

Bei aller Jugendschelte dürfen wir wohl annehmen, Schüler „können" die Formel $u = \pi \cdot d$, die den Umfang u eines Kreises mit seinem Durchmesser $d = 2r$ verbindet, wenigstens in der nicht so prägnanten, dafür skandierfähigen Form $u = 2\pi r$. Mehr hapert es da vielleicht beim Flächeninhalt $F = \pi r^2$, wo die 2 oben steht. In der Umfangsformel vermittelt das π als Proportionalitätsfaktor, definitionsgemäß, doch wie gerät es in die Flächenformel? Gibt es da eine Brücke, einen Schleichweg vom Umfang zum Inhalt?

Archimedes fand ihn in der Beziehung

$$F = \frac{1}{2} u r, \tag{1}$$

die zu unserer Flächenformel $F = \frac{1}{2}(2\pi r) r = \pi r^2$ führt. Er würde diesen Sachverhalt so ausdrücken: Die Fläche eines Kreises verhält sich zum Quadrat über seinem Radius wie sein Umfang zum Durchmesser – eine nach Eudoxos' Vorarbeit (II.B) klare mathematische Aussage.

Archimedes' Brücke wird sich als eine geniale Eselsbrücke herausstellen; er machte sie trittfest mit dem Musterbeispiel eines Exhaustionsbeweises[1a,d.2a.3a]. Doch wie kam er darauf, woran „sah" er, dass die Kreisfläche den gleichen Inhalt hat wie das halbe Rechteck aus Umfang und Radius? Es war ein Trick, auf den sein Wiederentdecker Kepler stolz sein wird.[4] Er geht zurück auf die ins 5. vorchristliche Jahrhundert reichende Vorstellung, die Kreislinie bilde ein regelmäßiges „Unendlich-Eck". Da liegt es nahe, diese „Ecken" mit dem Zentrum verbunden und so die Kreisfläche in unendlich schlanke Dreiecke zerlegt zu denken. Arithmetisch ausgedrückt: Ein Kreis vom Radius r hat bezüglich eines einbeschriebenen Multi-Ecks der „kleinen" Seitenlänge s näherungsweise den Inhalt

$$F \approx \tfrac{1}{2}sr + \ldots + \tfrac{1}{2}sr \;=\; \tfrac{1}{2}(s + \ldots + s)\cdot r \;\approx\; \tfrac{1}{2}ur.^{[4a]} \tag{2}$$

Tatsächlich stellt Archimedes seinem Beweis zu (1) ein der Abb.II.7/rechts entsprechendes Bild mit einem rechtwinkligen Dreieck voran, dessen untere Kathete von der abgerollten Kreislinie gebildet wird.[1b.2b] Ein Dreieck lässt sich, wie in II.D, leicht in ein Quadrat verwandeln, und so wäre mit (1) wieder eine rechte Quadratur des Kreises gelungen – fände sie Platons Segen, denn der hätte den Trick mit dem Abrollen verboten.

Mittels (2) werden die Dreiecke arithmetisch aufaddiert.[4a] Augenfälliger ist, dies geometrisch zu tun. Dazu wird die Peripherie des Vielecks samt dem Kranz der daran haftenden Sektoren abgewickelt.[4b] Ist ihre Anzahl gerade (Abb.II.7/links), so lassen sie sich – wie auch im alten Indien geschehen – haigerecht in Wechsellage fügen, um ein Parallelogramm zu bilden.[4c] Bei unbegrenzt wachsender Kreisteilung richten sich die schiefen Rechtecke auf und „gehen über" in das dem Kreise flächengleiche echte von der Länge $u/2$ und der Höhe r. In Abb.II.7/rechts werden die Dreiecke des Polygons zur selben Seite hin flächentreu verzerrt (so wird Kepler es tun).[4d] Die Idee des Abrollens findet sich bei uns ab Mitte Mittelalter. Leonardo da Vinci, dem zu allem etwas einfiel, sah in $(ur)/2$ die Fläche $u\cdot(r/2)$ eines Rechtecks und bestimmte die Kreisfläche, indem er den Kreis als ein Rad von der Breite $r/2$ abrollte.[5a]

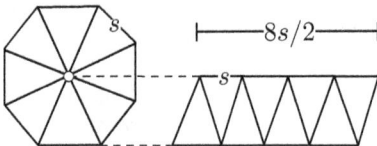

Abbn. II.7 links, rechts   *Umfang und Inhalt „kreisnaher" Polygone.*

* * *

Nun zum *Beweis* für (1). Bei der Parabel-Quadratur führten einbeschriebene Polygone auf die Lösung in Gestalt einer *rationalen* Proportion, sozusagen auf eine „rationale Lösung". Ernst wurde es dort mit der Fehlannahme I.D/(2), erst ihre Widerlegung bedurfte der Exhaustion. Der jetzt vorliegende Fall der Gegenannahmen

(a) $F > \frac{1}{2} u r$,   (b) $F < \frac{1}{2} u r$ (3)

liegt anders.

Ein Widerspruch zu (3) lässt sich dadurch erreichen, dass die Kreisfläche von innen wie außen jeweils durch geschachtelte Polygone approximiert wird, also nur im ersteren Fall eine Exhaustion im eigentlichen Wortsinn stattfindet. Dabei stellen wir eine Grundsatzfrage des Beweises einstweilen zurück, ganz so wie in II.D; der „letzte Grund" wird sein, *warum* die Potenzen von ½ beliebig kleiner Werte fähig sind. Davon in II.F.

Mit $\mathcal{E}_n$, $\mathcal{U}_n$ ($n = 0, 1, \ldots$) seien die dem Kreis in folgender Anordnung ein- und umbeschriebenen regelmäßigen $3 \cdot 2^n$-Ecke bezeichnet: Die Eckpunkte von $\mathcal{E}_n$ sind auch solche von $\mathcal{E}_{n+1}$ und die Seiten von $\mathcal{U}_n$ berühren den Kreis in den Ecken von $\mathcal{E}_n$. (In {1b.2b} verwendet Archimedes $4 \cdot 2^n$-Ecke; unsere Wahl vereinfacht die Zeichnung.)

In Abb.II.8 sind zu sehen: $\mathcal{E}_0$; die Ecke U des den Rahmen sprengenden Dreiecks $\mathcal{U}_0$; $\mathcal{E}_1$; $\mathcal{U}_1$. Die Kreisfläche wird mit $\mathcal{F}$ bezeichnet, $\mathcal{R}_n = \mathcal{F} \backslash \mathcal{E}_n$ ist ein Kreis-Rest, $\ddot{\mathcal{U}}_n = \mathcal{U}_n \backslash \mathcal{F}$ ein Kreis-Überstand. Inhalte werden wie z.B. bei |AB|, $|\mathcal{E}_n| = E_n$ wiedergegeben.

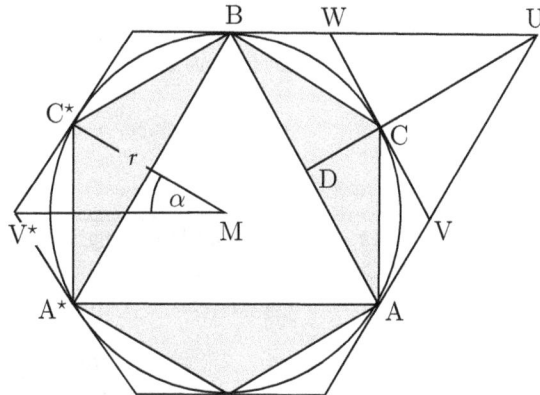

Abb. II.8 *Archimedes approximiert die Kreisfläche von innen und außen durch eine aufsteigende Folge einbeschriebener bzw. eine absteigende Folge umbeschriebener regelmäßiger Polygone.*

Die Annahmen (**3a, b**) sollen jeweils konfrontiert werden mit den Feststellungen

(a) $E_n \leq \frac{1}{2} u r$ und (b) $U_n \geq \frac{1}{2} u r$ ($n = 0, 1, \ldots$),   (4)

die anschaulich überzeugen, denn mit den Eckenzahlen $p_n = 3 \cdot 2^n$ und den Seitenlängen e_n, u_n von $\mathcal{E}_n$ bzw. $\mathcal{U}_n$ haben wir

$$E_n < p_n(\tfrac{1}{2} e_n r) = \tfrac{1}{2}(p_n e_n) r < \tfrac{1}{2} u r, \quad U_n = p_n(\tfrac{1}{2} u_n r) = \tfrac{1}{2}(p_n u_n) r > \tfrac{1}{2} u r.$$

Für $n = 1$, also $p_1 = 6$, illustriert Abb.II.8, worin sich die Beziehungen von u zu $p_n e_n$ und $p_n u_n$ unterscheiden. Dort misst e_1 die kürzeste Verbindung zwischen A* und C*, wonach $e_1 < r{\cdot}2\alpha = \frac{1}{6} u$ ausfällt, während $u_1 > \frac{1}{6} u$ auf $\tan \alpha > \alpha$ beruht:

$$u_1 = |\mathsf{A^*V^*}| + |\mathsf{V^*C^*}| = 2\,|\mathsf{V^*C^*}| = 2\,r \tan \alpha > r{\cdot}2\alpha = \frac{1}{6}\,u\,.$$

Archimedes hat dafür ein Postulat über konvexe Verbindungen zweier Punkte.[6]

Zu *Fallannahme* (3a). Wie der Übergang vom Dreieck $\mathcal{E}_0$ zum Sechseck $\mathcal{E}_1$ den Rest $\mathcal{R}_0$ auf $\mathcal{R}_1$ verkleinert, das zeigt Abb.II.8 an der Schrumpfung des über AB gelegenen Segments S_{AB} ($\subset \mathcal{R}_0$) auf $S_{\mathsf{AB}}\backslash\mathsf{ABC} = S_{\mathsf{AC}} \cup S_{\mathsf{CB}}$ ($\subset \mathcal{R}_1$). Ergänzt man ABC zum Rechteck, so erscheint

$$2\,|\mathsf{ABC}| > |\mathsf{ABWV}| > S_{\mathsf{AB}} \quad \text{und somit} \quad |S_{\mathsf{AC}}| + |S_{\mathsf{CB}}| = |S_{\mathsf{AB}}| - |\mathsf{ABC}| < \frac{1}{2}\,|S_{\mathsf{AB}}|\,.$$

In Archimedes Worten (vgl. {2c}): Bei Wegnahme des Dreiecks ABC verliert das Segment S_{AB} über die Hälfte. Insgesamt bedeutet das $R_1 < \frac{1}{2} R_0$, was wir zu $R_n < \frac{1}{2} R_{n-1}$ ($n = 1, 2, ...$) verallgemeinern dürfen. Damit aber führt die Annahme (3a) $F - \frac{1}{2}\,u\,r > 0$ nach hinreichend vielen Schritten der Exhaustion (vermöge des archimedischen Lemmas; s. II.F, vgl. II.D/(2)) zur Existenz eines m mit der Eigenschaft

$$F - E_m = R_m < \frac{1}{2} R_{m-1} < \, ... \, \le (\tfrac{1}{2})^m R_0 \, < \, F - \frac{1}{2}\,u\,r\,, \tag{5}$$

also auf den Widerspruch $\frac{1}{2}\,u\,r < E_m$ zu (4a).

Zu *Fallannahme* (3b). Um den Übergang von $\ddot{U}_0$ zu $\ddot{U}_1$ zu verfolgen, genügt es zu sehen, wie sich AUC $\backslash\mathcal{F}$ durch Wegnahme von VUC auf AVC $\backslash\mathcal{F}$ verringert. (Der Fall (3a) ist, wie geschehen, einfacher zu beschreiben.) Wegen $|\mathsf{AV}| = |\mathsf{VC}| < |\mathsf{VU}|$ gilt

$$|\mathsf{AVC}| < |\mathsf{VUC}|,\,\text{mithin} \quad 2\,|\mathsf{AVC}| < |\mathsf{AUC}|,\quad |\mathsf{AVC}\backslash\mathcal{F}| < \frac{1}{2}|\mathsf{AUC}\backslash\mathcal{F}|\,,$$

hochgerechnet zu $\ddot{U}_1 < \frac{1}{2}\ddot{U}_0$, verallgemeinert zu $\ddot{U}_n < \frac{1}{2}\ddot{U}_{n-1}$ ($n = 1, 2, ...$). Entsprechend wie oben wird für die Annahme (3b) $\frac{1}{2}\,u\,r - F > 0$ das Gegenstück zu (5) formuliert. Sie zöge nach sich, dass ein m existierte mit

$$U_m - F = \ddot{U}_m < (\tfrac{1}{2})^m \ddot{U}_0 < \frac{1}{2}\,u\,r - F$$

im Widerspruch zu (4b).

$$*\quad*\quad*$$

Hippokrates und Eudoxos hatten gefunden bzw. bewiesen, dass sich die Kreise wie die Quadrate über ihren Radien verhalten (s. II.C u.B). Diesen Vergleich von Flächeninhalten hätte Archimedes vermöge seiner Beziehung (1) darauf zurückführen können, dass sich Kreisumfänge wie Radien verhalten. Nach Euklid[7] gehen nämlich die folgenden Proportionen auseinander hervor:

$$u : \bar{u} = r : \bar{r}, \quad F : \bar{F} = u\,r : \bar{u}\,\bar{r} = r^2 : \bar{r}^2 \,.$$

Auch wer in Mathestunden mit weniger als einem halben Ohr hinhört, weiß: Überall, wo's rund geht, taucht π auf. Wo nun hier? Dem Bisherigen entnehmen wir: $u : d = \bar{u} : \bar{d}$, $F : r^2 = \bar{F} : \bar{r}^2$. Bei unserem Zahlenreichtum können wir solch allgemein gültige Proportionen funktional ausdrücken, mit je einem „Proportionalitätsfaktor": $u = \alpha\,d$, $F = \beta\,r^2$. In jenen Tagen mochte man zum Beispiel $u = \alpha\,d$ mit $\alpha = m/n$ ($m, n = 1, 2, \dots$) setzen, im Sinne von $n\,u = m\,d$. Ohne Anspruch auf Gleichheit. So verstanden könnte man

$$\beta\,r^2 = F = \tfrac{1}{2}\,u\,r = \tfrac{1}{2}\,(\alpha \cdot 2r)\,r = \alpha\,r^2$$

allgemein ansetzen und dem Ansatz $\alpha = \beta$ entnehmen.[3b] Dieselbe „Zahl"? Babylonier, auch Chinesen hatten gemeint, es sei die 3[8a], schon Thales meinte das nicht. Mit dem Kreisdurchmesser als Einheit berechnete Archimedes die Längen des ein- und des umbeschriebenen $3 \cdot 2^5$-Ecks und konnte so das gewisse Etwas einfangen, um das das 3 von jenem ominösen α übertroffen wurde.[1c.2d.8b.9a] Danach lag es, in ionischen Zeichen, zwischen ι' οα" οα" und ζ" [10], wir schreiben es

$$\frac{10}{71} < \pi - 3 < \frac{1}{7} = \frac{10}{70} \quad \text{(mit größerem Abstand zu } \tfrac{1}{7}\text{)}.$$

Das sichert bereits die Näherung $\pi \approx 3{,}14$. Die Ägypter setzen $F \approx (^8/9\,d)^2$ und lagen mit ihrem π knapp über 3,16.[5b.8a] Ein Rabbi versuchte die 22 Siebtel zu favorisieren, doch unterwarf man sich weiterhin der in Talmud wie Bibel geoffenbarten 3.[5c.8a] (Vgl. I.A.2 wegen eines Beispiels jüngeren Datums.) Archimedes, vielleicht auch Apollonios, soll den relativen Fehler noch unter 10^{-5} gedrückt haben, das Wichtigste aber: Jener gab ein Rezept, dem zufolge man beliebig nahe an π herankommen konnte![9b] (Übrigens zeigen $F \sim r^2$, $u \sim d$ mit ihren übereinstimmenden Proportionalitätsfaktoren, dass Quadratur und Rektifikation mit Zirkel und Lineal beim Kreis nur zugleich möglich gewesen wären.[5d])

*   *   *

Wenn die Formeln für Umfang und Inhalt des Kreises vermöge ihrer Beziehung (1) auseinander hervorgehen, dann sollte es Entsprechendes bei der Kugel geben, nämlich für Oberfläche und Volumen. Archimedes ahmte nach, was für den Kreis gut war. (Auf Regelmäßigkeit von Zerlegungen ist zu verzichten, sofern diese „gleichmäßig" feiner werden.) Die Rolle der Polygone übernahmen Polyeder, der typischen „Zerlegung" in schmale Dreiecke entsprach nun die in schlanke Pyramiden. Denkt man sich die Kugelschale mit Grundflächen gleichen Inhalts G ausgekleidet, so treten Volumen V, Oberfläche O und Radius r der Kugel – nach unserer Kenntnis aus II.A – in die zu (2) analoge Beziehung

$$V \approx \tfrac{1}{3}\,G\,r + \dots + \tfrac{1}{3}\,G\,r = \tfrac{1}{3}\,(G + \dots + G)\,r \approx \tfrac{1}{3}\,O\,r\,. \tag{6}$$

Archimedes bestimmte die Größen V und O in dieser Reihenfolge.$^{\{8c\}}$ Durch räumliche Exhaustion (s. II.G) kam er, kurz geschrieben, auf $V = \frac{4}{3}\pi r^3$. Mit (6) lässt sich daraus $O =$ $4\pi r^2$ ableiten. Hier darf man „ableiten" durchaus missverstehen, als Differenziation von V nach r. Offenbar kein Zufall, denn Entsprechendes zeigt sich bereits bei Kreisinhalt $F = \pi r^2$ und -umfang $u = 2\pi r$. Damit schließt sich der Kreis: Gefragt war eingangs nach einem Schleichweg von der u- zur F-Formel. Heute haben wir den Königsweg, die Integralrechnung. Und wer die verstanden hat, geht über dieselbe Brücke, doch nicht mehr als Esel.

{1}　ARCHIM.WERKE/Heath: {1a} 231-237. {1b} 231. {1c} 233-237.— {1d} Heath [2]
　　　50-56.
{2}　ARCHIM.WERKE/Czwalina: {2a} 369-377. {2b} 369. {2c} 370. {2d} 371-377.
{3}　EDWARDS,JR.: {3a} 31 f. {3b} 31-34.
{4}　{4a} BOYER [2] 356. {4b} BARON 110. {4c} JUSCHKEWITSCH 161.
　　　{4d} VOLKERT 64.
{5}　RUDIO: {5a} 29 f. {5b} 10. {5c} 11. {5d} 6 f.
{6}　THIELE 34.
{7}　BECKER [4] 86 (Sätze 11, 15, 16).　EUKLID 100 (L.11), 102 f (L.15), 103 (L.16).
{8}　VAN DER WAERDEN [2]: {8a} 52. {8b} 340-342. {8c} 358.
{9}　TOEPLITZ: {9a} 20-22. {9b} 20 Mitte, 22 oben.
{10}　CAJORI 53.　PEIFFER; DAHAN-DALMEDICO 9 (Kasten unten: „Zähler" statt Nenner).

II.F　　Das sogenannte Lemma des Archimedes

In dem Brief, mit dem Archimedes seinem Freund die Parabelquadratur auseinandersetzt, ist anfangs die Rede von einer Grundannahme, die wohl alle seine Kollegen teilen, ohne sie in ihren Schriften stets zu explizieren.$^{\{1a,b\}}$ Archimedes schreibt sie Eudoxos zu.$^{\{2\}}$ Hier der ungefähre Wortlaut$^{\{1b\}}$:

> „Differenzen beliebiger ungleicher gleichartiger Größen können, wenn [nötigenfalls mehrfach] sich selbst hinzugefügt, jede vorgebbare begrenzte Größe nämlicher Art übertreffen."

Jene Differenzen sind die Umschreibung für beliebig kleine nicht verschwindende Größen der betrachteten Art, im Falle unserer reellen Zahlen die „beliebig kleinen $\varepsilon > 0$". Bezeichnen wir daher die fraglichen Größen mit ε und G, so erhält dieser Leitgedanke die Form

> (A) Zu beliebigen positiven ε und G gibt es jeweils eine natürliche Zahl N derart, dass $N\varepsilon > G$ gilt.

Später wurde üblich, das Postulat „Archimedisches Lemma" zu nennen. (Λῆμμα, ursprünglich wohl die Schlinge, meint Annahme oder Hilfssatz zum Einfangen eines Theorems.) Heutigen Mathe-Anfängern, die man dem Glauben an Selbstverständlichkeiten zu entwöhnen trachtet, begegnet (A) in Hinblick auf positive „reelle Größen" als „*Archimedisches Axiom*"[3], das die wesentliche „*archimedische Anordnung*" der reellen Zahlen zum Ausdruck bringt.

*

In II.E wurden restliche Innenflächen $\mathcal{R}_n$ und Überstände $\mathcal{U}_n$ gebildet, die es beliebig klein zu machen galt. Bei jedem Schritt wurde von Rest wie Überstand mehr als die Hälfte weggenommen; im Falle der Reste galt für ihre Beträge

$$R_{n-1} - R_n > \tfrac{1}{2} R_{n-1} \quad \text{oder} \quad R_n < \tfrac{1}{2} R_{n-1} \quad (n \geq 1)$$

und damit

$$R_n < (\tfrac{1}{2})^n R_0 \quad (n \geq 1).$$

Mit Blick auf (A) wird $R_n < \varepsilon$ erfüllt, sofern $(\tfrac{1}{2})^n R_0 < \varepsilon$, also $2^n \varepsilon > R_0$ gilt.

Zugeschnitten auf die archimedische Praxis heißt es bei Euklid[4.5a]:

(E) *Nimmt man von einer Größe mehr als deren Hälfte fort, sodann vom Rest mehr als dessen Hälfte und fährt so fort, dann verbleibt irgendwann weniger als jede vorgebbare Größe.*

(Für den Beweiszweck genügt freilich, dass die Quotienten R_n/R_{n-1}, $\ddot{U}_n/\ddot{U}_{n-1}$ jeweils einen Mindestabstand zu 1 einhalten.)

Wir wollen (E) auf (A) zurückführen. Für (E) vorgegeben seien die Größen G, ε. Nach (A) gibt es zu $G_0 = G$ ein N derart, dass $N\varepsilon > G$ wird. Gemäß (E) sei eine Folge $G_0, G_1, \ldots$ mit $\tfrac{1}{2} G_n > G_{n+1}$ $(n \geq 0)$ gebildet. Behauptung: Es gibt $m \geq 0$ mit $\varepsilon > G_m$.

Gestützt auf die Anleihe $2^{N-1} \geq N$ $(N \geq 1)$ erhalten wir unmittelbar

$$N\varepsilon > G_0 \geq 2 G_1 \geq 2^2 G_2 \geq \ldots \geq 2^{N-1} G_{N-1} \geq N G_{N-1}, \quad \text{also} \quad \varepsilon > G_{N-1}. --$$

Ansonsten lässt sich, statt der „Darlegung" in {5b}, wie folgt schließen. Im Falle $N = 1$ genügt $m = N$; sei also $N \geq 2$. In

$$(N - n)\,\varepsilon > G_n, \quad n = 0, 1, \ldots, N-1, \tag{1}$$

bildet $n = 0$ die Voraussetzung $N\varepsilon > G_0$ und $n = N-1$ die Behauptung in Form von $\varepsilon > G_{N-1}$ (vgl. oben). Es gelte (1) für beliebiges $n = 1, \ldots, N-2$; für dieses n gilt dann auch

$$(N - (n+1))\,\varepsilon = \tfrac{N-n-1}{N-n}(N-n)\,\varepsilon \geq \tfrac{1}{2}(N-n)\,\varepsilon > \tfrac{1}{2} G_n > G_{n+1}.$$

Das beweist (1) für alle $n = 1, \ldots, N-1$, insbesondere für $n = N-1$.

{1}   {1a} ARCHIM.WERKE/Heath 355.   {1b} ARCHIM.WERKE/Czwalina 153.
{2}   CAJORI 35.
{3}   BOURBAKI [5] 174.

{4} TOEPLITZ 12. VAN DER WAERDEN [2] 290 („R" ; „Q").
{5} EDWARDS, JR.: {5a} 16. {5b} 16 f.

II.G Der Zauberer mit dem Zuckerhut im Zylinder

Die Parabel hatte es Archimedes angetan, er gab mit ihr seinen überzeugenden Einstand. Erinnern wir uns: Abb.II.6a zeigt das halbe Parabelsegment $\mathcal{P}$, von dem Archimedes bewies, dass es zum umbeschriebenen Quadrat im Größenverhältnis $2:3$ steht. Lässt man diese Figur um die Parabelachse rotieren, so entsteht ein Paraboloid-Segment im Zylinder und die Frage nach deren Volumenverhältnis. („Paraboloid" werden wir kurz sagen.)

Haben beide Körper die Höhe h und einen Kreis vom Radius R als Basis, so wird die erzeugende Parabel dargestellt durch $r \mapsto a r^2$ ($0 \leq r \leq R$), wo $a R^2 = h$ (Abb.II.9). Archimedes geht in seiner „Reinschrift" – wie anders? – den Weg klassischer Exhaustion. Nur eine *Beweis*-Methode, wie wir wissen. Woher also kannte er das gesuchte Verhältnis?

Schon unter den Alten herrschte Geheimniskrämerei, noch Hamilton riet: „Habe eine Methode, aber verbirg sie!" und über Gauß sagte Abel, er verwische seine Denkspur wie der Fuchs die Fährte. So musste sich zunächst auch Archimedes einschätzen lassen. Doch fand man abseits seiner orthodox ausformulierten Beweise einige Vorstudien, die einen Blick in des Meisters Werkstatt gewähren. Vor gerade mal hundert Jahren gab es den sensationellsten Fund; seine bis in unsere Tage abenteuerlich gebliebene Geschichte, ein Krimi, ist in {1a} nachzulesen. Byzantinische Mönche pflegten Schrifttum zu recyclen, indem sie die Pergamentrollen von Schmutz und Schund säuberten. Eine hatte es in sich. Dank oberflächlicher Entsorgung, Waschen statt Schaben, ließ da ein liturgischer Text durchblicken[1b], was Archimedes einst seinem alexandrinischen Kollegen Eratosthenes schrieb[2a,d,g], in den Übersetzungen fälschlicherweise mit *Methode* betitelt[1c]. Ein Abschnitt daraus gilt unserem Thema und bezeugt einen seiner Geniestreiche.[2b,e.3a]

Es ist Mechanik, worum sich seine Methode dreht. Sogar wörtlich, nämlich um den Drehpunkt seines Hebelgesetzes. Er vergleicht Raum- sowie Flächeninhalte, indem er sie simuliert durch homogene Massen bzw. Massenbelegungen, deren Gewichte an einer Balkenwaage angreifen. Virtuell freilich. Bei Gleichgewicht verhalten sich dann die Inhalte umgekehrt wie die Drehpunkt-Abstände der Angriffspunkte.

Zum ersten Male verwendete Archimedes diese Idee bei der Parabel-Quadratur (II.D), wo er das Parabelsegment mit einem Dreieck ins Gleichgewicht brachte.[4a] Diese Flächen wurden „streifenweise" abgeglichen, entsprechend wird es jetzt „scheibchenweise" zugehen.

Statt wie Archimedes ein Gegengewicht aufzuhängen ({4a}; Abb.II.11 unten), denken wir uns vorerst den zweiarmigen Hebel nach Art von Abb.II.9 als Spieß ausgebildet, der den umbeschriebenen Zylinder Z und die rechterhand erscheinende Kopie $\mathcal{P}^0$ des einbeschriebenen Paraboloids $\mathcal{P}$ in den Punkten S_z, $S_{\mathcal{P}^0}$ durchdringt. Letztere Symbole bezeichnen zugleich die Schwerpunkte als auch deren Gleichgewichtslagen. Da der Zylinder im Hebel-

Drehpunkt D anschlägt, so hat S_z davon den
Abstand $d(S_z, D) = \frac{1}{2} a R^2$. Für die als Gewichte fungierenden Volumina Z, P von Zylinder und Paraboloid erfüllt sich damit die
Gleichgewichtsbedingung

$$Z \cdot d(S_z, D) = P \cdot d(S_{po}, D). \qquad (1)$$

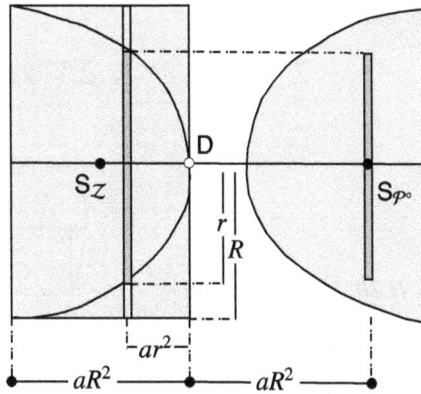

Abb. II.9 *Axialschnitt: Zylinder im Gleichgewicht (um D) mit einbeschreibbarem Paraboloid-Segment.*

Nun ein echter Archimedes! Er geht aus von der Position des Paraboloids innerhalb des
Zylinders und denkt sich in diese Konfiguration basisparallele Ebenen gelegt. Sie erzeugen
Zylinder-Schnitte des Flächeninhalts πR^2 und jeweils im Abstand $a r^2$ ($0 \leq r \leq R$) von D einen πr^2 großen Paraboloid-Schnitt. (Archimedes spricht nur von Schnitt-*Flächen*, sieht sie
als Träger von Masse proportional zum Flächenmaß. Abb.II.9 zeigt im Aufriss entsprechende *Scheiben*, links eine des Zylinders samt der in ihr eingeschlossenen Scheibe des Paraboloids. Wenn die an ihrem Platz belassene Zylinderscheibe durch die nach rechts geschaffte Paraboloidscheibe im Gleichgewicht gehalten werden soll – wo dann ist dieses Gegengewicht
anzubringen? Die Antwort gibt die Identität

$$\pi R^2 \cdot a r^2 = \pi r^2 \cdot a R^2, \qquad (2)$$

von unserem Mechaniker genial gedeutet als Gleichsetzung zweier Drehmomente, nämlich
des Momentes $\pi R^2 \cdot a r^2$ der Zylinderscheibe und des Momentes der πr^2 großen rechterhand
angreifenden Paraboloidscheibe. Die Aha-Erkenntnis: Die Paraboloidscheiben müssen *allesamt* im Drehpunkt-Abstand $a R^2$ ziehen!! Etwa aufgehängt, wo dann der Zylinder unter
dem Punkt S_z baumeln würde, entsprechend dem am Punkt S_z hängenden Zylinder (vgl.
Abb.II.11). Damit erhält (1) die Gestalt

$$Z \cdot \frac{1}{2} a R^2 = P \cdot a R^2$$

und resultiert in der verblüffend einfachen Beziehung

$$Z = 2 P. \qquad (3)$$

*   *   *

Doch jetzt musste der Mechaniker erst einmal den Geometer überzeugen. Der arbeitet mit
konkreten Scheiben. Die Zerlegung des Paraboloids in $n \geq 2$ gleich hohe Abschnitte lässt
bei Letzteren $n - 1$ einbeschriebene und n umbeschriebene Zylinder entstehen (Abb.II.10;
{4b.5}). Bis auf den größten tritt ein jeder sowohl als ein- wie als umbeschriebener auf (sie-

he die Zahlmarkierung in Abb.II.10). Für die Volumina $Z_{1n}, \dots, Z_{nn}$ der geschichteten Zylinder ergibt sich

$$E_n := \sum_{\nu=1}^{n-1} Z_{\nu n} \;\le\; P \;\le\; \sum_{\nu=1}^{n} Z_{\nu n} =: U_n, \quad n = 2, 3, \dots . \tag{4}$$

Abb. II.10 *Approximation eines Paraboloid-Segments durch ein- und umbeschriebene Stapel von Zylindern.*

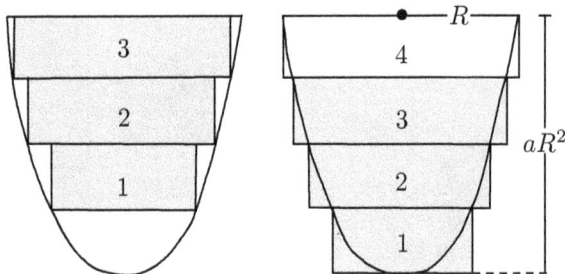

Die Schnittebenen liegen in den Höhen $h_{\nu n} := a R^2 \, \nu/n$ $(\nu = 0, \dots, n)$ über dem Scheitel des Paraboloids, schneiden daraus Kreisflächen der Radien $\sqrt{h_{\nu n}/a}$ und liefern somit

$$Z_{\nu n} = \pi \, (h_{\nu n}/a) \, (h_{\nu n} - h_{\nu-1,n}) = \pi \, a R^4 \, \nu/n^2 = Z \nu/n^2 = \nu Z_{1n}$$

in arithmetischer Progression nach $\nu = 1, \dots, n$. Archimedes ist freilich, wie der Erstklässler Gauß und bereits die frühen Ägypter, vertraut mit der Summierung arithmetischer Summen:

$$E_n = Z_{1n} \sum_{\nu=1}^{n-1} \nu = \frac{Z}{n^2} \, n \, \frac{n-1}{2} = \frac{n-1}{n} \, \frac{Z}{2} \, ,$$

$$U_n = E_n + Z_{nn} = \left(\frac{n-1}{2n} + \frac{1}{n}\right) Z = \frac{n+1}{n} \, \frac{Z}{2} \, , \tag{5}$$

denn er schreibt lakonisch „2 E_n < Z ist klar“. Für uns wäre schon jetzt die ganze Sache klar, denn mit (4), (5) wird $P = \lim E_n = \lim U_n = \frac{1}{2} \, Z$.

Dieser Schluss ist Archimedes verwehrt, er hat die Gegenannahmen $P > \frac{1}{2} \, Z$, $\frac{1}{2} \, Z > P$ zu widerlegen. Sein Lemma (II.F) macht ihn sicher, dass $U_n - E_n = Z_{nn} = Z/n$ beliebig klein wird. Mithin gäbe es jeweils ein m, womit sich

$$P - \frac{1}{2} Z > U_m - E_m \ge P - E_m \, , \qquad \text{also} \qquad E_m > \frac{1}{2} Z \, ,$$

bzw. $\quad \dfrac{1}{2} Z - P > U_m - E_m \ge U_m - P \, , \qquad \text{also} \qquad \dfrac{1}{2} Z > U_m$

erfüllen ließe. Nach (5) aber haben wir $E_n \le \frac{1}{2} Z \le U_n$ für alle n.

*

Den springenden Punkt seines Beweises hatte Archimedes auf Eudoxos' Art dressiert. Schon lange, bevor die schwerfällige Reductio ad Absurdum sich durch unseren Grenzwert ersetzen ließ, sann man auf Vereinfachung. Eine frühe Initiative schildert {1d}. Im hier vorliegenden Fall sähe das wie folgt aus.

Nach (4) und (5) gilt

$$E_n \;\leq\; P \;\leq\; U_n$$

$$-U_n \;\leq\; -\tfrac{1}{2}Z \;\leq\; -E_n$$

$$-(\,U_n - E_n\,) \;\leq\; P - \tfrac{1}{2}Z \;\leq\; U_n - E_n ,$$

das heißt
$$\left|\, P - \tfrac{1}{2}Z \,\right| \;\leq\; U_n - E_n = Z_{nn} = \frac{Z}{n} .$$

An diesem Punkt hieße es jetzt bei dem Flamen Simon Stevin: *Unterscheiden sich zwei Grö-ßen um weniger als jede beliebig kleine, so sind beide gleich.* Die Logik dazu: Sind sie beide verschieden, so ist ihr Unterschied nicht beliebig klein, ist er das jedoch, so unterscheiden sie sich nicht. (Hoffentlich allbekannt, die sogenannte Kontraposition: „ aus A folgt B " ist lo-gisch äquivalent zu „ aus nicht-B folgt nicht-A ". (Vgl.: *indirekter Beweis* in I.E.1.)

*   *
*

Um die Paraboloid-Kopie so wie in Abb.II.9 auf der Hebelschiene positionieren zu können, muss man wissen, wo das Paraboloid seinen Schwerpunkt hat. Das kann Archimedes mit Hilfe des dem Paraboloid einbeschriebenen Kegels erfahren (Abb.II.11).[2c,f]

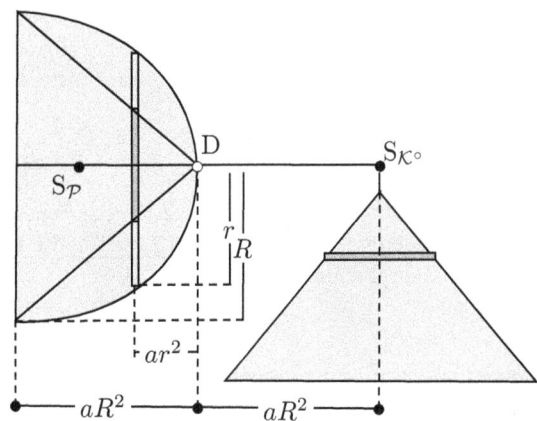

Abb. II.11 *Axialschnitt: Paraboloid-Segment im Gleichgewicht (um* D) *mit einbeschreibbarem Kegel.*

Das Gegenstück zu (1) ist die Gleichgewichtsbedingung

$$P \cdot \mathrm{d}(\mathrm{S}_{\mathcal{P}}, \mathrm{D}) = K \cdot \mathrm{d}(\mathrm{S}_{\mathcal{K}^{\circ}}, \mathrm{D}) \tag{6}$$

bezüglich der Abb.II.11, in der $\mathrm{S}_{\mathcal{P}}$ den Paraboloid-Schwerpunkt wie auch seine Lage auf dem Hebel markiert, während $\mathrm{S}_{\mathcal{K}^{\circ}}$ der Ort ist, wo die Schwerkraft der Kegelkopie $\mathcal{K}^{\circ}$ an-greift. Aus $Z = 3K$ [4c] (nach II.A/Ende) und (3) $Z = 2P$ folgt

$$K : P = 2 : 3 \tag{7}$$

($\{2c.4d\}$), so dass vermöge (6) die Lage von S_p aus der von S_{x^o} hervorgeht.

Um $d(S_{x^o}, D)$ zu bestimmen, wird Archimedes das oben verfolgte Kräftemessen zwischen Zylinder und Paraboloid nunmehr von Paraboloid und Kegel nachspielen lassen (Abb. II.11). Ganz so, wie sich in der Identität (2) ein Gleichgewicht ausdrückte, lässt sich jetzt die Identität

$$\pi\, r^2 \cdot a\, r^2 \;=\; \pi\, (r^2/R)^2 \cdot a\, R^2$$

interpretieren. Hier steht links das Drehmoment der Paraboloid-Scheibe im Drehpunkt-Abstand $a\,r^2$, rechts das Drehmoment, das die darin eingeschlossene Kegel-Scheibe vom Radius r^2/R in dem – von r unabhängigen (!) – Drehpunkt-Abstand $a\,R^2$ erzeugt. (Also an derselben Stelle, wo auch das Paraboloid dem Zylinder das Gleichgewicht hielt.) Damit wird $d(S_{x^o}, D)$ $= a\,R^2 = h$, und (6), (7) resultieren in

$$P \cdot d(S_p, D) \;=\; K \cdot h\,, \quad d(S_p, D) : h \;=\; K : P \;=\; 2 : 3\,;$$

der Schwerpunkt des Paraboloid-Segments teilt dessen Achse im Verhältnis $1 : 2$.[4e] (Übrigens ist es $1 : 3$ beim Kegel.)

*   *
*

Zum Schluss noch ein kleiner Rundblick. Von Eudoxos stammt $K : Z = 1 : 3$ (s.o.; s. II.A), Archimedes' Epitaph zeigte die *Kugel* im Zylinder mit deren Größenverhältnis $2 : 3$ (I.A.2; $\{2d.3b\}$). Mit einer Halbkugel der Größe H vergleichen sich infolgedessen ihr einbeschriebener Kegel und ihr umbeschriebener Zylinder im *„Satz von Archimedes"*[6]

$$K : H : Z \;=\; 1 : 2 : 3 \tag{8}$$

(denn $K/H = (K/Z)\cdot(Z/H) = (1/3)\cdot(3/2) = \tfrac{1}{2}$). Und weiter: Jenes Verhältnis $2 : 3$, das schon Pythagoras beim Abgreifen der Quinte entzückte, fanden wir auch in (7), bei Kegel und Paraboloid; es wird durch das Ergebnis (3) unserer Titelgeschichte erweitert zu

$$K : P : Z \;=\; 2 : 3 : 6\,,$$

einem Gegenstück zu (8). Wir sehen, wie souverän unser Zauberer seine Figuren beherrschte, und verstehen vielleicht, warum er sich von seinen Entdeckungen so hat mitreißen lassen.

*   *   *

Und ganz zum Schluss, nach all dem Wunderbaren, noch etwas Wunderliches. Kein Biograph kommt an besagtem Grabstein vorbei. In $\{7\}$ wurde er zum Stolperstein. Dort heißt es, als die größte Errungenschaft habe Archimedes „nicht so sehr *die Integralrechnung* ... , sondern ... seine Ergebnisse zu Kugel und Zylinder" erachtet. „*Dabei zeigte er, dass das Volumen eines Zylinders zwei Drittel des Volumens der kleinsten Kugel, die den Zylinder umfasst, beträgt.*" ?? Etwas Phantasie, bitte! Wem der Chapeau-claque kein Begriff ist, der greife zum Strohhalm. Beides Zylinder wie Münze und Mine, wenn auch boshaft unproportioniert.

Dass da nicht gerade mal was verwechselt wurde, beweist der Nachschub: *„Umgekehrt …*
gilt das gleiche Verhältnis." Dabei dreht sich Archimedes noch heute unter seinem Stein.

{1}   SONAR [**4**]: {1a} 67-71. {1b} 68. {1c} 71. {1d} 168-170.
{2}   *ARCHIM.WERKE* / Heiberg; Zeuthen: {2a} 379-423. {2b} 390 f. (s. auch 403).
      {2c} 391-393.— *ARCHIMÈDE* / ver Eecke: {2d} 477-519. {2e} 492-494.
      {2f} 494-497.— {2g} BOYER [2] 154.
{3}   GOULD: {3a} 473 f. {3b} 474 f.
{4}   VAN DER WAERDEN [**2**]: {4a} 362. {4b} 372. {4c} 358. {4d} 359 f. {4e} 359.
{5}   BARON 42 f. *GREEK MATH.WORKS II* / Thomas 170.
{6}   HILDEBRANDT; TROMBA 80.
{7}   FRÖBA; WASSERMANN 22 f.

II.H   Archimedes beim Differenzieren erwischt?

Es mussten Griechenlands Götter gewesen sein, die den Kegel mit der Ebene kreuzten. Anders als die vollkommenen Kegelschnitte hatten die „mechanisch" gezeugten Kurven etwas
Irdisches. Ein Makel, darin waren sich Platon und Descartes einig. Erstling war die „Quadratrix", eine zwecks Quadratur des Kreises aus den Schnittpunkten zweier wandernder Geraden gebildete Kurve.[1a] Der Statiker Archimedes entdeckte sein Herz für Kinematik, als er
die Spirale seines Namens (s. I.A.5) fand[2] oder erfand. Auch sie war als Spur eines Punktes
gedacht, der sich in jedem Augenblick in zugleich zwei Richtungen bewegt.[3.4a.5a] Einem
Archimedes musste klar sein, dass daraus die Richtung der Tangente resultiert.

Er beschreibt allgemein ihre Konstruktion und rechtfertigt das Resultat auf klassische
Art. Kein Wort darüber, wie er drauf kam. Hat er dabei etwas vom Calculus vorweggenommen? Wenn ihn nicht sein Freund Konon[2] aus Alexandria zu dieser Kurve inspiriert hatte,
muss man den Gegebenheiten nach meinen, Archimedes habe sich ein Spielzeug zum Differenzieren gebastelt.

Ob „Calculus" vorlag, das zu erörtern gebrauchen wir unsere Mittel, eine Punktbewegung zu beschreiben. Es beginnt mit dem in der Analysis benötigten Begriff vom Winkel in
der Ebene. Als Scheitel und Schenkel dienen Zentrum und Radien „des Einheitskreises", will
heißen, der Radius irgendeines Kreises fungiert als Längeneinheit. Gemessen wird der Winkel*betrag* als „Bogenlänge" auf der Kreislinie, Winkelmesser ist das Integral. Gehen die
Schenkel wie in Abb.II.12 durch A und B, so kann man auf vielerlei „Wegen" von A nach
B gelangen, in verschiedener Orientierung und dazu mit mehrfachem Umlauf. Die Peripherie ist, gleich einer Straße, Schauplatz aller möglichen Wege. Nach Vorwahl einer Richtung
wird der *orientierte Winkel* zwischen A und B positiv *gewertet*, wenn der Weg in jene Richtung weist, anderenfalls negativ. Archimedes' Original-Spirale dreht sich im Uhrzeigersinn.
[3a.4a.6a.7a.8a] Wie heute üblich[9a.10a], folgen wir den alten Astronomen in deren „positiver"
Einstellung, mit der sie den Gestirnen nachschauten, nämlich von der Nordhalbkugel aus:

Die erdbezogene Relativbewegung der Gestirne beschrieben sie als *positive* Drehung des Himmelsatlas um den Himmelspol (siehe Sonne).

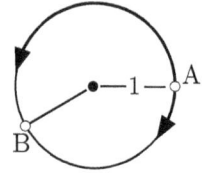

Abb. II.12 *Bogenmaß und Orientierung ebener Winkel.*

Die Erfindung der Spirale schloss die der ebenen *Polarkoordinaten* ein, sieht man davon ab, dass Bienen sie allzeit zur Kommunikation über Orientierung benutzen. In Bezug auf einen *Pol* P_0 sowie eine davon ausgehende *Polarachse* $\mathcal{P}$ (Abb.II.13) erhält ein Punkt die Koordinaten $r > 0$, $\varphi \geq 0$ und die Bezeichnung $P(r,\varphi)$, wenn er von P_0 den Abstand r hat und wenn er auf demjenigen von P_0 ausgehenden Strahl liegt, der mit $\mathcal{P}$ den positiv orientierten Winkel φ einschließt.

Archimedes fixiert in $P_0 =: P(0,0)$ einen „gleichförmig" umlaufenden Strahl und lässt darauf währenddessen einen Punkt „gleichförmig" nach außen streben, was besagt: in gleichen Zeitspannen werden gleiche Winkel bzw. gleiche Strecken durchmessen. Solcherart konstante Winkel- bzw. Bahngeschwindigkeit definiert sich durch die Proportionalitätsfaktoren $\omega > 0$, $\upsilon > 0$, welche die Polarkoordinaten des Punktes an die Zeit t binden:

$$\varphi = \omega t, \ r = \upsilon t \ (t \geq 0). \tag{1}$$

Einem Archimedes geht es „in der Hauptsache" um Geometrie, die Zeit dient hier nur der Anschauung, ist „virtuell". Sie lässt sich vermöge $t = r/\upsilon = \varphi/\omega$ eliminieren und das führt auf die Darstellung

$$r = a\,\varphi \ (\varphi \geq 0), \ a = \upsilon/\omega, \tag{2}$$

der archimedischen Spirale. Wir schreiben nunmehr $P_\varphi = P(a\,\varphi, \varphi)$, $\varphi \geq 0$ ($a = 1$ in Abb. II.13). Polarkoordinaten, von P_0 abgesehen in konstantem Verhältnis – das wohl war es, was Archimedes geometrisch reizte, von ihm kinematisch einkleidet wurde und ihn so auf die Spur der Tangente brachte oder gebracht haben könnte. Immerhin war seiner Epoche die Vorstellung von Bewegungskomponenten nicht fremd.[9b]

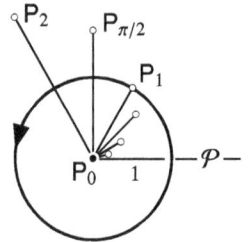

Abb. II.13 *So entsteht die archimedische Spirale* $r = \varphi$.

Was haben diese Koordinaten $\varphi, r \ (> 0)$ gemein mit den x, y des kartesisch-rechtwinkligen Systems? Die Linien der Punkte mit jeweils einer festgehaltenen Koordinate, die „Koordinatenlinien", werfen „Netze" über die Ebene, wobei den Parallelen zu den beiden Achsen andererseits die Radialstrahlen und die Kreise um P_0 entsprechen. (Für Polarkoordinaten hat die Ebene ein Loch.) Stets stehen die Koordinatenlinien senkrecht aufeinander, wie dann auch darauf bezogene Komponenten einer Bewegungsgröße. Was hier nun besonders interessiert, ist die Analogie zwischen der Proportion (2) und der Proportion $y = c\,x$, mit der eine Ur-sprungsgerade dargestellt wird, eine „linea recta". Danach heißt es auch bei der Spirale, r hänge *linear* von φ ab.

*   *   *

Den Begriff Tangente fand Archimedes vor, wie er von Euklid für den Kreis eingeführt[11a] und weiter charakterisiert[11b.6b] worden war. Davon ausgehend lässt sich eine Gerade $\mathcal{T}$ wie folgt als die Tangente im Spiralenpunkt P_φ, $\varphi > 0$, festlegen: Innerhalb eines gewissen Krei-ses um P_φ hat die Kurve nur P_φ mit $\mathcal{T}$ gemein und verläuft auf nur einer Seite von $\mathcal{T}$. Das gibt keinen Anhaltspunkt für die Konstruktion der Tangente. Uns interessiert hier neben dem Wie vor allem das spontane Warum zum Wie, nicht dagegen die nachträgliche Rechtferti-gung[3a.4a.5a.8a] in Archimedes' Reinschrift. (Siehe dazu z.B. {6a}.)

Archimedes bestimmt die Tangente für jeden Spiralenpunkt $P \neq P_0$ (s. Abb.II.14[3b.5b]). Sein „Satz 18"[4b] betrifft den Endpunkt $P = P_{2\pi}$ der ersten Windung. Auf dem zum Berüh-rungspunkt P weisenden Radius P_0P errichtet er in P_0, wie im Bild, das Lot P_0T von der Länge $2\pi \cdot |P_0P|$, dem Umfang des sogenannten *ersten Kreises*. (Dessen Inhalt findet sich wieder im Dreieck $P\,P_0T$; vgl. II.E/(1). Des Weiteren siehe {7a}, auch bzgl. {6a/Fig.62}.) Ar-chimedes zeigt gemäß besagter Definition: T liegt auf der Tangente durch P.

Die Kathete P_0T des Dreiecks $P\,P_0T$ liegt unter dem Tan-gentenstück PT und entspricht der s_t langen Subtangente in Abb. I.12, denn wir werden sehen, dass $P\,P_0T$ sich als polares Gegenstück zu Leibniz' charakteristischen Dreiecken der Gat-tung „assignabilis" aus I.C.4 erweist.

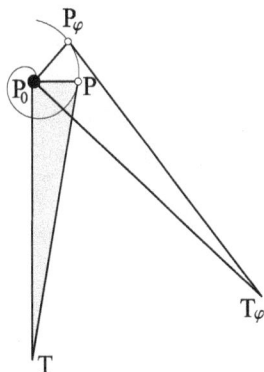

Abb. II.14 *Tangenten in* P, P_φ *an die archimedische Spirale (welche* P_0 *horizontal verlässt). Dazu die polaren Subtangen-ten* P_0T, P_0T_φ.

In gleicher Weise werden die Tangenten in den nach mehrfachem Umlauf erreichten Punkten gebildet. Allgemein beweist Archimedes für das gemäß Abb.II.14 auf $P_0\,P_\varphi$ in P_0 errichtete Lot: $|P_0T_\varphi| = 2\pi \cdot |P_0\,P_\varphi|$, $\varphi > 0$.[1b]

*

War es bloße Intuition, die Archimedes auf das Maß der Lote P_0T_φ brachte, begünstigt da-durch, dass es hier außer den „Radien" $P_0\,P_\varphi$ nichts Besonderes gab? Schwerlich anzuneh-men, dass er sich so gar nichts bei seiner Konstruktion gedacht haben soll. Das Motiv dürfte nicht weit ab von dem gelegen haben, was Leibniz und Newton umtrieb. Sah Archimedes im rechtwinkligen Dreieck PP_0T etwas „Ähnliches" wie fast zwei Millennien später ein Leibniz? Ähnlich, gemäß Abb.I.12, dessen „unendlich kleinem" *charakteristischen Dreieck* ! (Erst Newton sollte die Spiralentangente *berechnen*.) Versuchen wir in unserer Sprache nachzustellen, wie Archimedes durch das Studium des momentanen Bewegungsablaufs auf seine Tangenten-Konstruktion gekommen sein könnte!

Die Koordinaten φ, r von P_φ wachsen um die Inkremente $\Delta\varphi$, Δr zu denen von $P_{\varphi+\Delta\varphi}$. In Abb.II.15 wird dieser Übergang in zwei Schritte zerlegt. Hält r stille, so sehen wir zunächst $P(r, \phi)$, $\varphi \le \phi \le \varphi+\Delta\varphi$, einer Kreisbahn folgen, und zwar, analog zum zweiten Strahlensatz, längs eines $r\cdot\Delta\varphi$ großen Bogenstücks von P_φ nach $E_{\varphi, \Delta\varphi}$. Nachgeholt wird dann die Zunahme von r entlang des Strahles $P_0 E_{\varphi, \Delta\varphi}$. Um die Ecke E zu denken ist jedem unbenommen. Nun erst kommt das für eine spätere Analysis typische Klein-klein, in seiner Unschärfe gemindert in dem Maße, wie sich $\Delta\varphi$ und mit ihm Δr dem Wert null nähern.

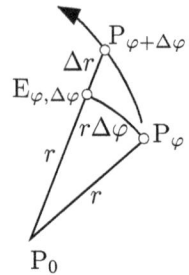

Abb. II.15 *Zerlegung der Spiralen-Bewegung in einen azimutalen ($r\,\Delta\varphi$) und einen radialen (Δr) Anteil.*

Erinnern wir uns zunächst, wie bei Leibniz – im Umfeld von Abb.I.12 geschildert – die arithmetische Quintessenz der Tangente entsteht, der Differenzialquotient. Dreiecke aus den Variablen-Zuwächsen Δx, Δy schrumpfen zu Leibniz' Prototyp des von den infinitesimalen Katheten dx, dy gebildeten charakteristischen Dreiecks, das makroskopisch in der Form von Steigungsdreiecken mit dem Kathetenverhältnis $\lim_{\Delta x\to 0} \Delta y/\Delta x$ sichtbar wird. Im Falle einer linearen Funktion $y = a\,x$ sind Δy, Δx einander proportional, bilden also selbst bereits Steigungsdreiecke. Einem Abklatsch dessen werden wir jetzt bei den Polarkoordinaten begegnen.

Nach unserer Leitvorstellung soll die Tangente in P_φ diejenige Gerade durch P_φ sein, der sich die Strecken $P_\varphi P_{\varphi+\Delta\varphi}$ bei $\Delta\varphi \downarrow 0$ „immer enger anschmiegen". Bei diesem Übergang nähert sich der Kreisbogen zwischen P_φ und $E_{\varphi, \Delta\varphi}$ der in P_φ auf $P_0 P_\varphi$ errichteten Senkrechten. Auf ihr tragen wir in Abb.II.16 die Bogenlänge $r\,\Delta\varphi$ ab und bilden das (schattierte) *rechtwinklige* Dreieck $\mathcal{D}_{\varphi, \Delta\varphi}$ mit der Δr langen zweiten Kathete. Der Grenzprozess bringt die $P_\varphi P_{\varphi+\Delta\varphi}$ und die Hypotenusen der $\mathcal{D}_{\varphi, \Delta\varphi}$ in eine gemeinsame Grenzlage.

Mit (2) gilt $r + \Delta r = a\,(\varphi + \Delta\varphi) = r + a\,\Delta\varphi$. Und das heißt: Die Zuwächse $\Delta\varphi$, Δr der Spiralen-Koordinaten stehen in derselben linearen Beziehung wie diese selbst:

$$\Delta r = a\,\Delta\varphi, \quad \frac{\Delta r}{\Delta\varphi} = \frac{r}{\varphi}. \tag{3}$$

Folglich sind die Dreiecke $\mathcal{D}_{\varphi,\Delta\varphi}$ einander *ähnlich*. Mit den auf $P_0 P_\varphi$ senkrechten Katheten der $\mathcal{D}_{\varphi,\Delta\varphi}$ weisen auch deren Hypotenusen allesamt in dieselbe Richtung. Sie wird so zur Grenzlage der Strecken $P_\varphi P_{\varphi+\Delta\varphi}$, zur Tangentenrichtung!

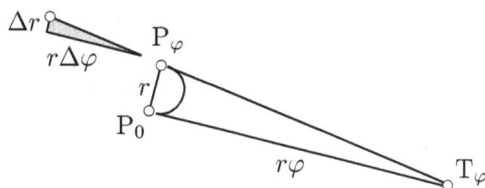

Abb. II.16   Makro-Kopien des polaren charakteristischen Dreiecks.

Mithin bilden die $\mathcal{D}_{\varphi,\Delta\varphi}$ bereits Makroformen des charakteristischen Dreiecks leibnizscher Prägung. Jedes Paar $\Delta\varphi$, Δr aus (3) ermöglicht, die Tangente gemäß Abb.II.16 zu konstruieren. Nach (3) aber ist

$$\Delta r : r\cdot\Delta\varphi \;=\; r : r\,\varphi,$$

entsprechend der Proportion $\Delta y : \Delta x \;=\; y : x$ bei einer Funktion $y = c\,x$. Das macht $P_\varphi P_0 T_\varphi$ selbst zu einem „Steigungsdreieck" und legt durch $|P_0 T_\varphi| = r\varphi$ einen Tangentenpunkt T_φ fest.

* * *

In Archimedes sehen viele Autoren mehr als den Propheten des Integrierens.[6a.7b.8b,c.10c.12] Wollen ihn so sehen, sagen ihre Kritiker. In I.A.1 wurde die problematische „Deutung aus heutiger Sicht" angesprochen. War bei Archimedes eine infinitesimale Überlegung im Spiel? Der Art, wie sie später Roberval anstellen wird (I.C.3; II.P)??[10b] Nach Bourbaki spricht dagegen, dass Archimedes keine anderen Tangenten konstruierte.[13] Doch dass es bei dem einen Mal blieb, könnte seinen ausreichenden Grund in der Einmaligkeit der Spirale finden. Sie ermöglicht, einen „Differenzialquotienten " von eben der einfachsten Art zu bilden, wie er dem Trivialfall der linearen Beziehung kartesischer Koordinaten entspricht. Beide Male nicht nur proportionale, sondern, dank kinetischer Genesis, auch *orthogonale* Wachstumskomponenten. Eine glückliche Fügung. Die Mechanik der erwähnten Quadratrix animierte Archimedes nicht zu Tangenten…

Hat Archimedes nun differenziert? Auszuschließen ist es nicht. Es ist vielmehr gut vorstellbar, auch angesichts des Bedenkens, Archimedes gegenüber befangen zu sein[8c]. Dafür spricht einmal die Vermutung, dass er der Einladung zu unserer heuristischen Überlegung nicht hätte widerstehen können. Und schließlich gibt es ein Indiz in der sogenannten Methodenschrift: Mit der Widmung für die Kollegen (siehe I.A.5) bezeugt Archimedes, dass seine Tangenten-Konstruktion kein Zufallsprodukt war.

{1}   VAN DER WAERDEN [2]: {1a} 314 f.   {1b} 371.
{2}   CANTOR, M. [1] 263.   CAJORI 36.   BOYER [2] 141.

{3}   *GREEK MATH.WORKS II*/Thomas: {3a} 183 ff. {3b} 191 (Fig.: *AZ* geg. *KMNΔ* zu
      kurz).

{4}   *ARCHIM.WERKE*/Heath: {4a} 296-304. {4b} 299.

{5}   *ARCHIM.WERKE*/Czwalina: {5a} 26 ff. {5b} 33 f. (Fign.18, 19: *AG* über 50% zu
      kurz). {5c} 62 f.

{6}   BECKER: {6a} [3] 99 (Fig.62: falsche Wiedergabe von {7a}). {6b} [4] 51 f.

{7}   HEATH [2]: {7a} 71 (Figur). {7b} 557.

{8}   KNORR: {8a} 162 ff. (Fign.7,8,9 mangelh.). {8b} 165 f. {8c} 201, Notiz 55.

{9}   GERICKE [1]: {9a} 120 ff. {9b} 122.

{10} EDWARDS, JR.: {10a} 135 (Fig.7). {10b} 134 ff. (Fig. 8 fehlerhaft). {10c} 55.

{11} EUKLID: {11a} 45 (Def.2). {11b} 57, §16.

{12} BOYER [2] 141. *SOURCE B.* ... [1]/Struik 222. STILLWELL [1] 150.

{13} BOURBAKI [5] 196.

II.I   Des Pappos' „Satz von Guldin"

Gut fünfhundert Jahre nach Archimedes kam es im griechischen Kulturkreis noch einmal zu
ein wenig Rückbesinnung auf die große Zeit. Führend war der Alexandriner Pappos, der sich
auch mit der Volumenberechnung von Rotationskörpern einen Namen machte.[1a]

Bei Archimedes rotierten symmetrische Flächen um ihre Achsen, bei Pappos brauchte
die Drehachse nur in der Ebene der erzeugenden Figur zu liegen. Das Volumen des Drehkör-
pers bestimmte Pappos als das Produkt aus dem Flächeninhalt und der Länge des Kreises,
den der Flächenschwerpunkt bei der Drehung beschreibt. Begründungen wurden nicht mitge-
liefert, doch dürfte Pappos wie später Kepler und Guldin vorgegangen sein.

Archimedes zerlegte, insgeheim, das Parabelinnere in Strecken statt schmaler Streifen,
das Paraboloid in ebene Flächen statt flacher Scheiben (s. I.A.5, II.D u.G). Als es um den
Inhalt der Kreisfläche ging, dürften seine Atome jedoch Gestalt angenommen haben, nämlich
die von „dreieckigen Sektoren", und beim Kugelvolumen sieht man ihn entsprechend agieren
(II.E). Nicht weniger phantasievoll gehen Pappos und Kepler mit den Drehkörpern um. Wir
zeigen das am Torus, dem Rettungsring von kreisförmigem Querschnitt.[2]

Abb.II.7/links gibt die Idee, nach der die Kreisfläche in infinitesimale Sektoren zerlegt
und daraus zu einem Rechteck zusammengesetzt wird. Entsprechend soll nun aus dem Torus
ein Zylinder werden. Dazu schneide man den Ring mittels axialer Ebenen in keilartige Segmente und packe je zwei benachbarte nach Abb.II.17/rechts so zusammen, dass der konvexe
Außenrist der einen Scheibe beim konkaven Innenrist der anderen ansetzt. Dadurch kommt
eine stracke Wurst zustande, deren Buckel und Falten mit fortschreitender Teilung ausgebü-
gelt werden. Am Ende steht ein Zylinder. Steht auf dem Erzeugerkreis und ist so hoch wie
der Weg lang ist, den der Kreismittelpunkt bei seinem Umlauf nimmt.

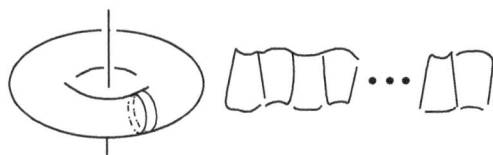

Abb. II.17 *Zur Volumenbestimmung eines Rotationskörpers: Ausstrecken des Torus durch Umstellen seiner infinitesimalen Segmente.*

Die gezeigte Schnitzel-Technik wurde durch Kepler publik. Er verwendete sie unter anderem bei seinem berühmten *„Apfel"*, wo die Drehachse zwischen Zentrum und Rand des erzeugenden Kreises verläuft.[3] Sein Zeitgenosse Paul Guldin stellte 1640 systematisch „Regeln" auf für die Inhaltsbestimmung bei Rotationskörpern und -flächen.[1b]

Wir begegnen hier einer Weiterzüchtung demokritscher Scheibchen. Einer offenbar erfolgreichen. Im 16. und 17. Jahrhundert wird man damit fortfahren und beachtliche Integrationen ohne Integralrechnung zuwege bringen (s. II.L, M u.N).

{1}   KNORR: {1a} 264 ff. {1b} 264.
{2}   POPP 34 f.
{3}   BARON 111-114. VAN MAANEN 74-76 (Abb.2.18: „Apfel"?!).   WIELEITNER [2] 62-70.

II.J   Oresmus: Summierung einer nicht-geometrischen Progression

Schon in I.C.1 hatten wir uns mit Oresmus angefreundet, dem mittelalterlichen Vorreiter einer infinitesimalen Mathematik, der seiner Zeit weit vorausritt. Er gilt als der Initiator gleichnishafter Darstellung von Bewegungsabläufen. Anders als in unserem Weg-Zeit-Diagramm finden sich bei ihm die Weglängen durch Flächeninhalte wiedergegeben. Damit verschafft er sich die Möglichkeit, auch die ungleichförmig ungleichförmigen Bewegungen darzustellen, also beliebig beschleunigte oder verzögerte. Abb.I.6 wurde von Oresmus, wie dort beschrieben, interpretiert als Graph einer solchen wenn auch unnatürlichen Bewegung.[1a] Oresmus berechnete den Gesamtweg mittels der geometrischen Reihe.

Eigentlich jedoch war es wohl so: Das Wegproblem war zweitrangig gegenüber der mathematischen Herausforderung, die geometrische Reihe sozusagen „geometrisch" aufzusummieren (freilich nicht *more geometrico* in Archimedes' Sinne).

Im Falle des gegenwärtigen Themas ging die Pseudophysik voraus. Und zwar hatte Oxfords Richard Swineshead (alias Suiseth) ein Gedankenexperiment angestellt, bei dem statt der Laufzeit die Geschwindigkeit ins Uferlose wächst. Das Problem des endlichen Gesamtwegs hatte er gelöst, allerdings verbal, wortreich.[1] Oresmus besaß den passenden Schlüssel, es quasi analytisch zugänglich zu machen.[2]

Das Szenario: Eine Laufzeit T sei zerlegt in die unendliche Folge von Abschnitten der Dauer $T/2$, $T/4$, ... , $T/2^k$, ... , begründet durch den Reihenwert $\sum_1^\infty (\tfrac{1}{2})^k = 1$ (vgl. Abb.I.6). Auf diesen Intervallen seien nacheinander die konstanten Geschwindigkeiten v, $2v$, ... , $k\,v$, ... angenommen. Frage: Gibt es unter diesen fiktiven Gegebenheiten einen endlichen Gesamtweg und damit den Durchschnitt dieser unbegrenzten Geschwindigkeiten?

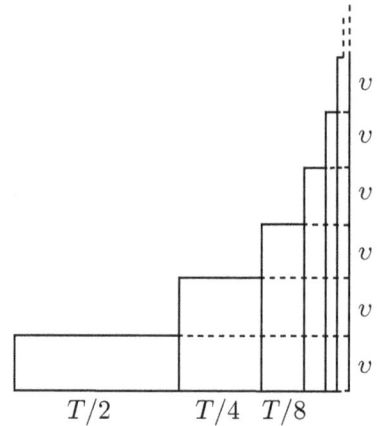

Abb. II.18 *Oresmus:* $\sum_1^\infty k\,(\tfrac{1}{2})^k = 2$.

Auf dem k-ten Zeitabschnitt wird die Strecke $(k\,v)\,T/2^k$ zurückgelegt und damit insgesamt die Weglänge

$$W := \sum_{k=1}^\infty (k\,v)\,\frac{T}{2^k} = vT \sum_{k=1}^\infty k\,(\tfrac{1}{2})^k \tag{1}$$

in Gestalt einer Reihe, die wir nach einer Weile „Diff-Int" leicht mit der geometrischen in Verbindung bringen (Differenziation, abelsche Summation). Auch Oresmus musste das schaffen. Ähnlich wie bei I.Abb.6 hat er es wieder mit einer unübersehbaren „Fläche" zu tun, diesmal unter einem Geschwindigkeit-Zeit-Graphen. Wieder wechselt er den Blickwinkel.

In Abb.II.18 sind die Wegabschnitte funktionsgerecht durch *nebeneinander stehende* Rechtecke dargestellt. Oresmus baut die Fläche von unten her auf, schichtet sie als Treppe *übereinander liegender* Rechtecke. Dabei werden die Stufenlängen T, $T/2$, $T/4$, ... ihrerseits bereits zu Grenzwerten, nämlich

$$\frac{T}{2^l} = \sum_{k=l+1}^\infty \frac{T}{2^k}, \quad l = 0, 1, \dots.$$

(Mit den Stufen werden nicht „wirkliche" Weglängen im Sinne aneinander grenzender Wege aufaddiert.) Somit bilden auch die Stufengrößen $v \cdot T/2^l$ eine geometrische Progression. Nach „Augenschein" setzt Oresmus

$$W = \sum_{l=0}^\infty v \cdot \frac{T}{2^l} = vT \sum_{l=0}^\infty (\tfrac{1}{2})^l = 2\,vT. \tag{2}$$

Für uns besteht der Zusammenhang zwischen (1) und (2) in der *Behauptung*

$$\sum_{k=1}^\infty k\,(\tfrac{1}{2})^k = \sum_{k=0}^\infty (\tfrac{1}{2})^k. \tag{3}$$

Bei der Umformung

$$\sum_1^n \left(\tfrac{1}{2}\right)^k = \sum_1^n [k-(k-1)] \left(\tfrac{1}{2}\right)^k = \sum_1^n k \left(\tfrac{1}{2}\right)^k - \sum_1^{n-1} k \left(\tfrac{1}{2}\right)^{k+1}$$

$$= n \left(\tfrac{1}{2}\right)^n + \sum_1^{n-1} k \left(1-\tfrac{1}{2}\right) \left(\tfrac{1}{2}\right)^k$$

entsteht rechter Hand außer einer Nullfolge, und bis auf einen Faktor, die Teilsummen-Folge der rätselhaften Reihe in (1). Der Grenzübergang liefert

$$\sum_1^\infty \left(\tfrac{1}{2}\right)^k = \tfrac{1}{2} \sum_1^\infty k \left(\tfrac{1}{2}\right)^k ,$$

was sich mit (3) deckt. Die gesuchte Durchschnittsgeschwindigkeit wäre also $W/T = 2\,v$. Der allgemeinen Fall $|x| < 1$ der Potenzbasis $x = \tfrac{1}{2}$ kam erst nach 1500 zur Sprache.[3]

{1}   JUSCHKEWITSCH: {1a} 403 f.   BOYER [2] 292 f.
{2}   BARON 85 f.   BECKER [4] 133 (Fig.36: Zeitskala falsch).   STILLWELL [1] 170 f.
{3}   JUSCHKEWITSCH 411, 402 (Alvarus Thomas).

II.K   Kepler: Per aspera ad astra

Was ist besser, als einen Fehler zu machen? Zwei, könnte meinen, wer Kepler auf seinem holprigen Weg zu den Wandelsternen begleitet. Bei der Begründung des zweiten seiner drei Gesetze heben sich nämlich zwei Fehler auf.

Nicht erst seit den platonischen Griechen hatte sich die Überzeugung festgesetzt, auch die Planeten müssten auf irgendeine Art „kreisen" (s. I.C.2). Natürlich um uns Menschen. Wollten die Dinger nicht rund laufen, so setzte man sie auf Kreise, die ihrerseits auf erdzentrierten Kreisen rollten (Epizyklen[1]) oder diesen wenigstens mit ihrem Mittelpunkt folgten.[2a] So suchte man der beobachteten Bahnschleifen Herr zu werden, was Ptolamaios[2a] am Ende erstaunlich gut gelang und später als Vorwand diente, das heliozentrische System abzulehnen. Kopernikus hielt es mit der pythagoreischen Harmonie des Einfachen. Er musste jedoch die Welt erst auf den Kopf stellen und die Planeten auf die Sonne zentrieren, um den Kreis wieder in sein altes Recht einzusetzen, selbst Planetenbahn zu sein.

Was jedoch Tycho Brahe und Kepler am Perihel, in Sonnennähe, zu sehen bekamen, das war beileibe kein Kreisbogen. Die Sonne schien ein Brennpunkt, nämlich der einer Ellipse. Nur höchst widerwillig verabschiedete sich Kepler von der vertrauten, der „natürlichsten" Annahme und erfuhr auch Widerstand aus eigenen Reihen: *„Mit dieser Ellipse hebst du die ... Gleichförmigkeit der Bewegungen auf, was mir absurd erscheint"* (David Fabricius).[3] Auch Galilei nahm Kepler die Ellipse nicht ab.

Keplers erstes Gesetz rückt die Sonne in jeweils einen Ellipsen-Brennpunkt. Als die Planeten noch auf Kopernikus' Karussell ihre Kreise zogen, beschrieb jeder in gleichen Zeitspannen gleichlange Bögen, weshalb auch der „Sonnenstrahl", der ihn mit dem Zentralgestirn verband, gleichgroße Sektoren überstrich. Auf Keplers Parcours musste sich der Planet nahe der Sonne beeilen, um nicht von ihr vereinnahmt zu werden. Wäre nicht doch noch etwas vom guten alten Gleichmaß zu retten? Niemand wünschte sich das sehnlicher als Kepler, und so las dieser aus seinen Beobachtungen Folgendes heraus: Der Planet bewegt sich auf einer Ellipse so, dass der von der Sonne auf ihn gerichtete „Radiusvektor" *in gleichen Zeiten gleiche Flächen* überstreicht. Eine recht realistische Beschreibung, dieser *„Flächensatz"*, auch wenn wir heute wissen, dass der Vorgang etwas verwickelter ist. (Von Störungen abgesehen, bewegen sich Jupiter und Sonne auf Ellipsen mit einem gemeinsamen Brennpunkt, dem Schwerpunkt ihrer vereinigten Massen: Der liegt noch außerhalb der Sonne!)

*

Wir wollen hier nachstellen, wie Kepler seine im Wesentlichen richtige Vermutung theoretisch zu untermauern suchte.[4a] Er erwartete, sie auf eine einfachere Annahme zurückführen zu können, sofern die Geometrie mitspielte.

Kepler stellte fest, dass das Produkt $v\,r$ aus Bahngeschwindigkeit und Sonnenabstand in den Hauptscheiteln der Ellipse denselben Wert hat. Das war korrekt. Kurzerhand interpolierte er und verfügte $v \sim 1/r$ für die gesamte Bahn, ging also aus von einer Beziehung $1/v = c\,r$ mit konstantem c.

Das war ein Fehler, der erste. Um die Beziehung zwischen Weglänge und Laufzeit allgemein in den Griff zu bekommen, verfolgte Kepler den Weg zwischen den Endstationen eines Zeitintervalls mit „kurzen" Strecken gleicher Länge s, auf denen nacheinander die konstanten Geschwindigkeiten $v_1, \ldots, v_n$ angenommen werden. Diesen Polygonzug zu durchlaufen braucht es die Zeit

$$\sum_1^n \frac{s}{v_k} = c \sum_1^n s\,r_k\,, \tag{1}$$

– der irrigen Annahme zufolge.

Nun zum zweiten Fehler, zur Flächenberechnung. Die Ecken des Polygonzugs markieren Sektoren der Ellipse, die sich im Falle ihrer Kreisform, ältester Tradition gemäß (II.E; vgl. Abb.II.7), durch die Dreiecke vom Inhalt $\frac{1}{2}\,s\,r_k$ vertreten lassen können. Im vorliegenden Fall ist das noch nahe der Hauptscheitel möglich, jedoch nicht allgemein und schon gar nicht bei einem Sektor wie in Abb.II.19. Dennoch beruft sich Kepler auf Archimedes[4b] und deutet $\frac{1}{2}\sum_1^n s\,r_k$ schlechthin als Näherung für den Inhalt der Sektorenfläche. Das brächte Kepler mit (1) ans Ziel: Gleiche Laufzeit, gleiche Fläche.

Diskutieren wir seine Flächenbestimmung! Hinter der Beziehung II.E/(2) standen elementare Dreiecke, deren Höhen sich dem Radius anglichen. In Abb.II.19 (wo beide „s" dicht unter ihren Bögen stehen müssen) geht es um stumpfwinklige Elementardreiecke mit Grundseite s und Höhe h, die bei schrumpfendem s dem Radiusvektor nicht näherkommen. Ein Zerrbild täuschte Kepler.

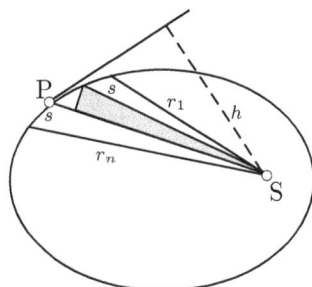

Abb. II.19 *Zu Keplers falscher Begründung seines richtigen Flächensatzes.*

Dieser hatte sich Archimedes' heuristische Technik zu Eigen gemacht. Vertraute er dabei zu sehr auf die geringe Exzentrizität der Bahnellipse? Oder sollte er hier gar die Strecke der Länge s nicht als Grundseite, sondern als Höhe des Elementardreiecks aufgefasst haben? (Dem käme gleich, den Flächeninhalt $\frac{1}{2}\,s\,r$ durch das schattierte Dreieck zu realisieren. Für die Höhe h' bezüglich der Grundseite PS liegt hier das Verhältnis $h':s$, genähert der Sinus des Winkels zwischen Tangente und PS, weit ab vom Wert 1 an den Hauptscheiteln.) In (1) fanden sich weder Laufzeit noch Sektorenfläche allgemein repräsentiert. Ein Trugschluss auf die Wahrheit! Newton wird die Sache in Ordnung bringen, mit Polarkoordinaten (II.T).

*   *   *

Am auffälligsten zeigte sich der Fächensatz wohl am Merkur. In Sonnennähe bekam er einen Schwung, so wie man ihn sich heute in der Raumfahrt zunutze macht: Zwecks Zeitersparnis lässt eine „Swing-by-Technik" die Sonden um die Planeten herum Slalom laufen.

{1}   CAJORI 43.   V. MANGOLDT; KNOPP 404 f.
{2}   BOYER: {2a} 187 f. {2b} 188.
{3}   HEUSER [5] 328.
{4}   EDWARDS, JR.: {4a} 99-101 (Fig.1 ist keine Ellipse bzgl. S). {4b} 101.

II.L   Das Cavalierische Prinzip in der Hand von Roberval

Es ist die Phase vor dem Calculus. Handwerkliches Geschick ist gefragt, findet ständig neue Herausforderung. Wie sie zum hervorragenden Beispiel von einer Kurve ausgeht, die noch die nächste Epoche durchgeistern wird: die *Zykloide*, die gemeine.{1a,e} „Helena der Geometer"{1b,g} hieß sie der Kontroversen wegen, die sie auslöste. Die Großen der Zeit beschäftigten sich allesamt mit ihr, man sprach von einem Zykloidenfieber.

Die verschiedenen Typen von Zykloiden sind, mechanisch erzeugt, periodische „Rollkurven". Doch anders als die archimedische Spirale schienen sie naturgegeben, sollten nämlich ptolemäische Planetenbahnen nachstellen (I.C.2). Nicht aus diesem, sondern einem äs-

thetischem Grunde interessierte sich ihr Namengeber Galilei für sie, und zwar für den genannten Prototyp der gewöhnlichen Zykloide.[1g,i.2a] Um sie geht es hier.

Man *sieht* sie als Leuchtspur einer Lichtquelle als Randpunkt eines Rades, das geradlinig
geführt wird und gleichförmig umläuft[1j]; es sieht aus, als habe ein Känguru sich das Lämp-
chen zwischen die Zehen geklemmt. Offiziell heißt das Rad „*der erzeugende Kreis* der Zykloide". Seit die Kurve nicht mehr in der Astronomie gebraucht wird, schaut man nur mehr
auf *eine* Periode. Auch bei der reicht eine Hälfte: In Abb.II.21 ist es der untere Bogen Z von
A bis C (desgleichen in Abb.II.45); er wird an BC gespiegelt fortgesetzt. Anfangs für ein
Stück Ellipse gehalten[2b], sollte sich die Kurve bald von spektakulärer Eigenart erweisen.
Dem späteren Studium ihrer Eigenschaften (in II.U) ist dienlich, sie nach unten zu spiegeln.[3]
Das tun wir daher schon jetzt und lassen den Erzeugerkreis längs einer *darüber* liegenden Ge-
raden in positivem Drehsinn abrollen (Abb.II.20).

Die Fläche zwischen Periodenbogen und Führungsgeraden will mit der Größe jenes Kreises verglichen sein. Galilei hatte die richtige, ihn aber unglaublich anmutende Vermutung,
als er Papiermodelle auswog.[1g.2a] Mit Indivisiblen wurde die Fläche dann ausgelotet[2d,e]
von Galileis Schüler Torricelli, von Fermat, Pascal und – wie anschließend ausgeführt   –
durch Roberval[1j.2c,e.4]. (Descartes fügte eine Exhaustion hinzu.) Zur Anwendung gelangt
hier Cavalieris Prinzip (s. I.C.3) zum einen in klassischer Weise (1.), zum anderen in einer
kinetischen Spielform (2.).

$$* \quad * \quad *$$

Zunächst beschreiben wir die erste Halbdrehung des erzeugenden Kreises. Abb.II.20 zeigt
ihn in zwei Rollphasen. Zu Beginn liege der „radfeste Punkt Z" auf A. Als solcher durch-
läuft er beim Abrollen die Positionen Z_φ, $0 \le \varphi \le \pi$. Das Rad vom Radius 1 wickelt bei Drehung um $\varphi \in (0, \pi]$ (s. II.H) die Bogenlänge φ ab und legt somit die Streckenlänge $x = \varphi$
zurück. Danach nehmen Rad und radfester Punkt die Positionen $\mathcal{R}_\varphi$, $\mathcal{R}_\sigma$ ein. Die Sehne von
$\mathcal{R}_\varphi$ in Höhe von Z_φ wird halbiert durch C_φ. So entsteht die von A nach C führende Kurve C
$:= \{C_\varphi : 0 \le \varphi \le \pi\}$, für Roberval «*le compagnon de la cycloide*». (Denn ein Zusammenhang
mit Winkelfunktionen, wie unten hergestellt, ließ sich trotz deren langer Geschichte derzeit
noch nicht erkennen.) Den Zykloidenbogen $Z = \{Z_\varphi : 0 \le \varphi \le \pi\}$ selbst zeigt erst Abb.II.21.

1. (Abb.II.20:) C halbiert das 2π große Rechteck ABCD.
   Es reicht zu zeigen, dass die links von C gelegene Fläche EMA so groß ist wie FMC
   rechts von C. Dann nämlich sind auch die restlichen Flächen CDEM, ABFM gleich. Ge-
   trennt nach Drehwinkeln $\varphi \in [0, \pi/2]$ und deren Supplementen $\sigma := \pi - \varphi \in [\pi/2, \pi]$ betrachten wir die Radpositionen $\mathcal{R}_\varphi$, $\mathcal{R}_\sigma$. Die Lote von C_φ auf AD und von C_σ auf BC
   haben gleiche Länge, nämlich φ; der Abstand des ersten Lotes von der Kante AB gleicht
   dem Abstand des zweiten von CD. Das bedeutet: Beide Lote bilden ein Paar vergleichbarer Indivisiblen im Sinne Cavalieris. Daher sind EMA und FMC *flächengleich*. (Die
   Spiegelung von FMC an FM ermöglicht diesen Vergleich in der Standardform von
   Abb.I.8a. Bezüglich der Argumentationen in {1j.5} vergleiche mit Abb.I.8b.)

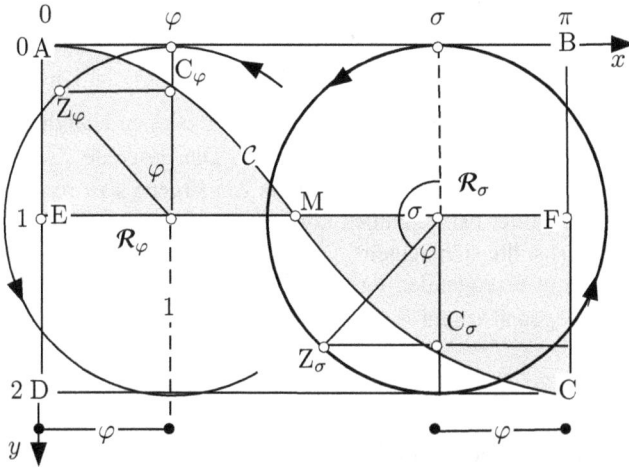

Abb. II.20 *Die Konstruktion der von A nach C führenden Kurve. (Zu x, y siehe (1) unten.)*

2. (Abb.II.21 :) $|\mathcal{F}| = |\mathcal{H}|$.

Jetzt braucht es Phantasie, um cavalierische Korrespondenz zu erkennen. Wir verfolgen die Halbsehnen des Kreises in ihren laufenden Positionen $Z_\varphi C_\varphi$, $\varphi \in [0, \pi]$, und zwar auf zweierlei Weise. Von außen betrachtet, vor der Kulisse der Zeichenebene, überstreichen sie den Fisch $\mathcal{F}$, bilden parallele Indivisiblen. Was aber sieht ein mitfahrender Beobachter? Er nimmt beim Rad nur die Rotation wahr. Für ihn durchwandert der radfeste Punkt die Peripherie des Halbkreises $\mathcal{H}$ und lässt die dortigen Halbsehnen entstehen. Je nach Standpunkt des Betrachters entwickeln sich so die vergleichbaren Indivisiblensätze $\mathcal{F}$ und $\mathcal{H}$ mit der geometrischen Konsequenz: Die Fläche $\mathcal{F}$ zwischen Z und C ist halb so groß wie der erzeugende Kreis.

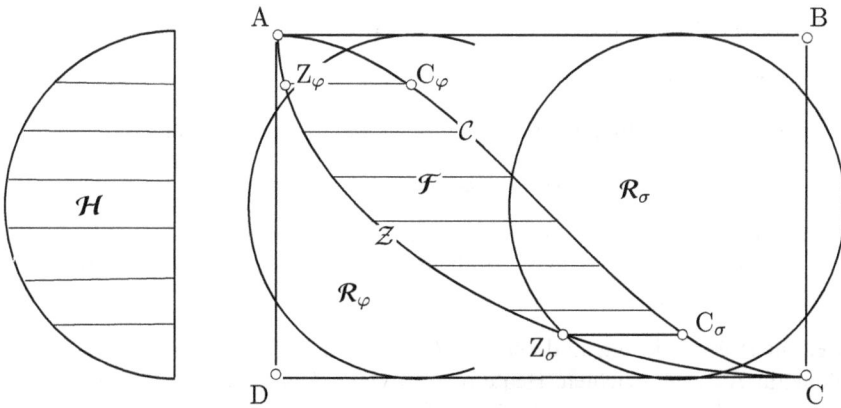

Abb. II.21 *Rechtsbündige Horizontal-Verschiebung der Halbsehnen des erzeugenden Kreises.*

Fazit aus (2.) *und* (1.): Die Fläche zwischen AB und dem Zykloidenbogen Z setzt sich zusammen aus $\mathcal{F}$ und der daran anschließenden Hälfte von ABCD, hat also die Größe $|\mathcal{H}|$ $+ \pi = \frac{3}{2}\pi$. Lässt man das Rad nach der Halbdrehung rückwärts laufen und spiegelt diesen Vorgang an BC, so sieht man, wie sich Z und C bei der zweiten Halbdrehung symmetrisch fortsetzen zur Periode von „Zykloide und Begleiter". Die gesuchte Zykloidenfläche misst mithin 3π, das *Dreifache* des erzeugenden Kreises. Ein Ergebnis zu rund und zu schön, als dass es sein Entdecker Galilei hätte glauben können.[1g] Kurz nach Neil's Rektifikation der kubischen Parabel (II.Q) sollte sich zeigen[1d.6], dass die Bogenlänge der Zykloide in ähnlich einfacher Beziehung zum erzeugenden Kreis steht: Z misst das Doppelte des Kreisdurchmessers, der Periodenbogen also sein *Vierfaches* (s. II.U/(1)).

*   *
*

Wie schon angedeutet, sollte die Zykloide viel von sich reden machen. Eine weitaus größere Karriere wartete jedoch auf die von Roberval zum Mitläufer gestufte Kurve C. Diese Rolle spielte sie noch bis zur Eulerzeit.[1i] Ein C wie **C**ompagnon, doch auch wie **C**omplementi sinus – damit erscheint ihr Bogen in unseren Figuren so, wie wir die Cosinuskurve gewöhnlich sehen.

Mit kartesischen Achsen von A nach B bzw. D erhalten wir Parameterdarstellungen von C und Z wie folgt. Dazu verhelfen die beiden Dreiecke in Abb.II.20, wo nunmehr $\varphi \in [\pi/2,$ $\pi]$ die Rolle des früheren σ übernimmt. Sei also $\varphi \in [0, \pi]$; alternative Formen der trigonometrischen Funktionen beziehen sich nacheinander auf die Bereiche $0 \le \varphi \le \pi/2$, $\pi/2 \le \varphi \le \pi$. Die kartesischen Koordinaten von C_φ, Z_φ lauten

$$C_\varphi : x = \varphi, \qquad\qquad y = 1 - \cos\varphi = 1 + \cos(\pi - \varphi);$$
$$Z_\varphi : x = \varphi - \sin\varphi = \varphi - \sin(\pi - \varphi), \qquad y = 1 - \cos\varphi = 1 + \cos(\pi - \varphi).$$

Die Fortsetzung auf den Bereich $\pi \le \varphi \le 2\pi$ besorgt, wie gesagt, die Spiegelung an BC; ähnlich wie oben schreiben wir sie an für Z_φ, je nachdem $\pi \le \varphi \le 3/2\,\pi$, $3/2\,\pi \le \varphi \le 2\pi$:

$$Z_\varphi : x = \varphi + \sin(\varphi - \pi) = \varphi + \sin(2\pi - \varphi), \quad y = 1 + \cos(\varphi - \pi) = 1 - \cos(2\pi - \varphi).$$

Alles Übrige ist 2π-periodische Fortsetzung. Für unsere Zykloide heißt das:

$$x = \varphi - \sin\varphi, \quad y = 1 - \cos\varphi \quad (\varphi \ge 0). \tag{1}$$

Ein anderer Radius des Erzeugerkreises wird gleichermaßen zum Faktor von x und y, ändert also nicht die Form der Kurve. Auf die Rollbahn setzt sie senkrecht auf, was Abbildungen oft „sehr auffällig" vermissen lassen (s. etwa {1c,f,h,*l*.2d,e.3}).

Soweit die stolze Leistung all derer, die Galileis Faszination teilten und sich sein Quadraturproblem zur Aufgabe machten. Heute mag es vielen kaum mehr bedeuten als eine müde Übungsaufgabe, als Einsetzung in die Inhaltsformel für Flächen mit parametrisierter Berandung[7]. Dass dabei eine ganze Zahl herauskommt, was soll's? Doch wie viel Vorurteil stand dem im Wege, wie viel Esprit war nötig, es zu überwinden!

{1}   BOYER [2]: {1a} 389 f. {1b} 389. {1c} 391. {1d} 419.— KLINE [1]: {1e}
      350f. {1f} 353.— WHITMAN: {1g} 310. {1h} 311.— *SOURCE B. ...* [1] /Struik:
      {1i} 232. {1j} 233. {1k} 234 (Bew.zu Prop.2).
{2}   {2a} CAJORI 162.— BARON: {2b} 156. {2c} 157-160.— PRAG: {2d} 382.
      {2e} 383.
{3}   FRASER 452, 454. EDWARDS 252, Figure 10.
{4}   SCRIBA; SCHREIBER [1] 348 f. [2] 372 f.
{5}   PEIFFER; DAHAN-DALMEDICO 189.
{6}   STILLWELL [1] 318.
{7}   KNOPP 205-207.

II.M   Cavalieris Prinzip und Torricellis Trompete

Bislang wurde das Calierische Prinzip nur zum Größenvergleich *ebener* Figuren angewandt; das war bei Abb.I.8a, Abb.II.2, Abbn.II.20 u.21. Großvater des Prinzips war Demokrit, der geometrische *Körper* inhaltstreu umformte, indem er „atomdicke" Parallelschichten virtuell gegeneinander verschob (II.A). Wie Archimedes, so reduzierte auch Cavalieri die Schichten auf *Flächen* und stellte fest: Zwei im Raum fixierte Körper haben gleichen Inhalt, wenn parallele Ebenen aus ihnen, falls überhaupt, jeweils Paare *gleich großer* Flächen herausschneiden – nicht notwendig kongruenter, wie es der Verschiebung entspräche. Sodann allgemein: Haben all jene Flächenpaare dasselbe Inhaltsverhältnis, so ist dies zugleich das Volumenverhältnis der Körper. Entsprechendes gilt für zwei in derselben Ebene gelegene Flächen und ihre Schnitte mit parallelen Geraden (wie bei Abb.I.8a).

Eine bildschöne Inhaltsbestimmung Cavalieris führt Kugel auf Kegel zurück.[1.2a] Abbn. II.22 zeigen im Aufriss einen Kreiszylinder Z (Radius R), dem eine Halbkugel $\mathcal{H}$ und ein Kegel $\mathcal{K}$ einbeschrieben sind, sowie jeweils die Schnittspur einer Ebene parallel zum Zylinderboden im Abstand h. Schauen wir, was in Höhe h geschieht! Die Ebene schneidet jeweils aus der Halbkugel den Kreis vom Radius $r = \sqrt{(R^2 - h^2)}$ und aus dem *kraterförmigen* Restkörper $Z \backslash \mathcal{K}$ den im Aufriss fett markierten Kreisring vom Inhalt $\pi(R^2 - h^2)$ heraus. Kreis und Kreisring haben (selbst wenn sie sich wie in Abb.22b überlappen) den gleichen Flächeninhalt – folglich sind Halbkugel und Krater nach Cavalieris Prinzip gleich groß:

$$|\mathcal{H}| = |Z \backslash \mathcal{K}| = |Z| - \tfrac{1}{3}|Z| = \tfrac{2}{3}\pi R^2 \cdot R = \tfrac{1}{2} \cdot \tfrac{4}{3}\pi R^3.$$

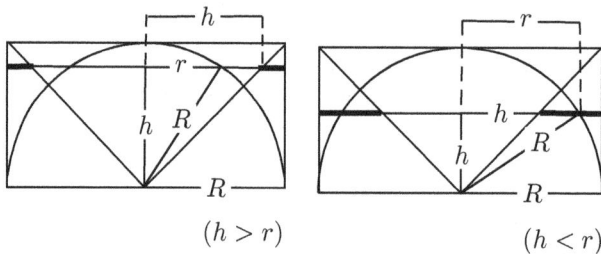

$(h > r)$ $(h < r)$

Abbn. II.22 a,b   *Mit Cavalieri zum Kugel-Volumen. Halbkugel, Kegel und der den beiden umbeschriebene Zylinder im Axialschnitt.*

*   *

*

Im voraufgehenden Kapitel II.L sahen wir Cavalieris Strecken-Indivisiblen in einem kinematischen Modell agieren. Noch weiter ging sein enger Freund, der geniale[3a] Evangelista Torricelli[2b.3b]. Er wusste dessen Prinzip auf eine prinzipiell andere Art zu übertragen: auf *krumm*linige und -flächige. (Siehe auch I.C.3.)

Eingangs wurde das allgemeine Cavalieri-Prinzip formuliert, wonach sich das Verhältnis der Schnitte auf das der geschnittenen Objekte überträgt. Euklids Satz über das Flächenverhältnis gleich hoher Dreiecke würde Cavalieri so begründen: Alle wie in Abb.I.8a gebildeten Paare von Binnenstrecken stehen (nach Strahlensatz) im selben Verhältnis wie die Basen; es ist das Flächenverhältnis der Dreiecke.

Betrachten wir nun zwei Kreise, deren Umfänge z.B. im Verhältnis 1:2 stehen. Ihre konzentrischen Binnenkreislinien lassen sich zu Paaren vom selben Längenverhältnis ordnen. In falscher Analogie zu den Dreiecken könnte man nun die eine Kreisfläche für doppelt so groß wie die andere halten.[4] Wenn man den Abgleich von Indivisiblen auf eine neue Spezies erweitern wollte, musste man sich an Abb.I.8a ein Vorbild nehmen.

 Dort war die Paarbildung der parallelen Indivisiblen an die Einhaltung gewisser Abstände gebunden. Zum Beispiel an den gleichen Abstand zu einer Bezugs*geraden* wie der gemeinsamen Grundlinie, doch ebenso gut an den gleichen lotrechten Abstand von einem Bezugs*punkt* wie etwa einer der Dreieck-Spitzen.

Sicherlich kannte Torricelli die Skizze, mit der Archimedes den Flächenvergleich zwischen einem Kreis und dem rechtwinkligen Dreieck illustrierte, wo Radius und Umfang die Katheten bilden. Das Original findet sich in II.E/{1b.2b}. Wir beziehen uns auf {5a} in der Form von Bild {2c}, wie es in Abb.II.23a wiedergegeben ist (wo jedoch die Binnenstrecke des Dreiecks den Binnenkreis berühren muss, so wie es $\mathcal{U}$ beim Außenkreis soll). Diese „archimedische" Abbildung simuliert den Abgleich von Indivisiblen: Eine Kreislinie vom Radius r, also „im Abstand r vom Zentrum", erscheint gepaart mit der zur Dreiecksbasis parallelen Binnenstrecke im Abstand r von der Dreiecksspitze, und beide sind von gleicher Länge. Wurde Torricelli davon inspiriert, als er das Volumen seiner „Trompete" (Abb.II.24/ rechts) suchte? Sein Diagramm {5b} lässt es vermuten.

In beiden Abbn.II.23 stimmen die Länge des äußeren Kreises und der Strecke $\mathcal{U}$ überein; entsprechend hat jeweils eine zu $\mathcal{U}$ parallele Binnenstrecke des Dreiecks dieselbe Länge wie der Binnenkreis, bei dem sie aufsetzt. Umgekehrt findet sich jede der konzentrischen „Indivisiblen" ausgestreckt im Dreieck wieder. Jedoch ist nur bei Abb.II.23a das Dreieck ebenso groß wie der Kreis; Abb.II.23b weist kleinere Dreieckshöhe auf. Nur für die erste Konfiguration trifft zu: $\mathcal{U}$ und die Kreislinie haben denselben Abstand zum Mittelpunkt, nämlich den Kreisradius; dasselbe gilt für jede zu $\mathcal{U}$ parallele Strecke im Dreieck und den Binnenkreis, an dem sie als Tangente endet.

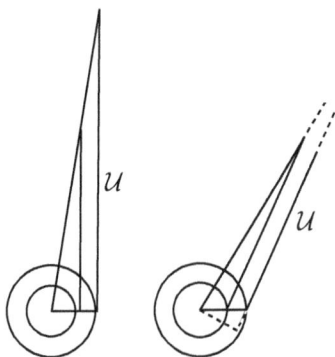

Abb. II.23 a,b *Torricellis Exempel zum erweiterten cavalierischen Prinzip: Die Kreisquadratur des Archimedes mit Hilfe krummliniger Indivisiblen.*

Wer sich die verbreitete und in I.C.3 monierte Argumentation zu eigen macht, der zufolge eine längentreue umkehrbare Zuordnung von Indivisiblen die Flächengleichheit ihrer Gesamtheiten begründe, müsste jetzt in beiden Figuren gleich große Dreiecke erwarten. Wie in {5c} thematisiert, sollte eine Abstandsbeziehung konstitutiv sein für das Prädikat *„gleiche Indivisiblen"*. Nur so lässt sich Cavalieris Prinzip auf einen anderen Typus übertragen. Und dass es gelingt, belegt Torricelli außer im Fall der Abb.II.23a mit der Berechnung des Trompetenvolumens.

*

Als Hohlkörper entsteht Torricellis Trompete, gemäß Abb.II.24/rechts, durch die Rotation der Funktionsgraphen von $y = 1$ $(0 \le x \le 1)$ und $y = 1/x$ $(1 < x)$ um die x-Achse. „Unendlich lang" ließe allerdings noch nicht auf „unendlich viel Blech" schließen, doch hat schon der Aufriss der Figur den Flächeninhalt „ $2 + \int_1^\infty dx/x$ " $= \infty$. Toricelli zeigt, dass die Figur ein *endliches Volumen* umschließt, und zwar mittels eines zu Abb.II.23a analogen Indivisiblen-Vergleichs. Die Rolle der dortigen Binnenkreise spielen jetzt die koaxialen Zylinderflächen

$$Z_r = \{ (x\,|\,y\,|\,z) : y^2 + z^2 = r^2,\ 0 \le x \le \tfrac{1}{r} \},\ 0 < r \le 1, \tag{1}$$

mit ihrem Abstand r von der Trompetenachse. Für diese Flächen sucht er einen nach Größe und Lage vergleichbaren Indivisiblen-Satz, der die Rolle der Binnenstrecken des Dreiecks übernimmt.

Der Inhalt von Z_r ist $2\pi r \cdot (1/r) = 2\pi$, hängt also nicht von r ab! Den gesuchten Satz von Indivisiblen kann ein Kreiszylinder dieses Querschnitts liefern. Als Gegenstück zur Zylinderfläche Z_r soll dabei eine ebenso große Kreisfläche $\mathcal{K}_r$ im Abstand r von der Trompetenachse dienen. Dies leistet der wie in Abb.24/links angeordnete Zylinder $\mathcal{Z}$. Nach dem „Torricelli-Cavalierischen Prinzip" erweist sich das Trompetenvolumen vom Wert $|\mathcal{Z}| = 2\pi$.

Abbn. II.24 links, rechts
Torricellis Anwendung
des erweiterten Cavalie-
rischen Prinzips: Die
Bestimmung des Trom-
petenvolumens mit Hilfe
krummflächiger Indivi-
siblen.

Torricellis Quelltext ist {6a.7a}. Dort heißt es lakonisch: „*alle Zylinderflächen zusammen ... sind so groß wie alle Kreisflächen zusammen*"[6b.7b], jeweils „*omnes simul*"[7b] (ähnlich wie bei Leibniz' ersten Integralen[6b]). In der Kolportage {6a} ist ebenso wenig von Anwendung eines Prinzips die Rede wie bei den kommentierenden Textauszügen in {7b}. Auch Torricelli spricht es nicht aus. Er bezieht sich wohl auf Archimedes' Abb.II.23a, sie erweist sich als trittfeste Stufe: Sein Argument stützt sich auf die Schnittzeichnung {5b.6c}, die unserer Anordnung der Abbn.II.24 zugrunde liegt.

Eine geniale Schlussweise im Geist der Zeit. Cavalieri nennt Torricellis Vorstoß in die „*unendlichen Tiefen dieses Körpers*" einen „*wahrhaft göttlichen Beweis*".[2d] Dessen prinzipieller Fragwürdigkeit bewusst, schiebt Torricelli dennoch eine Begründung à la Archimedes nach.[6d]

Der Italiener hätte zur Entwicklung der Analysis viel beitragen können (s. II.Q u.V)[3c], hatte bereits erfasst, was Newton und Leibniz berühmt machen sollte. Noch nicht vierzigjährig starb Torricelli, einen Monat vor Cavalieri[2e], als die Väter des Calculus noch Kleinkinder waren. So verbindet sich sein Name mit anderem. Er entdeckte das Vakuum, vertrieb auf seine Weise den *horror vacui* von Aristoteles und Descartes. Mit einer Säule aus Quecksilber, 1 mm hoch, setzte man seiner Größe ein Denkmal, das *Torr*. Vom Pascal verdrängt, lebt es weiter in unserem Blutdruck.

*

Die Brücke zur Integralrechnung sollte nicht fehlen (vgl.{7c}). Lassen wir den Trompeten-Aufsatz von der Größe π beiseite, so verbleibt ein Rotationskörper desselben Volumens

$$\int_1^\infty dx \int_0^{1/x} dr\, 2\pi r = \pi$$

nach Vertauschung der Integrationen $\int_0^1 dr \int_1^{1/r} dx\, 2\pi\, r$, die den Aufbau des Körpers in seinen zylindrischen Schichten, den torricellischen Indivisiblen, erkennen lassen.

{1}   STILLWELL [1] 150 (Exerc. 9.2.4/5). SCRIBA; SCHREIBER [1] 347 f, [2] 371 f.
{2}   NIKIFOROWSKI: {2a} 157. {2b} 148-179. {2c} 160 Bild 26. {2d} 161.
      {2e} 154.
{3}   HOFMANN: {3a} [2] 228. {3b} [4] 25-28. {3c} 28.
{4}   TOEPLITZ 57.
{5}   VAN MAANEN: {5a} 70 Abb.2.12. {5b} 71 Abb.2.13. {5c} 70.
{6}   SOURCE B. ... [1]/Struik: {6a} 227-230. {6b} 219. {6c} 229 Fig. 4.
      {6d} 230 Fußn.6.
{7}   WIELEITNER [2]: {7a} 78-80. {7b} 80. {7c} 81.

II.N   Cavalieri, Pascal, Wallis, Fermat: Quadratur von Potenzfunktionen

Das erste Resultat dieser Art verdanken wir Archimedes. Der Flächeninhalt unter dem Graphen der Quadratfunktion ordnet sich seiner Parabel-Quadratur (II.D) unter. Archimedes' Konstruktion war rein platonisch (s. II.D/{6b}), ihre Rechtfertigung ein streng analytischer Beweis. Mit ihm setzte er den Maßstab für sich und die Nachwelt. Diese war zwar nicht Platons Diktat verpflichtet, doch hing das Vorbild der Eudoxos und Archimedes nicht weniger hoch. Für die – nunmehr sprachlich übertragenen – „Quadraturen" der höheren Potenzfunktionen brauchte es zunächst eine leichte Hand.

Der erste große Fortschritt kam von Pröbeleien, die zwar weniger überzeugten als die heuristischen Überlegungen des Archimedes, die jedoch dank ihrer Systematik zunehmend an Vertrauen gewannen. So waren am Ende, ohne jeglichen Calculus, die Potenzfunktionen x^r für rationales $r \neq -1$ mit korrekten Ergebnissen bedacht.

$$*\quad *\quad *$$

Den Anfang machte Cavalieri mit „Parabeln höherer Ordnung" x^3, x^4, ... (s. Abb.I.14), auf die er seine Indivisiblen aus (I.C.3) ansetzte.[1a.2a] Der Einstimmung diente die Quadratur der Potenzfunktion x^1 ($0 \le x \le a$), anhand von Abbn.I.9 vorgestellt als die Beziehung

$$\Sigma\, x^1 = \tfrac{1}{2}\, \Sigma\, a^1 \tag{1}$$

zwischen „Gesamtheiten" von Indivisiblen. Gelegentlich werden wir, wie auch Cavalieri, nicht zwischen Gesamtheit und ihrem Maß unterscheiden.

Archimedes' Parabel-Quadratur $\int_0^a x^2\, dx = \tfrac{1}{3}\, a^3$ (II.D/Ende) erscheint bei Cavalieri in der zu (1) analogen Gestalt

$$\Sigma x^2 = \tfrac{1}{3} \Sigma a^2, \tag{2}$$

mit quadrierten Längen-Indivisiblen x, a. Wie Abb.II.25 erkennen lässt, füllt die Gesamtheit Σx^2 hier eine ungleichseitige Pyramide, einbeschrieben dem Würfel Σa^2 der Größe a^3. Für die
Auswertung von Σx^2 liegt ein Befund bereit, der auf Demokrit
zurückgeht und durch Eudoxos bewiesen wurde (II.A). Als Mann
von Prinzip folgt Cavalieri seinem eigenen.

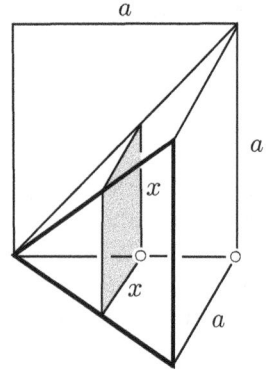

Abb. II.25 *Illustration der Formel* (2): *Eine Pyramide als cava-*
lierische „ Gesamtheit ".

Cavalieri beginnt mit $\Sigma a^2 = \Sigma (x+u)^2 = 2\Sigma x^2 + 2\Sigma xu$ (wegen $\Sigma x^2 = \Sigma u^2$), was
sich analog zu Abb.I.9b durch cavalierischen Vergleich zweier Pyramiden bestätigen lässt,
indem man Abb.II.25 entsprechend nach vorn ergänzt, so dass Abb.II.26 als Grundriss entsteht. Halten wir fest:

$$\tfrac{1}{2}\Sigma a^2 = \Sigma x^2 + \Sigma xu. \tag{3}$$

Die Auswertung von Σxu erläutert Abb.II.26. Falls $x \le a/2$, so sei $x = a/2 - v$, $u = a/2 + v$,
und falls $x \ge a/2$, so $x = a/2 + v$, $u = a/2 - v$; jeden Falles erhalten wir $xu = a^2/4 - v^2$. (Ohne die Fallunterscheidung wären unzeitgemäß negative v fällig.[1a.2a]) Aus (3) wird demge-
mäß

$$\begin{aligned}
\tfrac{1}{2}\Sigma a^2 &= \Sigma x^2 + \tfrac{1}{4}\Sigma a^2 - \Sigma v^2, \\
\tfrac{1}{4}\Sigma a^2 &= \Sigma x^2 \qquad\quad - \Sigma v^2.
\end{aligned} \tag{4}$$

Die Gesamtheit Σv^2 setzt sich nach Abb.II.26 zusammen aus zwei kongruenten Pyramiden,
ähnlich der in Abb.II.25 und halb so groß wie diese in den Längenmaßen. Mit jeweils einem
Achtel der Größe von Σx^2 messen sie zusammen $\Sigma v^2 = \tfrac{1}{4}\Sigma x^2$. Damit geht (4) über in

$$\tfrac{1}{4}\Sigma a^2 = \tfrac{3}{4}\Sigma x^2,$$

das aber ist die Quadratur (2).

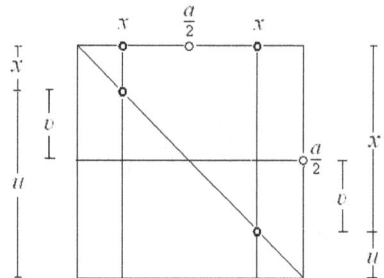

Abb. II.26 *Erweiterter Grundriss zum Körper*
in Abb.II.25. Grundlage des Beweises von For-
mel (2).

Cavalieris Beweis schließt den der allgemeinen Pyramidenformel ein, denn Demokrits Scherung (II.A) und Cavalieris Prinzip (II.M) zufolge haben alle dem Würfel einbeschriebenen vierseitigen Pyramiden denselben Inhalt.

*

Cavalieris Methode hat sich demnach auch bei Archimedes' Resultat bewährt und so geht er daran, sie bei Parabeln höherer Ordnung einzusetzen. Das geschieht für die Potenzen $x^3, \dots,$ x^9; der steigenden technischen Schwierigkeiten wegen lässt Cavalieri es dabei bewenden und akzeptiert die Formel $\Sigma\, x^p = {}^1/_{p+1}\, \Sigma\, a^p$ für alle natürlichen p. Schon der Fall $p = 3$ nimmt sich nämlich im Original[1b] recht mühsam aus. Wir geben ihn nach {2a} wieder.

Durch Entwicklung von $a^3 = (x+u)^3$ entsteht

$$\tfrac{1}{2}\, \Sigma\, a^3 = \Sigma\, x^3 + 3\, \Sigma\, x^2 u\,, \tag{5}$$

jetzt unter Berufung auf Symmetrie. Die Auswertung von $\Sigma\, x^2 u$ kann sich auf das Vorausgehende stützen. Aus (3), (2) erhält man

$$\tfrac{1}{6}\, \Sigma\, a^2 = \Sigma\, x u$$

und identifiziert $\Sigma\, a^2$ mit a^3, nach Abb.II.25. Daraus entsteht ${}^1/_6\, a^3 = \Sigma\, x u$. Der Kunstgriff ist, diese Summe mit der Konstanten $x + u$, nämlich a, zu multiplizieren:

$$\tfrac{1}{6}\, a^4 = \Sigma\, (x+u)\, x u = 2\, \Sigma\, x^2 u\,,$$

Letzteres wieder dank Symmetrie. Aus (5) wird folglich $\tfrac{1}{2}\, \Sigma\, a^3 = \Sigma\, x^3 + \tfrac{1}{4}\, \Sigma\, a^3$ oder eben

$$\Sigma\, x^3 = \tfrac{1}{4}\, \Sigma\, a^3\,.$$

Und so weiter bei $p = 10, 11, \dots,$ in einer Art Induktion. Die allgemeine Quadraturformel stellte auch John Wallis auf; dessen Rechnungen enden ebenfalls mit „*et sic deinceps*", mit dem Undsoweiter.[3] Das rief zahlreiche Kollegen auf den Plan, viele, die mehr im Sinne hatten, als so weiter zu machen.

*   *
*

Die Zeit wurde reif für jene Art arithmetischer Exhaustion, wie sie dann von Bernhard Riemann vertieft und dergestalt eine Weile zum Standard der Flächenmessung werden sollte. Fermat und Pascal schaffen als Erste eine unmittelbare, für alle höheren Parabeln gleichermaßen taugliche Begründung. Dies im Folgenden.

Die Fläche unter dem Graphen einer natürlichen Potenz sollte, jetzt vielleicht erstmals, von unten wie oben durch treppenförmige Flächen eingegrenzt werden. Sei nun $x \mapsto x^p$, $0 \le x \le a$ ($p = 1, 2, \dots$; $p = 0$ wird hier nicht beachtet). Zur Intervall-Zerlegung $x_{vn} = {}^v/_n\, a$ ($v = 0, \dots, n$; $n = 1, 2, \dots$) bildet man Ober- und Untersummen

$$O_n^{[p]} = \sum\nolimits_{v=1}^{n} x_{vn}{}^p\, (x_{vn} - x_{v-1,n}) = \frac{1}{n}\, a \sum\nolimits_{v=1}^{n} x_{vn}{}^p\,,$$

$$U_n{}^{[p]} = \sum_{\nu=0}^{n-1} x_{\nu n}{}^{p}\,(x_{\nu+1,n} - x_{\nu n}\;) \; = \; \frac{1}{n}\,a \sum_{\nu=1}^{n-1} x_{\nu n}{}^{p}$$

nach dem Muster von Abb.II.27. Danach gilt

$$d_n{}^{[p]} := O_n{}^{[p]} - U_n{}^{[p]} \; = \; \frac{1}{n}\,a^{p+1} \to 0 \quad \text{für} \quad n \to \infty.$$

Bei fortgesetzter *Halbierung* der Teilungsintervalle rücken die treppenförmigen Flächen „monoton" aufeinander zu. Zumindest dann wurde durch $d_n{}^{[p]} \to 0$ augenfällig, dass sich Ober- und Untersummen auf einen gemeinsamen „Grenzwert" zusammenziehen: auf „den" Flächeninhalt, das spätere Integral.

Wie nun ist es um den Grenzwert z.B. der $O_n{}^{[p]} = a^{p+1}\,\frac{1}{n^{p+1}} \sum_{\nu=1}^{n} \nu^{p}$ bestellt, um die Quotienten, deren Zähler und Nenner divergieren? Wo nur gutartige Konkurrenz zum guten Ende führt, vergleichbar dem Wettlauf gegen die Null im Differenzenquotienten. Dass dabei nichts aus dem Ruder laufen wird, ist schon aus $\sum_{\nu=1}^{n} \nu^{p} \leq n \cdot n^{p}$ ersichtlich. Cavalieri hatte $\frac{1}{p+1}$ als das Inhaltsverhältnis angepeilt, in dem die Fläche unter dem Graphen von x^{p} und das ihr umbeschriebene Rechteck der Größe $a \cdot a^{p}$ stehen (vgl. Abb.I.14). Mithin harrte

$$\lim \frac{1}{n^{p+1}} \sum_{\nu=1}^{n} \nu^{p} \; = \; \frac{1}{p+1}\,, \; p = 1, 2, \ldots\,, \tag{6}$$

der allgemeinen Bestätigung. Soweit erkennbar, war Pascal der Erste, dem es gelang, die ausufernden Summen in den Griff zu bekommen.

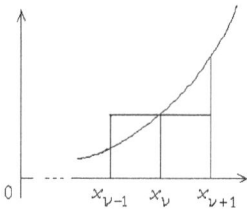

Abb. II.27   *Zur Kompensation in Ober- und Untersummen monotoner Funktionen bei äquidistanter Intervall-Teilung.*

*   *   *

Pascals Name verbindet sich vornehmlich mit dem zweifach unendlichen Schema natürlicher Zahlen, das er zum hier vorliegenden Zweck erfand: sein *triangle arithmétique* nach Abbn. II.28. Fermat kannte es auch, einen Leibniz wird es inspirieren (s. II.R.); tatsächlich reicht seine Geschichte weit zurück, nämlich als die der Koeffizienten potenzierter Binome[4a]. Wir wollen dieses *Pascalsche Dreieck* mit Blick auf Pascals Verwendung entwickeln, jedoch den „schulmäßigen" Zugang einbeziehen.

```
(a)        1                      (b)               1
                                                    +
       1   +   1                            1          1
           \  /                             +   \\
      1  +  2  +  1                     1       2       1
        \  /  \  /                       +   \\
    1  +  3  +  3  +  1                 1     3       3       1
      \  /  \  /  \  /                 \\
   1     4     6     4     1        1     4     6     4     1
```

```
(c)                    1
                  1  +    1
                1    2  +    1
             1    3    =  3    1
          1    4    6  +_ 4    1
                       10
```

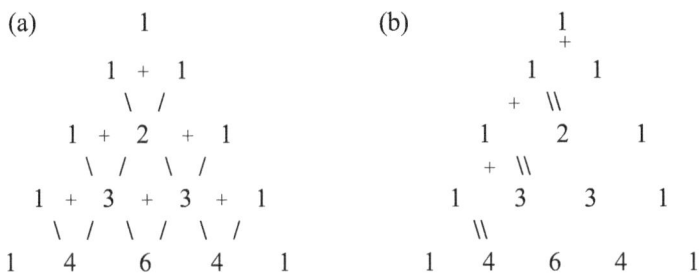

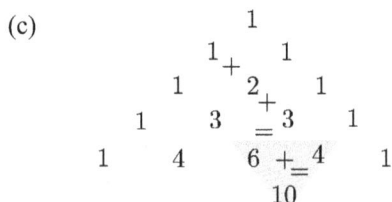

Abbn. II.28 a,b,c *Zum Bauplan des*
Pascalschen Dreiecks

Die Flanken des Dreiecks bestehen aus Einsen, seine Innenterme werden sukzessiv bestimmt. Dies kann, nach dem Addiermuster von Abb.II.28a, von Zeile zu Zeile geschehen, aber auch von „Spalte zu Spalte" längs der zur linken beziehungsweise rechten Flanke parallelen Schräglinien, im Folgenden „Schrägen" genannt, was sich ebenfalls an Abb.II.28a ablesen lässt. Leicht abgewandelt in der Form finden sich die Schritte der Schrägen-Konstruktionen in Abbn.28 b,c, wo im Falle (b) aus der linken Flanke (1, 1, ...) deren „erste Summatorische" (1, 2, 3, ...) wird und im Falle (c) aus der zweiten rechten Schräge die dritte von rechts. Im Sinne von Pascal legen wir dem Folgenden einen solchen Aufbau des Dreiecks zugrunde.

Die von links aus gezählten Schrägen seien aus (1, 1, ...) = $(S_0^0, S_1^0, ...)$ rekursiv entwickelt vermöge

$$S_n^{p+1} = \sum_{\nu=0}^n S_\nu^p \quad (n = 0, 1, ...), \; p = 0, 1, ... \tag{7}$$

(Demnach bezeichnet S_n^p das n-te Glied in der p-ten Linksschräge. Letztere wird an dieser Stelle von der n-ten Rechtsschräge gekreuzt; n ist also *nicht* etwa der Zeilenindex im Pascalschen Dreieck.) Das Element des Bildungsgesetzes, wie es das schattierte Dreieck in Abb. 28c vermittelt, ergibt sich aus (7):

$$S_n^{p+1} = \sum_{\nu=0}^{n-1} S_\nu^p + S_n^p = S_{n-1}^{p+1} + S_n^p \quad (p = 0, 1, ... ; n = 1, 2, ...),$$

das nämlich heißt: Jede Zahl im Inneren des Dreiecks ist die Summe ihrer beiden oberen Nachbarn. Explizit lauten die Dreieckselemente $S_n^0 := 1 \; (n = 0, 1, ...),$

$$S_n^p = \frac{(n+p)(n+p-1)\cdot\ldots\cdot(n+1)}{p\cdot(p-1)\cdot\ldots\cdot 1} \quad (p=1,2,\ldots\,;\, n=0,1,\ldots) \tag{8}$$

(man schreibt $1\cdot 2\cdot\ldots\cdot p =: p\,!$ und spricht „p *Fakultät*"; in Einklang mit $S_n^0 := 1$ ist $0! := 1$).
Ein Beispiel dazu aus Abb.II.28a:

$$S_3^1 = \frac{3+1}{1} = 4 = \frac{(1+3)(1+2)(1+1)}{3\cdot 2\cdot 1} = S_1^3\,.$$

$$*\quad *\quad *$$

Nun zum Zweck der Übung, dem Grenzübergang in (6). Wird das Produkt im Zähler von (8)
ausmultipliziert, so kommt ein Polynom in n vom Grade p heraus. Auf diese Weise erhalten die Seiten der Gleichung (7) für $p>0$ die Darstellungen

$$S_n^{p+1} = \frac{1}{(p+1)!}\,[\,n^{p+1}+c_p\,n^p+\ldots+c_0\,n^0\,]\,, \tag{9}$$

$$\sum_{\nu=0}^{n} S_\nu^p = \frac{1}{p!}\,[\,\sum_{\nu=1}^{n}\nu^p + d_{p-1}\sum_{\nu=0}^{n}\nu^{p-1} + \ldots + d_0\sum_{\nu=0}^{n}\nu^0\,] \tag{10}$$

(wo $0^0 := 1$). Die Summen [...] in (9), (10) werden angeführt von Nenner und Zähler in (6).
Die nach (7) gleichen rechten Seiten von (9), (10) liefern nach Division mit n^{p+1} die Gleichung

$$\frac{1}{(p+1)!}\,[\,1+c_p\frac{1}{n}+\ldots+c_0\frac{1}{n^{p+1}}\,] =$$

$$= \frac{1}{p!}\,[\,\sum_{\nu=1}^{n}\nu^p/n^{p+1} + d_{p-1}\sum_{\nu=0}^{n}\nu^{p-1}/n^{p+1} + \ldots + d_0\,(n+1)/n^{p+1}\,]\,,$$

woraus sich für den Grenzwert (6) wegen $\sum_{\nu=0}^{n}\nu^i \le (n+1)\,n^{p-1}$, $0\le i\le p-1$, zunächst die
Existenz, sodann sein Wert $p!/(p+1)! = 1/(p+1)$ ergibt (vgl. {5}). Lässt man die Integrierbarkeit auf sich beruhen, so lautet Pascals Resultat:

$$\int_0^a x^p\,\mathrm{d}x = \frac{1}{p+1}\,a^{p+1},\quad p=1,2,\ldots\,. \tag{11}$$

$$*\qquad\quad *$$
$$*$$

Das vorstehende Ergebnis ließe uns, die wir auf Interpolation konditioniert sind, sogleich
nach Einbettung in eine allgemeinere Quadraturformel fragen. Zwar hatte bereits vierhundert
Jahre zuvor Oresmus[6] mit gebrochenen Exponenten gearbeitet, sie mussten jedoch neu entdeckt werden. Fermat und Torricelli sahen sie aus algebraischen Kurven $y^q = c\,x^p$ ($p, q =$
1,2, ...) hervorgehen. Auf dem Wege zur Integrationsformel für rationale Exponenten begegnen wir Wallis mit einer hübschen Idee[7], die aber zu ihrer Zeit bereits durch Fermat über-
holt war. Hier ist sie.

Mit graphischer Unterstützung wie der Abb.II.29[2b] im Falle der Quadratwurzel führt Wallis die Quadratur einer Wurzelfunktion auf die ihrer Umkehung zurück:

$$\int_0^1 \sqrt[q]{x}\ dx\ +\ \int_0^1 y^q\,dy\ =\ 1.$$

Bei Verwendung gebrochener Exponenten[2c] erhält er daraus ein Analogon zu (11):

$$\int_0^1 x^{1/q}\ dx\ =\ 1-\frac{1}{q+1}\ =\ \left(\frac{1}{q}+1\right)^{-1}.$$

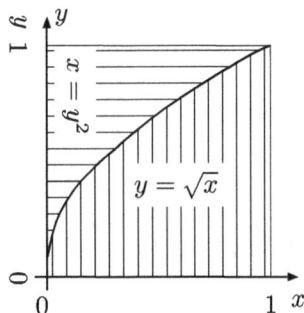

Abb. II.29 *Die Quadratur der Quadratwurzel nach Wallis.*

*   *

*

Bei gebrochenen Exponenten hatte, heuristisch gesehen, Fermat das letzte Wort gesprochen. Er holte sich für die Quadratur neues Werkzeug bei den Reihen. Das schien auch Cavalieri getan zu haben, doch der bildete Pseudoreihen aus Indivisiblen.[8] Seit Archimedes (II.D) war nur Oresmus (II.J) über die geometrische Reihe hinausgekommen, diese aber genügte Fermat bereits für seine Unternehmung[1c.9].

Prüfstein für neue Konzepte sind alte Resultate. Pascals Formel (11) durfte als gesichert gelten. Eine Reihendarstellung jenes Integrals strebt Fermat nicht an. Den pascalschen Obersummen entsprechend bildet er „Ober-Reihen" zu unendlichen Teilungen ($a\,\theta^0$, $a\,\theta^1$, ...) des Intervalls $(0,a]$ für jeweils festes θ zwischen 0 und 1, nämlich

$$O(\theta)^{[p]}\ =\ \sum_{k=0}^{\infty}(a\theta^k)^p\,(a\theta^k - a\theta^{k+1})\,,\ p=0,1,\ldots;\qquad(12)$$

siehe Abb.II.30, wo $p=2$ den Exponenten vertritt (a ist dort kleiner als 1 gewählt). Je näher θ bei 1 liegt, desto feiner wird die Teilung insgesamt, weshalb $\theta\uparrow 1$ erwarten lässt, dass die Reihenwerte auf den Integralwert zulaufen. In (12) verbergen sich geometrische Reihen:

$$O(\theta)^{[p]}\ =\ a^{p+1}\sum_{k=0}^{\infty}\theta^{p\,k}(\theta^k - \theta^{k+1})\qquad(13)$$

$$=\ a^{p+1}(1-\theta)\sum_{k=0}^{\infty}(\theta^{p+1})^k\ =\ a^{p+1}\,\frac{1-\theta}{1-\theta^{p+1}}\,;$$

mangels l'Hospitalscher Regel für den Grenzübergang $\theta\uparrow 1$ entwickelt Fermat den Kehrwert des Quotienten in geometrische Summe, was ihm die Darstellung

$$O(\theta)^{[p]} = a^{p+1} \left(\frac{1-\theta^{p+1}}{1-\theta}\right)^{-1} = a^{p+1} \left[\textstyle\sum_{i=0}^{p} \theta^i\right]^{-1} \tag{14}$$

ermöglicht und

$$\lim_{\theta\uparrow 1} O(\theta)^{[p]} = \frac{1}{p+1}\, a^{p+1} \quad (p = 0, 1, \dots)$$

verschafft, in Übereinstimmung mit (11) (ein-
schließlich des trivialen Falles $p = 0$ einer Te-
leskop-Summe (12)).

Abb. II.30 *Zu Fermats Version der Quadratu-*
ren von x^p, $p = 2, 3, \dots$ (im Bild: $p = 2$).

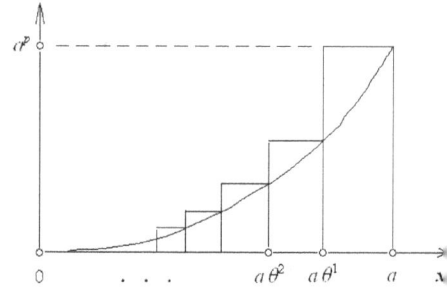

*

Pascal hatte sein Resultat (11) mühsamer, doch überzeugender gewonnen. Fermat sah sich in
seiner eigenwilligen Intervall-Zerlegung bestätigt und konnte ihr zutrauen, ebenso mit den
gebrochenen Exponenten fertig zu werden.[2d]

Die Reihe in (13) konvergiert für jedes rationale $r > -1$ anstelle von p, denn auch dafür
ist $0 < \theta^{r+1} < 1$. Für diese r werde nun $O(\theta)^{[r]}$ entsprechend zu (12) gebildet und analog zu
(13), (14) ausgewertet. Hierzu sei $r = p/q$, wo q natürlich, p ganzzahlig ist (und nichts mit
p in (14) zu tun hat) gesetzt und entsprechend $\theta = \zeta^q$, $\theta^{r+1} = \zeta^{p+q}$. Dadurch entsteht

$$\left(\frac{1-\theta^{r+1}}{1-\theta}\right)^{-1} = \left(\frac{1-\zeta^{p+q}}{1-\zeta}\right)^{-1} \frac{1-\zeta^q}{1-\zeta} = \left(\textstyle\sum_{i=0}^{p+q-1} \zeta^i\right)^{-1} \textstyle\sum_{j=0}^{q-1} \zeta^j,$$

$$a^{-(r+1)} \lim_{\theta\uparrow 1} O(\theta)^{[r]} = \lim_{\zeta\uparrow 1} \left(\textstyle\sum_{i=0}^{p+q-1} \zeta^i\right)^{-1} \textstyle\sum_{j=0}^{q-1} \zeta^j = \frac{q}{p+q} = \frac{1}{r+1}.$$

Fermats Fazit lautet

$$\int_0^a x^r\, \mathrm{d}x = \frac{1}{r+1}\, a^{r+1}, \quad r > -1, \tag{15}$$

was immer das für ein Integral sein mochte. Nicht wenige Autoren[1d.4b.10a] geben Fermats
Resultat unmissverständlich falsch wieder, mit $r \neq -1$ statt $r > -1$. Ihre Opfer werden auch
Torricelli[4c.10a,b] und Wallis[4d.10c]. (Bei {4e} war $r = -1$ expressis verbis eingeschlossen.)
Einer allein glaubt's nicht.

*   *   *

Oben klang schon die Frage nach der „Integrierbarkeit" an. Wenn Pascals wie Fermats Methode zu Formel (11) führte, so galt das seinerzeit als Berechnung *„des"* *Flächeninhalts,*

sprich *des Integrals* auf verschiedenen Wegen. Uns ist bewusst, dass eigentlich bloß die eine Methode die andere stützt, denn keine stützt sich auf einen *Begriff* von Integral. Ein Vorbehalt, der umso mehr gilt, als Fermats Integral in (15) ein *uneigentliches* bildet, wenn $r \in$ (-1, 0). Dieser Bereich der Formel wäre mit den pascalschen Summen nicht zu erreichen gewesen.

Uneigentlich geht's auch zu bei denjenigen unter Fermats „Hyperbeln"$^{\{1e\}}$ x^r, $r < 0$, deren r auf der anderen Seite von $r = -1$ liegt, hier nun mit uneigentlichen Integrationsintervallen $[a, \infty)$, $a > 0$. Da bleibt eine Lücke; ihr ist der nächste Paragraph gewidmet.

{1}   SOURCE B. ... [1]/Struik: {1a} 215 (Mängel). {1b} 216 Fußn.3. {1c} 219 ff. {1d} 222 (Zn. 3 ff falsch; Reihen-Divergenz für $n < -1$). {1e} 220.

{2}   EDWARDS, JR.: {2a} 108 (vgl. {1a,b}). {2b} 115 (Fig.11: Scheinvariable wechseln). {2c} 114 f. {2d} 116 f.

{3}   PRAG 387.

{4}   BOYER: {4a} [1] 227 f. {4b} [1] 127 (Zn.15 f). {4c} [1] 142 (Zn.11, 10 v.u.). {4d} [2] 418 (Z.12). {4e} [2] 418 (Z. 7).

{5}   HOFMANN [4] 32 f (33, Zn. 4, 5!!).

{6}   BOURBAKI [5] 183.

{7}   STILLWELL [1] 152 f.

{8}   REIFF 5 (Druckfehler). MESCHKOWSKI [2] 70 f.

{9}   HEUSER [2] 651. HAIRER; WANNER 33 f.

{10} {10a} KLINE [1] 352 (Zeile 5 v.u.). ROSENTHAL: {10b} 81 (Zn.8 f). {10c} 82 (Zn.12 f).

II.O   Hyperbelquadratur und Logarithmus

Pascals Ergebnis II.N/(11), die Quadratur der Potenzfunktionen x^p, $p = 1, 2, \ldots$, war von vielen vorbereitet: Die Flächenformel der Archimedes, Cavalieri, Wallis, Roberval hatte stets die gleiche Bauart. Dieser Spur war auch Fermat gefolgt. Auf die Frage nach der Quadratur von x^r mit rationalem r war Fermat nicht um Antwort verlegen (s. II.N/(15) und Ende) – bis auf den Fall $r = -1$! Spätestens dann, wenn zur Stammfunktion von $x^r = x^{-1}$ befragt, merkt der Schüler, dass seine Formel $(r+1)^{-1} x^{r+1}$ nicht zu allem taugt. Ein Sonderling auch der Funktionsgraph als Ast der Einheitshyperbel, der vor den anderen ausgezeichneten Hyperbel des Apollonios mit ihren senkrechten Asymptoten. Sie hütete eine ganze Weile das Geheimnis um ihre Quadratur. (Zum Folgenden siehe {1a}, beachte {1b}.)

Gab es für alle $r = -1$ die bewährte Zielvorgabe, so musste man beim

$$\text{Inhalt } F(a,b) \text{ der Fläche } \left\{ (x \mid y) : a \leq x \leq b, \ 0 \leq y \leq \tfrac{1}{x} \right\}, \ 0 < a < b, \qquad (1)$$

ohne eine solche auskommen. Einzigen Anhalt für seinen Wert bot Pascals Einschachtelung des „Integrals" zwischen Ober- und Untersummen. Es müsste diejenige „Zahl" sein, die gelegen ist zwischen allen nur möglichen Paaren von Zahlen

$$\sum_{\nu=1}^{n} \frac{1}{x_\nu}(x_\nu - x_{\nu-1}) \,, \quad \sum_{\nu=1}^{n} \frac{1}{x_{\nu-1}}(x_\nu - x_{\nu-1}) \,,$$

wo $n = 1, 2, \ldots$ und $a = x_0 < x_1 < \ldots < x_{n-1} < x_n = b$. $\hfill(2)$

Ist sie schon nicht greifbar, so doch anschaulich lokalisierbar. Die Menge der Zahlenpaare (2) als „Inbegriff" der Intervallfunktion $F(a, b)$? So hätten wohl Philosophen gesagt. In der Tat wird sie durch jene Menge charakterisiert. Gemäß dieser Notdefinition hat dann auch $F(qa, qb)$, $q > 0$, eindeutige Bedeutung als diejenige Zahl, die aus den Summen (2) hervorgeht, indem man die $x_0, x_1, \ldots, x_n$ überall durch $q x_0, q x_1, \ldots, q x_n$ ersetzt. Der Bauart der Summen ist geschuldet, dass sich die neuen mit denen in (2) decken! Das sollte dazu berechtigen, auf

$$F(a, b) = F(qa, qb) \,, \quad q > 0 \,, \hfill(3)$$

zu schließen, was bereits de Saint-Vincent sowie sein Schüler Alphonse Antonio de Sarasa taten.[2a.3a.4a.5] Letzterer zog die bedeutsame Folgerung aus (2), mit dem das schon lange verfolgte Konzept der Logarithmen[6a.7] die auf Euler weisende Richtung bekam. (Natürliche Logarithmen gab es *vor* Entdeckung ihrer Basis e.)

Abb. II.31 zeigt, wie aus den Vorgaben $x_0 > 0$, $q > 1$ vermöge (2) die Sequenz

$$A = F(x_0, x_0 q) = F(x_0 q, x_0 q^2) = \ldots = F(x_0 q^{i-1}, x_0 q^i) = \ldots$$

entsteht. In diesem Sinne gehört zur *geometrischen* Folge

$$x_k = x_0 q^k \quad (k = 0, 1, \ldots) \hfill(4)$$

aus Abszissen die *arithmetische* Folge der Flächeninhalte

$$F(x_0, x_k) = \sum_{i=1}^{k} F(x_{i-1}, x_i) = \sum_{i=1}^{k} A = A k \quad (k = 0, 1, \ldots). \hfill(5)$$

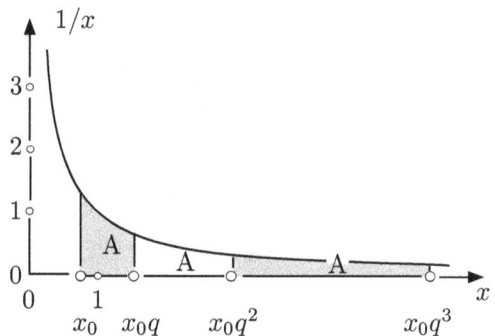

Abb. II.31 Flächenwachstum unter dem Graphen der Reziprok-Funktion.

Die Zahl q mit der Eigenschaft $F(1,q) = 1$ soll uns noch beschäftigen, und zwar stellt in diesem Fall der Flächeninhalt $F(1, q^k)$ den Logarithmus von q^k zur Basis q dar. (Wie die Logarithmen in {3b} behandelt werden, offenbart fundamentales Unverständnis, angefangen bei y_i anstelle von x_i. Wer ein dickes Buch über *"Mathematical Thought ..."* schreibt, sollte wissen, was Logarithmen sind.)

*   *
*

Nun eine Rückblende. Schon Archimedes[6b] und Oresmus[7a] war nicht entgangen, was Mitte des 16. Jahrhunderts der Rechenmeister Michael Stifel[1c] konstatierte angesichts der (von ihm auch nach links fortgesetzten[1c.4b]) Gegenüberstellung

$$(\; 2^n =) \quad 1 \quad 2 \quad 4 \quad 8 \quad 16 \quad 32 \quad 64 \quad 128 \; ... \; 4\,096 \; ...$$
$$(\; n =) \quad 0 \quad 1 \quad 2 \quad 3 \quad 4 \quad 5 \quad 6 \quad 7 \; ... \quad 12 \; ... \; ,$$

nämlich eine Korrespondenz von geometrischem und arithmetischem Wachstum. Hier drängt sich auf, nach Art von $32 \cdot 128 \; = \; 2^5 \cdot 2^7 \; = \; 2^{5+7} \; = \; 4\,096$ mit „Exponenten" zu rechnen, wie Stifel seine Indices n nannte. Um Punkt- auf Strichrechnung zu bringen, hatte man sich Jahrzehnte lang mit der Beziehung $2 \sin u \cdot \sin v \; = \; \cos(u-v) - \cos(u+v)$ beholfen, wozu die Faktoren als Sinuswerte dargestellt werden mussten.[2b.8.9a]

Kurz nach 1600 ging man der Möglichkeit nach, den bei Stifel angelegten Gedanken für den Rechenbedarf in der Astronomie nutzbar zu machen. Dabei liegt einer systematischen Produktbestimmung die zweckmäßige Wahl einer positiven Potenzbasis $q \neq 1$ zugrunde, aus deren tabellierten Potenzen $q^1, q^2, ...$, den sogenannten „*Numeri*", man Näherngswerte q^α, q^β der Faktoren a, b ermittelt, um dann vermöge

$$a \cdot b \; \approx \; q^\alpha \cdot q^\beta \; = \; q^{\alpha + \beta}$$

den Produktwert anzunähern. Das geschah nicht ausdrücklich, stand aber hinter der anfänglichen Praxis, ohne Potenznotation zu arbeiten.[6c] (Erst Euler machte Ernst damit, Logarithmen mit Exponenten zu identifizieren. Noch heute fällt manchen schwer, in ihnen Exponenten zu sehen.)

*

Eine Approximation der Faktoren durch Numeri musste umso besser gelingen, je dichter diese Potenzen beieinander lagen, und das heißt, je näher ihre Basis bei 1 lag. Das beherzigten der schottische Baron John Napier (alias Neper), dem das Hauptverdienst an der Erfindung gebührt, und danach der Schweizer Uhrmacher Jost Bürgi, die sich ohne Kenntnis voneinander an die Arbeit machten.[2b]

Wenn man will, kann man beider Tafeln so lesen, als begännen ihre Skalen der auf- bzw. absteigenden Numeri bei 1 und hätten die Form $10^{-4} B_k$ bzw. $10^{-7} N_k$ ($k = 0, 1, ...$), wo also $B_k \geq 10\,000 = B_0$, $N_k \leq 10\,000\,000 = N_0$. Wie nun entstehen hier die Numeri und was sind jeweils ihre zugehörigen, von Napier so genannten Logarithmen?

Wir erörtern das Prinzip bei Bürgi. Er bildet seine Numeri $10^{-4} B_k$ vermöge der Rekursion

$$B_0 = 10^4, \quad B_i = B_{i-1} + 0{,}0001 B_{i-1} = (1+10^{-4}) B_{i-1} \quad (i = 1, \ldots, k), \tag{6}$$

wo jeder Schritt aus vierstelliger Kommaverschiebung, Addition und Rundung bestand. Explizit wird

$$B_k = (1+10^{-4})^k B_0 = 10^4 (1+10^{-4})^k \quad (k = 0, 1, \ldots), \tag{7}$$

vgl. (4). Als „Logarithmus" von $10^{-4} B_k$ fungiert bei Bürgi die *Anzahl* k der Rekursionsschritte von B_0 bis B_k. In (7) wird sie zum *Exponenten* dessen, was wir die Basis seiner Logarithmen nennen würden. Bürgi trieb die Rekursion bis $B_{23027} < 100\,000 < B_{23028}$ [2c] und ging damit ein hohes rechnerisches Risiko ein, ganz abgesehen vom Rundungsproblem.

Mit sehr viel aufwändigeren Logarithmen suchte Napier[1c.4b.9b] die Astronomen zu bedienen. Gegenstück zu (7) ist

$$N_k = 10^7 (1 - 10^{-7})^k, \quad k = 0, 1, \ldots, \tag{8}$$

mit einer viel näher bei 1 gelegenen Basis. Seine Überlegungen sind weniger einfach, doch auch effektiver und weiterreichend als die von Bürgi. Die Bestimmung der Numeri N_k stieß bald an ihre Grenze, und so wurden Varianten des Verfahrens eingeführt, die auf einer Vorwegnahme von Eulers „Goldener Regel"[4c] beruhen, wonach für Logarithmen gilt, dass sie sich von Basis zu Basis nur um einen konstanten Faktor unterscheiden[2d.1d] (s.u.).

*

Napiers und Bürgis Logarithmen zählten Schritte, sie waren *Anzahlen*, also diskontinuierlich. Vor Eintritt in die weitere Entwicklung ein Blick auf unsere stetigen Logarithmen (im Reellen). Der Herkunft nach stehen sie zu den Potenzen wie das Ei zum Vogel. Hier nur die formale Gegenüberstellung. Die Potenzfunktionen $\lambda \mapsto x = q^\lambda$, $\lambda \in \mathbb{R}$, auf einer positiven Basis $q \neq 1$ sind umkehrbar; ihre Umkehrung $x \mapsto \lambda = \log_q x$, $x > 0$, heißt der *Logarithmus von x zur Basis q*. Sein Wert ist sozusagen „der q-Exponent von x". (Logarithmen *sind* Exponenten – ein didaktisches Monitum; s. dazu {10}.) Nochmals quasi zum Mitschreiben: Die Paarung

$$\begin{aligned} x &= q^\lambda, \\ \log_q x &= \lambda \end{aligned}$$

zeigt die Bildung von Logarithmen als Auflösung einer Exponentialgleichung.

Den Vorstoß zu kontinuierlichen Logarithmen unternahm Napier mit folgendem kinematischen Modell.[1e.9b.6c.7b] Gemäß Abb.II.32 vollführt ein zur Zeit $t = 0$ in $x = 0$ gestarteter Punkt auf dem Weg zum unerreichbaren, doch beliebig nahbarem Ziel $x = 10^7$ eine – auf ewige Dauer angelegte – verzögerte Bewegung. Befindet er sich zum Zeitpunkt t im Abstand $x(t)$ vom Start, so sei seine momentane *Geschwindigkeit* gegeben durch den *Wegrest*

$$N(t) := 10^7 - x(t), \quad t \geq 0. \tag{9}$$

Napier definiert nun:

Zum Numerus N *gehört der* Logarithmus $l = 10^7 t$.   (10)

Tatsächlich erreicht er damit den Anschluss an unsere Logarithmen, wie (15) zeigen wird.

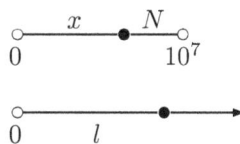

Abb. II.32 Napier: ein kinematisches Modell der stetigen Logarithmen.

Der Engländer Henry Briggs unterzog sich der lohnens- und lobenswerten Mühe, Logarithmen auf unser Dezimalsystem abzustellen, sie auf die Basis 10 zu beziehen: Er beriet sich mit Napier und transformierte dessen auf (10) gegründeten Werte dementsprechend.[1f] Im Prinzip, denn zur Sicherheit berechnete er diese aufs Neue.[2e.9d]

                                    *   *   *

Wir wenden uns nun denjenigen Logarithmen zu, die theoretisch wie praktisch als *die* ausgezeichneten gelten und die auch der Computer nicht zu entwerten vermochte. Sie stammen von Apollonios' Hyperbel. Wenn sie die *natürlichen* heißen, so deshalb, weil ihre Basis die Beschreibung des (sogenannten) natürlichen Wachstums ermöglicht. Die Namensgebung ist ohnedies „natürlich", wie die Analysis vielfältig sichtbar werden lässt.

Mit (7) wurde bereits ein Gegenstück zu (4) gebildet, allerdings ohne Bezug auf Abb. II.31. Jetzt spezialisieren wir, wie oben angedeutet, die Ausgangsdaten zu $x_0 = A = 1$, was eine Abszisse $q = e$ der Eigenschaft $F(1, e) = 1$ festlegt (vgl. I.C.5/Euler). Nach (5) erhalten wir dafür

$$F(1, e^k) = k = \log_e e^k \quad (k = 0, 1, \ldots).$$ (11)

Napier hatte sich mit seinen stetigen Logarithmen noch schwer getan. Nunmehr bietet sich an, (11) sinnfällig zu interpolieren mit dem Flächeninhalt

$$\log_e x \ (\equiv \ln x) \coloneqq F(1, x), \ x \geq 1$$

(betreffs Fortsetzung für $0 < x < 1$ mit negativen Werten siehe etwa {1g}). Aus der in Naturwissenschaften angewandten Mathematik ist diese Funktion nicht wegzudenken. Für die reine ist sie nicht minder fundamental; der „reine Mathematiker" outet sich dadurch, dass er log statt ln schreibt. Nach Felix Klein[10] ist der natürliche Logarithmus auch didaktisch die natürliche Wahl: Er empfahl ihn, wo immer mit Logarithmen auf verstehende Weise Bekanntschaft gemacht werden soll.

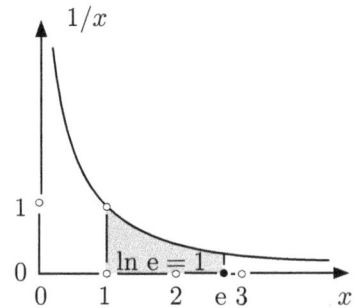

Abb. II.33 *Die Stammzelle der natürlichen Loga-rithmen.*

Als flächenwertige Funktion ist F additiv (s. (5)/links); zusammen mit (3) liefert das

$$\ln (uv) = F(1, uv) = F(1, u) + F(u, uv)$$
$$= F(1, u) + F(1, v) = \ln u + \ln v, \quad u, v \geq 1, \tag{12}$$

den Prototyp des Additionsgesetzes für Logarithmen[1g]; mit der erwähnten Fortsetzung gilt es für alle $u, v > 0$. Hieran lässt sich für natürliche Exponenten ablesen, was allgemein für alle $\alpha \in \mathbb{R}$ gilt:

$$\ln x^\alpha = \alpha \ln x, \ x > 0. \tag{13}$$

Damit findet dann das „logarithmische Rechnen" seine Vollendung, kurz gesagt: mit Reduzierung von Produkten auf Summen und von Potenzen auf Produkte.

*   *   *

Nun der Logarithmus zur *allgemeinen Basis* q, $0 < q \neq 1$. Die Beziehung $\log_q x = \lambda$ $(x > 0)$ besagt $x = q^\lambda$, nach (13) also $\ln x = \lambda \ln q$. Daraus entsteht

$$\log_q x = \frac{1}{\ln q} \cdot \ln x, \ x > 0.$$

Somit unterscheiden sich alle Logarithmen von den natürlichen um jeweils einen konstanten Faktor, sind mithin auch untereinander proportional und erfüllen Eulers „*Goldene Regel*" (vgl. oben) gemäß der Umrechnung

$$\log_r x = \frac{\ln q}{\ln r} \log_q x \quad (0 < q \neq 1, 0 < r \neq 1).$$

*   *
*

Bürgis und Napiers diskrete Logarithmen „k" nähern sich − bis auf gleiche Normierung von Numerus und Logarithmus − unseren natürlichen in dem Maße an, wie die Basen [...] in

$$10^{-4} B_k = \left[(1 + \tfrac{1}{10^4})^{10^4} \right]^{10^{-4} k} \approx e^{10^{-4} k}, \qquad k \approx 10^4 \ln (10^{-4} B_k),$$

$$10^{-7} N_k = \left[(1 - \tfrac{1}{10^7})^{10^7} \right]^{10^{-7} k} \approx e^{-10^{-7} k}, \qquad k \approx -10^7 \ln (10^{-7} N_k), \qquad (14)$$

nahe bei e bzw. 1/e liegen. Die von Napier kommen ihnen näher, Übereinstimmung erleben wir bei seinen *stetigen* Logarithmen! Ihre Definition in (10) gründet sich auf (9). Danach ist

$$\frac{dx}{dt} = N, \quad \frac{dN}{dt} = -\frac{dx}{dt}, \text{ also } \frac{dN}{dt} = -N, \text{ wobei } N(0) = 10^7;$$

dies bildet ein Anfangswertproblem für $N(t)$ mit der eindeutigen Lösung $N = 10^7 e^{-t}$, $t \geq 0$. Wegen $t = 10^{-7} l$ resultiert daraus, im Vergleich mit (14), die *genaue* Wiedergabe

$$l = -10^7 \ln (10^{-7} N). \qquad (15)$$

Was Briggs bei der Schaffung seiner dekadischen Logarithmen tat, war mithin die Transformation der natürlichen selbst und nicht etwa eine ihrer Näherungen. Er schuf *unsere* dekadischen. Und verdient, dass sie nach ihm die Briggs'schen heißen.

* * *

Mit den Funktionen $\log_e x$, e^x haben wir die Musterbeispiele für *transzendente Funktionen* vor uns. Was rechtfertigt diesen Namen? Eine irrationale *Zahl* heißt transzendent, wenn sie nicht algebraisch ist, d.h. nicht Nullstelle eines Polynoms mit rationalen Koeffizienten (s. I.C.3). Und Weierstraß bewies[10]:

Für jede algebraische Zahl $x \neq 1$ ist $\log_e x$ transzendent,
für jede algebraische Zahl $x \neq 0$ ist e^x transzendent.

(Dabei kann $\log_e u$ für transzendentes $u \neq e$ allerding ganzzahlig sein: $u = e^2$.)

* * * *

Dem himmelstürmenden Kepler war die neue Kunst ein Geschenk des Himmels. Es hieß, die Logarithmen hätten das Leben der Astronomen verdoppelt, denn zuvor hatten die sich buchstäblich tot gerechnet.[6d] Als Rechenhilfe sind sie mittlerweile veraltet. Praktisch nützlich bleibt die logarithmische Skalierung, zwecks Darstellung und Auswertung von Daten (logarithmisches Papier). Logarithmenrechnung und ihre Simulierung auf dem Rechenschieber sind durch die Digitalrechner weitgehend verdrängt. Der Kreis schließt sich: Fingerrechnen, Analogrechnen und nun wieder digitales, also Fingerrechnen. Meine Schulzeit lag im Präcomputerium. Damals mussten wir mit sehrvielstelligen Logarithmentafeln Aufgaben aus der sphärischen Trigonometrie lösen, wie sie die alten preußischen Lehrpläne zu Nutz und Frommen der kaiserlichen Seekadetten vorgeschrieben hatten.

Zum Thema Rechnen mit Computern. Als ich die Hälfte vom Viertel wissen wollte, verlangte der Prüfling nach einem Taschenrechner. Tatsache! Einen Weg zurück zu den Synapsen weist der Schülerwitz zu diesem Thema: 3 Taschenrechner + 4 Taschenrechner = ??

{1}   EDWARDS, JR.: {1a} 154 ff. {1b} 155-157 (Achsmaße der Fign.!). {1c} 143.
       {1d} 147 f. {1e} 148-150. {1f} 153 (3). {1g} 156.
{2}   TOEPLITZ: {2a} 91. {2b} 82. {2c} 83. {2d} 85 Mitte (Darstellg. unbefriedigend).
       {2e} 88 f.
{3}   KLINE [1] 354: {3a} Zn. 10-12. {3b} Zn. 5-9.
{4}   HAIRER; WANNER: {4a} 34 f. {4b} 29. {4c} 30.
{5}   SONAR [4] 229-231.
{6}   CAJORI: {6a} 146, 148-155. {6b} 150. {6c} 149. {6d} 149 f.
{7}   BOURBAKI [5]: {7a} 183. {7b} 184 Fußn. 2.
{8}   HOFMANN [3] 128.
{9}   BOYER [2]: {9a} 340. {9b} 343. {9c} 344. {9d} 344 f.
{10}   RUDIO 67.

II.P   Die Tangente bei Roberval und bei Descartes

Was Infinitesimales anlangt, zeigten die Tangenten der Griechen Berührungsängste; sie waren in die Statik griechischer Geometrie eingebunden. In I.A.5 und II.H waren wir der Vermutung nachgegangen, Archimedes sei über die kinetische Erzeugung seiner Spiralen zu deren Tangenten gelangt. Wenn seine Praxis stets auf theoretischer Analyse beruhte, so wäre hier die momentane Bewegung in Komponenten zerlegt worden. Was sich hinter seiner Konstruktion verborgen haben könnte oder dürfte, ist jetzt bei Torricelli und Roberval zu finden. Wir demonstrieren es an Ellipse$^{\{1a\}}$ und Zykloide$^{\{1b.2\}}$ (vgl. {3}).

Apollonios, später Zeitgenosse von Archimedes und Altmeister der Kegelschnitte, wusste auch über deren Tangenten Bescheid. Dass auch eine Ellipse aus einer Bewegung heraus entstehen könne, darauf kam jedoch erst der Erbauer der Hagia Sophia.$^{\{4a\}}$ Es ist dies ihre sogenannte Faden- oder Gärtnerkonstruktion. Dazu werden zwei Pflöcke, die späteren „Brennpunkte", durch eine lose Schnur verbunden, die ein in ihr gleitender Stift gespannt hält, während er um die Pflöcke herumgeführt wird. Seine Abstände zu diesen beiden haben somit stets dieselbe Summe. Wie sich schon, in II.L, bei der Zykloide zeigte, wusste Roberval um die fruchtbare Verbindung von Geometrie und Kinetik. Dort ging es um einen Flächeninhalt; Roberval hatte eine Rotation mit Cavalieris Prinzip in Verbindung gebracht. Bei der Gärtnerkonstruktion musste die Bewegung des Führungsstiftes in die jeweilige Tangentenrichtung zeigen. Wie nun ließ sich dies zu einer Tangenten-*Konstruktion* verwenden!

Abb. II.34 zeigt eine Ellipse mit den Brennpunkten F_1, F_2. Von den Hauptscheiteln mit ihren vertikalen Tangenten kann man absehen. Die Tangente in einem Nebenscheitel S halbiert aufgrund von Symmetrie die Nebenwinkel von ⟨ F_1SF_2; entsprechend wird sich der allgemeine Fall herausstellen, wie schon die Alten wussten.

Sei P wie in diesem Bild positioniert und im Uhrzeigersinn bewegt; des Weiteren sei $u = d(F_1, P)$, $v = d(F_2, P)$. Eine „kleine" Verschiebung von P kann man zerlegt denken in einen von F_1 fliehenden Anteil $\Delta u > 0$ und einen zu F_2 hinstrebenden vom Betrag $|\Delta v| = -\Delta v$. Die

gespannte Schnur gleicht die Zu- und Abnahmen bei u und v aus, wir erhalten also $u + v =$
$(u + \Delta u) + (v + \Delta v)$ und damit $\Delta u = -\Delta v$. Das aber heißt: Die auf P wirkende Verschiebung
setzt sich zusammen aus *betraglich gleichen Komponenten* in Richtung von F_1 nach P und
von P nach F_2. Damit bewegt sich P momentan in
Richtung der Winkelhalbierenden des rechts
gelegenen Nebenwinkels von $\sphericalangle$ F_1PF_2.

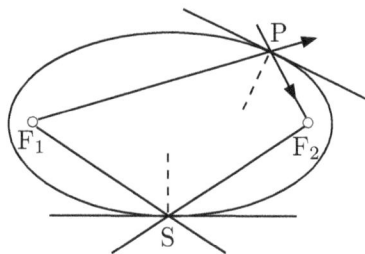

Abb. II.34 *Die Konstruktion der Ellipsen-Tangente*
aus Bewegungskomponenten, nach Roberval.

Noch eine Randbemerkung zu diesem Ergebnis. Es erteilt der Kurvennormalen in P die
Rolle der Winkelhalbierenden von $\sphericalangle$ F_1PF_2. Im verspiegelten Ellipsoid wird demnach ein
Lichtstrahl F_1P nach F_2 reflektiert: *Alle* F_1 verlassenden Strahlen gehen durch den *„Brenn-*
punkt" F_2! (Verschiebt man diesen nach Unendlich, so kommt es zum Strahlengang im Pa-
rabolspiegel; vgl. Abb.II.47). Übrigens waren es Sonnenstrahlen im Kirchenschiff, die unseren Baumeister zum Gärtner machten.[4a] Entsprechend geformte Höhlen, „Flüstergewölbe",
ermöglichen die leise Verständigung von Brennpunkt zu Brennpunkt.

*

Weniger leicht hatte es Roberval mit der Zykloide.[2a] Wie geschildert, ging die Ellipse aus
der Überlagerung einer zentrifugalen und einer zentripetalen Bewegung hervor, also aus
zwei Translationen; bei der archimedischen Spirale waren es eine Rotation und eine Trans-
lation. Da ihr erzeugender Kreis *rollt*, entsteht auch die Zykloide aus Drehung und Verschiebung (s. II.L und Abb.II.20). Um den Winkel φ gedreht, wickelt ein Rad vom Radius R die
Bogenlänge $R\,\varphi$ ab, und dies ist zugleich die Weg-
länge, um die sich die Radnabe weiterbewegt; sei
wieder $R = 1$. Darum setzt sich, wie bei der Ellipse,
die momentane Bewegung des Zykloidenpunktes
Z_φ zusammen aus *gleichlangen Wegkomponenten*
(Abb.II.35). Sie weisen der Tangenten die Richtung,
nämlich die Halbierende des Winkels zwischen der
Radtangenten in Z_φ und der von Z_φ ausgehenden
Translationsrichtung.[1b]

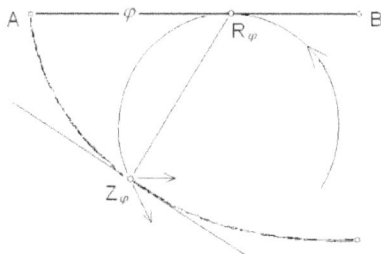

Abb. II.35 *Die Zykloiden-Tangente: Konstruktion nach Roberval, Mutmaßung von Des-*
cartes.

Nachdem man verstanden hatte, wie die Neigung der Zykloidentangente zustande kommt, war auch ihre Konstruktion klar: lotrecht auf der Verbindung $Z_\varphi R_\varphi$. Daran schließt eine interessante Deutung, die bereits Descartes für die Konstruktion in Betracht gezogen hatte[5a,b.6a]: Die Tangente in Z_φ folgt der Bewegung einer Punktmasse, die in R_φ pendelnd aufgehängt ist. Das lässt sich auch so sagen: Bei der Erzeugung der Zykloide bewegt sich Z_φ momentan auf einem Kreis um den Rollpunkt R_φ.

Descartes' Behauptung wurde später durch Christiaan Huygens auf geometrischem Wege begründet. Wir tun es mit heutigen Mitteln.

Die Zykloide werde wie in II.L vom Einheitskreis erzeugt, der Drehwinkel φ diene zugleich als Zeitparameter der Bewegung. Nach II.L/(1) wird sie dargestellt durch

$$Z_\varphi = (\varphi - \sin \varphi \mid 1 - \cos \varphi), \ 0 \le \varphi \le \pi.$$

Dabei setzt das Rad im Rollpunkt $R_\varphi = (\varphi \mid 0)$ auf; der von R_φ nach Z_φ weisende Vektor ist

$$\overrightarrow{R_\varphi Z_\varphi} = Z_\varphi - R_\varphi = (-\sin \varphi, 1 - \cos \varphi).$$

Aus der Bahngeschwindigkeit

$$\vec{v}(\varphi) = (1 - \cos \varphi, \sin \varphi), \ 0 \le \varphi \le \pi,$$

erhalten wir im Falle $\varphi \ne 0$ die Richtung der Tangente in Z_φ. Das Skalarprodukt

$$\overrightarrow{R_\varphi Z_\varphi} \cdot \vec{v}(\varphi) = -\sin \varphi + \sin \varphi \cdot \cos \varphi + \sin \varphi - \cos \varphi \cdot \sin \varphi = 0$$

zeigt: Die Tangente in Z_φ steht senkrecht auf $\overrightarrow{R_\varphi Z_\varphi}$ wie auf einem Pendelfaden.

Bleibt nur die Frage nach der Tangente in Z_0. Der Quotient $\sin \varphi / (1 - \cos \varphi)$ der Komponenten von $\vec{v}(\varphi)$, $\varphi \ne 0$, geht für $\varphi \downarrow 0$ nach l'Hospitalscher Regel wie $\cos \varphi / \sin \varphi$ gegen Unendlich, die Tangente verläuft also vertikal. (In Buch-Illustrationen setzt der Bogen oft sehr flach auf, so bei {1b.2b.3b}.)

* * *

Nun zu Descartes, der sich soeben bei der Zykloide zu Wort gemeldet hatte. Untypisch für ihn, denn solche „mechanisch erzeugten" Kurven waren nicht sein Ding (I.C.3). Doch ist bezeichnend, dass er in der Zykloidentangente eine *Kreis*-Tangente sah, den mit Platons Werkzeug machbaren Prototyp von Tangente. So arbeitete Descartes denn zunächst ausschließlich mit Berührungskreisen (s. I.C.3). Seiner im Folgenden geschilderten *Kreismethode*[1c.5a.4b.7a] waren praktisch enge Grenzen gesetzt (er selbst hielt sie für die überlegene[7b]).

Als Beispiel diene hier $y = \sqrt{x}$, $x > 0$ (Abb.II.36)[7c]. Für $\bar{P} = (\bar{x} \mid \bar{y})$ sucht Descartes denjenigen dort berührenden Kreis, dessen Zentrum auf der x-Achse liegt: $(\bar{u} \mid 0)$. Das heißt, er fragt nach der Länge $\bar{u} - \bar{x}$ der Subnormalen.

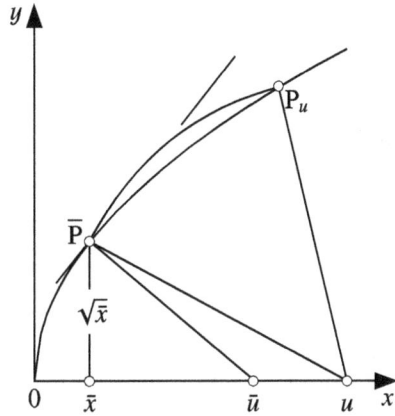

Abb. II.36 *Descartes' Kreismethode zur Berech-*
nung der Subnormalen, hier bei der Wurzelfunktion,
wo sie stets halb so lang wie die Achseneinheit ist.

Betrachtet seien die durch $(\bar{x} \mid \bar{y})$ gehende Kreise um $(u \mid 0)$, $u > \bar{u}$. Jeder genügt einer Gleichung

$$(x - u)^2 + y^2 = (\bar{x} - u)^2 + \bar{y}^2.$$

Er trifft die Kurve $y = \sqrt{x}$ in $\bar{P}$ und $P_u = (x_u \mid \sqrt{x_u})$, nämlich über den Nullstellen $\bar{x}$, x_u des Polynoms in x der Gestalt

$$p(x; u) = (x - u)^2 + (\sqrt{x})^2 - [(\bar{x} - u)^2 + \bar{y}^2].$$

Die Idee dabei: Rückt u gegen $\bar{u}$, so fällt am Ende P_u mit $\bar{P}$ zusammen und aus der Geraden durch P_u und $\bar{P}$ wird die Tangente in $\bar{P}$. Algebraisch gewendet: Die Abszisse $\bar{x}$ des Berührpunktes $\bar{P}$ ist *Doppelwurzel* des zum Parameter $u = \bar{u}$ gebildeten Polynoms

$$p(x; \bar{u}) = x^2 - 2(\bar{u} - \tfrac{1}{2})x + \bar{u}^2 - [(\bar{x} - \bar{u})^2 + \bar{y}^2]$$

und hat als solche den Wert $\bar{u} - \tfrac{1}{2}$. Das gibt der Subnormalen $s := \bar{u} - \bar{x} = \bar{u} - (\bar{u} - \tfrac{1}{2})$ den für alle $\bar{x}$ gleicher Wert $\tfrac{1}{2}$ und die Tangentensteigung wird $s/\bar{y} = 1/(2\bar{y}) = \tfrac{1}{2}\bar{x}^{-\frac{1}{2}}$.

Descartes umgeht die „analytische Aktion" des Grenzübergangs sozusagen statisch, mit dem „*Tangentenkriterium der algebraischen Geometrie*"[6b]. Bei weniger elementaren algebraischen Funktionen kann seine Handhabung freilich recht problematisch werden. Als praktischer Behelf wurden alsbald formale Regeln[1d] aufgestellt, die im Rückblick überraschen, weil man dort bereits der Ableitung von Polynomen begegnet, im Zusammenhang damit, dass die mehrfachen Nullstellen eines Polynoms Nullstellen seiner Ableitung sind.

Die Tangente in $\bar{P}$ lieferte hier einer der dort berührenden Kreise. Welcher, das diktierte die Kurvendarstellung. Eigene *geometrische* Bedeutung hat derjenige, der entsteht, wenn man Kreise durch untereinander verschiedene Kurvenpunkte P_0, P_1, P_2 (wo etwa $P_0 = \bar{P}$) legt und den gemeinsamen Grenzübergang P_0, P_1, $P_2 \to \bar{P}$ vollzieht. Die Grenzlage dieser Kreise ist *der Berührungskreis*; mit dem Kehrwert seines Radius misst er die *Kurvenkrümmung* in $\bar{P}$.

{1}   EDWARDS, JR.: {1a} 137. {1b} 135 f (Fig. 8 fehlerhaft). {1c} 125-127. {1d} 127ff.
{2}   BOYER [2]: {2a} 390. {2b} 391 (Fig. 17.6 fehlerhaft); 412 (Fig. 18.2 fehlerhaft).
{3}   {3a} BARON 175. {3b} VAN MAANEN 64-66 (Abb. 2.9 fehlerhaft).
{4}   SCRIBA; SCHREIBER: {4a} [1],[2] 92. {4b} [1] 315-317, [2] 340 f.
{5}   {5a} WIELEITNER [1] 118. {5b} ZEUTHEN 322, 325.
{6}   BOURBAKI [5]: {6a} 205 unten. {6b} 207.
{7}   SCOTT: {7a} 115-118. {7b} 119. {7c} 116-118 (117 oben: bei „ P* " verweist der Stern auf eine Fußnote).

II.Q   Neil, Barrow: Vorboten des Hauptsatzes

Es konnte sich sehen lassen, was da schon alles *im Einzelnen* an Integral- und selbst Differenzial-„Rechnung" geleistet war, als Newton und Leibniz mit dem Konzept einer Differenzial- *und* Integralrechnung hervortraten. Doch auch für deren Zusammenhang gab es Indizien, Bekanntheit erlangten zwei Fälle (I.C.3). Ein William Neil schreitet bei einer Quadratur ein Stück weit in die Gegenrichtung.[1a] Mit mehr Augenmaß sieht sich Newtons Lehrer Barrow die Sache an, erkennt jedoch ebenfalls nicht die Tragweite seiner Entdeckung.[1b]

*   *   *

Das Gegenstück zur Quadratur krummlinig begrenzter Flächen ist die Rektifikation, das „Strecken" krummer Linien. Den Anfang machte Torricelli[2] mit der logarithmischen Spirale $\varphi = \ln r$, $r > 0$ (im Jahr 1640[2a] oder 1645[2c]). Es war Neuland, doch erkannte man bald, dass es ebenfalls ins Reich der „Quadraturen" gehörte. Neil war der Erste[2a], der sich für die Bogenlänge der *semikubischen Parabel* $Y = F(x) = x^{3/2}$ interessierte, so genannt von Wallis. Wie nur kommt ein Zwanzigjähriger darauf?

Die dem Parabelbogen über [0, 1] einbeschriebenen Polygone haben die Längen

$$L_n = \sum\nolimits_{\nu=1}^{n} \sqrt{(x_\nu - x_{\nu-1})^2 + (Y_\nu - Y_{\nu-1})^2}$$

$$= \sum\nolimits_{\nu=1}^{n} \sqrt{1 + \left(\frac{Y_\nu - Y_{\nu-1}}{x_\nu - x_{\nu-1}}\right)^2}\, (x_\nu - x_{\nu-1}), \quad Y_\nu = F(x_\nu) \quad (0 = x_0 < \ldots < x_n = 1). \tag{1}$$

Das sah noch nicht so aus wie Pascals Rechteck-Summen in II.N, wies aber den Weg zu ihnen. In den Differenzenverhältnissen sehen wir jeweils einen mittleren Anstieg der Funktion *F*, doch wie sollte man ihn griffig machen? Ein Mittel*wert* müsste her, doch welcher Art?

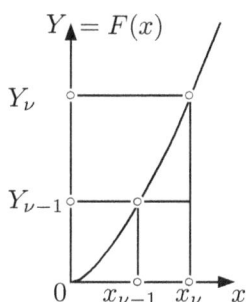

Neils Idee: Würde man die Zahlen Y_ν als Flächeninhalte auffassen, dann ließe sich jenen Quotienten ein *geometrischer* Sinn beilegen (Abb.II.37/unterer Teil). Wie war das noch, erschienen die Exponenten von $x^{3/2}$ nicht in Fermats Quadraturformel II.N/(15) für $r = \frac{1}{2}$, also bei der Wurzelfunktion? ! Auch wenn Neil den älteren Fermat nicht gekannt haben sollte, so war doch die Gestalt der Formel schon Allgemeingut geworden. Sie ins Spiel zu bringen ist jedenfalls *Anti-Integration* – mit diesem Schlenzer umgeht Neil das Manko seiner Zeit.

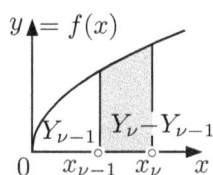

Abb. II.37 *Neil: Zur Rektifikation der semikubischen Parabel per Anti-Integration $Y \to y$.*

Der bekannten oder vermuteten Quadraturformel zufolge gilt

$$\int_0^x f(t)\, dt = F(x) \quad \text{für} \quad f(t) = \tfrac{3}{2} t^{1/2}, F(x) = x^{3/2},$$

und demnach ist (s. Abb. II.37)

$$Y_\nu = \int_0^{x_\nu} (\tfrac{3}{2} \sqrt{t})\, dt, \quad \nu = 0, \dots, n.$$

Formal in Ordnung, doch eigentlich unerhört, wurde doch auf diese Art das Längenmaß Y_ν zum Flächenmaß! Neil hatte jugendlich unbekümmert ein Tabu gebrochen und den zukunftsträchtigen Schritt getan, als er $Y_\nu - Y_{\nu-1}$ mit dem Flächeninhalt unter dem Kurvenstück $y = f(x)$, $x_{\nu-1} \le x \le x_\nu$, identifizierte und dadurch den relativen Anstieg der Wert Y_ν in (1) als die mittlere Höhe $f(\xi_\nu)$ dieses Streifens deutete. Indem er so den Mittelwertsatz der Integralrechnung für den Mittelwertsatz der Differenzialrechnung einspringen ließ, hatte Neil aus der Not eine Tugend, etwas höchst Taugliches gemacht.

Sein „Trick" vermittelt den Polygonlängen die Darstellung

$$L_n = \sum_{\nu=1}^n \sqrt{1 + (\sqrt{\xi_\nu})^2}\, (x_\nu - x_{\nu-1}) = \tfrac{3}{2} \sum_{\nu=1}^n \sqrt{\tfrac{4}{9} + \xi_\nu}\, (x_\nu - x_{\nu-1}).$$

Betrachtet man diese Summen mit den Augen Pascals (vgl. II.N/(6)), so umspielen sie das Integral

$$\tfrac{3}{2} \int_0^1 \sqrt{\tfrac{4}{9} + x}\, dx = \tfrac{3}{2} \int_{4/9}^{1+4/9} \sqrt{x}\, dx.$$

Abermalige Anwendung der Fermat-Formel resultiert im Wert $\frac{1}{27}$ (13 $\sqrt{13}$ – 8) der gesuchten Bogenlänge.

Neils Umgang mit dem Differenzenquotienten barg den Beweisgedanken zu II.S/(2). Nicht diese ungewöhnliche Idee war es, die Neil bedeutsam erschien und seine Zeitgenossen beeindruckte, sondern allein das Resultat. Das rechtwinklige Dreieck mit den Hypotenusenabschnitten 13 und 1 hat die Höhe $\sqrt{13}$, unser Bogen lässt sich also mit Zirkel und Lineal rektifizieren. Descartes hätte es nicht für möglich gehalten (s. I.C.3).

Was bei Neil nur speziell und einseitig zum Tragen kam, erkannte Torricelli als grundsätzlich. Er stellte bereits um 1646 den (auch Fermat[3a] geläufigen) Hauptsatz für die Parabeln höherer Ordnung auf.[3b]

*   *
*

Neil hatte mit Tangenten nichts im Sinn gehabt. Die relativen Zuwächse der Streckenlängen $Y = F(x)$, die nach der Umformung in (1) auftraten, hatte er sogleich als die einer flächenwertigen Funktion umgedeutet. Anders dagegen Barrow.[1c.4] Er begreift jene Zuwachsraten anschaulich-geometrisch als Indikatoren für den Anstieg der F-Kurve, setzt Steigung von Sekanten und Tangenten zueinander in Beziehung. Doch durchaus nicht im Sinne eines Übergangs. Barrows Tangente ist, herkömmlicherweise, statisch charakterisiert, nämlich für einseitig gekrümmte Kurven als Gerade, die nur *einen* Punkt mit der Kurve gemein hat und diese auf *einer* Seite lässt (vgl. II.H).

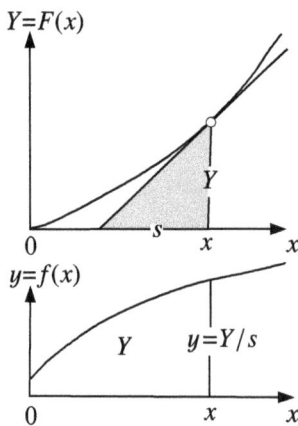

Barrow stellt seinem „Integranden" $y = f(x)$, $x > 0$, Punkt für Punkt dessen Flächenfunktion $Y = F(x)$ gegenüber (Abb.II.38; vgl. {1c}). Von ihr verlangt er Konvexität, wir würden sagen $F''(x) = f'(x) > 0$, und erreicht sie, indem er die positiven $f(x)$ streng monoton wachsen lässt. Barrows Behauptung für die durch Ordinate Y und Subtangente s ausgedrückte Steigung der F-Kurve lautet $Y/s = y$.

Abb. II.38 Barrows Entdeckung: *Die f-Ordinate (bei x) ist die lokale Zuwachsrate der Flächenfunktion F (zu f) und damit die (bei x genommene) Steigung des Graphen von F.*

Im Folgenden sei Abb.II.38 auf ein festes $x = x_0 > 0$ bezogen, als Grundlage der Abbn. II.39. Sei also $y_0 = f(x_0)$, $Y_0 = F(x_0)$ und s_0 Subtangente von F an der Stelle $P_0 = (x_0|Y_0)$. Angenommen, es gelte $\sigma := Y_0/y_0 \neq s_0$. Demzufolge läge auf der Geraden durch $(x_0 - \sigma \,|\, 0)$ und P_0 ein weiterer Punkt $P_1 = (x_1|Y_1)$ der F-Kurve. Je nach Abb.II.39a ($\sigma > s_0$), 39b ($\sigma < s_0$) erhalten wir einen Widerspruch:

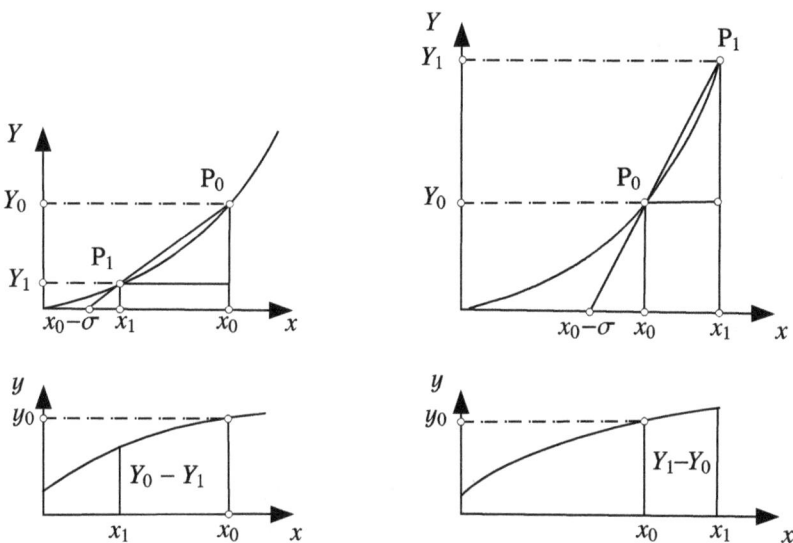

Abbn. II.39 a,b   *Barrows Beweis zu Barrows Entdeckung.*

$[x_1 < x_0]$ 39a/oben: $(Y_0 - Y_1)/(x_0 - x_1) = Y_0/\sigma = y_0$,
                      39a/unten: $Y_0 - Y_1 < y_0(x_0 - x_1)$;

$[x_0 < x_1]$ 39b/oben: $(Y_1 - Y_0)/(x_1 - x_0) = Y_0/\sigma = y_0$,
                      39b/unten: $Y_1 - Y_0 > y_0(x_1 - x_0)$.

Barrow würde uns bei dieser Wiedergabe des „Satzes" der Schlamperei zeihen. Und zwar wegen der Doppelzüngigkeit, mit der wir Y mal als Flächen-, mal als Längenmaß ansprechen. Laut Originaltext scheut sich Barrow, die Länge Y_0 in Abbn.II.39/oben mit dem Inhalt Y_0 in Abbn.II.39/unten zu identifizieren, und führt daher eine Hilfsstrecke als Multiplikator ein (s. I.C.3/Ende; vgl. Leibniz in II.S), auf dass nur Vergleichbares ins Verhältnis gesetzt werde. Bezeichnend für den Geometer, der die alte Tugend der Homogenität hochhält, und ebenso für das Primat der Geometrie. Eine Fessel, die nach Descartes auch Neil sprengte. Schlechten Gewissens? War Neil die „Leichtfertigkeit" nicht bewusst oder nahm er sie billigend in Kauf? Barrow arbeitet durchweg „more geometrico". Dessen Präzision wird sich sein Schüler Newton nicht mehr leisten.

{1}   EDWARDS, JR.: {1a} 118-120. {1b} 139 f. {1c} 140 (Fig.13: $A'(0) > 0$).
{2}   {2a} CAJORI 181. {2b} BOYER [2] 376 (Fig.17.3 fragwürdig).
      {2c} STILLWELL [1] 318.
{3}   {3a} HEUSER [2] 654. {3b} POPP 29.
{4}   *SOURCE B.* ... [1] /Struik: 255-257.   HEUSER [2] 654 f.   VAN MAANEN 86 f.
      BOURBAKI [5] 213.

II.R   Leibniz' Spielerei mit Folgen

Große Einfälle sind bisweilen die Folge kleiner Spielereien. Thomas Mann schrieb, nach eigenem Bekunden, „in spielerischer Gelassenheit". Auch bei dem auf alles neugierigen Gottfried Wilhelm war Spieltrieb im Spiel, als er sich zur Mathematik verführen und dann von ihr fesseln ließ. Davon zeugen die Einblicke, die er in seine Entdeckungen gewährt.[1a]

Sein erstes Spielzeug waren die Zahlenfolgen.[1b.2a] Die Differenzen der Quadratzahlen[2b], die Differenzen dieser Differenzen et cetera bilden das Schema

$$
\begin{array}{cccccc}
1 & 4 & 9 & 16 & 25 & \dots \\
 & 3 & 5 & 7 & 9 & 11 & \dots \\
 & & 2 & 2 & 2 & 2 & 2 & \dots \\
 & & & 0 & 0 & 0 & 0 & 0 & \dots \;^{\{3a\}}
\end{array}
\tag{1}
$$

Im Interesse unseres Rahmenthemas wollen wir die Sache auch noch auf den Kopf stellen. Um das System (1) aus der letzten Zeile zu rekonstruieren, bilde man nacheinander

$$2,\; 2+0,\; 2+0,\; \dots \;;\quad 3,\; 3+2,\; 5+2,\; \dots \;;\quad 1,\; 1+3,\; 4+5,\; \dots \;.$$

Ersetzt man dabei die Eckwerte $2, 3, 1$ der Zeilen durch beliebige a, b, c, so entsteht am Ende, d.h. in der Oberzeile, eine Folge der Form $\varphi_n = c_0 + c_1 n + c_2 n^2$ ($n = 0, 1, \dots$), wo $c_0 = c$, $c_1 = b + a/2$, $c_2 = a/2$. Mithin sind drei Parameter frei wählbar! Unter Verwendung des Symbols Δ im Sinne von $\Delta a_k = a_k - a_{k-1}$ fassen wir zusammen: Jede Folge φ_n der obigen Form genügt der „Differenzengleichung" $\Delta^3 \varphi_n := \Delta \Delta \Delta \varphi_n = 0$; andererseits hat die (nun als Forderung aufzufassende) Differenzengleichung $\Delta^3 \varphi_n = 0$ die wie oben mit beliebigen $c_0, c_1,$ c_2 gebildete „allgemeine Lösung". Dies ist, diskret ausgedrückt, etwas von dem, was uns mit indiskreten Variablen beim Differenzieren und Integrieren wieder begegnen wird.

*

Das Differenzenschema (1) wurde im Rückblick zum Summenschema. Den Übergang von zweiter zu erster Zeile stellt Abb.II.40 exemplarisch dar. Darin wird die Addition 1+(4−1) +(9−4)+(16−9) als sukzessive Auslöschung gedeutet: Die Summe, die zur Quadratzahl 16 führt, schiebt sich zusammen[2b] wie weiland ein Teleskop der christlichen Seefahrt. Teleskopsumme und -reihe gerieten zum Terminus. Greifbare Wahrnehmung war Leibniz wichtig, er verinnerlichte sie nachhaltig. Der Teleskop-Effekt hatte es ihm besonders angetan, er bescherte ihm die Korrespondenz

$$(2.1)\;\; \textstyle\sum_{\nu=1}^{n} \Delta A_\nu = A_n - A_0, \qquad (2.2)\;\; \Delta \textstyle\sum_{\nu=1}^{n} a_\nu = a_n, \tag{2}$$

wo „Δ" wie oben verwendet wird. Es ist dies das diskrete Modell für „den Hauptsatz" des Calculus; den eigentlich nächstliegenden Teil mit (2.2) hintanzustellen entspricht der Reihenfolge in II.S. (Siehe Leibniz' Bekundung in {1c}.)

$$
\begin{array}{l}
1 \searrow \\
+ \ 4 - 1 \\
\searrow \\
+ \ 9 - 4 \\
\searrow \\
+ \ 16 - 9 = 16
\end{array}
$$
Abb. II.40 Der Teleskop-Effekt.

Eine erste Bewährung fand sich für Leibniz' Steckenpferd, nachdem er Huygens' Bekanntschaft gemacht hatte. Es wurde ein Husarenritt. Huygens legte ihm eine gerade aktuelle Reihe zur Auswertung vor; ihre Glieder waren die Kehrwerte der *Dreieckszahlen*

$$
\frac{k(k+1)}{2} = 1,\ 1{+}2,\ 1{+}2{+}3,\ \dots \ = \ 1, 3, 6, \dots,
$$

die bekanntlich die Gitterpunkte auf den nach Abb.I.1 geschachtelten Dreiecken zählen. (Mit ihnen beginnen die „figurierten oder Polygon-Zahlen" der Pythagoreer.[4.3b] Sie bilden die 2. summatorische Folge der 1, 1, 1, ... und füllen die 3. Schräglinie in Pascals Dreieck Abb. II.28.) Ohne den Faktor 2 handelte es sich um

$$
\sum_1^\infty \frac{1}{k(k+1)} = \frac{1}{2} + \frac{1}{6} + \frac{1}{12} + \dots \ . \tag{3}
$$

Heute würde das schon ein Anfänger auf die Reihe kriegen, nämlich die Teleskopreihe

$$
\sum_1^\infty \left(\frac{1}{k} - \frac{1}{k+1}\right) = \left(1 - \frac{1}{2}\right) + \left(\frac{1}{2} - \frac{1}{3}\right) + \left(\frac{1}{3} - \frac{1}{4}\right) + \dots \tag{4}
$$

$$
= 1 + \left(-\frac{1}{2} + \frac{1}{2}\right) + \left(-\frac{1}{3} + \frac{1}{3}\right) + \dots, \tag{5}
$$

mit vielleicht ein wenig mehr Vergnügen als Verständnis. Auch ein Lord Brouncker soll auf eben diese Weise die Antwort „2" auf Huygens Frage gefunden haben.[5a]

Damals noch wenig versiert im Rechnen, sah Leibniz bei (3) nicht sogleich die Zerlegung der $\frac{1}{k(k+1)}$ in „Teilbrüche".[5b] Zur Differenzenreihe (4) fand er sozusagen experimentell oder besser gesagt spielerisch. Ausgangspunkt war die „harmonische" Folge $1, \frac{1}{2}, \frac{1}{3}, \dots$ (so genannt, da ab zweitem Glied ein jedes das harmonische Mittel seiner Nachbarn ist, und so bekannt durch die gleichnamige Reihe). Er „differenzierte" sie, und das sogleich iteriert nach Schema (1), womit er sein *„harmonisches Dreieck"* entdeckte: (6a), bzw. als Christbaum (6b) dem Pascalschen Dreieck Abb.II.28 nachempfunden:[6]

(6a) $1 \quad \frac{1}{2} \quad \frac{1}{3} \quad \frac{1}{4} \quad \dots\dots$ (6b) $1 \quad \dots\dots\dots\dots\dots\dots$

$\quad\quad\quad \frac{1}{2} \quad \frac{1}{6} \quad \frac{1}{12} \quad \dots\dots\dots$ $\quad\quad \frac{1}{2} \quad \frac{1}{2} \quad \dots\dots\dots\dots$

$\quad\quad\quad\quad \frac{1}{3} \quad \frac{1}{12} \quad \dots\dots\dots\dots$ $\quad\quad \frac{1}{3} \quad \frac{1}{6} \quad \frac{1}{3} \quad \dots\dots\dots$

$\quad\quad\quad\quad\quad \frac{1}{4} \quad \dots\dots\dots\dots\dots$ $\quad\quad \frac{1}{4} \quad \frac{1}{12} \quad \frac{1}{12} \quad \frac{1}{4} \quad \dots\dots\dots$

$$\bullet \ \bullet \ \bullet \ \bullet \ \bullet \ \bullet \ \bullet$$

Leibniz gelangte wie folgt zu (5). In der 2. Zeile von (6a) stehen die Terme von (3); jeder davon bildet die Differenz der beiden darüber stehenden aus der harmonischen Folge. Das gab (3) die Form von (4), machte (3) zum Teleskop (5) mit dem Wert 1, dem ersten Term der Oberzeile. Der Umweg hatte Leibniz' Blick geweitet und ihm zugleich einen ganzen Satz von Reihenauswertungen beschert. Denn wie bei (6a) die erste Zeile mit ihrem Anfangsterm den Reihenwert der zweiten liefert, so verhält es sich mit der zweiten zur dritten, und so weiter. Eine typisch leibnizsche Antwort auf das anfängliche Problem.

Freilich kam Leibniz bald auch direkt auf die „Partialbruch-Zerlegung". Der Teleskop-Effekt, durch den (3) vermittels (5) ausgewertet wird, stellt sich bei

$$\sum_2^\infty \frac{1}{k^2-1} = \sum_2^\infty \left(\frac{1}{k-1} - \frac{1}{k+1}\right) = \frac{1}{1} + \frac{1}{2}$$

erst bei „Doppelsprüngen" ein. Doch waren das jetzt nur mehr Fingerübungen. Nachdem er Huygens' Probe glänzend bestanden hatte, verstieg sich Leibniz zur Behauptung, er könne jede Reihe summieren. Schon die der letzteren so harmlos ähnlich scheinende Reihe $\sum 1/k^2$ verschaffte ihm wieder Bodenhaftung: Sie trotzte auch den Bernoullis, erst Euler fand ihren mit π verwobenen Wert (s. I.C.5).

*　　*
*

Wir kommen zurück auf das Differenzen-Schema (1), das von den Quadratzahlen ausging, und beginnen stattdessen mit den Zweierpotenzen:

$$
\begin{array}{cccccc}
1 & 2 & 4 & 8 & 16 & \ldots \\
& 1 & 2 & 4 & 8 & 16 & \ldots ;
\end{array}
$$

sie reproduzieren sich, was nicht verwundert, ist doch $2^n - 2^{n-1} = 2^{n-1}(2-1)$. Exponentielles Wachstum ist sozusagen so stark, dass ihm das „Differenzieren" nichts anhaben kann. Jedenfalls nichts Wesentliches, wie $3^n - 3^{n-1} = 3^{n-1} \cdot 2$ zeigt. Wertzuwachs und Ausgangswert stehen in konstantem Verhältnis: das Kennzeichen des (ungehemmten, insofern nicht wirklich) „natürlichen" Wachstums.

Leibniz verfolgte alsbald, was diesem Phänomen bei *kontinuierlichem* Wachstum entspricht. Man hätte die „differenzielle Wachstumsrate $dy : dx$" proportional zum jeweiligen Bestand y anzusetzen und nach Funktionen $y = f(x) > 0$ mit der Eigenschaft $y' = c\,y > 0$ zu fragen (s. I.C.4). Es war die erste „echte" Differenzialgleichung überhaupt.[7] Leibniz gab ihr die Form $y' = y/s$, fragte nach den Kurven, die sich durch konstante Subtangente s auszeichnen. Descartes konnte keine Antwort geben[2c]; keine seiner algebraischen Funktionen leistete das.

Zwecks methodischer Einstimmung werde, ganz nach Leibniz' Art, das diskrete Analogon des Problems betrachtet, nämlich die *Differenzengleichung*

$$a_k - a_{k-1} = c\,a_{k-1} \quad (k = 1, 2, \ldots), \quad c > 0 \text{ konstant.} \tag{7}$$

Die Rekursion

$$a_k = (1{+}c)\, a_{k-1} = (1{+}c)^2\, a_{k-2} = \ldots = (1{+}c)^k\, a_0$$

liefert bereits die allgemeine Lösung

$$a_k = (1{+}c)^k\, a_0\,, \quad k = 1, 2, \ldots\,, \tag{8}$$

mit beliebigem a_0. Andererseits erfüllt jede Folge $a_k = a_0\, C^k$ mit konstantem $C > 1$ eine Beziehung der Gestalt (7). Das schließt die triviale Lösung $a_k \equiv 0$ wie auch fallende Folgen mit ein. Im Falle $a_0 > 0$ gilt jedoch: Eine konstante Wachstumsrate $a_k - a_{k-1} : a_{k-1}$ ist charakteristisch für exponentielles Wachstum der Folge a_k.

Noch eine sprachliche Anmerkung: Das Wort „Rate" betraf stets *Verhältnisse*, seinem Ursprung *ratio* gemäß. Von Raten spricht man auch bei *absoluter* Zu- oder Abnahme einer Größe, wenn die Änderung gleich bleibt, also in konstantem Verhältnis zur Bezugsgröße steht. Wir werden das Wort im ersten, dem engeren Sinne gebrauchen.

Nun zur „*Diskretisierung*" des Problems der konstanten Subtangente. Ausgangspunkt einer hypothetischen Lösung $y = f(x)$ von $y' = c\,y$ sei $(0 \mid y_0)$, $y_0 > 0$; ihre *Existenz* wird also unterstellt. Wir setzen $x_k = k\,\delta$ ($k = 0, 1, \ldots$) mit „kleinem" $\delta > 0$ und bilden die Folge $y_k = f(x_k)$. Für sie gilt

$$\frac{y_k - y_{k-1}}{x_k - x_{k-1}} = \frac{y_k - y_{k-1}}{\delta} \approx f'(x_{k-1}) = c\, f(x_{k-1}) = c\, y_{k-1}\,, \quad k = 1, 2, \ldots\,. \tag{9}$$

Damit erfüllt die Folge y_k näherungsweise die Differenzengleichung $y_k - y_{k-1} = \delta c\, y_{k-1}$, das Gegenstück zu (7) mit seiner Lösung (8), und dies „um so eher" (vgl. {2d}), je kleiner δ und die Werte k sind. Nach (9) passen dann die Punkte

$$(x_k \mid y_k) = \left(k\,\delta \mid y_0\,(1 + \delta c)^k \right),\ k = 1, 2, \ldots\,, \tag{10}$$

„anfangs gut" zur angenommenen Lösungskurve und geben ihrerseits Anhaltspunkte für eine Näherungslösung unseres Anfangswertproblems.

Aufgrund dessen fühlte sich Leibniz zu einem qualitativen Urteil berechtigt[2d]: „*Falls die x eine arithmetische Progression bilden, so bilden die y eine geometrische. Mit anderen Worten, wenn die y Zahlen sind, so werden die x Logarithmen sein.*" Die Funktion $y \mapsto x$ sei also von logarithmischem Typus.

*

Explizit werden *Logarithmus-* und *Exponentialfunktion* erst von Euler behandelt (siehe II.W, vgl. II.O). Wir wollen dem vorgreifen mit einer dem Meister nachempfundenen Betrachtung.

Unsere obige Formel (10) für die Stützstellen einer Näherung hätte Euler vermutlich benutzt, um auf direktem Wege das Anfangswertproblem zu lösen. Nach (10) gehört zur Stelle x_k der Näherungswert

$$f(x_k) \approx y_0\,(1 + \delta c)^k\,.$$

Bezüglich eines festgehaltenen Argumentwerts $x > 0$ denke man sich $[0, x]$ in k Teile der Länge δ zerlegt: Je kleiner δ, desto größer k nach Maßgabe von $x = k\,\delta$. Dank dieser Beziehung werden in Eulers Terminologie ein unendlich großes k („Ω") und ein unendlich kleines δ („ω") *quantitativ* gebunden. So geschieht es bei II.W/(1), und so erhält der Funktionswert von f an der Stelle $x = \Omega\,\omega$, bis auf Normierung durch den Anfangswert y_0, die Gestalt

$$(1 + \frac{cx}{\Omega})^{\Omega}, \quad \text{in der Bedeutung} \quad \lim_{k \to \infty} (1 + \frac{cx}{k})^{k}.$$

Euler führt dafür die Bezeichnung e^{cx} ein.

$$* \quad * \quad *$$

Zurück zum Anfang. Spielerisch hatte Leibniz seine ersten mathematischen Erfahrungen gesammelt, hatte so Mathematik aktiv gelernt. Für die alten Römer war LUDUS das Wort für Spiel und zugleich für den Ort, wo die jungen Römer lernten. Auch Sport ist Spiel. Freude findet in der Mathematik, wer sie als sportliche Herausforderung begreift. Um noch den Geheimrat Johann Wolfgang zu Wort kommen zu lassen: *Arbeite nur, die Freude kommt von selbst.*

{1}   BOS: {1a} [1]. {1b} [2] 84 f. {1c} [2] 86 Mitte; 98 Anmerkg.7 (Korrektur „*consideratio*").
{2}   EDWARDS, JR.: {2a} 234 f. {2b} 235. {2c} 259 f. {2d} 260.
{3}   KLINE [1]: {3a} 371. {3b} 29 f.
{4}   VAN DER WAERDEN [2] 162. BECKER [4] 34 f. BOYER [2] 59. GERICKE [2] 22 f. STILLWELL [1] 38.
{5}   MESCHKOWSKI [2]: {5a} 73. {5b} 79.
{6}   BOYER [2] 439. GUICCIARDINI 108 f (108, Z.7 v.u.: n, $n+1$ vertauscht).
{7}   PEYERIMHOFF 1.

II.S   Newton und Leibniz zum Hauptsatz

Wenn beim Calculus von „Funktionen im Allgemeinen" die Rede ist, so nur im Nachhinein und im Sinne landläufiger „Ausdrücke". (Potenzreihen behandelt Newton wie Polynome.) Innerhalb dieses Horizonts walten auch Newton und Leibniz. Um deren Tun einzuordnen, wollen uns zunächst vergegenwärtigen, was zu Riemanns Zeit, Ende des 19. Jahrhunderts, unter *einem* „Hauptsatz der Differenzial- und Integralrechnung" zusammengefasst wird. (Zur Terminologie siehe II.Y.)

Sei f R-integrierbar über $[a, b]$.   (1)

(1.1)   Ist $f = F'$ auf $[a, b]$, so gilt $\int_a^b f(x)\,\mathrm{d}x = F(b) - F(a)$;

(1.2) $\frac{\mathrm{d}}{\mathrm{d}x} \int_a^x f(t)\,\mathrm{d}t = f(x)$ gilt für alle $x \in [a, b]$, in denen f stetig ist.

Hauptsatz im sozusagen akademischen Sinne ist (1.1) mit den unabhängigen Voraussetzungen von Integrierbarkeit und Existenz einer Stammfunktion. Hierin drückt sich Newtons Zugang I.C.4/(4) zur Integration aus.

Unter den Bezeichnungen *erster, zweiter Hauptsatz*[1a] figurieren formal

$$(2.1) \quad \int_a^x dt\, \frac{d}{dt} F(t) = F(x) - F(a), \quad (2.2) \quad \frac{d}{dx} \int_a^x dt\, f(t) = f(x). \qquad (2)$$

Eine griffige Gestalt erhält (2.1) durch

$$\int_a^x dt\, \frac{d}{dt} F(t) = \int_a^x dF(t) = F(x) - F(a),$$

was allerdings nicht ohne Weiteres Bedeutung hat. Die Beziehungen (2) treffen zu, wenn die Integranden stetig auf $[a, b]$ sind. (Nach (1.1) gilt (1.2) schon bei bloßer Integrierbarkeit von F'.) Die Beziehungen (2) erinnern an Leibniz' „diskrete Vorstudien" II.R/(2) und sind Ausdruck dessen, dass sich Integration und Differenziation zueinander wie Addition und Subtraktion verhalten.

Wie Newton und Leibniz den Hauptsatz angehen, das hat zu tun mit unterschiedlichem Respekt vor überkommenen, jedoch nicht überholten Vorstellungen vom Flächeninhalt. Dessen Problem sieht Newton durch (1.1) erledigt, per Antidifferenziation. Leibniz Einstellung spiegelt sich wider im leibnizschen Integralsymbol. Barrows Einstieg macht Abb.II.38 zur Illustration des zweiten Hauptsatzes. Für manche ist dies der Hauptsatz schlechthin, und so heißt es denn in {2}: *"So voilà!*

$$\frac{d}{dx} \int f(x)\, dx = f(x)$$

– *the fundamental theorem of the calculus."* So la-la. Die ebenso griffige wie interpretationsbedürftige Fassung der Perle des Calculus …

*   *   *

Newton besitzt den Hauptsatz 1665/66. Aus dieser Zeit gibt es nur seine sehr viel später bekannt gewordenen Aufzeichnungen. Hier einiges daraus. ({3a} ist schlecht nachzuvollziehen; siehe dazu {3c}.) In dem nachträglich zusammengestellten *"October 1666 tract on fluxions"* finden wir die beiden Fragestellungen in folgender Form:

> *"… the nature of the area being given to find the nature of the crooked line whose area it is."*[4a]

> *"The nature of any crooked line being given to find its area, when it may be."*[4b]

Zum ersten Problem (s. {5a.1b}). Unsere Abb.II.41a zeigt zwei durch eine horizontale Achse getrennte Flächen mit den Inhalten Y, Z, am variablen rechten Ende durch y bzw. z lange Strecken bündig begrenzt. Wandern diese nach rechts, so wachsen die zugehörigen Flächen während des virtuellen Zeitelements o mit den Geschwindigkeiten, sprich *Fluxionen* $\dot{Y}, \dot{Z}$

(I.C.4) um die *Momente* $\dot{Y}o, \dot{Z}o$. Das Moment $\dot{Y}o$ bildet demnach den absoluten Zuwachs von Y und die Fluxion $\dot{Y} = \dot{Y}o / o$ die auf die Spanne o bezogene Zuwachs-*Rate*. (Zum Terminus „Rate" siehe II.R/Ende.)

Das Verhältnis $\dot{Y}o : \dot{Z}o = \dot{Y} : \dot{Z}$ der Zuwächse ist dabei, wie Newton lakonisch befindet, durch das Verhältnis $y : z$ der Kurvenordinaten gegeben. Es drückt das Empfinden aus, Y wachse jeweils „in dem Maße" z.B. schneller als Z, wie y größer als z ist. Newton prägt das zu barer Münze, setzt $\dot{Y} : \dot{Z} = y : z$, während er sogleich der unteren Fläche die konstante Höhe 1 erteilt (Abb.II.41b; {4a/Bild}; {5a/Fig.4}; {1b/Fig.241.1}). Sei also $Z = E$ und 1 die Geschwindigkeit $\dot{E}$, mit der E anwächst. Speziell entsteht dann $\dot{Y} : 1 = y : 1$, folglich "$\dot{Y} = y$": Die „Ableitung" der Flächenfunktion Y ist ihre Ordinate y. So etwa hat man bei Newton den 2. Hauptsatz zu lesen.

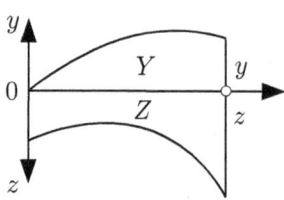

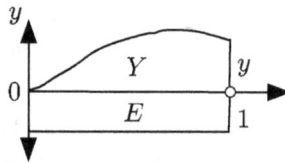

Abbn. II.41 a,b *Zu Newtons Demonstration des Hauptsatzes.*

Fassen wir seine Argumentation anhand der Abbn.II.41 zusammen, wo 41b Newtons Original wiedergibt: In 41a wie 41b zeigen die wandernden End-Ordinaten der beiden Flächen ober- und unterhalb der Figurenachse durch ihr Längenverhältnis an, in welchem Verhältnis die momentanen Zuwachsraten der Flächen stehen.

Der obere Teil von Abb.II.41b entspricht genau den Diagrammen des Oresmus (s. I.C.1). Bei ihm finden wir den in der Laufzeit zurückgelegten Weg als abgestufte Fläche über dem Intervall und ihre jeweilige *Breite* im Laufzeitpunkt als Maß für die momentane Geschwindigkeit: Sie ist eine von Oresmus' „Formlatituden" (*latus* = breit).

Auch beim zweiten der zitierten Probleme argumentiert Newton zunächst kinematisch, mit Verhältnissen.[4c] In {4d} wird die *Quadratur* der rationalen Potenzen *mittels Antidifferenziation* begründet. Dort begegnen wir der uns vertrauten Herleitung des zweiten Hauptsatzes.[4e.3b]

Die Wechselbeziehung der „beiden Hauptsätze" hatte Newton schon sehr früh erfasst.[6] Typisch für ihn ist, dass der geometrische Aspekt hinter dem kinematischen zurücksteht. Zum einen schließt Newton vom zeitlichen Wegverlauf auf die momentanen Geschwindigkeiten und dann eben auch von Letzteren auf alle darauf passenden Wegfunktionen. Weglängen in Flächeninhalte zu übersetzen, damit hatte schon Oresmus kein Sprachproblem gehabt (I.C.1; II.10).

*   *
*

Zunächst ein Wort zu Leibniz' Begriff vom Integral als eines Flächenmaßes, denn er hatte es im Gegensatz zu Newton vornehmlich unter dem Blickwinkel der Geometrie gesehen. Erst vor Kurzem kam ein Manuskript aus seiner Pariser Zeit ans Licht, in dem Leibniz die Idee des Riemann-Integrals präzis formuliert: *„Der ... Satz ... zeigt, dass eine krummlinig begrenzte Fläche durch eine geradlinig begrenzte treppenförmige Fläche beliebig genau angenähert werden kann. Beliebig genau heißt: der Fehler kann kleiner als jede vorgegebene positive Zahl gemacht werden.* "[7]

Leibniz präsentiert den ersten Hauptsatz in den „Acta Eruditorum" 1693.[8a] Der Titel: *„... constructio lineae ex data tangentium conditione"*[8b,c] (Konstruktion einer Kurve aus vorgegebener Tangentenbedingung). Anlässlich dieses „inversen Tangentenproblems" stößt er auf das Integral mit variabler Intervallgrenze. Diese flächenwertige Funktion wird mit ihrem Graphen die gesuchte *linea* liefern.

So spröde Newton sich oft kundtut, so gesprächig gibt sich Leibniz. Doch darum keineswegs erhellender. Wohl nicht zu Unrecht hieß es, bei Durcharbeiten seiner obskuren Vorlage hätten die Bernoullis den Calculus ein weiteres Mal erfinden müssen. (Aus eigener Anschauung meines Autographs von „G.W." weiß ich, worauf man bei ihm gefasst sein musste.)

Wir wollen versuchen, seine Schritte anhand einer unzulänglichen Wiedergabe[9a] und des Originals[8a] nachzuvollziehen, eher hinein- als herauslesend. Wesentliche Stütze ist dabei Abb.II.42 ({9b/Fig.1}), bis auf erläuternde Einträge die leibnizsche Originalskizze {8c/ Fig. 140}). In ihr sind ein y, x- und ein y, z-Koordinatensystem beidseitig der y-Achse angeordnet.

Gesucht ist ein Funktionsgraph, für dessen Punkte C die Kathetenverhältnisse TB : BC charakteristischer Dreiecke „assignabiliter" vorgeschrieben sind (s. in I.C.4 Kommentar zu Abb.I.12). Leibniz schreibt dieses Verhältnis schon „der Form halber" (vgl. I.C.3/Ende, II.Q/ Barrow) sinngemäß $z : a$ mit konstantem a. Über der y-Achse wird FH von der Länge z abgetragen. (Wir würden sagen, die Ordinate z ist die Steigung der Kurve $y \mapsto x$ bei C.) Nun kommt, nach Leibniz' eigenen Worten, sein Calculus zum Zuge. Laut Vorgabe ist $dx : dy =$ TB : BC. Zusammengenommen ergibt das $dx : dy = z : a$ und somit

$$a\, dx = z\, dy, \quad a \int dx = a\,x = \int z\, dy.$$

Hierin misst $z\, dy$ den (durch seine Ecken bezeichneten) „differenziellen" Streifen F(F)(H)H und $\int z\, dy$ die kurvig begrenzte Fläche AFHA (wie Leibniz schreibt), „aus lauter z-Ordinaten". Das ist Leibniz' Resultat, nach unserem Duktus

$$y \mapsto x = \frac{1}{a} \int_0^y z\, dt.$$

(Dem Faktor a kommt also auch zu, die Größenverhältnisse auszugleichen.) Damit ist das „inverse Tangentenproblem" durch eine Integration, d.h. mittels einer flächenwertigen Funktion gelöst. (Barrow leistete Überzeugungsarbeit (II.Q), Leibniz sieht man im Nebel eines Schöpfungsaktes wirken.)

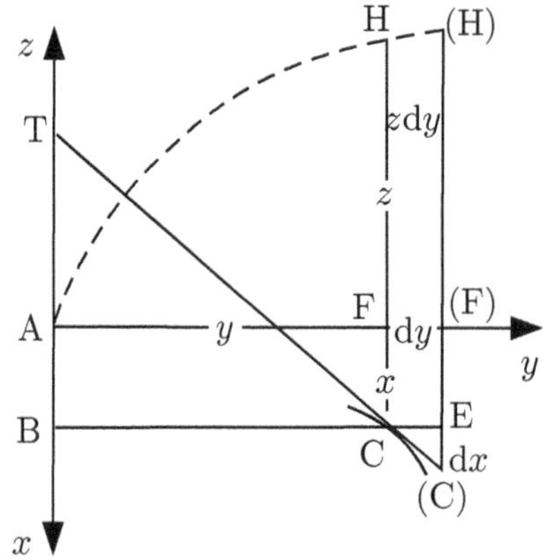

Abb. II.42   *Leibniz zum Hauptsatz, nach seiner Original-Skizze.*

*

Wie Leibniz anderenorts hervorhebt, war seine Einsicht in das Zusammenspiel von Integration und Differenziation vorgeprägt durch das, was ihn Summen und Differenzen gelehrt hatten (I.C.4; s. II.R). Die vorstehende Präsentation verrät das nicht. Da jedoch sein bestimmtes Integral, anders als das Newtons, aus Summen hervorging, dürfte er in irgendeiner Form die folgende Überlegung angestellt haben.

In II.R/(2.1), dem Pendant zur obigen Formel (2.1), wurde ein Teleskop zusammengeschoben. Umgekehrt kann man, von

$$F(x) = \int_a^x f(t)\, dt$$

ausgehend, die Flächendifferenz $F(x) - F(a)$ in (2.1) zum Teleskop

$$\sum_{\nu=1}^n \left[F(x_\nu) - F(x_{\nu-1}) \right], \quad a = x_0 < x_1 < \ldots < x_n = x \le b,$$

ausziehen und so zur Approximation

$$\sum_{\nu=1}^n \frac{F(x_\nu) - F(x_{\nu-1})}{x_\nu - x_{\nu-1}} (x_\nu - x_{\nu-1}) \approx \sum_{\nu=1}^n F'(x_\nu)(x_\nu - x_{\nu-1})$$

des dortigen Integrals gelangen.

{1}   HEUSER: {1a} [1] 450 f, 462 f. {1b} [2] 661.
{2}   STILLWELL [1] 159.
{3}   GUICCIARDINI: {3a} 95 f („vgl. Kap.“ 2.4 statt „2.2.4“). {3b} 96.— {3c} SONAR [2] 105 f.
{4}   NEWTON: {4a} [1] 427. {4b} [1] 430. {4c} [1] 430, 415. {4d} [2] 242-245. {4e} [2] 242/243.
{5}   EDWARDS, JR.: {5a} 194-196. {5b} 257 f.
{6}   WIELEITNER [1] 128 f.
{7}   SONAR [4] 416.

{8}   LEIBNIZ [2]: {8a} 298 f.   {8b} 301.   {8c} Anhang.
{9}   *SOURCE B*. ... [1] /Struik: {9a} 282-284.   {9b} 283.

II.T   Newton und Leibniz: zweimal Calculus mit Physik

Bei all seiner hohen mathematischen Kompetenz hatte Newton vornehmlich die Physik im Kopf, doch war ihr auch Leibniz sehr zugetan, der ohnehin „fächerübergreifende" Kopf. Wir beginnen mit dem Ersteren und bringen das Ergebnis seiner Überlegungen zum keplerschen *Flächensatz* (s. auch {1a}), dem schon sein Entdecker einen theoretischen Unterbau zu geben versucht hatte (II.K). Hierzu musste Newton einen Grundsatz finden. Und er fand ihn.

Da wäre zunächst die Frage, warum die Planeten grundsätzlich keinen räumlichen Schlingerkurs fahren, sondern jeweils in einer Ebene mit der Sonne bleiben. Sodann: Warum verhält sich die Fläche $F(t_0, t_1)$, die der Fahrstrahl Sonne–Planet zwischen den Zeitpunkten t_0, t_1 überstreicht, proportional zu $t_1 - t_0$?

Eine moderne Darstellung benutzt den Begriff des *vektoriellen Produktes* $v_1 \times v_2 \in \mathbb{R}^3$ zweier $\mathbb{R}^3$-Vektoren. Keiner sei Nullvektor und sie seien nicht Vielfache voneinander. Dann ist auch $v_1 \times v_2$ nicht der Nullvektor, steht senkrecht auf beiden und das von ihnen aufgespannte Parallelogramm hat $|v_1 \times v_2|$ zum Inhalt.

Newton hatte den Kraftbegriff auf die Änderung des Impulses gegründet (s. I.C.4). Konstanter Impuls war die Fehlanzeige für eine äußeren Kraft. Steht der Körper unter alleiniger Wirkung einer Zentralkraft wie bei einem um die Sonne S kreisenden Planeten, so gilt nach Newton Folgendes für den vom Kraftzentrum zum Körper der Masse m weisenden Ortsvektor $r(t)$: Das *Moment des Impulses bezüglich* S, der diesbezügliche „*Drehimpuls*" $r \times (m\,\dot{r})$, ändert sich nicht. Definitionsgemäß steht $r \times \dot{r}$ senkrecht auf der momentanen Ebene der Bewegung. Bleibt sich der Vektor gleich, so kann es nur *eine* Bewegungsebene geben![1b] Das ist Newtons erster Treffer.

Wie nun wirkt sich der konstante *Betrag* des Drehimpulses auf die Bewegung in dieser Ebene aus? Sie sei x,y-Ebene kartesischer Koordinaten x, y, z; diesbezüglich erhält das Vektorprodukt zweier $u_i = (x_i, y_i, 0) = u_i (\cos \varphi_i, \sin \varphi_i, 0)$ die Gestalt

$$u_1 \times u_2 = (0, 0, z), \text{ wo } |z| = u_1 u_2 |\sin(\varphi_2 - \varphi_1)| = |x_1 y_2 - y_1 x_2|$$

nach dem Additionstheorem des Sinus. Speziell für $u_1 := r$, $u_2 := \dot{r}$ ergibt sich der Vektorbetrag von $r \times \dot{r}$ als der Absolutbetrag von

$$x\dot{y} - y\dot{x} = r \cos \varphi \, (r\dot{\varphi} \cos \varphi + \dot{r} \sin \varphi) - r \sin \varphi \, (-r\dot{\varphi} \sin \varphi + \dot{r} \cos \varphi)$$
$$= r^2 \dot{\varphi} \cos^2 \varphi + r^2 \dot{\varphi} \sin^2 \varphi = r^2 \dot{\varphi} \, ;$$

das ist wegen $\dot{\varphi} > 0$ eine positive *Konstante*.[1c]

Kepler war von einem falschen Zusammenhang zwischen elementaren Ellipsensektoren und Wegelementen ausgegangen (s. Abb.II.19). Korrekt berechnet sich die zwischen den Zeitpunkten t_0, t_1 überstrichene Fläche zum Wert

$$F(t_0, t_1) = \int_{\varphi(t_0)}^{\varphi(t_1)} \frac{1}{2} r \cdot r \, d\varphi = \frac{1}{2} \int_{t_0}^{t_1} r^2 \dot{\varphi} \, dt,$$

ist also gemäß der Bewertung von (1) proportional zur Zeitspanne.

QUOD ERAT DEMONSTRANDUM.

*   *

*

Snellius nannte sich der Niederländer Willebrord Snell van Royen, der im Jahre 1615 Licht-strahlen unter verschiedener Neigung auf den Planschliff eines durchlässigen homogenen Mediums richtete und die schon im Altertum bekannte Brechung verfolgte. Die Abb.II.43 gründet darauf, dass der Strahl die Einfallsebene nicht verlässt. Auch Winkelfunktionen hat-ten eine lange Tradition, doch war niemandem aufgefallen, dass die Einfallswinkel α und die zugehörigen Brechungswinkel β ein für das Material charakteristisches Verhältnis $\sin \alpha$: $\sin \beta$ bilden; Snellius nannte es dessen *Brechzahl n*. Kam der Strahl statt aus der Luft aus einem anderen plan aufliegenden Medium I und waren beide Medien „isotrop", d.h. ohne op-tische Vorzugsrichtung, so bestätigte sich

$$\sin \alpha : \sin \beta = n_2 : n_1 \tag{1}$$

mit den Brechzahlen n_1, n_2 von I, II ($n_1 = 1$ bei Luft als Medium I).

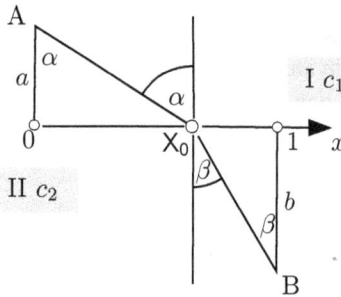

Abb. II.43 *Im Einklang: Snellius' Gesetz, Fermats Prinzip und Leibniz' Calculus.*

Die Brechzahl kennzeichne die „optischen Dichte" des Materials. Das war nur ein Wort. Die Ursache für dieses Spezifikum sah Fermat in der Lichtgeschwindigkeit innerhalb des Mediums; (1) legte eine entsprechend einfache Gesetzmäßigkeit nahe. Fermat treibt geome-trische Optik und entwickelt vielleicht aus folgendem Gedankenexperiment seine Vermutung über den Verlauf der Brechung. Gemäß Abb.II.43 sendet eine Lichtquelle A in alle Richtun-gen Strahlen aus. Wird in Snellius' Experiment ein Zielpunkt B vorgegeben, dann blende man bei A durch Probieren denjenigen Strahl aus, der am Ende durch B geht. Dieser Strah-lengang, so Fermats hypothetisches Prinzip[2.3a], führe das Licht am schnellsten von A nach

B. Das hieße, bei offener Quelle verhielte sich das Licht so, *als ob* es unter den geometrisch möglichen Streckenverbindungen von A nach B die zeitlich kürzeste *auswähle.*

Wäre das nicht so, wie wenn ein eiliger Reiter ohne vorherige Kenntnis des Geländes die Ideallinie finden, sich also bereits in A optimal entscheiden könnte? Es wäre nicht so; siehe unten, was Huygens dazu meint. Bei Leibniz geht es lediglich darum, Snellius' Experiment und Fermats Prinzip in Einklang zu bringen.

Unter den Knickpunkten $X = (x \mid 0)$ der möglichen Wege von A nach B mit ihren Laufzeiten

$$T(x) = \frac{1}{c_1}\sqrt{x^2 + a^2} + \frac{1}{c_2}\sqrt{(1-x)^2 + b^2}, \ 0 \le x \le 1,$$

wäre Fermats Knackpunkt $X_0 = (x_0 \mid 0)$ durch minimales $T(x_0)$ ausgezeichnet. Hier bot sich für Leibniz' Calculus eine spektakuläre Bewährung.[3b.4a] Tatsächlich zeigt die auf [0, 1] infolge $a/x \downarrow$, $b/(1-x) \uparrow$ steigende Ableitung

$$T'(x) = \frac{1}{c_1}\frac{x}{\sqrt{x^2 + a^2}} - \frac{1}{c_2}\frac{1-x}{\sqrt{(1-x)^2 + b^2}}$$

wegen $T'(0) < 0 < T'(1)$ genau ein Minimum an. Zum minimierenden Strahlengang AX_0B gehören eindeutig α, β gemäß Abb.II.43 mit $0 = c_1 c_2 T'(x_0) = c_2 \sin\alpha - c_1 \sin\beta$, und das ergibt

$$\sin\alpha : \sin\beta = c_1 : c_2. \tag{2}$$

Oben sahen wir die Brechzahl eines Stoffes *experimentell* bestimmt, als $n := \sin\alpha : \sin\beta$. Vor theoretischem Hintergrund definiert man sie, proportional zu diesem Wert, als das Verhältnis c_0/c der Lichtgeschwindigkeiten in Vakuum und Medium. Beide Definitionen führen zum selben Quotienten (1), (2) als dem Brechungs*index* des Medienpaares. (All das bezieht sich, genau genommen, auf *eine* Farbe.)

Mit jenem strahlenden Erfolg wurde Leibniz 1684 zum Herold der publizierenden Calculus-Anwender. Seine und seines Kalküls Kraftprobe kommentiert er seinem Naturell gemäß wie folgt:[3c] *„Andere hoch gelehrte Männer haben auf vielen Umwegen versucht, was jemand, der mit diesem Calculus vertraut ist, in diesen Zeilen wie durch Magie leisten kann."* Und da sich Fermat vergeblich um eine Lösung bemüht hatte, wird er noch deutlicher: *„in tribus lineis"*, in drei Zeilen.[4b]

*

Einen Christiaan Huygens beeindruckte das nicht; er konnte sich nicht mit dem infinitesimalen Rechnen anfreunden, der dubiosen Grundlage wegen. Huygens gelangte auf seine Weise zum selben Brechungsgesetz, mit einem Modell der Lichtausbreitung, das Fermats Prinzip im Nachhinein rechtfertigte und keiner Vorahnung vom rechten Weg nach B bedurfte.

Fermat hatte sich wohl keine Gedanken über die Natur des Lichtes gemacht, Huygens nennt man den Vater der Wellentheorie (die ihn in Gegensatz zu Newton mit dessen Korpuskeln brachte). Diese seine Wellen waren indes nicht, wie meist im Vorgriff auf Maxwells

Theorie angenommen, mit den transversalen Wasserwellen zu vergleichen. Huygens dachte sich die Energie eher longitudinal, nämlich stoßweise übertragen, in Fronten, deren Normalen er Strahlen nannte. Punktförmige Quellen sandten Kugelwellen aus. In Abständen, die groß gegen die Länge der Fronten waren, durfte man Letztere als geradlinig parallel ansehen.

Vielleicht stammt von Huygens selbst, die Lichtfortpflanzung durch das Vorrücken einer Reiterschwadron zu simulieren. Sei wieder $c_1 > c_2$ wie in Abb.II.43, jedoch wie in Abb.II.44 interpretiert. Passiert eine Front die Grenze zum Sturzacker, so wird der schon darauf befindliche Abschnitt gegenüber dem Rest verzögert: Die Front knickt ein. Das widerfährt allen nachfolgenden Reihen und lässt sie in der Weise zusammenrücken, dass die in gleichen Zeiten vor und nach der Grenze durchlaufenen Wege s_1, s_2 auf die Beziehung (2) führen:

$$\sin \alpha : \sin \beta \; = \; s_1 : s_2 \; = \; c_1 : c_2 \, .$$

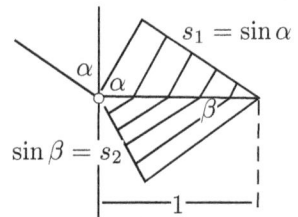

Abb. II.44 Snellius' Gesetz nach Huygens Theorie.

Die Kavallerie hätte Reiter in „jede" Richtung ausgeschickt, das tut auch die verschwenderische Natur: die Lichtquelle mit Huygens' Wellenreitern. Genau ein Strahlbündel passiert B. Es ist dasjenige, welches (2) gehorcht und − wie an Leibniz' Rechnung rückwärts abzulesen − Fermats „optisch kürzestem Wege" folgt. Fermats Prinzip findet sich so im Rahmen von Huygens' Wellenmodell bestätigt. Damit ist Leibniz' Beitrag zu einer Theorie der Lichtbrechung in Gänze umrissen.

{1}   TOEPLITZ: {1a} 142-144, 148 f. {1b} 149. {1c} 144 oben, 150 (5).
{2}   SCHAEFER 573. HUND [2] 37.
{3}   HEUSER: {3a} [1] 306. {3b} [1] 306 f. {3c} [3] 122, Fußn. 2.
{4}   HAIRER; WANNER: {4a} 93 f. {4b} 93.

II.U   Huygens' Uhr aus Zykloiden

Die gute alte Zeit ließ sich mit dem Pendel messen. Als nostalgischer Dummy in der Standuhr des Tandemwohnwagens ist es fehl am Platz. Die neue Zeit wird vom „Quartz" getrieben, wie uns die Werbung lehrt. Für Funkuhren ist Genauigkeit kein Thema mehr, weshalb Chronometer heutzutage ihren Wert anders begründen müssen, durch Platin, Eidgenossen und Designer. Huygens suchte die Zeitmessung auf anderem Wege zu kultivieren. Es war ein Holzweg, doch genial. Wie er, Hugenius, der das wahrhaft Letzte aus der Penduluhr herausholte und seinem latinisierten Namen einmal mehr gerecht wurde. Der Erfindung liegen Ideen zugrunde, die seine Uhr überdauert haben.

Nicht zufällig waren Huygens' Landsleute Seefahrer. Denen half bei den Breitengraden der Himmel mit Mittagssonne und Himmelspolen. Es waren' die Längengrade, welche die christliche Seefahrt in Seenot brachten. Dabei tät's doch auch hier die Sonne: Man nehme die Zeit des heimischen Meridians mit auf die Reise und setze die Lokalzeit dagegen.[1a,b] Theoretisch. Im 16. Jahrhundert war zwar das Nürnberger Ei schon gelegt, doch nicht das des Columbus für die Genauigkeit, die hier nötig war. Präzision erwartete Galilei[1a] vom Pendel. Jahrzehnte später griff Huygens den Gedanken auf.[2a.3a.4a.5a.6a.7]

Bekanntlich soll sich die Schwingungsdauer des Pendels nur nach seiner Länge richten, allerdings müssten die Ausschläge „klein" sein. Wie nun? Huygens musste es genau wissen. Er sah, dass der Pendelbogen etwas zu flach war[2b], und fand den Dreh, mit dem jeder Ausschlag gleich lange dauert. Es waren zwei ineinander greifende Kunstgriffe, deren jeder vergessen macht, dass trotz Theorie und Tüftelns nichts Seetüchtiges dabei herauskam.[2b] Newton entschied schließlich, das Problem der geografischen Länge sei ein astronomisches, kein chronometrisches. Sein Verdikt wirkte fort, indem sich die Londoner Längenkommission einer tauglichen Erfindung Jahrzehnte lang widersetzte. Mit einer Holzuhr schaffte es ein Bastler am Ende eines langen Lebens und erhielt den ausgesetzten Preis, mit „18" Jahren, wie zu lesen.[1b]

Für das Funktionieren seiner Konstruktion hat Huygens sorgfältige Beweise nachgeliefert, noch vor Bekanntwerden des Calculus. Sie galten einem kinematischen und einem mechanisch-geometrischen Problem. Das Erstere behandelten bereits Leibniz und Johann Bernoulli auf ihre Weise.[5b] Huygens hätte den Kalkül ohnehin gemieden. Hier nun nacheinander die beiden Aspekte (**I, II**), die er zusammenführte.

*   *   *

(**I**) Huygens war nicht befangen zu meinen, bloß Aufgehängtes könne pendeln. Auch die Kugel in einer Schüssel wird zum Pendel. Der Vorzug dieser Pendelbewegung ist, dass sie sich durch das Schüsselprofil vorschreiben lässt. Das lieferte Huygens die Idee für seine Uhr.[3b] Er fragte: Gibt es die Schüssel, in der die Kugel „*isochron*" pendelt, das heißt, bei der sie aus jeder Höhe die gleiche Zeit bis zum Boden braucht? Huygens musste ihre Form nicht erfinden, er fand sie fast auf Anhieb: in der Zykloide aus II.L, die seinerzeit in aller Munde war.[5b.8a] Die folgende Rechnung lässt erahnen, wieviel Scharfsinn es ohne sie brauchte.

Wir ziehen die Darstellung II.L/(1) für die Kurve *Z* aus Abb.II.21 heran. Das liefert die eine Hälfte der Rollbahn in der Form

$$x(\varphi) = r\,(\varphi - \sin\varphi),\quad y(\varphi) = r\,(1 - \cos\varphi) \quad (0 \le \varphi \le \pi)$$

mit festem $r > 0$. Diese Funktionen werden nunmehr nach Vorgabe eines Anfangswerts $\varphi_0 \in [0,\pi)$ eingeschränkt auf $\varphi_0 \le \varphi \le \pi$, wobei $\varphi = \varphi(t)$, $0 \le t \le T[\varphi_0]$, mit $\varphi(0) = \varphi_0$ und der Laufzeit $T[\varphi_0]$. Wir brauchen y und, hier wie später, die Bogenlänge

$$s = s(\varphi;\varphi_0) = \int_{\varphi_0}^{\varphi} d\psi \sqrt{x'(\psi)^2 + y'(\psi)^2} = \sqrt{2}\, r \int_{\varphi_0}^{\varphi} d\psi \sqrt{1 - \cos\psi} \qquad (1)$$

$$= 2r \int_{\varphi_0}^{\varphi} d\psi \, \sin\frac{\psi}{2}\,, \qquad \varphi_0 \le \varphi \le \pi\,,$$

als Funktionen $y(\varphi(t))$, $s(\varphi(t))$ der Zeit. Alle genannten Funktionen sind umkehrbar. Zu zeigen ist: Die Laufzeit $T[\varphi_0]$ hat für alle $\varphi_0 \in [0, \pi)$ denselben Wert.

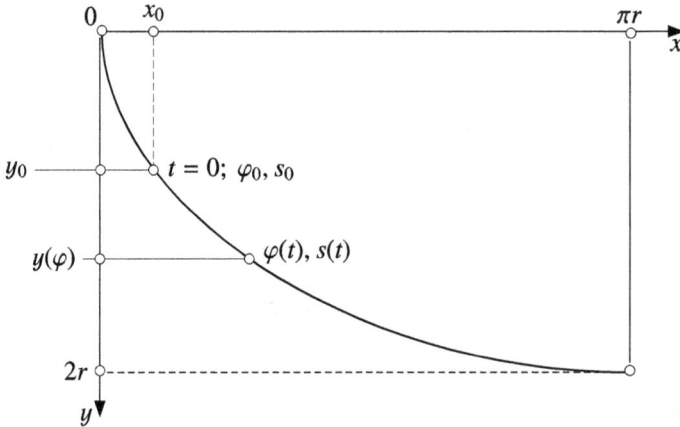

Abb. II.45 *Die Zykloide als Iso- oder Tautochrone: Zur Berechnung der Laufzeit.*

Bezüglich einer Kugelmasse m liefert der Energiesatz

$$\frac{m}{2}\left(\frac{ds}{dt}\right)^2 + m\,g\,[y(\varphi(0)) - y(\varphi(t))] = 0$$

das Bewegungsgesetz in Gestalt einer Differenzialgleichung für $\varphi = \varphi(t)$, wobei (1) zum Tragen kommt:

$$\frac{ds}{d\varphi}\frac{d\varphi}{dt} = \sqrt{2gr}\sqrt{\cos\varphi_0 - \cos\varphi}\,,$$

$$2\,r\sin\frac{\varphi}{2}\frac{d\varphi}{dt} = \sqrt{2gr}\sqrt{\cos^2\frac{\varphi_0}{2} - \cos^2\frac{\varphi}{2}}\,, \quad 0 \le t \le T[\varphi_0]$$

(vgl. die Behandlung in {6d}). Über die Ableitung von $t = t(\varphi)$ erhält man die Laufzeit

$$T[\varphi_0] = \int_{\varphi_0}^{\pi} d\varphi \frac{dt}{d\varphi} = \sqrt{\frac{r}{g}}\int_{\varphi_0}^{\pi} d\varphi \left(\cos^2\frac{\varphi_0}{2} - \cos^2\frac{\varphi}{2}\right)^{-1/2}\sin\frac{\varphi}{2}$$

mit einem konvergenten (uneigentlichen) Integral. Die Substitution $u = \left(\cos^2\frac{\varphi_0}{2}\right)^{-1}\cos^2\frac{\varphi}{2}$ bringt es in die Form[6h]

$$\int_0^1 \frac{2\,du}{\sqrt{1-u^2}} \tag{2}$$

und zeigt damit, dass die Laufzeit von der Fallhöhe unabhängig ist, wie behauptet. Quantitativ: Für eine Fallhöhe $2r - y(\varphi_0) = r(1 + \cos \varphi_0)$, $0 \le \varphi_0 < \pi$, beträgt die Laufzeit $\pi\sqrt{(r/g)}$, ist also lediglich proportional zu $\sqrt{r}$.

Überzeugend wird die Unabhängigkeit demonstriert mit zwei Kugeln, die von beiden Seiten einer Zykloidenbahn gleichzeitig starten: Egal aus welchen unterschiedlichen Höhen, in der Mitte treffen sie aufeinander.

* * *

(II) Wir wechseln auf das zweite Bein. Wie wäre das Ergebnis von (I) uhrgerecht umzusetzen, wie sollte ein hängender Pendelkörper auf eine Zykloidenbahn gezwungen werden? Diese Herausforderung traf Huygens in seinem geometrischen Element. Im konkreten Wortsinne „entwickelte" er seine zweite Idee. Siehe dazu Abb.II.46[3c].

Belegt man die rechte Hälfte **AB** des Zykloidenbogens mit einem haftenden Faden, fasst diesen bei **B** und zieht ihn straff gespannt ab, so beschreibt sein freies Ende „B" eine Kurve **BC** – genannt die „Abwickelnde" zur „Abgewickelten": die *„Evolvente"* (auch: „Involute"[5c]) **BC** zur *„Evolute"* **AB**. (Das deckte eine wichtige Kurvenbeziehung auf, die noch ihre Rolle in einer künftigen Differenzialgeometrie spielen sollte.) Nach (1) hat der Bogen **AB** die Länge $s(\pi; 0) = 4r$. In Abb.II.46 zeigt er sich als Pendelfaden **AC**: doppelt so lang wie der Erzeugerkreis der Zykloide hoch ist. Hier haben demnach Evolvente und Evolute die gleiche Höhe, doch nicht nur das: Sie sind *kongruent*, sind rechte und linke Hälfte desselben Zykloidenbogens![3c.5a]

Mit dieser Erkenntnis ist Huygens am Ziel. Er braucht nur jenen Faden als Pendelkörper in **A** aufzuhängen und dafür zu sorgen, dass er abwechselnd je einer Backe von der Form des Bogens **AB** ein Stück weit aufliegt. Fertig. Die fertige Uhr zeigen {1b.3d.4b}.

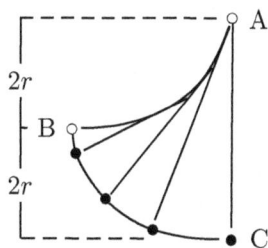

Abb. II.46 Huygens Zykloiden-Pendel: Der Bogen **AB** *bildet die linke Führungsbacke für die Pendelschnur. Das Pendel entsteht durch Spiegelung der Figur an* **AC**.

* * *

Zykloiden- und Kreispendel finden bei kleinen Ausschlägen zusammen.[2c] Das Erstere hat zufolge (2) die Periode $4\,T[\varphi_0] = 2\pi\sqrt{4r/g}$ [6e], also näherungsweise die des Kreispendels von der gleichen Länge $4r$. (Dessen genaue Schwingungsdauer gibt {10a}.) Huygens' Einwand gegen das Kreispendel wird in {10b} eingehend erörtert, für die physikalische Praxis erwies sich die Korrektur wenig relevant[10c].

*

Das isochrone Schwingen, wie es die Zykloide erzeugt, verlieh dieser den Namen *Isochrone*, was zu Verwechslung mit namensgleichen Kurven führt, die Leibniz als Übungsmaterial für seinen Calculus benutzte. Angefangen mit „Leibniz' Isochrone"[3e.9b.11a.12], auf der ein Körper unter Schwerkraft konstante Sinkgeschwindigkeit annimmt, die also keine Zykloide ist. Zu anderen „Fluchtbewegungen" siehe {2d} und, unter {2e}, *„De linea isochronica".* Huygens' und Leibniz' Isochronen laufen in Sachverzeichnissen ungeschützt unter „Isochrone". Noch dazu sei „isochron" synonym zu „tautochron" (t-autos = zweimal dasselbe)[6b.e], doch *Tautochrone* heißt nur die Zykloide.

*

Ihr Tautochronismus war nicht das einzig Chronische an der Zykloide. Folgenreiche Geburtshilfe leistete sie als *„Brachystochrone".*[4c.5d.6c,f.11b.13a] Das kommt vom griechischen „kurz" und weist auf folgende Eigenschaft. Zwischen einem Punkt A und einem versetzt darunter befindlichen B gibt es genau eine Führung, längs deren ein bei A losgelassener Körper unter Schwerkraft in kürzester Zeit nach B gelangt: nämlich die in A = (0|0) ansetzende, durch B verlaufende Zykloide, wobei die Koordinaten von B die Parameter r, φ eindeutig festlegen[6g]. ({4c}: falscher Start; zu {13b/Abb.12.2} siehe Kritik an II.L/{3}; bei {11b/ FIG.7.6} ist B = $(x|y)$ nur dann Tiefpunkt, falls $x:y = \pi:2$ gilt (siehe unter (I) oben).

Entdeckt wurde diese Seite der Zauberkurve von Johann Bernoulli, der die Extremaleigenschaft aus einer optischen Analogie heraus erklärte, gestützt auf Fermats Prinzip (II.T). Ein willkommener Anlass für jenen, der Fachwelt die Frage vorzulegen, was die Brachystochrone für eine Kurve sei. (Die Story findet sich eingangs I.C.5 geschildert.) Johann musste die Lösung seines Bruders Jacob anerkennen, setzte sie jedoch als umständlich herab. Dieser hatte nämlich einen allgemeinen Ansatz verfolgt, indem er „alle möglichen Wege" ins Rennen um die minimale Laufzeit schickte. Es war dies die erste *„Variationsrechnung"* (siehe {6g.8b.11b.13}. Jacob konnte auf seine Entdeckung stolz sein: Er hatte ein neues, ein ganz wichtiges Prinzip der Analysis entdeckt! Die gemeine Zykloide – schier unübertroffen als Ideengeber!

{1}   {1a} GERICKE [2] 199.   {1b} RESNIKOFF; WELLS 125 f. (126: Z.11 widerspricht Bildtext; Z.12 !).

{2}   BOS [2]: {2a} 65. {2b} 66. {2c} 67. {2d} 31-34, nochmals 103-105. {2e} 111, note 3.

{3}   BOYER [2] {3a} 410-414. {3b} 410 f. {3c} 412 (Fig.18.2 fehlerhaft!). {3d} 413. {3e} 457.

{4}   HILDEBRANDT; TROMBA: {4a} 111. {4b} 112. {4c} 110 Zeichng. unten (Lage „A" falsch).

{5}   KLINE [1]: {5a} 556. {5b} 471 f (*„of course"*; vgl. {11b/c}). {5c} 555 (Fig. 23.10 fehlerhaft). {5d} 574 f.

{6}   HEUSER [2]: {6a} 568, mit 366. {6b} 568 Mitte. {6c} 568-570.— [3]: {6d} 219-221. {6e} 221. {6f} 121-124. {6g} 124.— {6h} [1] 486 (Beisp.1).

{7}   STILLWELL [1] 238 f, Fig.13.3.

{8}   SOURCE B. ... [1]/Struik: {8a} 263. {8b} 391-398.

{9}   CAJORI: {9a} 183. {9b} 217.

{10} TOEPLITZ: {10a} 135. {10b} 131 ff. {10c} 136.

{11} HAIRER; WANNER: {11a} 134 f. {11b} 137 f. {11c} 142.

{12} ARCHIBALD 414.

{13} FRASER: {13a} 453 (Z.9 f: „Zwangsbedingungen"?). {13b} 454.

II.V   Leibniz, Johann Bernoulli: partielles Differenzieren, Enveloppen

Anlass zum partiellen Differenzieren (s. I.C.5) fand Leibniz in der Randzone dichter Kurvenscharen, wo sich sogenannte Hüllkurven bilden.[1a] (Deren Premiere übrigens mit der von Koordinaten und ihren Achsen zusammenfiel.[2]) Fünfzig Jahre später würden die partiellen Differenzialgleichungen ein zentrales Thema der Physik werden, auch jetzt gaben physikalische Fragestellungen den Anstoß. Leibniz und hernach Johann Bernoulli interessierten sich für scharenweise auftretende Lichtstrahlen und Geschossbahnen.

Erstes Beispiel ist bei Leibniz der Hohlspiegel.[1b] Anders als beim Paraboloid mit seinem Brennpunkt erzeugt ein achsenparalleles Lichtbündel z.B. beim sphärischen Spiegel eine Brennfläche, eine Kaustik (Katakaustik), die erst beim Ausblenden achsfern einfallender Strahlen auf einen Punkt hin schrumpft. Ihr Axialschnitt ist die Brennkurve in Form zweier symmetrischer Girlandenbögen, denen sich die Strahlen nach ihrer ersten Reflexion anschmiegen (Abb. II.47). Die Brennfläche wird im Neuen Brockhaus 1974 unter „Kaustik" (im Sinne von Diakaustik) definiert als „die Fläche, in der sich Bildstrahlen ... schneiden", interpretierbar nur mit unendlich benachbarten...

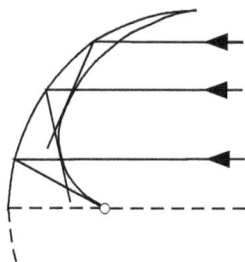

Abb. II.47   *Brennkurve des sphärischen Spiegels.*

Im Bereich z.B. des oberen Bogens geschieht Folgendes. Jeder Strahl berührt ihn nach Reflexion, in jedem seiner Punkte berührt ihn ein reflektierter Strahl.[3a] Dies fasst man in die Worte: Die Schar der reflektierten Strahlen wird durch den Kurvenbogen *eingehüllt*; dieser heißt die *Enveloppe*, die „*Einhüllende*" der Strahlenschar – unbeschadet dessen, wer hier wen einwickelt.[4a.5a] Die sprachliche Konvention rührt her von einschließenden Kurven oder Flächen wie in Abbn. II.49 u.50, im Gegensatz auch zu Abb. II.48.

Nach Leibniz' erster Beschäftigung mit Kurvenscharen wandte Johann Bernoulli dessen neue Art Differenzialrechnung auf ein altes Problem Torricellis an. Zu dessen Zeit war 30-

jähriger Krieg und er mochte sich gefragt haben, wo Spatzen vor Kanonen sicher seien. Auf einer Anhöhe dachte er ein Rohr postiert, das in alle Höhenwinkel zwischen 0 und 90 Grad ausgerichtet werden kann. Auf eine Vertikalebene beschränkt bleiben alle Geschosse gleicher Anfangsgeschwindigkeit nach Torricelli innerhalb seiner *„Sicherheitsparabel"*, der Enveloppe ihrer Bahnen (Abb.II.49[3b]), und die Einhüllende wird hier ihrem Namen gerecht.

Johann Bernoullis Berechnungen zu Brennkurve und Torricelli-Parabel[1c] dürften recht aufwändig gewesen sein. Statt des Spiegels[3c] wollen wir uns mit der Kanone und einem weiteren martialischen Objekt befassen, zuvor jedoch das Prizipielle an einem möglichst einfachen Beispiel erläutern.

$$* \quad * \quad *$$

Die Beziehung zwischen Schar und Enveloppe erläutern wir zunächst am Beispiel der Parabel $y = x^2$ und ihren Tangenten. Um jene als Hüllkurve ihrer Tangenten zu charakterisieren, betrachten wir nebeneinander die Punktmenge

$$\{(x \,|\, p(x)) : \; x \in \mathbb{R}\} \; \text{mit} \; p(x) = x^2 \tag{1}$$

und die – lediglich als solche definierte – Schar der Geraden

$$\{(x \,|\, g(x\,;\alpha)): \; x \in \mathbb{R}\}, \text{wo} \; x \mapsto g(x\,;\alpha) := 2\alpha x - \alpha^2, \alpha \in \mathbb{R}, \tag{2}$$

mit dem *Scharparameter* α. Die Mengen (1) und (2) hängen ersichtlich wie folgt zusammen:

> Die Parabel (1) wird in jedem Punkt $(x_0 \,|\, x_0^2)$ berührt von einer Geraden aus (2), nämlich $y = 2x_0 x - x_0^2$.
> Jede Gerade $y = 2\alpha x - \alpha^2$ aus (2) berührt die Parabel (1), nämlich im Punkt $(\alpha \,|\, \alpha^2)$.

Einen Überblick über (2) gibt Abb.II.48; die Tangenten in $(\pm\alpha \,|\, \alpha^2)$, $\alpha > 0$, schneiden sich in $(0 \,|\, -\alpha^2)$. Die Geradenschar (2) war der Parabel (1) auf den Leib geschneidert. Betrachten wir (2) nunmehr unvoreingenommen als willkürlich vorgegeben. Wie können wir (1) aus (2) zurückgewinnen? Dies ist die eigentliche Fragestellung in der Theorie der Enveloppen. Es begann damit, Kandidaten für Enveloppen auszumachen und sie dann als solche zu verifizieren. Wir wollen uns auf zwei Wegen an Kandidaten herantasten, einem algebraischen und einem analytischen, nämlich so, wie Descartes es gemacht hätte und Leibniz es machte.

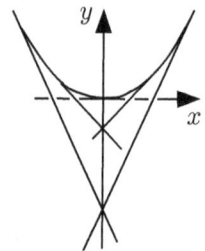

Abb. II.48 Eine Parabel als Enveloppe ihrer Tangenten.

Descartes hätte sich an Schnittpunkten wie denen in Abb.II.48 orientiert. Keine der Geraden aus (2) ist parallel zur y-Achse, jede schneidet jede Gerade $\{(x_0 \,|\, y) : \; y \in \mathbb{R}\}$. Sei $(x_0 \,|\, \tilde{y})$ mit $\tilde{y} \in \mathbb{R}$ vorgegeben. (Abb.II.48 illustriert den Fall $(0 \,|\, \tilde{y})$, doch stelle man sich auch andere

Vertikalen $x = x_0$ vor.) Wir fragen nach Geraden aus (2), die den Punkt $(x_0 \,|\, \tilde{y})$ passieren. Es sind die, deren Parameter α Wurzeln der Gleichung $\alpha^2 - 2 x_0 \alpha + \tilde{y} = 0$ sind. Ihre Diskriminante $x_0^2 - \tilde{y}$ zeigt: Durch $(x_0 \,|\, \tilde{y})$ mit $\tilde{y} > x_0^2$ geht keine der Geraden, in Punkten mit $\tilde{y} < x_0^2$ kreuzen sich jeweils zwei mit den Parameterwerten

$$\alpha_1, \alpha_2 \;=\; x_0 \pm \sqrt{x_0^2 - \tilde{y}} \;.$$

Für $\tilde{y} = x_0^2$ ergibt sich die Doppelwurzel $\alpha = x_0$. Die Annäherung $\tilde{y} \uparrow x_0$ lässt die beiden Geraden $y = g(x \,;\, \alpha_i)$, $i = 1, 2$, in der Geraden $y = g(x \,;\, x_0)$ zusammenfallen (in der x-Achse, falls $x_0 = 0$). Sie verläuft durch $(x_0 \,|\, x_0^2)$. Falls sich die so gewonnenen Punkte $(x \,|\, x^2)$ zum Graphen einer Funktion $y = E(x)$ zusammenschließen, so erhalten wir dafür

$$E(x) = x^2 = g(x \,;\, x), \quad E'(x) = 2x = g'(x \,;\, x), \quad \text{d.h.} \; \frac{\partial}{\partial x} g(x \,;\, \alpha) \; \text{für} \; \alpha = x,$$

und erkennen in $y = p(x)$ die Enveloppe unserer Geradenschar. (Vergleiche Descartes' Doppelwurzel bei Konstruktion der Tangenten nach der Kreismethode, in II.P.)

Soweit Descartes, nunmehr frei nach Leibniz. Vorgegeben sei wieder eine Vertikale $x = x_0$ (etwa $x_0 = 0$ wie in Abb.II.48). Wir verfolgen die Lage der Geraden $y = g(x \,;\, \alpha)$ anhand ihrer Schnittpunkte mit jener Vertikalen, wenn α von $-\infty$ nach $+\infty$ fortschreitet. Die Ordinate $2\alpha x_0 - \alpha^2$ besagten Schnittpunkts erweist sich an der Stelle $\alpha = x_0$ *stationär* (s. I.C.3), denn hier ist $\frac{d}{d\alpha} g(x_0 \,;\, \alpha) = 2x_0 - 2\alpha = 0$. Damit stehen wieder die Punkte $(x \,|\, g(x \,;\, x))$ im Verdacht auf Enveloppe. (Weiter wie oben.)

Hier wurde auf zweierlei Weise mit Erfolg nach Kandidaten für die Enveloppe gesucht. Was wohl wird Descartes und Leibniz auf ihren jeweiligen Weg gebracht haben? Antworten lassen sich nur mit den lockeren Worten der Heuristik geben.

Eine Enveloppe besteht aus Punkten, in denen Schargeraden zu Tangenten werden. Nach einem solchen Punkt hatten wir jeweils unter den Punkten auf einer Vertikalen gesucht. Liefert α_0 eine Tangente $y = g(x \,;\, \alpha_0)$, so erwartet man von Werten α nahe bei α_0, dass die dazugehörigen Geraden $y = g(x \,;\, \alpha)$ jener Tangente benachbart sind. Descartes bringt „unendlich benachbarte" Geraden zum Schnitt und erzeugt auf diese Weise Kurvenpunkt samt Tangente. (Man verfolge in Abb.II.48 das Zusammenrücken der Schargeraden durch $(0 \,|\, \tilde{y})$ bei $\tilde{y} \uparrow 0$.) Leibniz setzt darauf, dass sich die Lage von Schargeraden in der Nähe einer tangierenden extrem wenig ändert und spürt so im Rückschluss die Kurvenpunkte auf. Die Enveloppen-Theorie wird Leibniz folgen.

*

Bei unserem Beispiel hatte Leibniz den Calculus zur Untersuchung der vom *Parameter x* bestimmten Funktionen $\alpha \mapsto g(x \,;\, \alpha)$ eingesetzt; er differenzierte partiell nach α (I.C.5). Das Ziel seines obigen Vorgehen liest sich unter Verwendung der Bezeichnung

$$\varphi(x, y, \alpha) := y - g(x; \alpha)$$

wie folgt: Der Lösung $x = x(\alpha)$, $y = y(\alpha)$ des Gleichungssystems (vgl. {3a})

$$\varphi(x, y, \alpha) \quad = \quad y - 2\alpha x + \alpha^2 \quad = 0 \tag{3_1}$$

$$\varphi_\alpha(x, y, \alpha) \quad = \quad 2\alpha - 2x \quad\quad\quad = 0 \tag{3_2}$$

ist nach Elimination des Parameters α die Koordinatenbeziehung $y = x^2$ zu entnehmen. Wir wollen nunmehr die Entstehung dieses Gleichungssystems zum Gegenstand einer systematischen Überlegung machen.

Für die Schar der Geraden $y = 2\alpha x - \alpha^2$, $\alpha \in \mathbb{R}$, existiere eine Enveloppe mit der Parameterdarstellung $\alpha \mapsto (x(\alpha) \,|\, y(\alpha))$, $\alpha \in \mathbb{R}$. Damit die Enveloppe im Punkt $(x(\alpha) \,|\, y(\alpha))$ von der Geraden $y = 2\alpha x - \alpha^2$ berührt wird, muss er zumindest der Geraden angehören:

$$\varphi(x(\alpha), y(\alpha), \alpha) \equiv 0 \,, \; \alpha \in \mathbb{R}, \tag{4}$$

ist daher die erste Forderung, entsprechend (3_1). Nun die wesentliche. Der Tangentenvektor $(x'(\alpha), y'(\alpha))$ der Enveloppe hat sich nach der durch $(x(\alpha) \,|\, y(\alpha))$ verlaufenden Schargeraden zu richten, die an dieser Stelle nach $\pm(1, 2\alpha)$ weist. Aus (4) gewinnt man (mit der Kettenregel für Funktionen mehrerer Variablen) die Identität

$$\frac{d}{d\alpha} \, \varphi(x(\alpha), y(\alpha), \alpha) \; = \; \varphi_x(\ldots) \frac{dx}{d\alpha} + \varphi_y(\ldots) \frac{dy}{d\alpha} + \varphi_\alpha(\ldots) \equiv 0 \,, \; \alpha \in \mathbb{R}. \tag{5}$$

Nun ist $\varphi_x(x, y, \alpha) = -2\alpha$, $\varphi_y(x, y, \alpha) = 1$ und folglich

$$(\varphi_x(x(\alpha), y(\alpha), \alpha), \, \varphi_y(x(\alpha), y(\alpha), \alpha)) \cdot (x'(\alpha), y'(\alpha)) = (-2\alpha, 1) \cdot (1, 2\alpha) = 0$$

(vgl. {5b}), so dass (5) die Forderung

$$\varphi_\alpha(x(\alpha), y(\alpha), \alpha) = 0 \,, \; \alpha \in \mathbb{R}, \tag{6}$$

nach sich zieht, kurz (3_2). Die hypothetische Kurve $\alpha \mapsto (x(\alpha) \,|\, y(\alpha))$ erfüllt somit die Identitäten (4), (6), zu interpretieren als notwendige Bedingungen für α-abhängige *Koordinaten* x, y einer *Enveloppe*. Das ist gemeint, wenn man (3_1), (3_2) das „Gleichungssystem der Enveloppe" nennt.

Leibniz und Bernoulli trieben *„Differenzialen*rechnung". In ihrer Handschrift nähme sich die Entstehung von (6) wie folgt aus. Die Identität (5) würde zum verschwindenden „totalen Differenzial"

$$d\varphi = \varphi_x \, dx + \varphi_y \, dy + \varphi_\alpha \, d\alpha = 0. \tag{5*}$$

In unserem Beispiel ist $dy = 2\alpha \, dx$ zu setzen, woraus

$$\varphi_x \, dx + \varphi_y \, dy \; = \; (\varphi_x, \varphi_y) \cdot (dx, dy) = (-2\alpha, 1) \cdot (1, 2\alpha) \, dx = 0 \tag{7}$$

resultiert. Nach (5*) und (7) gilt $\varphi_\alpha \, d\alpha = 0$ mit der Notwendigkeit $\varphi_\alpha = 0$ (denn für Leibniz ist $d\alpha$ eine „Variable", eine Zahl).

$$*\qquad *$$
$$*$$

Nun zu Torricellis Kanonade und ihrer Bearbeitung durch den jüngeren Bernoulli. Einem Hinweis in {6} auf {1} folgend, soll hier ein Weg zu Torricellis Enveloppe in (kritischer) Anlehnung an {1d} skizziert werden.

Der erste Schritt zu einer Enveloppe ist, die Kurven einer Schar zu kennzeichnen. Im obigen Schulbeispiel (1), (2) wurde von der Enveloppe ausgegangen: Die Abszissen der Berührpunkte fungierten als Scharparameter. Lichtstrahlen und Geschossbahnen müssen von sich aus die Parameter liefern. Bei den Strahlen ist es in {3d} der Einfallswinkel am Spiegel. Die Geschossparabeln markiert Johann Bernoulli durch ihre Scheitelpunkte $(\alpha\,|\,\beta)$ und belässt es bei den *zwei* Parametern (vgl. Leibniz[1e]).

Demgemäß wird für die Enveloppe eine Parameterdarstellung $x = x(\alpha,\beta)$, $y = y(\alpha,\beta)$ angestrebt. Zunächst sind jedoch x, y, analog zu (3_1), jeweils die Koordinaten der in $(\alpha\,|\,\beta)$ gipfelnden Wurfparabel:

$$\Phi(x,y,\alpha,\beta) = \alpha^2 y + \beta x^2 - 2\alpha\beta x = 0 \;^{\{1f\}}, \quad \alpha, \beta > 0. \tag{8}$$

Die Parameter sind verknüpft durch

$$P(\alpha,\beta) = \alpha^2 + 4\beta^2 - 4c\beta = 0, \quad c = \upsilon^2/(2g) \tag{9}$$

mit der gemeinsamen Anfangsgeschwindigkeit υ und der Schwerebeschleunigung g.[1g]

Formal wie in (5*) schreiben wir

$$d\Phi = \Phi_x\, dx + \Phi_y\, dy + \Phi_\alpha\, d\alpha + \Phi_\beta\, d\beta = 0. \tag{10}$$

Die Differenziale dx, dy, hier Koordinatenzuwächse bei der jeweils tangierenden Schar*kurve*, stehen nach (8) in der Beziehung $\alpha^2\, dy = (2\alpha\beta - 2\beta x)\, dx$. Analog zu (7) heißt es jetzt

$$(\Phi_x, \Phi_y) \cdot (dx, dy) = (2\beta x - 2\alpha\beta, \alpha^2) \cdot (1, 2\beta/\alpha - 2\beta x/\alpha^2)\, dx = 0,$$

und wie (5) in (6) überging, so ergibt (10) jetzt das Gegenstück zu (3_2) in Form von

$$\Phi_\alpha\, d\alpha + \Phi_\beta\, d\beta = (2\alpha y - 2\beta x)\, d\alpha + (x^2 - 2\alpha x)\, d\beta = 0. \tag{11}$$

(Dies entspricht der Gleichung {1h}, die dort allerdings damit begründet wird, dass die Parabelgleichung {1f}, nämlich unsere Gleichung (8), „bezüglich der Parameter differenziert" worden sei. Was keinen Sinn und die vorstehende Erörterung im Sinne von Leibniz und Bernoulli erforderlich macht.) Für (9) bildet man schließlich dP nach Art von (10) und gewinnt

$$P_\alpha\, d\alpha + P_\beta\, d\beta = 2\alpha\, d\alpha + (8\beta - 4c)\, d\beta = 0. \tag{12}$$

Das ergibt vier Gleichungen (8), (9), (11), (12) für die $x, y, \alpha, \beta, d\alpha, d\beta$ mit voneinander abhängigen α, β, und es resultiert

$$y = -\frac{1}{4c}x^2 + c = -\frac{g}{2\upsilon^2}x^2 + \frac{\upsilon^2}{2g}, \quad 0 \le x,\;^{\{1i.3e.4b\}}$$

"after some straightforward calculation"[1j]. Schwenkt man Torricellis Kanone um die Vertikale, so entsteht aus Abb.II.49 ein Sicherheits-Paraboloid, oberhalb dessen den Sperlingen keine Feder gekrümmt wird.

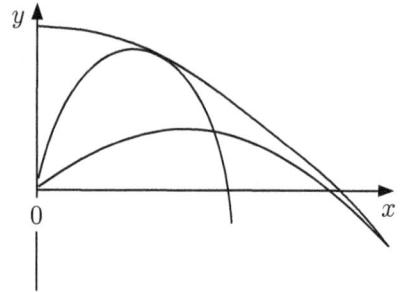

Abb. II.49   *Torricellis Sicherheitsparabel hüllt die parabolischen Geschossbahnen ein.*

Jahre nach Johanns Lösung zeigte sein älterer Bruder, wie es auch ohne das neue Differenzieren geht: mit einparametrig beschriebenen Bahnen und dem Argument der Doppelwurzel à la Descartes.[1k]

*   *
*

Von Enveloppen hörte ich erstmals, als die Überschalljäger aufkamen. Hören konnte ich sie weit früher, als Begleiter harmloser Kutschwagen. Ursache waren damals die Peitschen, deren Schnüre mit ihren auslaufenden Zipfeln sogenannte „Knallwellen" erzeugten. Beide Male handelt es sich um die Einhüllenden von Schallwellen, deren Quelle schneller ist als der Schall.[7]

Die Abb.II.50 gilt der Bewegung einer Lärmquelle Q längs und in Richtung der x-Achse, mit konstantem Tempo v oberhalb der Schallgeschwindigkeit c. Das Bild zeigt eine Momentaufnahme zum Zeitpunkt 0, in dem Q den Punkt $(0\,|\,0)$ erreicht hat. Zu sehen sind, im Axialschnitt, Fronten der Kugelwellen, die zu den Zeiten $t \in [t_0, 0)$ erzeugt wurden und jeweils den Radius $c\,|\,t\,|$ erlangt haben. Da $c : v = \sin \alpha \ (< 1)$ konstant ist, werden die Kugeln durch einen Kegel der Öffnung 2α eingehüllt, wie seine Mantellinien erkennen lassen. Zusammen bilden beide die Enveloppe der Kreisschar

$$\varphi(x,y,t) = (x - v\,t)^2 + y^2 - (c\,t)^2 = 0, \quad t_0 \leq t < 0. \tag{13}$$

Der Gleichung

$$\varphi_t(x,y,t) = -2v(x - v\,t) - 2c^2 t = 0$$

entnehmen wir $(x - v\,t)^2 = (c\,t)^2 (c/v)^2$ sowie $(v^2 - c^2)\,t = v\,x$. Aus (13) ergibt sich damit

$$y^2 = (c\,t)^2 - (x - v\,t)^2 = (c\,t)^2 [1 - (\tfrac{c}{v})^2] = \frac{(c\,v\,x)^2}{(v^2 - c^2)^2} \frac{v^2 - c^2}{v^2} = \frac{(c\,x)^2}{v^2 - c^2},$$

woraus das Profil

$$\pm y = \frac{c}{\sqrt{v^2 - c^2}}\, x = (\tan \alpha)\,x, \quad v\,t_0 \leq t < 0,$$

des „*Machschen Kegels*" resultiert. Seiner Ausbildung geht der Fall v = c voraus, der Fall der Schallmauer.

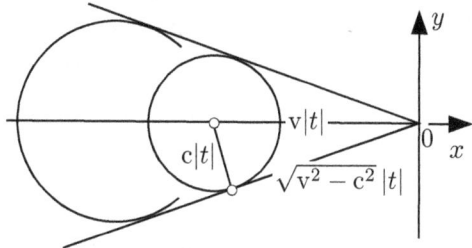

Abb. II.50 *Der Knallkopf, Kopf der Knall-*
welle: Axialschnitt durch die en passant er-
zeugten Kugelwellen und den sie einhüllenden
Kegel.

{1}   ENGELSMAN: {1a} 1, 27 f. {1b} 23 f. {1c} 27 f, 167 (note 9). {1d} 27-29.
      {1e} 29, 25. {1f} 28 (2.6). {1g} 28 (2.5). {1h} 28 (2.7). {1i} 29 (2.9).
      {1j} 29, 168 (note 10). {1k} 29, 168 (note 11).
{2}   CAJORI 211.
{3}   HAIRER; WANNER: {3a} 98 f. {3b} 101 Fig.3.4a. {3c} 99 f. {3d} 100 Fig.3.3.
      {3e} 101.
{4}   POGORELOV: {4a} 35 ff. {4b} 39 Aufg.12.
{5}   V. MANGOLDT; KNOPP: {5a} 513-528. {5b} 520 (5).
{6}   JAHNKE [2] 136.
{7}   BERGMANN; SCHÄFER 382 (Abb.466 und Text unstimmig).

II.W   Euler: $0 = 1 + e^{i\pi}$

Die gut zweieinhalb Meter der vier Serien seiner *Opera omnia*[1a] künden von Eulers Produktivität. Fast jede Disziplin aus In- und Umkreis von Mathematik trägt Spuren seines Einfallsreichtums. Wir greifen den Exponententräger „e" heraus, zeigen, wie Euler ihn entstehen ließ und etwas von dem, was er damit anstellte. Das führt uns zu einer der vielen Entdeckungen, die seinen Namen tragen.

Hier ist es die Verbindung seiner Exponenzialfunktion mit dem Kreis, was dann in der Beziehung $e^{i\pi} = -1$ gipfelt. In unserer Überschrift verzwirnt sie die algebraischen Schlüsselzahlen 0, 1, i und die mysteriösen e, π der Analysis durch die drei Grundrechnungen. Schreibt ein Journalist im Euler-Jahr 2007 enthusiastisch: „ ... die wohl berühmteste und schönste mathematische Gleichung schlechthin"... Des Weiteren siehe Ende des Kapitels.

Wie schon in I.C.5, widmen wir uns dem Ausdruck $(1+ \omega)^{\Omega}$. Darin erscheint „ein" unendlich kleines ω mit „einem" unendlich großen Ω gepaart, denn Euler diszipliniert sie jeweils durch Festsetzung ihres Produktes. Eigenwillig, doch in sich folgerichtig. (Siehe {2a.3. 4a}.)

Sei $a > 1$. Die Stetigkeit, mit der a^u von a^0 aus wächst, vermittelt Euler durch unendlich kleine Inkremente ω, ψ in $a^\omega = 1 + \psi$. Diese Phantome hängen je nach a voneinander ab und werden infinitesimal-gerecht einander proportional angesetzt.[1b] Derjenige Wert von a, bei dem $\omega = \psi$ eintritt, erhält von Euler den Namen e (dazu I.C.5). Mit $\omega \cdot \Omega = x > 0$ wird

$$e^x = e^{\omega \cdot \Omega} = (e^\omega)^\Omega = (1 + \omega)^\Omega = (1 + \frac{x}{\Omega})^\Omega \,, \tag{1}$$

wir lesen es $e^x = \lim_{n \to \infty} (1 + \frac{x}{n})^n$ (s. II.R/Ende). Um Ω mit $1/\Omega$ zu neutralisieren, macht Euler freimütigen Gebrauch von Newtons Entwicklung der Binom-Potenz:

$$\left(1 + \frac{x}{\Omega}\right)^\Omega = \sum_{k=0}^\infty \binom{\Omega}{k} \left(\frac{x}{\Omega}\right)^k = \sum_{k=0}^\infty \frac{\Omega \cdot (\Omega-1) \cdot \ldots \cdot (\Omega-k+1)}{\Omega \cdot \Omega \cdot \ldots \cdot \Omega} \frac{x^k}{k!} = \sum_{k=0}^\infty \frac{x^k}{k!} \,. \tag{2}$$

Euler vertraut auf uneingeschränkte Konvergenz der entstandenen Potenzreihe, für ihn ist sie als solche bereits Garant dafür, dass (1) und (2) seine „Exponentialfunktion"

$$e^x = \sum_{k=0}^\infty \frac{1}{k!} x^k \tag{3}$$

konstituieren[2b] (zum Namen später). Ihre segensreichen Eigenschaften vermögen wir ihr erst nach allen Regeln *unserer* Kunst abzugewinnen. Nur ein erfahrener Alpinist wie Euler überstand solcherlei Gratwanderung. Schauen wir, auf welche Höhen ihn sein Kompass von hier aus noch führt!

Wird in (1)-(2)-(3) durchweg x durch ix ersetzt, so entsteht die „Wertschöpfung"

$$e^{ix} = \sum_{k=0}^\infty \frac{1}{k!} (ix)^k \,. \tag{4}$$

Hier nun kommen (vgl. auch unten) trigonometrische Funktionen ins Spiel. Wie Euler auf sie zugeht, das verwundert und fasziniert zugleich. Was er erreicht, bleibt allemal gültig.

Von Abraham de Moivre stammt

$$(\cos u + i \sin u)^n = \cos(nu) + i \sin(nu), \quad n = 0, 1, 2, \ldots ;$$

dessen bedient sich Euler mit dem Ansatz

$$\left(\cos \frac{x}{\Omega} + i \sin \frac{x}{\Omega}\right)^\Omega = \cos\left(\Omega \frac{x}{\Omega}\right) + i \sin\left(\Omega \frac{x}{\Omega}\right) = \cos x + i \sin x \,. \tag{5}$$

Bei $\frac{x}{\Omega} = 0$ entstünde links die plausible, doch triviale Potenz $1^\Omega = 1$. Euler lässt $\cos \frac{x}{\Omega} = 1$ gelten, nutzt $\sin u \approx u$ bei kleinem u [2c] – was beide Male erste Näherung bedeutet – und setzt

$$(\cos \frac{x}{\Omega} + i \sin \frac{x}{\Omega})^{\Omega} = (1 + \frac{ix}{\Omega})^{\Omega}. \qquad (6)$$

Die rechte Seite erhält nach Eulers Konzept (1) den Wert e^{ix}. Dieser wird durch (6) und (5) in Real- und Imaginärteil zerlegt. So entsteht Eulers Gleichung (vgl. {4b})

$$e^{ix} = \cos x + i \sin x, \; x \in \mathbb{R}, {}^{\{5a\}} \qquad (7)$$

speziell $e^{i\pi} = -1$ als ihre Krönung. Später erfährt (7) die Verallgemeinerung auf $x \in \mathbb{C}$. (Abgesehen von Einwänden, die sich an heutiger Strenge orientieren, ist zu hören, das alles sei weniger Erkenntnis als Definition. Freilich steht Konvention dahinter, aber doch aus sachlicher Notwendigkeit, aus der Natur der Sache.)

*

Der Exponentialreihe in (3) stellt Euler die auf entsprechende Weise gewonnenen Taylorreihen von cos, sin zur Seite (vgl. I.C.5/Ende).$^{\{2d\}}$ Die Umrechnung

$$\sum_{k=0}^{\infty} \frac{1}{k!} (ix)^k = \sum_{m=0}^{\infty} (-1)^m \frac{x^{2m}}{(2m)!} + i \sum_{n=0}^{\infty} (-1)^n \frac{x^{2n+1}}{(2n+1)!} \qquad (8)$$

bestätigt sie als Real- und Imaginärteil von e^{ix} und leistet die Übersetzung von (7) in die Sprache der Reihen. Ein alternativer Zugang zu (7). Umgekehrt lassen (8), (4) aus der obigen Herleitung von (7) auf die Taylorreihen von cos, sin schließen.

*

Die Geschichte der Infinitesimalrechnung zeigt immer wieder, wie Gleichartiges nebeneinander heranreift oder später erneut entdeckt wird. Euler stellte die Beziehung (7) im Jahr 1740 auf, bereits 1714 war man auf

$$\ln (\cos x + i \sin x) = i x$$

gekommen$^{\{4c.5b\}}$, hatte man sich doch bereits seit langem mit Logarithmen befasst, schon der Nachfrage aus der Astronomie wegen (II.O). Euler brachte auf den Punkt, dass Logarithmen *Exponenten* sind.$^{\{1c\}}$ Das drückt sich aus in den korrespondierenden Additionsgesetzen für Logarithmen (II.O/(11)) und Exponenten, dem sich auch die durch (4) eingeführten imaginären Exponenten anschließen. Ihr Additionsgesetz lässt sich zufolge (7) auf das der Kreisfunktionen zurückspielen:

$$e^{iu} \cdot e^{iv} = \cos u \, \cos v - \sin u \, \sin v + i \, (\cos u \, \sin v + \sin u \, \cos v) \qquad (9)$$

$$= \cos (u+v) + i \sin (u+v) = e^{i(u+v)}.$$

*   *   *

Die Euler-Gleichung (7) sollte sich mannigfach nützlich erweisen. Noch immer rang das „i" um seine Anerkennung. Den komplexen Zahlen $z = x + i y$ würde man bald eine Ebene als geometrische Heimat zuweisen, in der sich ihre Addition ohne weiteres vollziehen ließ, real- und imaginärteilweise an kartesischen Koordinaten. Anschauliches Multiplizieren gelingt über $x = r \cos \varphi$, $y = r \sin \varphi$, allerdings konnte man die Mühsal trigonometrischer Rechnungen erst mit Eulers Hilfe umgehen. Dank $z = r (\cos \varphi + i \sin \varphi) = r\, e^{ix}$ und (9) gerät nämlich die Multiplikation in ihrem heiklen Part ebenfalls zur Addition:

$$z_1 \cdot z_2 = r_1\, r_2\, e^{i(\varphi_1 + \varphi_2)}.$$

Damit verdiente sich Euler nicht zuletzt den Dank unserer Elektrotechniker.

*

Und noch eine „Nutzanwendung". Wissenschaftshistorisch von höchstem Wert, weil an ihr die Tiefe *des* sprichwörtlichen Problems zu messen ist. Endlich, in 1882, bewies Ferdinand von Lindemann[7], dass $0 = 1 + e^{ix}$ von keiner algebraischen Zahl x erfüllt wird. Eulers Lösung $x = \pi$ ist folglich transzendent, mit der Konsequenz: π lässt sich nicht nach Platons Reinheitsgebot konstruieren, *die Quadratur des Kreises ist unmöglich.*

Ein negatives Resultat, dem seit je die objektiv unbelehrbaren Quadratoren ihre besseren weil positiven Lösungen entgegensetzen. Allerorten mit dem Hinweis auf die Transzendenz von π abgespeist, sagte mir einer, er habe jedoch gelesen, π sei irrational.

Als in der Zeit der deutschen Barbarei einem „Volksgenossen" die Quadratur des Kreises gelungen war, erhielt ein akademischer Besserwisser von hoher Instanz einen Rüffel, mit dem Tenor: Ein Unmöglichkeitsbeweis notorischer Provenienz schließe doch wohl nicht aus, dass ein rassereiner Arier es schaffe. In Fachkreisen hieß es fortan, über die Quadratur des Kreises entscheidet die Kreisleitung. Ähnlich verblüffend nimmt sich aus, wenn Georg Cantor durch W.S.Anglin[8a] als Interpret gottgegebener Unendlichkeiten vorgestellt und dabei in die Nähe der Unfehlbarkeit gerückt wird – im Gegensatz zu dem nicht gegen Irrtum gefeiten Atheisten Bertrand Russell! (Was zudem die Fakten auf den Kopf stellt.[8b])

{1}   EULER: {1a} Ser.I (Math.) in 29 Bänden. {1b} [1] 125 f. {1c} [3] 107.
{2}   EDWARDS, JR.: {2a} 272 f. {2b} 273 (6),(8). {2c} 276 ("remember" (6) with z : Übernahme {6}!). {2d} 275 f.
{3}   HEUSER [2] 684.
{4}   JAHNKE [2]: {4a} 144 f. {4b} 146 (4.17). {4c} 146 (4.18).
{5}   STILLWELL [1] {5a} 295. {5b} 294.
{6}   SOURCE B. ... [1]/Struik 349 (with *large* ε /misprinted).
{7}   KLEIN [2] 263-270. CAJORI 446.
{8}   {8a} ANGLIN 214. {8b} SONAR [4] 559, 603 unten.

II.X   Cauchy und die Integrale

„*... und die Integrale* " meint hier zweierlei: „das" Integral und „seine" Integrale. Zum einen geht es um Cauchys Auseinandersetzung mit dem Integralbegriff, zum anderen zeigt es den Initiator der von späteren Generationen so genannten Funktionentheorie am Werke, als er die Integration auf die Ebene der komplexen Zahlen hob. Unternehmungen mit unterschiedlichem Erfolg.

Schon Clairaut und andere waren darauf gestoßen, dass die Koeffizienten in trigonometrischen Entwicklungen unter (ungeprüften) Umständen Integral-Darstellungen besitzen.
Fouriers Engagement gab dann den nachhaltigen Anstoß, die auf Newton zurückgehende
Verkürzung der Integration auf Antidifferenziation (I.C.4) zu überwinden. Dazu bedurfte es
allerdings, wie Cauchy meinte, eines Mathematikers seines Kalibers, denn außer der Notation für die Integrationsgrenzen[1a] schien er Fourier wenig Mathematik zuzutrauen, und das
wohl nicht ganz zu Unrecht.

„Bestimmte Integrale" betitelt sich Lektion 21[1b] im zweiten Band von Cauchys großem
Résumé des Leçons sur le Calcul infinitésimal. Es geht um ein „Konvergieren" von Summen, welche die vom Graph einer stetigen Funktion umschlossene Fläche approximieren sollen. Was Cauchy mit «*Or il importe de remarquer ...*»[1c] einleitet, erhält im Folgenden die
Gestalt eines „Satzes von der **cauchyschen Integrierbarkeit**" [C *Ibk*]:

Sei $f: [a, b] \to \mathbb{R}$. Zur *Zerlegung* $Z = \{x_0, x_1, \ldots, x_n\}$, $a = x_0 < x_1 < \ldots < x_n = b$,

von $[a, b]$ werde gebildet

$$S(Z) := \sum_{\nu=1}^{n} f(x_{\nu-1}) (x_\nu - x_{\nu-1}), \; n = 1, 2, \ldots . \tag{1}$$

Sei $\|Z\| := \max \{x_1 - x_0, x_2 - x_1, \ldots, x_n - x_{n-1}\}$ (die *Norm* oder die *Feinheit* von Z).

[C *Ibk*] Ist f *stetig*, so gilt: Es gibt es zu jedem $\eta > 0$ ein $\gamma_\eta > 0$ derart, dass
$|S(Z) - S(Z')| \leq \eta$ ist für alle Zerlegungen Z, Z' von $[a, b]$ mit $\|Z\|, \|Z'\| \leq \gamma_\eta$.

Dieser Satz ist korrekt. Wenn hier von Cauchy-Integrierbarkeit die Rede ist, so geschieht
das aus heutiger Sicht, mit vielerlei Integrierbarkeit vor Augen. Cauchy wollte keine eigenständige Funktionsklasse schaffen, als er hier ein Konzept von Flächeninhalt formulierte, das
in seiner Grundsätzlichkeit dem von Eudoxos und Archimedes vergleichbar ist. (Es erinnert
an sein Konvergenzkriterium „C" in I.D.3.) Auch Vorläufer des Calculus hatten Funktionen
„quadriert", konkrete. Cauchy betrachtet eine ganze Klasse, für damaliges Empfinden die
allein in Frage kommenden Funktionen. Damit eröffnet Cauchy eine großartige Perspektive.
(Siehe hierzu II.Y.) Rückschauend interpretiert ist Cauchys Beweis der Versuch, seinen In-
haltsbegriff zu implementieren, ihm Inhalt zu geben. Dass er einstweilen scheiterte, nimmt
ihm nichts von seiner Bedeutung.

*   *   *

Die Idee zum Beweis seines Satzes skizziert Cauchy in Fortsetzung des vorstehenden Zitats:
«*... que, si les valeurs numériques des élements $x_1 - x_0$, $x_2 - x_1$, ..., $x_n - x_{n-1}$ deviennent très
petites et le nombre n très considerable, le mode de division n'aura plus sur la valeur de S
qu'une influence insensible.*» Um Cauchys Argumentation zu analysieren, stellen wir den
uns vertrauten Zugang zu Cauchys Beweisziel voran. Grundlage des Beweises, präpariert
von Dirichlet und Riemann[2a], ist ein grundlegender Satz[3a.3c] der Analysis: Stetigkeit auf
beschränktem abgeschlossenem Intervall garantiert dort gleichmäßige Stetigkeit. Dabei
heißt f auf $[a, b]$ gleichmäßig stetig[3b.3d], wenn gilt:

[Gl St] Zu jedem $\varepsilon > 0$ gibt es ein $\delta_\varepsilon > 0$ so, dass $|f(u) - f(v)| \le \varepsilon$ erfüllt wird von allen $u, v \in [a, b]$ mit $|u - v| \le \delta_\varepsilon$.

Sei also nun η für [C Ibk] vorgegeben; in [Gl St] sei $\varepsilon := \eta / 2(b - a)$ gewählt. Wir zeigen: Das zu diesem Wert von ε passende δ_ε aus [Gl St] taugt als γ_η in [C Ibk].

Zerlegungen Z und Z' von $[a, b]$ bilden die Zerlegung $Z^* := Z \cup Z'$ als ihre „gemeinsame Verfeinerung". Ausgehend von $Z = \{x_0, \dots, x_n\}$ schreiben wir die Punkte von Z^* als $u_{\mu v}$ $(v = 1, \dots, n; \mu = 0, \dots, m_v)$ gemäß

$$x_{v-1} = u_{0v} < \dots < u_{\mu v} < \dots < u_{m_v, v} = x_v \quad (\mu = 1, \dots, m_v - 1), \tag{2}$$

wo $\{\mu : \mu = 1, \dots, m_v - 1\}$ leer sein kann. Durch die Gegenüberstellung (s. (1))

$$S(Z) = \sum_{v=1}^n f(x_{v-1}) \sum_{\mu=1}^{m_v} (u_{\mu v} - u_{\mu-1,v}) = \sum_{v=1}^n \sum_{\mu=1}^{m_v} f(x_{v-1}) (u_{\mu v} - u_{\mu-1,v}), \tag{3}$$

$$S(Z^*) = \sum_{v=1}^n \sum_{\mu=1}^{m_v} f(u_{\mu-1,v}) (u_{\mu v} - u_{\mu-1,v}) \tag{4}$$

lässt sich vermöge [Gl St] von $\|Z^*\| \le \|Z\| \le \gamma_\eta := \delta_\varepsilon$ auf

$$|S(Z) - S(Z^*)| \le \frac{\eta}{2(b-a)} \sum_{v=1}^n \sum_{\mu=1}^{m_v} (u_{\mu v} - u_{\mu-1,v}) = \frac{\eta}{2}$$

schließen. Auf gleiche Weise ist $S(Z') - S(Z^*)$ zu behandeln. Dabei übernehmen, im Gegensatz zu (2), die Punkte x_v' $(v = 0, \dots, n')$ von Z' die Rolle der $x_0, \dots, x_n$, während die Punkte von Z^* neu zu benennen und mit $v = 1, \dots, n'; \mu = 0, \dots, m_v'$ zu indizieren wären. Wegen $\|Z^*\| \le \|Z'\| \le \gamma_\eta := \delta_\varepsilon$ gilt dann entsprechend $|S(Z') - S(Z^*)| \le \frac{\eta}{2}$ und damit insgesamt

$$|S(Z) - S(Z')| \le |S(Z) - S(Z^*)| + |S(Z^*) - S(Z')| \le \frac{\eta}{2} + \frac{\eta}{2}$$

für alle betrachteten Z, Z', das heißt, sofern $\|Z\|, \|Z'\| \le \gamma_\eta$. —

$$* \quad * \quad *$$

Nun zum Original {1d} (vgl. {5a}). Wenn soeben die Differenzen $S(Z) - S(Z')$ vermittels $S(Z^*)$ überbrückt wurden, so entsprach das dem Ansatz Cauchys[1e]. (Technisch ist sein Beweis geschickter angelegt als unser *unmittelbarer* Anschluss an [Gl St].) Cauchy geht aus von $S(Z^*)$, gibt den inneren Summen von (4) die Gestalt

$$\sum_{\mu=1}^{m_v} f(u_{\mu-1,v}) (u_{\mu v} - u_{\mu-1,v}) = f(\xi_v) (x_v - x_{v-1}), \quad v = 1, \dots, n, \tag{5}$$

unter Verwendung des gewichteten Mittels $f(\xi_v)$, $x_{v-1} \le \xi_v \le x_v$, der $f(u_{0v}), \dots, f(u_{m_v-1,v})$, gestützt auf {1i}, Théorème III/Corollaire. (Zur Existenz von Mittelwerten {1f} siehe {5b}.) Damit entsteht, in Cauchys Notation,

$$S(Z) - S(Z^*) = \sum_{v=1}^{n} \left(f(x_{v-1}) - f(\xi_v) \right) (x_v - x_{v-1}) = \sum_{v=1}^{n} (\pm \varepsilon_{v-1}) (x_v - x_{v-1})$$

mit nichtnegativen ε_{v-1}, deren jedes bei unbeschränkt wachsendem n bloß *«très peu»*, so Cauchy[1g], von null abweiche. Entsprechendes denke man sich an $S(Z')$ exerziert. Dabei lässt Cauchy es bewenden. Nach der obigen Beweisführung ist klar, wie die gleichmäßige Stetigkeit in Cauchys Ansatz einzugehen hat.

Die Epsilons, seine Heinzelmännchen, würden's schon richten. Ein stereotypes „Argument", das sich auch hier rächt. Tatsächlich kann man Cauchys Demonstration ebenso gut an der Funktion $f(x) = 1/(1-x)$, $0 \le x < 1$, vollziehen. Es verrät, was möglich wird, wenn man wie Cauchy nicht den vollen Umfang der Stetigkeitsvoraussetzung ausschöpft. Dazu betrachten wir auf $[0,1]$ jeweils eine Zerlegung Z mit vorletztem Teilungspunkt $x_{n-1} = 1 - 1/n$ sowie $Z' \equiv Z^*$ mit dem einzigen zusätzlichen Teilungspunkt $x^* = (x_{n-1} + x_n)/2 = 1 - 1/(2n)$ und erhalten

$$S(Z) - S(Z^*) = f(x_{n-1}) (x_n - x_{n-1}) - [f(x_{n-1}) (x^* - x_{n-1}) + f(x^*) (x_n - x^*)]$$

$$= \left(f(x_{n-1}) - f(x^*) \right) (x_n - x^*) = (-n) \frac{1}{2n} = \left(-\frac{n}{2} \right) (x_n - x_{n-1}),$$

wo also $-\varepsilon_{n-1} = n/2$ (!).

Cauchys Behauptung [C *Ibk*] ist korrekt. „Gezeigt", wie es bei {5c} und {6} mit Bezug auf {5d} heißt, hat er sie nicht, hat allenfalls einer späteren Interpretation erleichtert, gleichmäßige Stetigkeit mehr hinein- als herauszulesen: *«raisonné comme si …»* (!)[3b] Diese „Beweistechnik" findet sich gar gefeiert[3c]: *«A cette occasion, une nouvelle notion importante fera son apparition, celle de la continuité uniforme. D'abord, implicitement, dans la définition d'une intégrale définie de Cauchy …»* Eine hier angeblich „implizit" postulierte Eigenschaft wird erst Jahrzehnte später von Eduard Heine[7a] als „*gleichmässig continuirlich*" ausgewickelt, inspiriert durch Weierstraß und Cantor, veröffentlicht 1870[7b] und 1872[7c]; den im vorstehenden Beweis benötigten Satz soll aber schon Riemanns Lehrer Dirichlet 1854 formuliert haben.

Wir lassen dahingestellt, inwieweit Cauchy bei diesem oder ähnlichem Anlass Fehler beging, wie weit er missverstanden wurde und nur richtig interpretiert werden muss. Sachfehler sind immerhin Aussagen. Cauchys Intuition ist fraglos aller Ehren wert, doch seine Worte, ob sie nun definieren oder argumentieren, vermögen zuweilen nicht, einen korrekten Gedanken zu bezeugen. Vage Aussagen sind keine Aussagen und damit nicht disputfähig.

*

Seine Demonstration schließt Cauchy mit den Worten: *«... la valeur de S finira par être sensiblement constante ou, en d'autres termes, elle finira par atteindre une certaine limite …»*, abhängig nur von f auf $[a, b]$. *«Cette limite est ce qu'on appelle une intégrale définie.»*[1h] Wir mögen fragen: Was für ein Limes? Folgenlimes, Funktionslimes allgemein?

Cauchy hätte uns nicht verstanden. Ein Limes eben. (Zu dessen Problematik als Zahl siehe
I.D.1, D.3) Was gemeint ist, würden wir so sagen:

[C *Int*] Ist $f: [a, b] \to \mathbb{R}$ stetig, so existiert genau eine Zahl I, benannt $\int_a^b f(x)\, \mathrm{d}x$,
mit der Eigenschaft: Zu jedem $\varepsilon > 0$ gibt es ein $\delta_\varepsilon > 0$ so, dass $|I - S(Z)| \le \varepsilon$
ist für jede Zerlegung Z von $[a, b]$ mit $\|Z\| \le \delta_\varepsilon$.

Entsprechend der Eigenschaft

$$\int_a^b f(x)\, \mathrm{d}x + \int_b^c f(x)\, \mathrm{d}x = \int_a^c f(x)\, \mathrm{d}x, \quad a < b < c, \tag{6a}$$

seines für stetige Funktionen geschaffenen Integrals führt Cauchy das Integral einer stückweise stetigen Funktion ein. Will man die Stetigkeit nicht schon unter „stückweise stetig"
subsummieren, so definiere man hier wie folgt. Ist eine auf $[a, b]$ definierte Funktion f unstetig und enthält die Zerlegung $\{x_0, x_1, \ldots, x_n\}$ von $[a, b]$ alle Unstetigkeitsstellen, so heiße
f stückweise stetig auf $[a, b]$, falls gilt: f ist für $\nu = 1, \ldots, n$ jeweils auf $(x_{\nu-1}, x_\nu)$ stetig und
auf $[x_{\nu-1}, x_\nu]$ stetig fortsetzbar. (Wie viel Unstetigkeit eine reellwertige Funktion verträgt,
um noch ein den damaligen Bedürfnissen gerechtes Integral zu liefern, dieser Frage ist Bernhard Riemann auf den Grund gegangen: s. II.Y.) Bei (6a) formal $c = a$ zuzulassen, führt auf
die Verabredung

$$\int_b^a f(x)\, \mathrm{d}x := -\int_a^b f(x)\, \mathrm{d}x, \quad a < b, \tag{6b}$$

die aber erst mit dem Begriff des Wegintegrals motiviert wird (s.u.). – Wenn Cauchy mit
schrankenlosen Integranden wie Integrationsintervallen sogenannte uneigentliche Integrale
bildet, dann setzt er eine Tradition fort, die in die Scholastik zurückreicht (I.C.1; II.J,N).

*   *

*

Die Entwicklung der Integrationstheorie wird schließlich in mannigfache Richtung gehen.
Eine große Perspektive eröffnete Cauchy ihr mit der Ausweitung des Integrationsgeländes.
Als äußerst fruchtbarer Boden erwies sich nämlich die „Zahlen*ebene* $\mathbb{C}$ " der von ihm stets
argwöhnisch betrachteten Komplexe $x + \mathrm{i}\, y$.

Kurz etwas zu den Bodenverhältnissen einer „komplexen Analysis". Zahlen $z = x + \mathrm{i}\, y$
erhalten als Betrag $|z|$ den euklidischen Abstand von $(x \,|\, y)$ zum Ursprung $(0 \,|\, 0)$. Das er-
möglicht, die analytischen Grundbegriffe von $\mathbb{R}$ auf $\mathbb{C}$ zu übertragen. So konvergiert eine
Folge $z_n = x_n + \mathrm{i}\, y_n$ gegen $\hat{z} = \hat{x} + \mathrm{i}\,\hat{y}$, wenn die Abstände $|z_n - \hat{z}|$ eine Nullfolge bilden,
was aufgrund von

$$\max(|x_n - \hat{x}|, |y_n - \hat{y}|) \le |z_n - \hat{z}| = \sqrt{(x_n - \hat{x})^2 + (y_n - \hat{y})^2}$$

genau im Falle $x_n \to \hat{x}$, $y_n \to \hat{y}$ zutrifft. Als Punkt*umgebungen* fungieren etwa Kreisscheiben. Komplexwertige Funktionen werden vornehmlich auf „Gebieten" betrachtet, beispielsweise randlose Kreise und deren zusammenhängende Vereinigungen.

Die − mit dem üblichen Differenzenquotienten und besagter Konvergenz eingeführte − Differenzierbarkeit solcher Funktionen war in ihren Implikationen zunächst nicht abzusehen. Ebenso wenig, was ein neuer Integraltyp an Überraschungen bereithielt. Aus Cauchys Schriften schält es sich, wenn in dieser Form überhaupt, nur sehr allmählich heraus; siehe etwa {8a} und, in heutiger Darstellung, z.B. {9}. Im Folgenden eine Probe zu dieser „Integration im Komplexen".

*

Das Integral einer stetigen Funktion $f = \varphi + i\,\psi = \Re[f] + i\,\Im[f] : [a, b] \to \mathbb{C}$ kann man kurzerhand mittels ihrer stetigen Real- und Imaginärteile als

$$\int_a^b f(x)\,\mathrm{d}x = \int_a^b \varphi(x)\,\mathrm{d}x + i\int_a^b \psi(x)\,\mathrm{d}x$$

einführen, ein Übertragen herkömmlicher Begriffsbildung ergibt eben dies. (Cauchys Ansatz bedürfte bei komplexwertigen Integranden weiterer Ergänzung, denn er argumentierte mit „Zwischenwerten", ohne ihrer Abhängigkeiten Rechnung zu tragen; s. dazu {8a}.) Was aber wird aus $[a, b]$, wenn a und b irgend zwei Punkte aus $\mathbb{C}$ sind? Das bedarf einer „Wegweisung", z.B. von a nach b. Ein solcher Weg lässt sich weitgehend willkürlich vermöge hinlänglich begabter, etwa stetig differenzierbarer Funktionen $z = \zeta(t) \in \mathbb{C}$, $t \in [\alpha, \beta]$, beschreiben, sofern nur $a = \zeta(\alpha)$, $b = \zeta(\beta)$. Man spricht von Parameter-„Darstellungen" eines „Weges", den als Begriff zu definieren wir verzichten. Stattdessen die folgende Illustration.

Dazu eine Vorüberlegung im Reellen. Wir betrachten eine reellwertige Funktion $f = F'$ auf $[0, 1]$ und Funktionen $\xi(t) \in [0, 1]$, welche die Kettenregel

$$\frac{\mathrm{d}}{\mathrm{d}t}\,F(\xi(t)) = F'(\xi(t))\,\xi'(t) = f(\xi(t))\,\xi'(t)$$

anzuwenden gestatten, und nehmen folgende Einsetzungen vor:

$$\xi_0(t) = t \quad (0 \le t \le 1): \int_0^1 f(\xi_0(t))\,\xi_0{}'(t)\,\mathrm{d}t = F(\xi_0(1)) - F(\xi_0(0)) = F(1) - F(0),$$

$$\xi_1(t) = t/2 \quad (0 \le t \le 2): \int_0^2 f(\xi_1(t))\,\xi_1{}'(t)\,\mathrm{d}t = F(\xi_1(2)) - F(\xi_1(0)) = F(1) - F(0),$$

$$\xi_2(t) = 1-t \quad (0 \le t \le 1): \int_0^1 f(\xi_2(t))\,\xi_2{}'(t)\,\mathrm{d}t = F(\xi_2(1)) - F(\xi_2(0)) = F(0) - F(1).$$

Die Argumentwerte $\xi_0(t)$, $\xi_2(t)$ durchlaufen $[0, 1]$ in verschiedenen Richtungen, was die Vorzeichen in Einklang mit der Definition (6b) wechseln lässt. Es heißt, die Abbildungen ξ_0, ξ_2 repräsentieren *entgegengesetzte* Integrations-*Wege* auf demselben *Träger* $[0, 1]$. Dagegen werden ξ_0 und ξ_1 als *Darstellungen desselben Weges* angesehen; beide Funktionen sind „äquivalente Parametrisierungen" eines (als Äquivalenz-Klasse von Abbildungen) definierten Weges. (Vgl. dazu II.H/Anfang.)

Für komplexwertige Funktionen *reellen* Arguments wurde oben das Integral begründet. Demzufolge setzen wir zunächst

$$\int_\alpha^\beta f(\zeta(t))\,\zeta'(t)\,\mathrm{d}t := \int_\alpha^\beta \Re[f(\zeta(t))\,\zeta'(t)]\,\mathrm{d}t \;+\; \mathrm{i}\int_\alpha^\beta \Im[f(\zeta(t))\,\zeta'(t)]\,\mathrm{d}t\,. \tag{7}$$

Der Zahlenwert (7) *ist* der Wert des Integrals von f über den hier durch ζ *dargestellten* Weg: *der* Wert des Wegintegrals, weil eine Weg-Definition gewährleistet, dass mit jeder Darstellung dieses Weges ein wertgleiches Integral von der Bauart (7) herauskommt.

Will man möglichst lange auf Cauchys Spur bleiben, so gehe man aus von den zu (1) analogen Summen

$$\sum_{\nu=1}^n f(\zeta(t_{\nu-1}))\,(\zeta(t_\nu)-\zeta(t_{\nu-1}))\,,\quad \alpha=t_0<t_1<\ldots<t_n=\beta\,. \tag{8}$$

Aus Real- und Imaginärteil von $f(\zeta(t_{\nu-1}))$ und vermöge

$$\zeta(t_\nu)-\zeta(t_{\nu-1}) = \xi(t_\nu)-\xi(t_{\nu-1}) + \mathrm{i}\,[\eta(t_\nu)-\eta(t_{\nu-1})] = [\xi'(\tau_\nu)+\mathrm{i}\,\eta'(\theta_\nu)]\,(t_\nu-t_{\nu-1})\,,$$

wo $\tau_\nu,\,\theta_\nu \in (t_{\nu-1},t_\nu)$, lässt sich (8) additiv zusammensetzen mit den Inhalten von Rechtecken über den Intervallen $[t_{\nu-1},t_\nu]$.

Falls aus dem Zusammenhang klar, sind bei Wegintegralen solche Stenogramme wie

$$\int_{\mathcal{W}} f(z)\,\mathrm{d}z\,,\ \int_{\mathcal{T}} f(z)\,\mathrm{d}z \tag{9}$$

mit Symbolen $\mathcal{W}$, $\mathcal{T}$ für Weg und Träger gebräuchlich. Geschlossene Wege, das heißt wenn $\zeta(\alpha)=\zeta(\beta)$ für eine Darstellung ζ von $\mathcal{W}$ gilt, werden durch das Zeichen $\oint$ markiert; unten geht es ausschließlich um solche Wegintegrale.

Nicht zuletzt sollen unsere Überlegungen zu bedenken geben, was alles für eine Präzisierung der unzulänglichen Grundlagen nötig ist, auf der Cauchy dennoch eine Theorie von bleibendem Wert errichtete. (Seine Wegintegrale beschreiben auch ebene Kraft- und Strömungsfelder.)

$$*\quad*\quad*$$

Wir wollen versuchen, anhand einer Integration über den (orientierten) Rand des Einheitskreises einen wenn auch bescheidenen Eindruck von Cauchys Integralrechnung im Komplexen zu vermitteln.[8a] Gewählt sei der geschlossene Weg von $z=-1$ über $z=-\mathrm{i},1,\mathrm{i}$ zurück nach $z=-1$, dargestellt mittels $\zeta(t)=\mathrm{e}^{\mathrm{i}t}=\cos t+\mathrm{i}\sin t$, $-\pi\le t\le\pi$ (II.W/(7)). Für die Integranden $f_k(z)=z^k$, $k=0,1,\ldots$, ergibt das, salopp nach Konvention (9) geschrieben,

$$\oint_{|z|=1} f_k(z)\,\mathrm{d}z = \int_{-\pi}^\pi \zeta(t)^k\,\zeta'(t)\,\mathrm{d}t = \int_{-\pi}^\pi (\mathrm{e}^{\mathrm{i}t})^k\,(\mathrm{i}\,\mathrm{e}^{\mathrm{i}t})\,\mathrm{d}t \tag{10}$$

$$= \frac{1}{k+1}\,(\mathrm{e}^{\mathrm{i}\pi(k+1)}-\mathrm{e}^{-\mathrm{i}\pi(k+1)}) = \frac{1}{k+1}\,[(-1)^{k+1}-(-1)^{k+1}] = 0\,,$$

und dies überträgt sich sogleich auf alle Polynome in z. Wird hingegen $f(z)=1/z$ gewählt, so erhalten wir

$$\oint_{|z|=1} \frac{\mathrm{d}z}{z} = \int_{-\pi}^{\pi} \mathrm{e}^{-it}(\mathrm{i}\,\mathrm{e}^{it})\ \mathrm{d}t = \mathrm{i}\int_{-\pi}^{\pi} \mathrm{d}t = 2\pi\,\mathrm{i}. \tag{11}$$

(Das $2\pi\,\mathrm{i}$ ist ominös, es wird uns gleich wieder begegnen.) Die Potenzfunktion z^{-1} unterscheidet sich von den f_k in (10) qualitativ: sie hat einen schwachen Punkt, eine „Singularität" im Inneren des Integrationsweges. Den haben allerdings auch die $z^{-2}, z^{-3}, \dots$, deren Wegintegrale ebenfalls null sind, wie ein vergleichender Blick auf (10) zeigt.

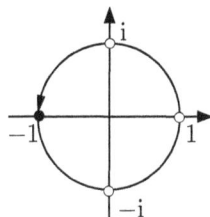

Abb. II.51 *Positiv orientierte Rundreise in der Zahlenebene mit Start und Ziel bei* $z = -1$.

Cauchy entdeckte, was für einen Integranden *hinreichend* ist, damit die Integration über geschlossene Wege zum Wert null führt. Sein berühmter *Integralsatz* reduziert sich im Falle unseres Beispiels auf das Folgende:

[**C** *ISa*] $\oint_{|z|=1} f(z)\,\mathrm{d}z = 0$ gilt für jede Funktion f, die auf $\mathcal{K} = \{z \in \mathbb{C} : |z| < 1\}$ differenzierbar ist und sich auf den Rand von $\mathcal{K}$ stetig fortsetzen lässt.

Hierfür sind die Polynome beispielhaft, wie (10) zu entnehmen. Dass die genannte Bedingung *nicht notwendig* ist, zeigt sich an den Funktionen $z^{-2}, z^{-3}, \dots$.

Ein $\tau \in (-\pi, \pi)$ zerlegt das Integral (10) in die Nullsumme $\int_{-\pi}^{\tau} + \int_{\tau}^{\pi}$, was sich so interpretieren lässt: Unser Wegintegral von $-1 = \zeta(-\pi)$ bis $\zeta(\tau)$ hat denselben Wert wie dasjenige, dessen Weg über den anderen Teil der Kreislinie von $-1 = \zeta(\pi)$ nach $\zeta(\tau)$ führt. (Zum Vorzeichen von Wegintegralen siehe frühere Beispiele.) Da hat etwa eine auf $\mathcal{K}$ differenzierbare Funktion auf allen Wegen, die zwei feste Punkte in $\mathcal{K}$ verbinden, denselben Integralwert.

Nichtschwimmer oder nicht, Cauchy kannte sich aus in Hydrodynamik. Wäre er inmitten eines strudelfreien Flusses im Kreis geschwommen, so hätte seine Energiebilanz, nämlich sein Wegintegral im Kraftfeld der Strömung, den Wert null gehabt. Dies ist alles andere als eine zufällige Analogie zu seinem Integralsatz … (Siehe dazu etwa {10} unter dem Stichwort „Geschwindigkeitspotential" bei *„komplexes Potential* eines Strömungsfeldes".)

*

Soviel zum *Cauchyschen Integralsatz* und seiner Tragweite. Und dann ist da noch Cauchys folgenreiche *Integralformel*[8b], die wir im gleichen Szenario illustrieren wollen (vgl. {7a}). Zur Berechnung vorgelegt sei

$$\oint_{|z|=1} \frac{f(z)}{z - z_0}\,\mathrm{d}z, \quad \text{wo } f(z) = z^k \ (k = 0, 1, \dots), \ |z_0| < 1.$$

Im Falle $k = 0$ (also $f_0(z) \equiv 1 = \lim_{z \to 0} z^0$) und $z_0 = 0$ ist es das Integral aus (11) mit dem Wert $2\pi\,i\,f_0(0)$. Die Entwicklung

$$\frac{\zeta(t)^k}{\zeta(t) - z_0}\,\zeta'(t) = \frac{i\,e^{itk}}{1 - z_0\,e^{-it}} = i\,e^{itk}\,\left[1 + z_0\,e^{-it} + \ldots + z_0^{\,k}\,e^{-itk} + z_0^{\,k+1}\,e^{-it(k+1)} + \ldots\right]$$

konvergiert wegen $|z_0\,e^{-it}| = |z_0| < 1$ gleichmäßig in $t \in [-\pi, \pi]$ (s. II.Z), Majorante zu $[\ldots]$ ist $\Sigma\,|z_0|^\nu$. Somit können wir gliedweise integrieren (s. auch {7c}) und gelangen zu

$$\frac{1}{i}\int_{-\pi}^{\pi} \frac{\zeta(t)^k}{\zeta(t) - z_0}\,\zeta'(t)\,dt = \int_{-\pi}^{\pi} e^{ikt}\,dt + z_0\int_{-\pi}^{\pi} e^{i(k-1)t}\,dt + \ldots + z_0^{\,k}\int_{-\pi}^{\pi} dt +$$

$$+ z_0^{\,k+1}\int_{-\pi}^{\pi} e^{-it}\,dt + z_0^{\,k+2}\int_{-\pi}^{\pi} e^{-2it}\,dt + \ldots = 0 + 0 + \ldots + 2\pi\,z_0^{\,k} + 0 + \ldots$$

(im Falle $k = 0$ ist $z_0^{\,0}\int_{-\pi}^{\pi} dt$ der Anfangsterm). Das demonstriert Cauchys *Integralformel* (vgl. {1j})

$$[C\,IFo] \qquad \frac{1}{2\pi i} \oint_{|z|=1} \frac{f(z)}{z - z_0}\,dz = f(z_0)\,, \quad |z_0| < 1\,,$$

im Falle unserer $f_k(z) = z^k$ ($k = 0, 1, \ldots$) und damit wieder für alle Polynome f in z. Schon Cauchy fand, cum grano salis, weit mehr heraus; die Verallgemeinerungen sollten seither nicht abreißen. Doch was ist so Aufregendes an $[C\,IFo]$?

Bei Funktionen f, die den Voraussetzungen des (speziellen) Integralsatzes $[C\,ISa]$ genügen, ist jeder im Inneren des Kreises gebildete Funktionswert $f(z_0)$ bereits durch die Werte von f auf dem Kreisrand bestimmt! Zum Vergleich: Die auf einem Intervall reell-differenzierbaren Funktionen denken nicht daran, sich ihre Werte durch Randwerte vorschreiben zu lassen. Die Integralformel ist Indiz dafür, wie eng im Komplexen die Eigenschaft der Differenzierbarkeit die Funktionswerte untereinander bindet!! (Erst gegen 1850 soll Cauchy völlige Klarheit über diesen Begriff erlangt haben.[11]) Es wundert da schon kaum mehr, wenn einmalige Differenzierbarkeit bereits die Existenz *aller* Ableitungen nach sich zieht, und dass sich deren Werte mit der Integralformel durch Differenzieren „unter dem Integral" gewinnen lassen, in $[C\,IFo]$ also nach z_0.

*   *   *

Cauchy war angetreten, das kritische Jahrhundert zu eröffnen. Dennoch war auch er, wie das Beispiel des Integrals zeigt, insgesamt weit weniger erfolgreich bei der Revision des Vorgefundenen als dort, wo er den Blick nach vorn richtete. Um es mit den Worten von Reuben Hersh zu sagen[12]: *"… Cauchy knew Cauchy's integral theorem, even though … he didn't know the meaning of any term in the theorem … … Cauchy had great intuition."*

{1}   CAUCHY [2]: {1a} 126. {1b} 122-127. {1c} 122/123. {1d} 123-125. {1e} 125
      Mitte. {1f} 123 Mitte. {1g} 125 oben. {1h} 125 unten.— {1i} [1] 28.— {1j}
      [3] 59(3).
{2}   BOYER [2] 564.
{3}   DUGAC [2]: {3a} 356 (Zitat [85]46 statt „56“). {3b} 355, Z.1. {3c} 354.
{4}   SONAR [1]: {4a} 102. {4b} 100 f.— RUDIN: {4c} 104. {4d} 103.
{5}   LÜTZEN: {5a} 213 f. {5b} 220 unten. {5c} 212 unten. {5d} 196.
{6}   HOCHKIRCHEN 331 oben.
{7}   {7a} BOURBAKI [4] 42. HEINE: {7b} [1] 361. {7c} [2] 184.
{8}   SOURCE B. ... [2]/Birkhoff: {8a} 31-44. {8b} 37 f (Fußn.3. Druckfehler (1),(6)).
{9}   RUNCKEL 56 ff.
{10} NAAS; SCHMID 624 unten.
{11} BOTTAZZINI 291.
{12} HERSH 64.

II.Y   Riemanns Integrierbarkeit

Bernhard Riemann befasste sich in seiner Habilitationsschrift[1a] von 1854, veröffentlicht in 1867[1b], mit der Darstellbarkeit von Funktionen durch trigonometrische Reihen (s. I.D.2). Hierzu hatten sich bislang lediglich die wenigstens stückweise stetigen Funktionen angeboten, nämlich mit ihren Fourierreihen. Inwieweit, so fragte sich Riemann, braucht man die Stetigkeit, um die Fourierkoeffizienten I.D.2/(2) bilden zu können? Integrale gingen bei Newton aus Antidifferenziation hervor, Leibniz und Cauchy glaubten an den Inhalt von Flächen unter stetigen Graphen. Cauchy hatte versucht (II.X), die wie selbstverständlich angesehene Verbindung von Stetigkeit und Integrierbarkeit aufzubrechen. Dass seine Beweisführung scheiterte, schmälert nicht den Wert seiner Initiative.

Gemeint ist *globale* Stetigkeit. Aus deren Schatten musste Riemann das Integral herausführen, wenn er dessen eigentlicher Natur näherkommen wollte. Das richtete seinen Blick auf die punktuelle Stetigkeit, ein Begriff, den Cauchys Definition verwischte und der erst durch Riemann ins rechte Licht gerückt wurde. Doch auch in dieser Form sollte die Stetigkeit nicht explizit in sein Integral-Konzept eingehen. Erst im Nachhinein würde er klären, in welchem Verhältnis *Riemann-Integrierbarkeit* und Stetigkeit zueinander stehen.

Unter dem Titel „*Ueber den Begriff eines bestimmten Integrals und den Umfang seiner Gültigkeit*"[1c] fand Riemann eine überzeugende Antwort, wenn auch noch keine abschließende. Nach seiner und Weierstraß'[2a] Überzeugung enthielt sie den weitestgehenden Begriff von Integral. Heute hat dieser mannigfache Konkurrenz, ist es nicht mehr „das Integral", sondern „das riemannsche", das „R-Integral".

*   *   *

Bei Riemann beginnt das Ganze so: „Sei $f:[a,b]\to\mathbb{R}$." (Dies und nur dies liege *hier* allgemein zugrunde.) Summen der Gestalt

$$R_n = \sum_{\nu=1}^{n} f(\xi_\nu)\,(x_\nu - x_{\nu-1}), \quad x_{\nu-1} \le \xi_\nu \le x_\nu \quad (\nu = 1,\dots,n) \tag{1}$$

statt $x_{\nu-1} < \xi_\nu < x_\nu$ im Original, treten nunmehr an die Stelle der von Cauchy benutzten mit ihren „linkslastigen" Summanden $f(x_{\nu-1})\,(x_\nu - x_{\nu-1})$ (II.X/(1),(4) in II.X/[C *Int*]): die *Riemannschen Summen*[3a], die Bourbaki archimedisch oder eudoxisch nennen würde[4a]. Mit ihnen definiert Riemann[1d.5a] dem Sinne nach wie folgt (zu $\|Z\|$ siehe II.X/(1)).

„ $f:[a,b]\to\mathbb{R}$ ist (im eigentlichen Sinne) R-*integrierbar* " bedeute:

[**R₁**]   Es existiert eine Zahl I mit der Eigenschaft: Zu jedem $\varepsilon > 0$ gibt es ein $\delta_\varepsilon > 0$ so, dass $|I - R_n| \le \varepsilon$ gilt für jede Zerlegung $Z = \{x_0,\dots,x_n\}$ von $[a,b]$ samt jeder Auswahl $\xi_\nu \in [x_{\nu-1}, x_\nu]$ $(\nu = 1,\dots,n)$, sofern nur $\|Z\| \le \delta_\varepsilon$ ist.

Das Postulat [R₁] wird von *höchstens einer* Zahl I erfüllt, gegebenenfalls sei $\int_a^b f(x)\,dx := I$.

Wortlaut Riemann[1d]: „*Hat sie* [die Summe (1)] *nun die Eigenschaft, wie auch* [die] δ [d.h. $\delta_\nu = x_\nu - x_{\nu-1}$] *und* [die] ε [d.h. ε_ν mit $x_{\nu-1} + \varepsilon_\nu \delta_\nu = \xi_\nu$] *gewählt sein mögen, sich einer festen Grenze A* [oben „I"] *unendlich zu nähern, sobald sämmtliche δ unendlich klein werden, so heißt dieser Wert* $\int_a^b f(x)\,dx$. "

In Hinblick auf den wenig später vervollständigten Zahlkörper (s. I.D.3) kann der Bezug auf ein hypothetisches „*I*" entfallen und [**R₁**] nach dem Muster des Cauchy-Kriteriums umgebildet werden, wie in II.X/[C *Ibk*]. Dasselbe erreicht man durch das nachstehende, gleichfalls als Definition[3b] gebräuchliche *Folgen-Kriterium*. Es basiert auf Folgen von Zerlegungen $Z_k = \{x_0^{(k)},\dots,x_{n_k}^{(k)}\}$, $k = 1,2,\dots$, mit der Eigenschaft $\|Z_k\| \to 0$, naheliegend bezeichnet als *Zerlegungsnullfolgen*[3a]. Sein Wortlaut: Äquivalent zu [R₁] ist

[**R₂**]   Für jede Zerlegungsnullfolge (Z_k) auf $[a,b]$ konvergiert jede zu (Z_k) gebildete Folge von Riemann-Summen $\sum_{\nu=1}^{n_k} f(\xi_\nu^{(k)})\,(x_\nu^{(k)} - x_{\nu-1}^{(k)})$, $k = 1,2,\dots$.

In {3a} heißt eine so gebildete Summenfolge eine „*Riemannfolge*" von f. Wenn überhaupt, so konvergieren die Riemannfolgen allesamt gegen *denselben* Grenzwert, gegen den nach [R₁] festliegenden Integralwert I.

*   *
*

Riemann verzichtet darauf, die Stetigkeit des Integranden von vornherein ins Spiel zu bringen. Stetigkeit auf einem Definitionsbereich $[a,b]$, einem „kompakten", impliziert die *Beschränktheit*, eine Folgerung, die der vollen Struktur von $\mathbb{R}$ bedarf. (Beweisskizze: Wäre ein stetiges $f:[a,b] \to \mathbb{R}$ etwa nach oben unbeschränkt, so gäbe es $x_n \in [a,b]$ mit $f(x_n) > n$ ($n =$ 0,1, ...); eine Teilfolge x_{n_k} würde gegen einen Häufungspunkt $\hat{x} \in [a,b]$ von (x_n) konvergieren und wir hätten $f(x_{n_k}) \to f(\hat{x})$ entgegen $f(x_{n_k}) \to \infty$.) Diese für stetige Integranden notwendige Eigenschaft bleibt grundlegend für Riemanns Integrierbarkeit; sie ist auch notwendig für [R₁].[1e]

Im Rahmen *dieser* Voraussetzung sollen nun weitere Charakterisierungen der R-Integrierbarkeit behandelt werden. Das geschieht nicht zuletzt in der Absicht zu zeigen, welcher Mühe es bedurfte, bis der neue Integralbegriff rundum etabliert war. Es zu vollenden war dem früh verschiedenen Riemann nicht vergönnt.

Wie eingangs II.X gezeigt, sind die auf Intervallen $[a,b]$ stetigen und damit gleichmäßig stetigen Funktionen im cauchyschen Sinne eigentlich integrierbar. Sie sind auch R-integrierbar (wie das Kriterium [R₃] unten unschwer erkennen lässt). Den Unterschied zwischen Cauchys und Riemanns Voraussetzung wollen wir verdeutlichen an der Art, wie durch letztere die Forderung der gleichmäßigen Stetigkeit gelockert wird. Versuchen wir also, die zum Teil verbalen Erörterungen in {1f} inhaltsgetreu wiederzugeben!

$$*$$

Zuvor einige Namen. Obere bzw. untere Grenze (s. I.D.3) einer entsprechend beschränkten Menge $\mathcal{M}$ reeller Zahlen werden auch als *Supremum* (sup $\mathcal{M}$) bzw. *Infimum* (inf $\mathcal{M}$) bezeichnet. Hier interessieren *Mengen von Funktionswerten*. So verstehen sich dann eine beschränkte *Funktion* und deren Supremum («limite supérieure» heißt Letzteres bei Henri Lebesgue[5b]; etwas anderes als bei uns der „Limes superior"!).

Bezüglich einer auf $\mathcal{E}$ beschränkten Funktion f heißt die auf den Teilmengen $\mathcal{D} \subseteq \mathcal{E}$ erklärte Mengenfunktion

$$\omega(\mathcal{D}) := \sup\{|f(u)-f(v)|: u,v \in \mathcal{D}\} = \sup\{f(x): x \in \mathcal{D}\} - \inf\{f(x): x \in \mathcal{D}\}$$

die *Schwankung von* f *auf* $\mathcal{D}$. (Die Gleichheit rechter Hand ist nicht selbstverständlich.) In Bezug auf Zerlegungen $Z = \{x_0, x_1, \ldots, x_n\}$ bilden wir $\omega_v := \omega([x_{v-1}, x_v])$, das heißt

$$\omega_v := \sup\{|f(u)-f(v)|: u,v \in [x_{v-1}, x_v]\}, \quad v = 1, \ldots, n.$$

Zum Zweck der angekündigten Gegenüberstellung formulieren wir die gleichmäßige Stetigkeit II.X/[Gl St] in der Sprache der Schwankungen. Sie besagt in Kürze: $|f(u)-f(v)| \le \varepsilon$ ist erfüllt, wenn immer $|u-v| \le \delta_\varepsilon$ ist für gewisses δ_ε. So auch, wenn die u,v im Intervall $[x_{v-1}, x_v]$ einer Zerlegung Z mit $\|Z\| \le \delta_\varepsilon$ liegen, was $\omega_v \le \varepsilon$ nach sich zieht. Für solch ein Z gilt dann

$$\omega_1 \le \varepsilon, \ldots, \omega_n \le \varepsilon; \tag{2}$$

dies bedeutet $\{v \in \{1, \ldots, n\}: \omega_v > \varepsilon\} = \emptyset$ und ist daher äquivalent zu

$$\sum_{\omega_v > \varepsilon} (x_v - x_{v-1}) = 0, \tag{3}$$

wo die Summation über diejenigen unter den $v = 1, \ldots, n$ erfolgt, für welche $\omega_v > \varepsilon$ ausfällt (in vorliegendem Falle sind das alle v). Diese Folgerung aus II.X/[Gl St] beweist die Richtung „nur dann" des Satzes

[**Gl St***] $f : [a, b] \to \mathbb{R}$ ist dann und nur dann gleichmäßig stetig, wenn gilt: f ist beschränkt, und zu jedem $\varepsilon > 0$ gibt es ein $\delta_\varepsilon^* > 0$ so, dass $\Sigma_{\omega_v > \varepsilon} (x_v - x_{v-1}) = 0$ erfüllt ist für jede Zerlegung $Z = \{x_0, \ldots, x_n\}$ von $[a, b]$ mit $\|Z\| \leq \delta_\varepsilon^*$.

Beweis zu „[Gl St] $\Rightarrow$ [Gl St*]":
Da f stetig ist, so auch beschränkt (siehe Beweisskizze oben.). Nach dem Vorstehenden genügt die Wahl $\delta_\varepsilon^* := \delta_\varepsilon$.

Beweis zu „[Gl St*] $\Rightarrow$ [Gl St]":
Da f beschränkt ist, lassen sich Summen wie (3) bilden. Sei $\varepsilon > 0$ gemäß [Gl St] gegeben und dazu δ_ε^* nach [Gl St*] gewählt. Je zwei $u, v \in [a, b]$ mit $|u - v| \leq \delta_\varepsilon^*$ sind die Eckpunkte eines Intervalls $[x_{v-1}, x_v]$, das zu einer gewissen Zerlegung Z mit $\|Z\| \leq \delta_\varepsilon^*$ gehört. Mit $u, v \in [x_{v-1}, x_v]$ aber gilt $|f(u) - f(v)| \leq \omega_v \leq \varepsilon$, nach (2). Daher genügt $\delta_\varepsilon := \delta_\varepsilon^*$.

*

Riemanns Integrierbarkeit stellt sich nun als Abschwächung der gleichmäßigen Stetigkeit heraus. Dies ist {1g} zu entnehmen, wo Riemann sein erstes *Kriterium* für die durch [R₁] definierte Integrierbarkeit begründet (vgl. {5c}; siehe {2b.6}; {4b} ist unklar). Wir geben ihm die Form

[**R***] f ist beschränkt, und nach Vorgabe von $\varepsilon > 0$ und $\eta > 0$ gibt es ein $\delta_{\varepsilon\eta} > 0$ so, dass $\Sigma_{\omega_v > \varepsilon} (x_v - x_{v-1}) \leq \eta$ erfüllt ist für jede Zerlegung $Z = \{x_0, \ldots, x_n\}$ von $[a, b]$ mit $\|Z\| \leq \delta_{\varepsilon\eta}$.

(Zur Interpretation: Je kleiner die Schwelle ε, um so leichter wird sie von den ω_v übersprungen, um so länger werden also die Summen und um so schwerer sind sie daher unter η zu bringen.) Das Kriterium auf Umgangsdeutsch: Wie niedrig auch immer eine ε- und eine η-Schwelle gelegt seien, stets ist mit allen jeweils hinreichend feinen Zerlegungen zu erreichen, dass auf jeder von ihnen die Funktionsschwankungen „ω_v" den Wert ε allenfalls auf solchen Teilungsintervallen überschreiten, deren Gesamtlänge den Wert η nicht überschreitet. Die in {1g} gegebene Begründung für [R*] wird aus nachgelassenen Notizen Riemanns ergänzt.[1h] Das Fazit: Der Vergleich des Postulats mit (3) zeigt, wieviel sozusagen von der gleichmäßigen Stetigkeit übrig geblieben ist.

* * *

Dieses vertrackte Kriterium war Riemanns theoretischer Schlüssel, nicht gedacht zu allgemeinem Hausgebrauch. Dem wird das folgende durch Henri Lebesgue[5d] formulierte gerecht. Es fängt den Integralwert ein mit Hilfe von Intervallzerlegungen $Z = \{x_0, \ldots, x_n\}$ und diesbezüglich gebildeten *Ober-* und *Untersummen*

$$\bar{S}(Z) = \Sigma_{v=1}^{n} \sup\{f(x) : x \in I_v\} \cdot (x_v - x_{v-1}), \quad \underline{S}(Z) = \Sigma_{v=1}^{n} \inf\{f(x) : x \in I_v\} \cdot (x_v - x_{v-1}),$$

wo $I_v = [x_{v-1}, x_v]$. Zwischen ihnen liegt der Integralwert, so er denn existiert. Dies garantiert das im engeren Sinne so genannte „*Riemannsche Integrabilitätskriterium* "[3c]:

[R₃] f ist beschränkt, und zu jedem $\varepsilon > 0$ gibt es eine Zerlegung Z von $[a, b]$

so, dass $\bar{S}(Z) - \underline{S}(Z) \leq \varepsilon$ wird.

Zur Veranschaulichung denke man an positive Integranden. Bei ihnen bilden $\underline{S}(Z)$, $\bar{S}(Z)$ die Inhalte von Flächen, die sich aus rechteckigen Säulen über den Teilungsintervallen zusammensetzen. Eine Verfeinerung der Zerlegung kann die Untersumme nur größer, die Obersumme nur kleiner werden lassen. Die Darstellung $\bar{S}(Z) - \underline{S}(Z) = \Sigma_{v=1}^{n} \omega_v (x_v - x_{v-1})$ zeigt, was von den Schwankungen verlangt wird, um das Kriterium zu erfüllen.

*   *
*

Die Gegenüberstellung von [R*] und (*Gl* St*) zeigte, um wie viel schwächer R-Integrierbarkeit gegenüber gleichmäßiger Stetigkeit ist. Auf ganz andere Weise sollte dann Lebesgue den Unterschied herausarbeiten. Cauchy hatte seinen Integralbegriff auf Funktionen mit endlich vielen Stellen von Unstetigkeit ausgedehnt (s. bei II.X/(6a)). Lebesgue wird deren unendlich viele zulassen – aber „nicht zu viele". Dazu prägte er einen neuen Begriff.[5e] Eine Menge $\mathcal{N}$ reeller Zahlen heißt *vom Maß null* oder eine *Nullmenge*, wenn sie sich folgendermaßen überdecken lässt:[3d]

Zu jedem $\varepsilon > 0$ gibt es Intervalle I_k, $k = 1, 2, \ldots$ (wo $I_{k_0} = I_{k_0+1} = \ldots$ zulässig) mit

folgender Eigenschaft: $\mathcal{N} \subseteq \bigcup\{I_k : k = 1, 2, \ldots\}$, $\Sigma_k |I_k| \leq \varepsilon$.

Kurzum: Eine Nullmenge besitzt abzählbare Überdeckungen aus Intervallen von beliebig kleiner Längensumme („Gesamtlänge" wäre missverständlich). „*Endliche oder* abzählbare" Überdeckungen sagen Leute, die nicht bis drei zählen können; bei Lebesgue heißt es „endliche oder abzählbar unendliche". Mit diesem Begriff lässt sich ein Kriterium Lebesgues für die R-Integrierbarkeit, das an ein Resultat von Paul duBois-Reymond[5f] anknüpft, so ausdrücken:[5g.3e]

[R₄] f ist beschränkt, und die Menge der Unstetigkeitsstellen von f hat das Maß null.

Abzählbare Teilmengen von $\mathbb{R}$ sind Nullmengen, zum Beispiel $\mathcal{N} = \{x_k : k = 1, 2, \ldots\}$, $I_k = [x_k, x_k + r_k)$ mit $r_k = \varepsilon \, \Delta(1/k)$. Indes ist Abzählbarkeit der Unstetigkeitsstellen nicht notwen-

dig für R-Integrierbarkeit, wie in {5h} belegt. Zu [**R₄**] pflegt man zu sagen: R-integrierbare
Funktionen sind *„fast überall"* stetig (vgl. *„fast alle n* aus $\mathbb{N}$" in I.D.1).

Integrierbarkeit einer Funktion ist bildlich gesehen eine Möglichkeit, die von ihren Graphen erzeugten Flächen – ggfls. im Sinne einer Bilanz zwischen Anteilen beiderlei Vorzei-
chens – zu messen. Weiter als Riemanns Messkunst geht die von Lebesgue, mit der er zu den
« fonctions sommables» gelangt, zu den L-integrierbaren Funktionen.[5i,j] Sein Integralbegriff
erweist sich in mehrfacher Hinsicht dem von Riemann überlegen. (Siehe etwa {2c.3f.7}.)

*   *   *

Riemanns Integral wurde ad hoc als bestimmtes Integral gebildet. Ursprünglich an den land-
läufigen „analytischen" Funktionen orientiert, erhielt im Nachhinein der Hauptsatz des Calculus durch Riemann die Kontur, mit der wir ihn bereits in II.S vorstellten. Bei Newton führte der Weg vom „unbestimmten" Integral zum bestimmten, Riemann kehrt ihn um. Besser
gesagt: Er klärt auf, in welcher Beziehung R-Integral und Stammfunktion stehen.

Angesichts der Freiheit, die das R-Integral seinem Integranden f lässt, muss ja zunächst
überraschen, dass $\int^x f(t)\,dt$ stetig herauskommt. Auch die Krone des historischen Hauptsatzes behält ihren Glanz: An jeder Stetigkeitsstelle x von f existiert die *Integral-Ableitung* mit
dem „richtigen" Wert. Dies alles erhält Lebesgue in Anwendung seiner Theorie auf den Son-
derfall des R-Integrals[5h]; den direkten Zugang weist z.B. {3f}. Siehe {5j.4c} zum Hauptsatz
für das Lebesgue-Integral, auch dessen „Stammfunktionen" können ihre Abstammung von
den newtonschen nicht verhehlen. Etwas von dem Weitblick, den Lebesgue öffnet, vermittelt
die Skizze in {4d}.

*

Riemanns Integrierbarkeit fußt auf den durch Weierstraß vollendeten Grundlagen der Analysis, Riemanns „Flächeninhalt" weist über die Geometrie hinaus. Die Integration geht heute in
einer Maßtheorie auf, unverzichtbar für z.B. eine Theorie der Wahrscheinlichkeit. Ähnlich
verhält es sich mit Tangenten und dem Differenzieren: Der anfängliche Begriff *Differenzierbarkeit* wurde zur „optimalen Linearisierbarkeit" und dadurch auch in höherdimensionalen
Zahlenräumen heimisch, zu schweigen von dem, was alles man heutzutage differenziert.

Für Leibniz lief alle Analysis noch auf Geometrie hinaus. Die gegenwärtige Analysis hat
sich davon weit entfernt, doch auch schon die des 19. Jahrhunderts. Andererseits ist sie inzwischen mit Disziplinen verbandelt, von denen sie sich einst emanzipiert glaubte, wie es bei
vielen Teilbereichen der heutigen Mathematik der Fall ist. Das bezeugt ein Blick in Publika-
tionsorgane wie MATHEMATICAL REVIEWS und ZENTRALBLATT FÜR MATHEMATIK, in denen Originalarbeiten mit kurzen Referaten vorgestellt werden. Bereits an Umfang und Differenzierung der aktuellen Analysis wird sichtbar, dass es nicht mehr möglich ist, anderen als
den jeweiligen Spezialisten einen authentischen Eindruck zu vermitteln.

{1}   RIEMANN [1]: {1a} 227-265/271. {1b} 227 Fußn. {1c} 239-244. {1d} 239.
      {1e} 239 unten. {1f} 240 (5.). {1g} 241. {1h} 266, Anmerkung 2.
{2}   HOCHKIRCHEN: {2a} 337. {2b} (bzgl. Riemann [1]) 335, Z. 10, „240 f." (={1f})
      statt „273", und 534, Z.16 v.u., „227-265" (={1a}) statt „259-303". {2c} 362 ff.
{3}   HEUSER [1]: {3a} 449. {3b} 450. {3c} 469. {3d} 470. {3e} 471.— {3f} [2]
      84 ff.
{4}   BOURBAKI [5]: {4a} 231. {4b} 258. {4c} 261 f. {4d} 261 ff.
{5}   LEBESGUE: {5a} 23 f. {5b} 18. {5c} 25 f. {5d} 24 (Z.17 mit $\underline{S}$ statt S; Z. 21 mit S
      statt L). {5e} 28. {5f} 27. {5g} 29. {5h} 29/ 26 f. {5i} 98 ff. {5j} 64 ff., 119ff.
{6}   DUGAC [2] 357.
{7}   GOLDBERG 299 ff.

II.Z   Weierstraß: Grenzwerte von Grenzwerten

In I.D.1 war die Rede davon, dass stetige Funktionen mitunter eine unstetige Grenzfunktion besitzen, und von einer Konvergenzbedingung, die diese Möglichkeit ausschließe. Die Abb. I.14 illustrierte einerseits, dass die stetigen Funktionen $s_n(x) := x^n$ $(0 < x \leq 1)$, $n = 0,1,\ldots$, gegen die unstetige Funktion $s(x) = 0$ $(0 < x < 1)$, $s(1) = 1$ konvergieren, und andererseits, dass ihnen nicht die Eigenschaft der Funktionen f_n in I.D.1/[*Gl* Kv] zukommt. (Wenn wir den Punkt $x = 0$ ausschließen, dann nicht bloß, weil er hier uninteressant ist, sondern vielmehr, damit nicht der Eindruck entsteht, gleichmäßige Konvergenz finde grundsätzlich auf kompakten Intervallen statt.) Angesichts jenes negativen Musterbeispiels soll jetzt erörtert werden, was es so oder so mit der gleichmäßigen Konvergenz auf sich hat.

Die Folge (s_n) unseres Beispiel konvergiert lediglich „punktweise":

[Kv]   Zu jedem $\varepsilon > 0$ gibt es je nach $x \in (0, 1]$ ein (ganzzahliges) $N(\varepsilon, x) \geq 0$, womit $|s_n(x) - s(x)| \leq \varepsilon$ erfüllt wird für alle $n \geq N(\varepsilon, x)$.

Zunächst werde am rechten Intervallende gekappt. Mit einem für vorgegebenes $\varepsilon > 0$ hinreichend großen, von x nicht abhängigen N_ε gilt

$$x^n \leq (\tfrac{1}{2})^n \leq (\tfrac{1}{2})^{N_\varepsilon} \leq \varepsilon \quad \text{für alle } n \geq N_\varepsilon \text{ und } \textit{für alle } x \in (0, \tfrac{1}{2}].$$

Laut Weierstraß' Definition I.D.1/[*Gl* Kv] handelt es sich um die auf $(0, \tfrac{1}{2}]$ *gleichmäßige* Konvergenz der Potenzfunktionen gegen die Nullfunktion. Die Stetigkeit *dieser* Grenzfunktion steht in Einklang mit Weierstraß' Satz[1a]

[Wei]
      Die Folge der auf dem Intervall I stetigen Funktionen $f_1, f_2, \ldots$ konvergiere
      auf I gegen f.   (1)
      Wenn (f_n) auf I gleichmäßig konvergiert, dann ist f stetig.   (2)

Seine Herleitung beruht auf der Zerlegung

$$f(x) - f(x_0) = [f(x) - f_n(x)] + [f_n(x) - f_n(x_0)] + [f_n(x_0) - f(x_0)] \equiv \text{I} + \text{II} + \text{III}, \quad x, x_0 \in I,$$

wo x_0 die Stelle bezeichnet, an der f sich stetig zeigen soll. Zur Vorgabe $\varepsilon > 0$ kann man dank der gleichmäßigen Konvergenz ein $n = n_\varepsilon$ wählen, womit $|\text{I}| \leq \frac{\varepsilon}{3}$ für alle $x \in I$ erfüllt ist, was $|\text{III}| \leq \frac{\varepsilon}{3}$ einschließt. Sodann stiftet die Stetigkeit von f_{n_ε} in x_0 ein δ_ε der Art, dass $|\text{II}| \leq \frac{\varepsilon}{3}$ wird für alle $x \in (x_0 - \delta_\varepsilon, x_0 + \delta_\varepsilon) \cap I$. Mit diesen x gilt folglich $|f(x) - f(x_0)| \leq \varepsilon$. – Der Beweis zeigt, dass statt eines Intervalls jeder Definitionsbereich taugt.

Die Anwendung von [Wei] ergibt: Die Funktionen $s_n(x) := x^n \; (0 < x \leq 1)$ können wegen der Unstetigkeit ihrer Grenzfunktion nicht *gleichmäßig* auf $(0,1]$ konvergieren.

Wir befragen daher die Funktionen $x \mapsto x^n$ nach gleichmäßiger Konvergenz auf *offenen* Teilintervallen von $(0,1]$. Dies trifft zu auf jedem Intervall (ξ, η), $0 < \xi < \eta < 1$, zu begründen wie eingangs bei $(0, \frac{1}{2}]$. Für $(0,1)$ ist Fehlanzeige: *Wäre* die Konvergenz dort gleichmäßig, dann trivialerweise auch noch – wie soeben widerlegt – auf $(0,1]$, denn außer der Voraussetzung $|s_n(x) - s(x)| \leq \varepsilon$ für $n \geq N_\varepsilon$ und $0 < x < 1$ ist zudem $|s_n(1) - s(1)| = 0$ für alle n.

Der Übung halber werde die zuletzt benutzte Schlussweise in allgemeineren Zusammenhang gestellt, indem wir zeigen: Gilt (1) mit $I = (a,b]$, so ist f bereits dann auf I stetig, wenn (f_n) gleichmäßig auf dem *offenen* Intervall (a,b) konvergiert; es folgt die gleichmäßige Konvergenz auf ganz I. Dabei ergibt sich die Stetigkeit von f ähnlich wie oben aus

$$|f(x) - f(b)| \leq |f(x) - f_{n_\varepsilon}(x)| + |f_{n_\varepsilon}(x) - f_{n_\varepsilon}(b)| + |f_{n_\varepsilon}(b) - f(b)| \equiv \text{I} + \text{II} + \text{III} \leq \frac{\varepsilon}{3} + \frac{\varepsilon}{3} + \frac{\varepsilon}{3},$$

wenn n_ε so gewählt wird, dass $|\text{I}| \leq \frac{\varepsilon}{3}$ für alle $x \in (a,b)$ und $|\text{III}| \leq \frac{\varepsilon}{3}$ erfüllt ist. Da nun auch f stetig in $x = b$ ist, zieht $|f_n(x) - f(x)| \leq \varepsilon$ für alle $n \geq N_\varepsilon$ und alle $x \in (a,b)$ nach sich, dass $\lim_{x \uparrow b} |f_n(x) - f(x)| = |f_n(b) - f(b)| \leq \varepsilon$ für alle $n \geq N_\varepsilon$ gilt.

* * *

All das mag die Vermutung nähren, es gehe nicht ohne gleichmäßige Konvergenz, wenn eine stetige Grenzfunktion herauskommen soll. Es gilt jedoch: Der Schluss (2) in [Wei] ist nicht umkehrbar! Für den Fall eines offenen Intervalls I reicht zum Gegenbeispiel unsere Folge $s_n(x) := x^n \; (0 < x < 1)$, $n = 0, 1, \ldots$, und ihre stetige Grenzfunktion, mit der direkten Begründung: Läge hier gleichmäßige Konvergenz vor, so gäbe es für ε mit $0 < \varepsilon < 1$ ein n (freilich „viele"), womit $|s_n(x) - s(x)| = x^n \leq \varepsilon$ wird für alle $x \in (0,1)$, entgegen $\lim_{x \uparrow 1} x^n = 1$. Die Suche nach derlei Beispielen wird erst für nicht-offenes I zur Herausforderung. Das Gegenbeispiel von Georg Cantor[2] hat Ähnlichkeit mit

$$f_n(x) = \frac{nx}{1 + n^2 x^2} \to 0 \quad (n \to \infty), \; 0 \leq x \leq 1 \; ;^{[3a]} \tag{3}$$

die Folge verletzt I.D.1/[Gl Kv], denn $f_n\left(\frac{1}{n}\right) \equiv \frac{1}{2}$ verhindert im Falle eines $\varepsilon < \frac{1}{2}$, dass $f_n(x) \leq \varepsilon$ mit irgendeinem n für *alle* $x \in [0, 1]$ zu erreichen ist. (Weitere Beispiele dieser Art geben Darboux[4a,b] und Osgood[4b]. Desgleichen {1c}.) Das Missverständnis bezüglich der Notwendigkeit gleichmäßiger Konvergenz ist weit verbreitet, wie auch die Literaturliste am Ende des Kapitels verrät.

$$* \quad * \quad *$$

Bislang haben wir bei unserem Schulbeispiel das ungleichmäßige Konvergieren auf $(0,1)$ aus der Unstetigkeit der Grenzfunktion erschlossen. Es soll im Folgenden in *direkter* Weise verifiziert werden. Leitfigur der Überlegung ist Abb.II.52 mit einem vorgegebenen ε, $0 < \varepsilon < 1$. Nach [Kv] gibt es zu jedem $x \in (0,1)$ ein $N(\varepsilon,x) \geq 0$, so dass

$$|s_n(x) - s(x)| = x^n \leq \varepsilon \quad \text{für alle } n \geq N(\varepsilon,x) \tag{4}$$

gilt. Wie richten sich die für (4) geeigneten Schranken $N(\varepsilon, x)$ nach wachsenden Werten von x? An Abb.II.52 ist bezüglich des markierten $\varepsilon < 1$ abzulesen: (4) ist im Falle $x = u$ nur mit den Schranken $N(\varepsilon, u) \geq 3$ zu schaffen. Im Falle $x = v$ greift z.B. die Wahl $N(\varepsilon, v) = 5$ zu kurz, denn um die Beziehung $v^n \leq \varepsilon$, d.h. $n \log_\varepsilon v \geq 1$, für alle $n \geq N$ zu erfüllen, genügt selbst $N = 10$ nicht. Kommt der Punkt x beliebig nahe an 1 heran, so übersteigt die Mindestgröße der Schranke $N(\varepsilon, x)$ alle Grenzen, denn wir haben

$$x^n \leq x^N \leq \varepsilon \quad \Leftrightarrow \quad n \geq N \geq (\log_\varepsilon x)^{-1}, \quad \log_\varepsilon x = \log_{1/\varepsilon}\left(\frac{1}{x}\right) \downarrow 0 \quad \text{für } x \uparrow 1.$$

Es existiert also zur Vorgabe ε keine für alle $x \in (0, 1)$ taugliche Schranke N_ε. Salopp gesagt: Die Konvergenz $x^n \to 0$ $(n \to \infty)$ wird umso schlechter, je näher x bei 1 liegt – und sie wird beliebig schlecht! Beliebig bzw. unendlich langsam, das waren die Worte von Stokes und Seidel in I.D.1.[5a.6]

Vergegenwärtigen wir uns noch einmal, wo es hier hapert. Bei jeder Wahl einer unteren Indexschranke scheitert die ε-Approximation der Grenzfunktion an einer genügend nahe bei 1 gelegenen Stelle x, denn aus jedem Streifen der Höhe $\varepsilon < 1$ brechen die Funktionswerte „irgendwann" aus. (Wir verkneifen uns, die nicht-gleichmäßige Konvergenz als formal-logische Negation der gleichmäßigen auszumalen.)

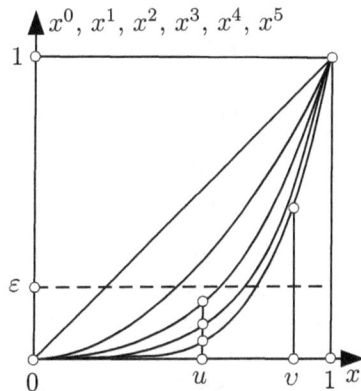

Abb. II.52 *Zur Epsilontik einer nicht-gleichmäßigen Konvergenz.*

$$*$$

Als Weierstraß erstmals, bei einer Vorlesung, seine Fassung von Gudermanns „Konvergenz im ganz gleichen Grade" präsentierte, geschah es ohne Bezug auf eine Grenzfunktion, also nach Cauchykriterium:[7a]

Auf dem Intervall I konvergiert die Funktionenfolge (f_n) gleichmäßig, wenn es zu jedem $\varepsilon > 0$ ein N_ε gibt, womit $|f_n(x) - f_m(x)| \leq \varepsilon$ erfüllt wird von allen $n, m \geq N_\varepsilon$ und *von allen* $x \in I$.

Stokes, Seidel, Gudermann hatten die gleichmäßige Konvergenz nicht in eine explizite Definition gefasst. (Überzogenes bzgl. Seidel, Stokes: {6.7a.8a.9.10}; bzgl. Cauchy vgl. {7a} mit {4b}.) Weierstraß war der erste; er formulierte den obigen Beweis für [Wei]. Die Suche nach einer hinreichenden *und notwendigen* Bedingung anstelle von (1) führte auf die *„quasigleichmäßige"* Konvergenz[11]; siehe auch {8b}.

*   *   *

Die Stetigkeit der Grenzfunktion stetiger Funktionen spiegelt sich in der Vertauschbarkeit von Funktions- und Folgenlimes, gemäß I.D.1/(1). Es dauerte eine Weile, bis sie als Problem erkannt war und bis dieses mit [Wei] eine für den Alltag praktikable Lösung fand: in einer hinreichenden Bedingung für Vertauschbarkeit. Gleichermaßen einfach – und damit anders als bei der Differenziation! – liegen die Dinge bei der Integration: Für I.D.1/(2) ist gleichmäßige Konvergenz wieder hinreichend[4b] und wieder ist sie *nicht notwendig*. Letzteres bezeugt, in zwei Varianten, die Gültigkeit der Vertauschung

$$\int_0^1 \lim_{n \to \infty} x^n \, dx \quad = \quad 0 \quad = \quad \lim_{n \to \infty} \int_0^1 x^n \, dx \,,$$

$$\int_0^1 \sum_{v=0}^\infty (x^v - x^{v+1}) \, dx \quad = \quad 1 \quad = \quad \sum_{v=0}^\infty \int_0^1 (x^v - x^{v+1}) \, dx$$

trotz nicht-gleichmäßiger Konvergenz unserer Folge x^n bzw. der Partialsummen $1 - x^n$ auf $(0, 1)$. Entsprechend gilt für die f_n aus (3):

$$\int_0^1 f_n(x) \, dx \quad = \quad \frac{1}{2n} \ln(1 + n^2) \to 0 \quad = \quad \int_0^1 \lim_{n \to \infty} f_n(x) \, dx \,.^{[3c]}$$

Ganz wie beim Funktionslimes (s. I.D.1/Ende) wird auch bei den Integralen das gleichmäßige Konvergieren erschreckend oft als notwendig hingestellt, sei es fahrlässig oder bewusst. Einige Belege: {8a}: *"only"*, *"necessary"*; {9}: *"the need"*; {5b}: *„sondern nur"*; {4c}: *„erfordere"*; {1b}: *„entscheidende Rolle"*.

Newton integrierte (und differenzierte) seine Potenzreihen "term by term"; Recht bekam er nachträglich. Später ging Cauchy mit *seinen* Integralen ebenso bedenkenlos um, dem schloss sich Stokes an.[7b] Er und Seidel waren nach {5c} zu sehr auf Sprungstellen der Grenzfunktion fixiert, als dass sie an Integration gedacht hätten. Gesetzt den Fall, wären sie sich kaum dessen bewusst gewesen, dass auch hier Grenzprozesse vertauscht werden (vgl. {5d}).

Erst 1868 wurde Riemanns Integral bekannt.[4d] Dafür leistete die gleichmäßige Konvergenz gute Dienste, bei modernen Integralbegriffen verliert sie an Bedeutung.

{1}   HEUSER [2]: {1a} 697 Mitte. {1b} 697 (nach {1a}).— [1] {1c} 543.
{2}   CANTOR, G. [1] 267; [2] 104.
{3}   KNOPP: {3a} 340 f, 346. {3b} 351 f. {3c} 355.
{4}   HOCHKIRCHEN: {4a} 346. {4b} 347. {4c} 345 unten (Zitat Heine). {4d} 332.
{5}   LÜTZEN: {5a} 231- 233. {5b} 237. {5c} 233 f. {5d} 233 unten.
{6}   BOURBAKI: [5] 232. [1] 65.
{7}   DUGAC [2]: {7a} 353. {7b} 356.
{8}   CAJORI: {8a} 376 f. {8b} 377 (Mitte: lies „σ" statt „5").
{9}   KLINE [1] 964, 965.
{10}   PEIFFER; DAHAN-DALMEDICO 259.
{11}   NAAS; SCHMID 575.

Literaturverzeichnis

ABEL, ŒUVRES DE NIELS HENRIK ~ , t.*1*. (Hg. L. Sylow, S. Lie). Grøndahl & Søn. Christiania 1881.

Andersen, K. *The Method of Indivisibles: Changing Understandings.* studia leibnitiana. Sonderheft 14, 14–25. Franz Steiner Verlag. Stuttgart 1986.

ANGLIN, W. S. *Mathematics: A Concise History and Philosophy.* Undergraduate Texts in Mathematics. Springer-Verlag. New York ·Berlin · Heidelberg ... 1994.

AR CHIBALD, TH. *Differentialgleichungen: Ein historischer Überblick bis etwa 1900.* Geschichte der Analysis (Hg. H.N. Jahnke), 411–448. Spektrum Akademischer Verlag. Heidelberg· Berlin 1999.

ARCHIMEDES, EINE NEUE SCHRIFT DES ... (Hg. J.L. Heiberg, H.G. Zeuthen). Teubner. Leipzig 1907.

ARCHIMEDES' WERKE (Hg. Th.L. Heath). Verlag O. Häring. Berlin 1914.

ARCHIMÈDE, LES ŒUVRES COMPLÈTES D', II (Hg. P. ver Eecke). Librairie Albert Blanchard. Paris 1960.

ARCHIMEDES ·WERKE (Übers. A. Czwalina). Wissenschaftl. Buchgesellschaft. Darmstadt 1972.

ARNOL'D, V.I. *Huygens and Barrow, Newton and Hooke.* Birkhäuser. Basel · Boston · Berlin 1990.

ARTMANN, B.
[1] *Euclid – The Creation of Mathematics.* Springer. New York ·Berlin ·Heidelberg 1999.
[2] *Rezension* Albrecht Beutelspacher: Kleines Mathematikum – ... Math.Sem.Ber.**58**. Springer. Berlin · Heidelberg 2011. 109 f.

BARNER, K. *Fermats «adaequare» – und kein Ende?* Math.Sem.Ber.**58**. Springer. Berlin · Heidelberg 2011. 13-45.

BARON, M.E. *The Origins of the Infinitesimal Calculus.* Oxford, The Pergamon Press 1969 / Dover Publ. New York 1987.

BECKER, O.

[1] *Eudoxos-Studien II. Warum haben die Griechen die Existenz der vierten Proportionale angenommen?* Quellen und Studien zur Geschichte der Mathematik ... B. Bd. 2, 369–387. Springer. Berlin 1933.

[2] *Eudoxos-Studien IV. Das Prinzip des ausgeschlossenen Dritten in der griechischen Mathematik.* Quellen und Studien zur Geschichte der Mathematik ... B. Bd. 3, 370–388. Springer. Berlin 1934/36.

[3] *Das mathematische Denken der Antike.* Vandenhoeck & Ruprecht. Göttingen 1957.

[4] *Grundlagen der Mathematik in geschichtlicher Entwicklung.* Surkamp taschenbuch wissenschaft 114. Freiburg · München 1964/1975.

BERGMANN, L.; SCHAEFER, CL. *Lehrbuch der Experimentalphysik Bd. I.* Verlag de Gruyter. Berlin 1965.

BOS, H.J.M.

[1] *Fundamental concepts of the Leibnizian calculus.* Studia Leibnitiana, Sonderheft 14, 103–118. Steiner Verlag. Wiesbaden 1986.

[2] *Lectures in the History of Mathematics.* History of Mathematics, vol. 7. American Mathematical Society / London Mathematical Society. 1997.

BOTTAZZINI, U. *Theorie der komplexen Funktionen.* Geschichte der Analysis (Hg. H.N. Jahnke), 267–327. Spektrum Akademischer Verlag. Heidelberg · Berlin 1999.

BOURBAKI, N.

[1] *Éléments de Mathématique.* Livre III, Chap. X. Hermann. Paris 1949.

[2] *Éléments de Mathématique.* Livre IV, Chap. I–III. Hermann. Paris 1949.

[3] *Éléments de Mathématique.* Livre III, Chap. III/IV. Hermann. Paris 1951.

[4] *Éléments de Mathématique.* Topologie générale, Chap. II. Hermann. Paris 1971.

[5] *Elemente der Mathematikgeschichte.* Studia Mathematica Bd. 23. Vandenhoeck & Ruprecht. Göttingen 1971.

BOYER, C.B.

[1] *The History of the Calculus and its Conceptual Development.* (New York 1949) Dover Publ., New York 1959.

[2] *A History of Mathematics.* J. Wiley & Sons. New York 1968.

CAJORI, F. *A History of Mathematics*, 5th ed. Macmillan 1919. AMS Chelsea Publishing; American Mathematical Society. Providence/Rhode Island 2000.

CANTOR, G.

[1] *Fernere Bemerkung über trigonometrische Reihen.* Math. Annalen 16 (1880), 267–269.

[2] *Gesammelte Abhandlungen* (Hg. E. Zermelo). Springer. Berlin 1932.

CANTOR, M. *Vorlesungen über Geschichte der Mathematik*

[1] Bd. 1. Teubner. Leipzig 1880.

[2] Bd. 2. Teubner. Leipzig 1892.

[3] Bd. 4. Teubner. Leipzig 1908.

CAUCHY, ŒUVRES D'AUGUSTIN ~: RÉSUMÉ DES LEÇONS ...(Cour d'analyse de l'école polytechnique)
[1] (1821) Série II, tome III. Gauthier-Villars. Paris 1897.
[2] (1823) Série II, tome IV. Gauthier-Villars. Paris 1899.
[3] (1841) Série II, tome XII. Gauthier-Villars. Paris 1916.

DAVIS, PH.J.; HERSH, R.
[1] The Mathematical Experience. Birkhäuser. Boston · Basel · Stuttgart 1981.
[2] Erfahrung Mathematik. Birkhäuser. Basel · Boston · Stuttgart 1985.

DEHN, M.
[1] Über raumgleiche Polyeder. Nachrich. der Akad. der Wissenschaften zu Göttingen 1900. Mathem.-phys. Klasse 345–354.
[2] Ueber den Rauminhalt. Math. Annalen 55 (1902), 465–478.

DUGAC, P.
[1] Eléments d'analyse de Karl Weierstrass. Arch.for Hist.of Exact Sci. 10, Springer. Berlin · Heidelberg · New York 1973. 41-176.
[2] Fondements de l'Analyse. Abrégé d'histoire des mathématiques 1700–1900, I (sous la direction de J. Dieudonné), 335–392. Hermann. Paris 1978.

ENGELSMAN, ST.B. Families of Curves and the Origins of Partial Differentiation. North-Holland. Amsterdam 1984.

EDWARDS, JR., C.H. The Historical Development of the Calculus. Springer. New York · Berlin · Heidelberg 1979.

EPPLE, M. Das Ende der Größenlehre: Grundlagen der Analysis 1860–1910. Geschichte der Analysis (Hg. H.N. Jahnke), 371–410. Spektrum Akademischer Verlag. Heidelberg · Berlin 1999.

EUKLID Die Elemente (Übers. u. Hg. Cl. Thaer). Wissenschaftl. Buchgesellsch. Darmstadt 1980.

EULER, L. Opera omnia. Serie I,
[1] Band 8. Lausanne 1748.
[2] Band 9. Genf 1945.
[3] Band 14. Teubner. Leipzig · Berlin 1925.

FOWLER, D.H. The Mathematics of Plato's Academy. Clarendon Press. Oxford 1987.

FRASER, C. Die Genese der Variationsrechnung. Geschichte der Analysis (Hg. H.N. Jahnke), 449–486. Spektrum Akademischer Verlag. Heidelberg · Berlin 1999.

FRÖBA, ST.; WASSERMANN, A. Die bedeutendsten Mathematiker. marixverlag. Wiesbaden 2007.

FROBENIUS, G. Ueber die Leibnitzsche Reihe. Journ. f. d. reine u. angew.Mathem. Bd. 89, 262–264. Berlin 1880.

FROM THE CALCULUS TO SET THEORY, 1630–1910 (Hg. I. Grattan-Guinness). Duckworth. London 1980.

GERICKE, H.
[1] *Mathematik in Antike und Orient.* Springer. Berlin · Heidelberg · New York 1984.
[2] *Mathematik im Abendland.* Springer. Berlin · Heidelberg · New York 1990.

GÖDEL, K. *Collected Works Vol. I* (Hg. S. Feferman et al.). Oxford Univ. Press, New York; Clarendon Press, Oxford 1986.

GOLDBERG, R.R. *Methods of Real Analysis.* John Wiley & Sons. New York · London · Sydney · Toronto 1976.

GOULD, S.H. *The Method of Archimedes.* Amer. Math. Monthly 62 (1955), 473–476.

GUICCIARDINI, N. *Newtons Methode und Leibniz' Kalkül.* Geschichte der Analysis (Hg. H.N. Jahnke), 89–30. Spektrum Akademischer Verlag. Heidelberg · Berlin 1999.

GRATTAN-GUINNESS, I. *The Development of the Foundations of Mathematical Analysis from Euler to Riemann.* The Massachusetts Institute of Technology. Clinton, Mass., 1970.

GREEK MATHEMATICAL WORKS (Übers. I. Thomas). Harvard University Press. London 1980.
[1] *I* (1939).
[2] *II* (1941).

HAIRER, E.; WANNER, G. *Analysis by Its History.* Springer. New York · Berlin · Heidelberg 2000.

HANKEL, H. *Zur Geschichte der Mathematik in Altertum und Mittelalter.* [Leipzig 1874], Georg Olms Verlagsbuchhandlung. Hildesheim 1965.

HARDY, G.H. *Divergent series.* At the [Clarendon] University Press. Oxford 1949, 1967.

HEATH, TH.L. *A History of Greek Mathematics.* At the [Clarendon] University Press. Oxford 1921,1960.
[1] Volume *I*.
[2] Volume *II*.

HEINE, E.
[1] *Ueber trigonometrische Reihen.* Journ. f. d. reine u. Angew. Math. 71 (1870), 353–365.
[2] *Die Elemente der Functionenlehre.* Journ. f. d. reine u. Angew. Math. 74 (1872), 172–188.

HERSH, R. *What is Mathematics, Really?* Vintage. London 1997.

HILBERT, D. *Gesammelte Abhandlungen. Bd. 3.* Verlag Julius Springer. Berlin 1935.

HISTORY OF MATHEMATICS, HISTORIES OF PROBLEMS. The Inter-IREM-Commission. ellipses. Paris 1997.

HEUSER, H.
   [1] *Lehrbuch der Analysis. Teil 1.* Teubner. Stuttgart 1986.
   [2] *Lehrbuch der Analysis. Teil 2.* Teubner. Stuttgart 1988/1991.
   [3] *Gewöhnliche Differentialgleichungen.* Teubner. Stuttgart 1989/91.
   [4] *Als die Götter lachen lernten – Griechische Denker verändern die Welt.* Piper.
       München 1992.
   [5] *Pythagoreische Mathematik und Naturwissenschaft.* Der Math.-Naturw.
       Unterricht. Bd. 47, 323–329. Dümmler Verlag. Bonn 1994.

HILDEBRANDT, ST.; TROMBA, A. *Kugel, Kreis und Seifenblasen.* Birkhäuser. Basel · Boston ·
   Berlin 1996.

HOCHKIRCHEN, TH. *Maß- und Integrationstheorie von Riemann bis Lebesgue.* Geschichte
   der Analysis (Hrsg. H.N. Jahnke), 330–369. Spektrum Akademischer Verlag. Heidelberg · Berlin 1999.

HOFFMANN, J.; JOHNSON, CL.; LOGG, A. *Dreams of Calculus. Perspectives on Mathematics
   Education.* Springer-Verlag. Berlin · Heidelberg 2004.

HOFMANN, J.E.
   [1] *Die Entwicklungsgeschichte der Leibnizschen Mathematik (1672–1676).* Leibniz
       Verlag. München 1949.
   [2] *Zur Entdeckungsgeschichte der höheren Analysis im 17.Jahrhundert.* Math.-Phys.
       Sem.- Berichte. 1. 1949/50.
   [3] *Geschichte der Mathematik I. Teil.* Göschen Bd.XXX; De Gruyter. Berlin 1953.
   [4] *Geschichte der Mathematik II. Teil.* Göschen Bd.875; De Gruyter. Berlin 1957.
   [5] *Geschichte der Mathematik III. Teil.* Göschen Bd.882; De Gruyter. Berlin 1957.

HOPPE, E. *Zur Geschichte der Infinitesimalrechnung bis Leibniz und Newton.*
   Jahresber. d. Deutschen Math.-Vereinigg., 148–187. Teubner. Leipzig 1928.

HUND, F. *Einführung in die Theoretische Physik.* Bibliogr. Institut VEB. Leipzig 1951.
   [1] Bd. 1 *Mechanik.*
   [2] Bd. 3 *Optik.*

JAHNKE, H.N.
   [1] *Algebraical Analysis in Germany, 1780-1840: Some Mathematical and Philosophi-
       cal Issues.* Historia Mathematica 20 (1993). Academic Press. 265-284.
   [2] *Die algebraische Analysis des 18. Jahrhunderts.* Geschichte der Analysis (Hg.=
       Verfasser), 131–170. Spektrum Akademischer Verlag. Heidelberg · Berlin 1999.

JOOS, G. *Lehrbuch der Theoretischen Physik.*
   [1] Akademische Verlagsges.; Frankfurt a.M. 1959.
   [2] AULA-Verlag. Wiesbaden 1989.

JUSCHKEWITSCH, A.P. *Geschichte der Mathematik im Mittelalter.* Teubner. Leipzig 1964.

KLEIN, F.
[1] *Famous Problems of Elementary Geometry* (1897). Dover Publications. New York 1956.
[2] *Elementarmathematik vom höheren Standpunkte aus.* Bd.1. Springer. Berlin 1924.

KLINE, M.
[1] *Mathematical Thought from Ancient to Modern Times.* Oxford Univ.-Press. New York 1972.
[2] *MATHEMATICS – The Loss of Certainty.* Oxford, Univ.-Press. Oxford · New York 1980.

KNOPP, K. *Theorie und Anwendung der unendlichen Reihen.* Springer-Verlag. Berlin · Göttingen · Heidelberg · New York 1964.

KNORR, W. *The Ancient Tradition of Geometric Problems.* Birkhäuser. Boston 1986.

KROLL, W.; VAUPEL, J. *Grund- und Leistungskurs Analysis.* Verlag Dümmler.
[1] Bd. 1: *Differentialrechnung 1.* Bonn 1985.
[2] Bd. 2: *Integralrechnung und Differentialrechnung 2.* Bonn 1986.

LANDAU, E. *Grundlagen der Analysis* (Leipzig 1930). Chelsea Publishing Comp., New York 1965.– Wissenschaftl. Buchgesellsch. Darmstadt 1970.

LEBESGUE, H. *Leçons sur l'intégration.* Gauthier-Villars. Paris 1904.

LEIBNIZ, G.W. *Mathemat. Schriften* (Hg. C.I. Gerhardt). Georg Olms Verlag. Hildesheim · New York 1971.
[1] Bd. IV.
[2] Bd. V.

LURIA, S. *Die Infinitesimaltheorie der antiken Atomisten.* Quellen und Studien zur Geschichte der Mathematik ... B. Bd. 2, 106–185. Springer. Berlin 1933.

LÜTZEN, J. *Grundlagen der Analysis im 19. Jahrhundert.* Geschichte der Analysis (Hg. H.N. Jahnke), 191– 244. Spektrum Akademischer Verlag. Heidelberg · Berlin 1999.

MESCHKOWSKI, H. *Problemgeschichte der Mathematik*
[1] ... *I*. BI Wissenschaftsverlag. Mannheim ·Wien ·Zürich 1979.
[2] ... *II*. BI Wissenschaftsverlag. Mannheim ·Wien ·Zürich 1981.

NAAS, J.; SCHMID, H.L. *Mathematisches Wörterbuch Bd.I.* Akademie-Verlag Berlin / Teubner Verl.-Ges. Stuttgart 1967.

NETZ, R.; NOEL, W. *Der Kodex des Archimedes.* Verlag C.H. Beck. München 2007.

NEWTON. *The Mathematical Papers of* ISAAC ~ (Hg. D.T. Whitehead). Cambridge Univ. Press.
[1] *Vol. I.* Cambridge 1967.
[2] *Vol. II.* Cambridge 1968.

NIKIFOROWSKI, W.A.; FREIMAN, L.F. *Wegbereiter der neuen Mathematik.* Verlag MIR Moskau, Fachbuchverlag Leipzig. Leipzig 1978.

PEIFFER, J.; DAHAN-DALMEDICO, A. *Wege und Irrwege – Eine Geschichte der Mathematik.* Birkhäuser Verlag. Basel · Boston · Berlin 1994.

PERRON, O. *Irrationalzahlen.* Verlag W. de Gruyter. Berlin · Leipzig 1921.

PETERS, W.S. *Zum Begriff der Konstruierbarkeit bei I. Kant.* Arch. Hist. Exact Sciences, vol. 2, 153–167. Springer-Verlag. Berlin · Heidelberg · New York 1962–1966.

PEYERIMHOFF, A. *Gewöhnliche Differentialgleichungen I.* Akadem. Verlagsges.; Frankfurt a.M. 1970.

POGORELOV, A.V. *Differential Geometry* (Übersg.). Noordhoff. Groningen ca. 1958.

POPP, W. *Geschichte der Mathematik im Unterricht 2. Teil.* Bayer. Schulbuch-Verlag. München 1968.

PRAG, A. *John Wallis.* Quellen und Studien zur Geschichte der Mathematik… B. Bd. 1, 381–412. Springer. Berlin 1929.

PRINGSHEIM, A. *Irrationalzahlen und Konvergenz unendlicher Prozesse.* Encyklopädie d. Mathemat. Wissenschaften Bd. I / Teil 1, 47–146. Verlag Teubner. Leipzig 1898–1904.

REIFF, R. *Geschichte der Unendlichen Reihen* (Nachdruck von 1889). Sändig oHG. Wiesbaden 1969.

RESNIKOFF, H.L.; WELLS, JR., R.O. *Mathematik im Wandel der Kulturen.* Verlag Friedr. Vieweg & Sohn. Braunschweig · Wiesbaden 1983.

RIEMANN, B. *Gesammelte Mathematische Werke ...*
[1] (Hg. H. Weber, R. Dedekind). Teubner. Leipzig 1892.
[2] ... *Nachträge.* (Hg. M. Noether, W. Wirtinger). Teubner. Leipzig 1902.

ROBINSON, A. *Non-Standard Analysis.* North-Holland. Amsterdam 1966.

ROSENTHAL, A. *The History of Calculus.* The Amer.Math.Monthly 58 (1951), 75–86.

RUDIO, F. *Archimedes, Huygens, Lambert, Legendre.* Teubner. Leipzig 1892.

RUNCKEL, H.-J. *Höhere Analysis – Funktionentheorie und Gewöhnliche Differentialgleichungen.* Oldenbourg Verlag. München · Wien 2000.

RUSSELL, B. *Das naturwissenschaftliche Zeitalter.* Humboldt-Verlag. Stuttgart · Wien 1953.

RUSSO, L. *Die vergessene Revolution* ... Springer. Berlin · Heidelberg · New York 2005.

SCHAEFER, CL. *Einführung in die Theoretische Physik.* Bd. 3 / Teil 1. Verlag de Gruyter. Berlin 1950.

SCHAPPACHER, N. *Buchbesprechung in* Mathemat. Semesterberichte Bd. 52/1. Springer. Berlin · Heidelberg 2005.

SCHMIEDEN, C.; LAUGWITZ, D. *Eine Erweiterung der Infinitesimalrechnung.* Math. Z. 69 (1958), 1–39.

SCOTT, J.F. *The Scientific Work of René Descaretes.* Taylor & Francis. London 1952.

SCRIBA, CH.J. *The Inverse Method of Tangents: A Dialogue between Leibniz and Newton (1675–1677).* Arch. Hist. Exact Sciences, vol. 2. 113–137. Springer. Berlin · Heidelberg · New York 1962–1966.

SCRIBA, CH.J.; SCHREIBER, P. *5000 Jahre Geometrie.* Springer. Berlin · Heidelberg.
[1] 1. Auflage 2002.
[2] 2. Auflage 2005.

SKUTELLA, M. *Mitteilungen der Deutschen Mathematiker-Vereinigung.* Bd.19. Berlin 2011.

SONAR, TH.
[1] *Einführung in die Analysis* Vieweg & Sohn. Braunschweig · Wiesbaden 1999.
[2] *Buchbesprechung in* Mathemat. Semesterberichte Bd. 53/2. Springer-Verlag. Berlin · Heidelberg 2006.
[3] *Buchbesprechung in* Mathemat. Semesterberichte Bd. 55/1. Springer-Verlag. Berlin · Heidelberg 2008.
[4] *3000 Jahre Analysis.* Springer-Verlag. Berlin · Heidelberg 2011.

SOURCE BOOK ... (Harvard University Press)
[1] *IN MATHEMATICS, A , 1200–1800* (Hg. D.J. Struik). Cambridge/Mass. 1969.
[2] *IN CLASSICAL ANALYSIS* (Hg. G. Birkhoff). Cambridge/Mass. 1973.

STILLWELL, J.
[1] *Mathematics and Its History.* 2nd ed. Springer. New York 2002.
[2] *Max Dehn and geometry.* Mathem. Semesterberichte Bd. 49. Springer. Berlin · Heidelberg 2002.

STORCH, U.; WIEBE, H. *Lehrbuch der Mathematik Bd. 1.* Spektrum Akademischer Verlag. Heidelberg · Berlin · Oxford 1996.

STRUIK, D.J. *Abriss der Geschichte der Mathematik.* VEB Deutscher Verlag der Wissenschaften. Berlin 1961.

THIELE, R. *Antike.* Geschichte der Analysis (Hg. H.N. Jahnke), 5–42. Spektrum Akademischer Verlag. Heidelberg · Berlin 1999.

TOEPLITZ, O. *Die Entwicklung der Infinitesimalrechnung.* Springer. Berlin 1949.

TWEDDLE, J.CH. *Weierstrass's construction of the irrational numbers.* Mathem. Semesterberichte Bd. 58. Springer. Berlin · Heidelberg 2011. 47-58.

VOLKERT, K. *Geschichte der Analysis.* BI Wissenschaftsverlag. Mannheim 1988.

VAN DER WAERDEN, B.L.
[1] *Zenon und die Grundlagenkrise der griechischen Mathematik.* Math. Annalen 117 (1940/41), 141–161.
[2] *Erwachende Wissenschaft.* 2.Aufl. Birkhäuser. Basel · Stuttgart 1966.

VAN MAANEN, J. *Vorläufer der Differential- und Integralrechnung.* Geschichte der Analysis (Hg. H.N. Jahnke), 41–88. Spektrum Akademischer Verlag. Heidelberg · Berlin 1999.

VAN ROOTSELAAR, B. (commun. by B.L. van der Waerden) *Bolzano's Theory of Real Numbers.* Arch. Hist. Exact Sciences, vol. 2, 168–180. Springer. Berlin · Heidelberg · New York 1962–1966.

VON FRITZ, K.
[1] *The Discovery of Incommensurability by Hippasus of Metapontum.* Annals of Mathem. 46 (1945), 242–264.
[2] *Die Entdeckung der Inkommensurabilität durch Hippasos von Metapont.* Zur Geschichte der griechischen Mathematik (Hg. O. Becker), 271–307. Wissenschaftl. Buchgesellsch. Darmstadt 1965.

VON MANGOLDT, H.; KNOPP, K. *Einführung in die Höhere Mathematik, Bd. 2.* S. Hirzel Verlag. Stuttgart 1962.

VON NEUMANN, J. *Der Mathematiker (The Mathematician).* Mathematiker über die Mathematik (Hg. M. Otte), 29–46. Springer Verlag. Berlin · Heidelberg · New York 1974.

VON WEIZSÄCKER, C.F. *Aufbau der Physik.* C. Hanser Verlag. München · Wien 1985.

WEBER, H.; WELLSTEIN, J. *Encyklopädie der Elementarmathematik. I.* Verlag Teubner. Leipzig 1909.

WHITMAN, E.A. *Some historical notes on the cycloid.* Amer. Math. Monthly 50 (1943), 309–315.

WIELEITNER, H.
[1] *Geschichte der Mathematik, II. Teil / 1. Hälfte.* Göschen'sche Verlagshandlung. Leipzig 1911.
[2] *Mathematische Quellenbücher IV – Infinitesimalrechnung.* Verlag Otto Salle. Berlin 1929.
[3] *Geschichte der Mathematik.* Göschen Bd. 226. Berlin 1939.

WUßING, H. *Vorlesungen zur Geschichte der Mathematik.* VEB Deutscher Verlag der Wissenschaften. Berlin 1979.

WUßING, H.; ARNOLD, W. *Biographien bedeutender Mathematiker.* Volk und Wissen Volkseigener Verlag. Berlin 1975.

ZEUTHEN, H.G. *Geschichte der Mathematik im XVI. und XVII. Jahrhundert.* Teubner. Leipzig 1903.

Index